미듬
건축계획/설비/법규
기출문제집
10개년 기출문제 압축Zip

멘토스 수험연구소 편저

2024 건축기사 필기시험 대비

합격 EASY

ARCHITECTURE

멘토스

PREFACE

머 리 말

건축기사 필기시험 준비

과목도 많은데 시간은 부족하고
어디부터 어떻게 공부해야 할지 막막하시죠?

이런 고민을 가진 분들을 위해
이 책은 다음과 같은 의도로 기획되었습니다.

건축과목 중
건축계획, 건축설비, 건축법규
이 세 과목은 방대한 이론을 공부하지 않고도
문제 위주로 학습해도 충분하므로
기출문제 위주로 공부를 마칠 수 있도록
압축해서 정리했습니다.

대신 실기와 연계된 건축시공과 건축구조에 시간을 좀더
할애한다면 자격증 시험을 한번에 합격하는
좋은 결과가 여러분과 함께 할 것입니다.

■ 본서의 특징

> 10개년의 문제를 압축해서 담았습니다!
> 방대한 페이지량을 줄이고 반복되는 문제를 합쳐 수험자들이 휴대하기 쉽고
> 경제적으로나 시간적으로 좀더 스마트하게 공부할 수 있도록 하였습니다.

끝으로, 수험생들의 많은 관심과 충고를 통해 지속적인 수정과 보완으로 보다 나은 교재가 되도록 노력할 것을 약속드립니다.

이 책의 학습 플랜

1회독
처음부터 끝까지 정독합니다.
아는 문제라고 건너뛰지 말고 끝까지 읽는다 생각하고
세세히 읽으면서 공부합니다.
이때 틀린 문제나 어려운 문제들을 체크해놓습니다.
(예 : 틀린 문제는 ×표시, 어렵거나 이해가 다 안된 문제는 △표시)
＊문제 중 문제가 같아도 보기가 다른 경우는 그대로 실었습니다.

2회독
쉬운 문제들은 가볍게 읽고 넘어가고
틀린 문제나 어려운 문제들은 해설을 꼼꼼하게 읽으며 집중적으로 공부합니다.

3회독
2회독에서도 이해하기 어려웠던 문제들 위주로 한번 더 체크합니다.

최종 마무리
온라인상에 무료로 공개되는 CBT 시험을 이용하여 자신의 실력을 최종 체크해봅니다.
만약 부족한 부분이 있다면 다시 한번 해당 부분을 공부합니다.

★ 핵심 요약집 활용법
- 기초가 부족한 분들은 요약집을 먼저 공부하고 문제를 풉니다.
- 문제를 풀면서 부족한 부분의 이론을 정리하는 데 활용합니다.
- 휴대폰이나 태블릿 등을 이용해 언제 어디서나 수시로 공부합니다.
- 시험 보기 전에 중요 표시 위주로 한번 더 정리합니다.

학 습 플 랜

각 과목별 학습포인트

건축계획
건축필기 과목 중 어려운 이론이나 공식이 없어 난이도가 낮은 편입니다.
반복되어 출제되는 문제가 많으며 실제 일상에서 접하는 부분이 많으므로
이해와 암기 위주로 공부합니다.

건축설비
세 과목 중 비교적 난이도가 높으나 기출문제 유형이 반복되므로 해설을
꼼꼼히 읽어가며 이해하도록 합니다. 문제의 수에서도 알 수 있으나
위생설비, 공기조화설비, 전기설비 등의 출제 비중이 높으니 집중해서 공부합니다.

건축법규
건축법, 주차장법, 국토의 계획 및 이용에 관한 법률에 관한 문제가 출제됩니다.
이 중 건축법에 관한 부분이 가장 많이 출제되므로 집중적으로 공부하는 것이 좋으며
반복되어 출제되는 문제의 법 전체를 외우기보다는 관련된 법 조항의 중요 부분만
꼭 숙지하도록 합니다.

CONFIGURATION AND FEATURES

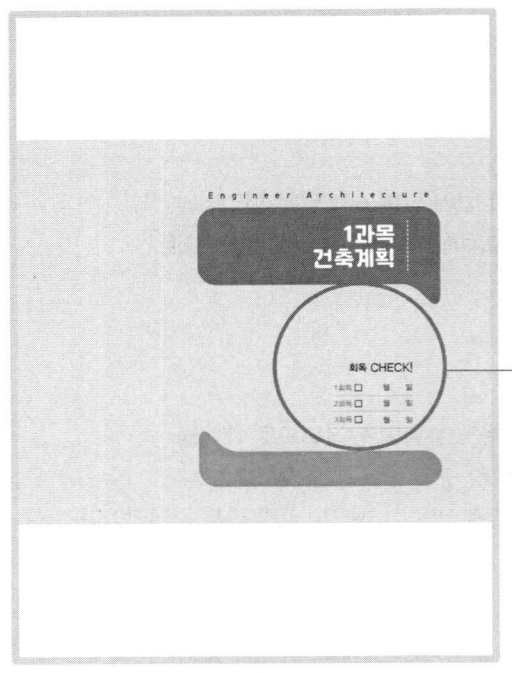

회독 체크란
계획적이고 반복학습이 가능하도록
회독체크란을 두었습니다.

기출빈도 체크
기출된 연도와 회차를 상단에 넣어 수험자들이
출제빈도를 파악하기 쉽도록 하였습니다.

구 성 과 특 징

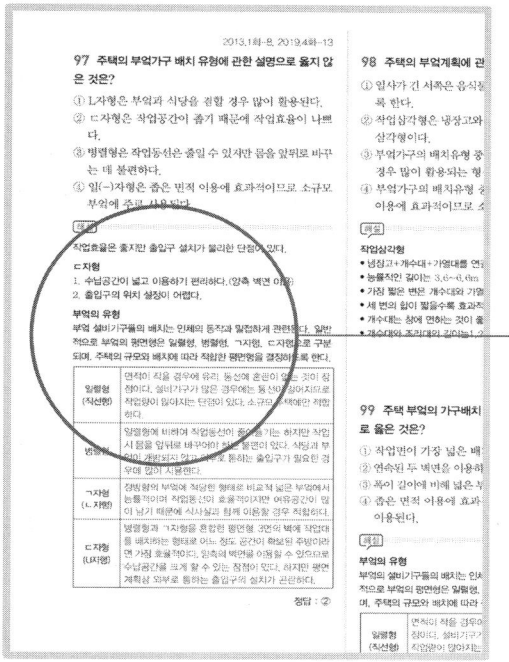

상세한 해설
문제에 대한 이해가 가능하도록 해설을 충분히 넣었으며 문제의 이론에 해당되는 내용을 두 번씩 넣어 자연스럽게 반복학습이 가능하도록 하였습니다.

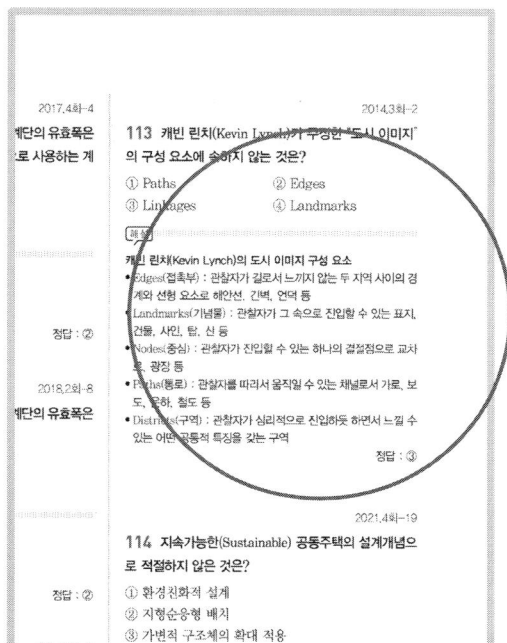

해설과 정답을 바로 확인
문제 하단에 해설과 정답을 두어 일일이 정답을 체크하는 시간을 덜 수 있도록 하였습니다.

CONTENTS

제1과목 건축계획

01 건축계획원론 3
02 각종 건축물의 건축계획(주거 / 상업 / 공공문화 / 기타) 18

제2과목 건축설비

01 환경계획원론 97
02 전기설비 103
03 위생설비 125
04 공기조화설비 159
05 승강설비 185

제3과목 건축법규

01 건축법 · 시행령 · 시행규칙 193
02 주차장법 · 시행령 · 시행규칙 268
03 국토의 계획 및 이용에 관한 법률 284

Engineer Architecture

1과목
건축계획

회독 CHECK!

1회독 ☐   월   일
2회독 ☐   월   일
3회독 ☐   월   일

1과목 건축계획

SECTION 01 건축계획원론

|1| 건축계획일반

2018.2회-7, 2021.1회-8

1 건축계획에서 말하는 미의 특성 중 변화 혹은 다양성을 얻는 방식과 가장 거리가 먼 것은?

① 억양(Accent) ② 대비(Contrast)
③ 균제(Proportion) ④ 대칭(Symmetry)

[해설]

미의 특성(미의 3요소)
- 균형성 : 동적 · 정적 균형
- 통일성 : 대칭성(Symmetry), 균일성, 반복성
- 다양성(변화성) : 균제성(Proportion), 대비성(Contrast), 억양성(Accent)

[참고] 대칭(Symmetry)
대칭은 사물들이 서로 동일한 모습으로 마주보며 짝을 이루고 있는 상태로 변화와 다양성보다는 질서와 통일감을 얻기 쉬운 방식
- 가장 중요한 고전 건축의 원리
- 기본적인 대칭의 종류 : 반사대칭, 이동대칭, 회전대칭 등
- 원시 고전 건축에서 중요시되었으며, 안정감과 위엄성 등을 강조
- 기념건축이나 종교건축 등에 많이 사용

정답 : ④

2019.1회-7

2 POE(Post-Occupancy Evaluation)의 의미로 가장 알맞은 것은?

① 건축물 사용자를 찾는 것이다.
② 건축물을 사용해 본 후에 평가하는 것이다.
③ 건축물의 사용을 염두에 두고 계획하는 것이다.
④ 건축물 모형을 만들어 설계의 적정성을 평가하는 것이다.

[해설]

POE(Post-Occupancy Evaluation)
거주 후 평가란 건축물이 완공된 후 사용 중인 건축물이 본래의 기능을 제대로 수행하고 있는지의 여부를 인터뷰, 현지답사, 관찰 및 기타 방법들을 이용하여 거주 후 사용자들의 반응을 진단, 연구하는 과정을 말한다.

POE의 기대효과
- 디자인 과정에서 환류(Feedback) 절차를 필연적으로 제공(평가 결과를 조건파악으로 환류)
- 사용자의 만족도 확인 및 만족도 향상 기대
- 건조환경의 질적인 향상 기대
- 생산성의 향상과 공사비용 절감
- 건축적 성능을 향상시키는 새로운 디자인 기준으로 제공
- 향후 유사용도의 설계에 적용
- 현재 거주자들의 거주 경향 파악

정답 : ②

2019.2회-7

3 척도조정(M.C)에 관한 설명으로 옳지 않은 것은?

① 설계작업이 단순해지고 간편해진다.
② 현장작업이 단순해지고 공기가 단축된다.
③ 건축물 형태의 다양성 및 창조성 확보가 용이하다.
④ 구성재의 상호조합에 의한 호환성을 확보할 수 있다.

[해설]

건축물 형태의 다양성 및 창조성 확보에 불리하다.

건축척도조정(M.C ; Modular Coordination)
모듈을 사용하여 건축물의 재료, 부품에서 설계 · 시공에 이르기까지 건축생산 전반에 걸쳐 치수상 유기적인 연계성을 만들어냄으로써 건축물의 미적 질서를 확보하는 것을 말한다.

모듈계획(MC : Modular Coordination)의 장단점

장점	단점
• 재료규격의 표준화 • 대량생산 가능(공장화) • 공사기간 단축(조립화) • 설계작업과 시공이 간편 • 연중공사 가능(건식화)	• 융통성 부족 • 인간성, 창조성 상실 우려 (자유롭고 창의적이지 못함) • 획일성 및 집단화 우려 • 배색에 신중을 기해야 함 (동일한 집단)

정답 : ③

2018.1회-11

4 다음 중 모듈 시스템의 적용이 가장 부적절한 것은?

① 극장 ② 학교
③ 도서관 ④ 사무소

[해설]
모듈 시스템(모듈러 플랜)
- 그리드 플랜을 더욱 규격화하여 조명, 흡출구, 배기구, 스프링클러, 전화 등 각종 설비시스템을 균등하게 배치하는 것
- 임의의 격자모양과 간벽 설치가 용이

정답 : ①

2017.1회-3, 2021.2회-6

5 건축계획단계에서 조사방법에 관한 설명으로 옳지 않은 것은?

① 설문조사를 통하여 생활과 공간 간의 대응관계를 규명하는 것은 생활활동 행위의 관찰에 해당된다.
② 주거단지에서 어린이들의 행동특성을 조사하기 위해서는 생활행동 행위 관찰방식이 일반적으로 적절하다.
③ 이용 상황이 명확하게 기록되어 있는 시설의 자료 등을 활용하는 것은 기존자료를 통한 조사에 해당된다.
④ 건물의 이용자를 대상으로 설문을 작성하여 조사하는 방식은 생활과 공간의 대응관계 분석에 유효하다.

[해설]
건축계획단계 조사방법
- 설문지법 : 설문조사를 통하여 생활과 공간 간의 대응관계 규명. 설문응답자의 기초적인 문장 이해력이나 표현 능력이 요구됨
- 면담법 : 면담을 통해 기초 연구. 건축주와 사용자를 통한 회답으로 신뢰도 확인 가능. 많은 경비와 시간 소요되는 단점
- 관찰법 : 인간의 행태에 대한 연구에 주로 사용되는 방법(관찰 및 해석의 객관성이 필요)

정답 : ①

| 2 | 건축사

2017.2회-12

6 한국건축에 관한 설명으로 옳지 않은 것은?

① 대부분의 한국건축은 인간적 척도 개념을 나타내는 특징이 있다.
② 기둥의 안쏠림으로 건축의 외관에 시지각적인 안정감을 느끼게 하였다.
③ 한국건축은 서양건축과 달리 박공면이 정면이 되고 지붕면이 측면이 된다.
④ 한국건축은 공간의 위계성이 있어 각 공간의 관계가 주(主)와 종(從)의 관계를 갖는다.

[해설]
한국건축은 서양건축과 달리 박공면이 측면이 되고, 안정감을 주기 위해 좌우폭이 넓은 지붕면이 정면이 된다.

정답 : ③

2016.4회-14, 2022.2회-3

7 우리나라 전통의 한식주택에서 문꼴 부분의 면적이 큰 이유로 가장 적합한 것은?

① 겨울의 방한을 위해서
② 하절기의 고온다습을 견디기 위해서
③ 출입하는 데 편리하게 하기 위해서
④ 상부의 하중을 효과적으로 지지하기 위해서

[해설]
문꼴(개구부) 부분의 면적이 크면 개방할 수 있는 면적이 커지므로 하절기 고온다습을 견디기에 매우 유리하다.

정답 : ②

2013.4회-8, 2018.4회-1

8 한국건축의 가구법과 관련하여 칠량가에 속하지 않는 것은?

① 무위사 극락전
② 수덕사 대웅전
③ 금산사 대적광전
④ 지림사 대적광전

[해설]
가구법
공간을 형성하는 목조건물의 골격 구조로 가구 숫자는 단면상 도리 숫자에 의해 결정

- 사량가 : 오량가에서 중도리가 없는 구조, 일반 서민의 주택
- 오량가 : 오량가 이상의 구조는 궁궐 사찰 등에 주로 사용
  예) 봉정사 대웅전, 칠장사 대웅전 등
- 칠량가 : 무위사 극락전, 봉정사 극락전(현존하는 가장 오래된 목조 건축물), 지림사 대적광전, 금산사 대적광전 등
- 구량가 : 부석사 무량수전, 수덕사 대웅전
- 십일량가 : 경복궁 경회루

[참고] 수덕사 대웅전
- 고려 후기 주심포 양식의 목조건물
- 맞배지붕, 배흘림기둥, 9량가(부석사 무량수전도 9량가)

[참고] 가구
공간을 형성하는 목조건물의 골격 구조로 법식에 따라 단층, 중층, 통층이 될 수 있고, 규모에 따라 삼량가, 오량가, 칠량가, 구량가, 십일량가로 구분하며 보를 어떻게 놓느냐에 따라 민도리집, 익공집, 포집으로 구분(량은 도리를 뜻하며 삼량가는 도리가 3개로 구성된 집을 말함)

＊ 량 : 도리 부재를 의미하며 도리가 많을수록 대체로 규모가 큰 지붕선의 변화를 수반할 수 있다.

정답 : ②

2017.1회-9, 2021.4회-9

9 우리나라의 현존하는 목조건축물 중 가장 오래된 것은?

① 부석사 무량수전   ② 부석사 조사당
③ 봉정사 극락전   ④ 수덕사 대웅전

[해설]

봉정사 극락전
- 현존하는 가장 오래된 목조건축물
- 주심포 양식(고려)
- 지붕은 맞배지붕

정답 : ③

2019.2회-9

10 봉정사 극락전에 관한 설명으로 옳지 않은 것은?

① 지붕은 팔작지붕의 형태를 띠고 있다.
② 공포를 주상에만 짜놓은 주심포 양식의 건축물이다.
③ 우리나라에 현존하는 목조건축물 중 가장 오래된 것이다.
④ 정면 3칸에 측면 4칸의 규모이며 서남향으로 배치되어 있다.

[해설]
봉정사 극락전의 지붕은 맞배지붕의 형태를 띠고 있다.

정답 : ①

2015.4회-6

11 한국 전통건축물의 공포 양식이 옳게 연결된 것은?

① 남대문 – 다포 양식
② 동대문 – 주심포 양식
③ 강릉 오죽헌 – 주심포 양식
④ 부석사 무량수전 – 익공 양식

[해설]

② 동대문 – 다포 양식
③ 강릉 오죽헌 – 익공 양식
④ 부석사 무량수전 – 주심포 양식

정답 : ①

2020.2회-12

12 한국 전통건축의 지붕양식에 관한 설명으로 옳은 것은?

① 팔작지붕은 원초적인 지붕형태로 원시움집에서부터 사용되었다.
② 모임지붕은 용마루와 내림마루가 있고 추녀마루만 없는 형태이다.
③ 맞배지붕은 용마루와 추녀마루로만 구성된 지붕으로 주로 다포식 건물에 사용되었다.
④ 우진각지붕은 네 면에 모두 지붕면이 있으며 전후 지붕면은 사다리꼴이고 양측 지붕면은 삼각형이다.

[해설]

① 우진각지붕에 대한 설명이다.
② 맞배지붕에 대한 설명이다.
③ 용마루와 추녀마루로만 구성된 지붕은 우진각지붕이며, 다포식 건물에 사용된 지붕은 팔작(합각)지붕이다.

정답 : ④

2013.1회-3, 2021.1회-17

13 다음 중 다포식(多包式) 건축으로 가장 오래된 것은?

① 창경궁 명정전   ② 전등사 대웅전
③ 불국사 극락전   ④ 심원사 보광전

[해설]

① 창경궁 명정전 : 조선 중기
② 전등사 대웅전 : 조선 중기
③ 불국사 극락전 : 조선 후기
④ 심원사 보광전 : 고려

정답 : ④

14 다음 중 다포식(多包式) 건물에 속하지 않는 것은?

① 서울 동대문 ② 창덕궁 돈화문
③ 전등사 대웅전 ④ 봉정사 극락전

[해설]
안동의 봉정사 극락전 : 한국 최초의 목조건물로서 주심포식 건물에 속한다.

정답 : ④

---

15 다포식(多包式) 건축양식에 관한 설명으로 옳지 않은 것은?

① 기둥 상부에만 공포를 배열한 건축양식이다.
② 주로 궁궐이나 사찰 등의 주요 정전에 사용되었다.
③ 주심포 형식에 비해서 지붕하중을 등분포로 전달할 수 있는 합리적 구조법이다.
④ 간포를 받치기 위해 창방 외에 평방이라는 부재가 추가되었으며 주로 팔작지붕이 많다.

[해설]
①은 주심포 양식에 대한 설명이다.

다포양식
기둥 상부(주상포) 및 기둥과 기둥 사이(주간포)에도 공포를 배치한다.

정답 : ①

---

16 주심포 건물에서 사용되었으며, 단차가 있는 도리를 계단 형식으로 상호 연결하는 부재는?

① 창방 ② 평방
③ 장혀 ④ 우미량

[해설]
① 창방 : 기둥머리를 연결하는 부재이다.
② 평방 : 다포형식에 주간포를 받기 위해 창방 위에 같은 방향으로 가로로 놓이는 부재이다.
③ 장혀 : 도리 밑을 받쳐 도리를 보강하는 부재를 말한다.

정답 : ④

---

17 고려시대 주심포 양식에 관한 설명으로 옳지 않은 것은?

① 우미량을 사용하였다.
② 기둥 위에만 공포가 배치되었다.
③ 소로는 비교적 자유롭게 배치되었다.
④ 기둥 위에 창방과 평방을 놓고 그 위에 공포를 배치하였다.

[해설]
주심포식과 다포식

구분	주심포식	다포식
공포 배치	기둥 위에 주두를 놓고 배치	기둥 위에 창방과 평방을 놓고 그 위에 공포 배치
공포 특징	① 배흘림이 큰 편 ② 단아한 외관 ③ 다포에 비해 중요도 낮은 건물에 이용 ④ 천장을 가설하지 않아 서까래 노출 ⑤ 주로 맞배지붕에 많이 사용 ⑥ 주로 단장혀 사용	① 주심포식보다 덜 현저한 배흘림 ② 외형이 정비되고 장중한 외관 ③ 중요도가 높은 건축물에 사용 ④ 주로 팔작지붕에 많이 사용 ⑤ 주로 긴 장혀 사용
공포의 출목	보통 2출목 이하	보통 2출목 이상
소로 배치	비교적 자유롭게 배치	상·하로 동일 수직선상에 위치를 고정
내부 천장	연등천장(노출천장)	우물천장
대표적인 건축물	① 안동의 봉정사 극락전 ② 영주 부석사 무량수전(팔작지붕)과 조사당 ③ 예산의 수덕사 대웅전 ④ 강릉 객사문	① 심원사 보광전 ② 석왕사 응진전 ③ 성불사 응진전 ④ 숭례문(남대문) ⑤ 동대문

정답 : ④

---

18 주심포 양식에 관한 설명으로 옳지 않은 것은?

① 공포를 기둥 위에만 배열한 형식이다.
② 장혀는 긴 것을 사용하고 평방이 사용된다.
③ 봉정사 극락전, 수덕사 대웅전 등에서 볼 수 있다.
④ 맞배지붕이 대부분이며 천장을 특별히 가설하지 않아 서까래가 노출되어 보인다.

[해설]
긴 장혀를 사용하는 양식은 다포식이다.

정답 : ②

2013.2회-8

19 주심포 양식에 관한 설명으로 옳지 않은 것은?

① 공포를 기둥 위에만 배열한 형식이다.
② 장혀는 긴 것을 사용하고 평방이 사용된다.
③ 부재가 전체적으로 정연하게 가공되고 조각이 많아 인공성이 강하다.
④ 맞배지붕이 대부분이며 천장을 특별히 가설하지 않고 서까래가 노출되어 보인다.

[해설]
장혀는 긴 것을 사용하고 평방이 사용되는 것은 다포식에 대한 설명이다.

정답 : ②

2014.1회-3, 2022.2회-16

20 다음 중 주심포식 건물이 아닌 것은?

① 강릉 객사문　　② 서울 남대문
③ 수덕사 대웅전　④ 무위사 극락전

[해설]
서울 남대문(1448년) : 조선 초기 다포식 건축물
위에 예시한 건물 외에도 다포계의 초기적 양식을 보여주는 것으로는 봉정사 대웅전, 성불사(成佛寺) 응진전(應眞殿), 개성 남대문, 평양 보통문(普通門), 서울 숭례문(남대문) 등이 있다.

정답 : ②

2016.2회-4

21 다음의 건축물 중 주심포식 건축양식에 속하지 않는 것은?

① 강릉 객사문
② 석왕사 응진전
③ 봉정사 극락전
④ 부석사 무량수전

[해설]
고려시대 대표적인 건축물
1. 주심포식 건축물
   • 안동 봉정사 극락전(한국 최초의 목조건물)
   • 영주 부석사 무량수전
   • 예산 수덕사 대웅전
   • 강릉 객사문
2. 다포식 건축물
   • 심원사 보광전
   • 석왕사 응진전
   • 성불사 응진전

정답 : ②

2014.2회-2

22 공포를 기둥 위에만 배열한 것을 주심포 형식이라고 한다. 다음 중 주심포 형식의 건축물에 해당하는 것은?

① 봉정사 극락전　② 화암사 극락전
③ 봉정사 대웅전　④ 창경궁 명정전

[해설]
고려시대 대표적인 주심포식 건축물
• 안동 봉정사 극락전
• 영주 부석사 무량수전
• 예산 수덕사 대웅전
• 강릉 객사문

정답 : ①

2019.1회-10

23 공포형식 중 다포식에 관한 설명으로 옳지 않은 것은?

① 다포식 건축물로는 서울 숭례문(남대문) 등이 있다.
② 기둥 상부 이외에 기둥 사이에도 공포를 배열한 형식이다.
③ 규모가 커지면서 내부출목보다는 외부출목이 점차 많아졌다.
④ 주심포식에 비해서 지붕하중을 등분포로 전달할 수 있는 합리적인 구조법이다.

[해설]
다포식
주심 외에 주간에도 평방 위에 공포를 구성한 양식
• 조선 후기로 갈수록 출목 숫자는 증가
• 내외출목 수 : 초기에는 동일하고, 후기로 갈수록 내부출목 수가 증가

정답 : ③

24 공포형식 중 다포형식에 관한 설명으로 옳지 않은 것은?

① 출목은 2출목 이상으로 전개된다.
② 수덕사 대웅전이 대표적인 건물이다.
③ 내부 천장구조는 대부분 우물천장이다.
④ 기둥 상부 이외에 기둥 사이에도 공포를 배열한 형식이다.

[해설]
예산 수덕사 대웅전은 주심포형식이다.

고려시대 대표적인 목조건축물
1. 주심포식 건축물
   - 안동의 봉정사 극락전(한국 최초의 목조건물)
   - 영주 부석사 무량수전
   - 예산의 수덕사 대웅전
   - 강릉 객사문
2. 다포식 건축물
   - 심원사 보광전
   - 석왕사 응진전
   - 성불사 응진전

정답 : ②

25 하앙식 공포가 사용된 건축물은?

① 무위사 극락전   ② 봉정사 극락전
③ 화암사 극락전   ④ 부석사 무량수전

[해설]
완주 화암사 극락전
1. 정면 3칸, 측면 3칸 규모의 맞배지붕 형태이며 국내에서 유일한 하앙식(下昻式) 목조건축물
2. 하앙(下昻)이란 다포식(多包式) 건축양식 중에서도 도리 바로 밑에 있는 '살미'라는 건축부재가 서까래와 같은 기울기로 처마도리와 중도리를 지렛대 형식으로 떠받치는 공포를 말함

정답 : ③

26 다음 건축물 중 익공식(翼工式)에 속하는 것은?

① 강릉 오죽헌   ② 서울 동대문
③ 봉정사 대웅전   ④ 무위사 극락전

[해설]
② 서울 동대문 : 다포식
③ 봉정사 대웅전 : 다포식
④ 무위사 극락전 : 주심포식

정답 : ①

27 경복궁의 궁궐 배치는 전조공간과 후침공간으로 이루어져 있다. 다음 중 전조공간의 구성에 속하지 않는 것은?

① 근정전   ② 만춘전
③ 천추전   ④ 강녕전

[해설]
강녕전은 경복궁에서 왕의 침전으로 사용되던 건물이다.

경복궁의 공간분할
- 전조공간(공적인 업무공간) : 근정전, 사정전, 만춘전, 천추전 등
- 후침공간(개인 생활공간) : 강녕전, 교태전 등
* 천추전과 만춘전 : 경복궁 사정전의 동쪽(만춘전)과 서쪽(천추전)에 있으며 편전의 기능을 보완하는 건물

정답 : ④

28 교학건축물인 성균관의 구성에 속하지 않는 것은?

① 동재   ② 존경각
③ 천추전   ④ 명륜당

[해설]
천추전은 임금이 집무를 보던 곳이다.

성균관의 공간구성
- 제사공간 : 대성전, 동무·서무, 제기고, 전사청 등
- 강학공간 : 명륜당, 동재·서재, 존경각, 고직사 등

정답 : ③

29 관학인 향교의 배치방법 중 평지에 지어지고 대성전을 앞에 배치한 것은?

① 전조후침(前朝後寢)   ② 전조후시(前朝後市)
③ 전묘후학(前廟後學)   ④ 전학후묘(前學後廟)

해설

향교의 공간배치
- 전묘후학(前廟後學) 배치 : 대지가 평지인 경우 전면에 배향공간, 후면에 강학공간이 오는 배치
- 전학후묘(前學後廟) 배치 : 대지가 구릉을 낀 경사진 터이면 높은 뒤쪽에 배향공간을 두고 전면 낮은 터에 강학공간을 두는 배치
- 배향공간과 강학공간 이외에 향교의 살림을 맡는 교직사는 부엌·방·대청·광 등의 공간으로 구성되어 일반 민가의 모습을 하고 있으며, 이 공간은 강학공간과 가까이 배치되어 있다.

정답 : ③

2019.4회-15

30 한국 고대 사찰배치 중 1탑 3금당 배치에 속하는 것은?

① 미륵사지
② 불국사지
③ 정림사지
④ 청암리사지

해설

①, ③은 1탑 1금당 배치에 속한다.

청암리사지
- 가람배치 : 1탑 3금당
- 탑의 배치 : 중심부에 8각 평면(목탑)
- 일본 아스카지(비조사)의 터와 유사

정답 : ④

2016.4회-9, 2020.2회-9

31 각 사찰에 대한 설명 중 옳지 않은 것은?

① 부석사의 가람배치는 누하진입 형식을 취하고 있다.
② 화엄사는 경사된 지형을 수단(數段)으로 나누어서 정지(整地)하여 건물을 적절히 배치하였다.
③ 통도사는 산지에 위치하나 산지가람처럼 건물들을 불규칙하게 배치하지 않고 직교식으로 배치하였다.
④ 봉정사 가람배치는 대지가 3단으로 나누어져 있으며 상단 부분에 대웅전과 극락전 등 중요한 건물들이 배치되어 있다.

해설

통도사의 가람배치
남북으로 가람이 배치되는 사찰의 전통적인 방식을 벗어나 냇물을 따라 동서로 길게 형성이 되어 있다.

정답 : ③

2017.4회-9

32 불사건축의 진입방법에서 누하진입방식을 취한 것은?

① 부석사
② 통도사
③ 화엄사
④ 범어사

해설

부석사
- 누하진입방식
- 무량수전 : 주심포양식, 팔작지붕

정답 : ①

2015.2회-7, 2020.4회-16

33 조선시대에 田자형 주택으로 대별되는 서민주택의 지방 유형은?

① 서울지방형
② 남부지방형
③ 중부지방형
④ 함경도지방형

해설

전통주거양식의 분류(평면형태)
전통적 주거양식은 우리나라의 기후와 관련되는데, 북부가 폐쇄적인 데 비해 남부로 갈수록 개방적인 공간구성의 특징을 보인다.
- 서울형 : ㄱ, ㄴ, ㅁ자형
- 북부형 : 田자형
- 서부형 : 방 앞에 좁은 툇마루 설치
- 남부형 : 一자형이 일반적
- 제주도형 : 남부형과 비슷하나 방 뒤에 폭이 좁은 광을 설치하는 것이 특징이다. 그런데 마루방이 없는 소규모 주택의 경우 田자형이 되어 북부형과 유사한 형태를 지닌다.(방 뒤에 보통 광을 놓는데, 광과 방이 각각 1칸씩 차지하므로 광 2개, 방 2개면 田 형태가 되는 것이다.) 참고로 중부지방은 서울형과 비슷하나 부엌의 위치에 차이가 있고, 사랑채는 독립된 건물로 설치되며, 대문채와 연결하여 사용하는 경우가 많다.
- ㄷ자형 평면 : 서울 도성 내의 좁은 대지에 많이 건립된 평면형태로 독립된 기능을 복합적·기능적으로 처리하였으며 서민 주거 형태로 널리 유행되었다.

정답 : ④

2016.2회-6

34 전통 주거건축 중 부엌, 방, 대청, 방의 순으로 배열되는 일(一)자형 평면을 가진 민가형은?

① 남부지방형
② 개성지방형
③ 평안도지방형
④ 함경도지방형

> [해설]

전통주거양식의 분류(평면형태)
전통적 주거양식은 우리나라의 기후와 관련되는데, 북부가 폐쇄적인 데 비해 남부로 갈수록 개방적인 공간구성의 특징을 보인다.
- 서울형 : ㄱ, ㄴ, ㅁ자형
- 북부형 : 田자형
- 서부형 : 방 앞에 좁은 툇마루 설치
- 남부형 : 一자형이 일반적
- 제주도형 : 남부형과 비슷하나 방 뒤에 폭이 좁은 광을 설치하는 것이 특징이다. 그런데 마루방이 없는 소규모 주택의 경우 田자형이 되어 북부형과 유사한 형태를 지닌다.(방 뒤에 보통 광을 놓는데, 광과 방이 각각 1칸씩 차지하므로 광 2개, 방 2개면 田 형태가 되는 것이다.) 참고로 중부지방은 서울형과 비슷하나 부엌의 위치에 차이가 있고, 사랑채는 독립된 건물로 설치되며, 대문채와 연결하여 사용하는 경우가 많다.
- ㄷ자형 평면 : 서울 도성 내의 좁은 대지에 많이 건립된 평면형태로 독립된 기능을 복합적·기능적으로 처리하였으며 서민 주거 형태로 널리 유행되었다.

정답 : ①

2016.4회-11

35 한국건축의 평면형식에 관한 설명으로 옳지 않은 것은?

① 쌍봉사 대웅전은 2칸 장방형 평면이다.
② 퇴 없이 측면이 단칸인 평면은 평안도 살림집에서 많이 나타난다.
③ 중부지방 민가에서는 ㄱ자형 평면이 많은데 이를 곱은자 집이라고도 한다.
④ 다각형 평면으로는 육각과 팔각이 많이 사용되었는데 대개 정자에서 나타난다.

> [해설]

쌍봉사 대웅전
- 정면 1칸, 측면 1칸의 정사각형 평면의 3층 전각
- 건물의 구조와 형식은 목조 탑파 형식

정답 : ①

2014.1회-7, 2018.2회-17

36 다음의 한국 근대건축 중 르네상스 양식을 취하고 있는 것은?

① 명동성당   ② 한국은행
③ 덕수궁 정관헌   ④ 서울 성공회성당

> [해설]

① 명동성당 : 한국 유일의 순수고딕 양식
③ 덕수궁 정관헌 : 절충주의(로마네스크풍 기둥+팔작지붕)
④ 서울 성공회성당 : 로마네스크 양식

정답 : ②

2018.1회-6

37 건축양식의 시대적 순서가 가장 올바르게 나열된 것은?

| ㉠ 로마네스크 | ㉡ 바로크 | ㉢ 고딕 |
| ㉣ 르네상스 | ㉤ 비잔틴 | |

① ㉠ → ㉢ → ㉣ → ㉡ → ㉤
② ㉠ → ㉢ → ㉣ → ㉤ → ㉡
③ ㉤ → ㉣ → ㉢ → ㉠ → ㉡
④ ㉤ → ㉠ → ㉢ → ㉣ → ㉡

> [해설]

서양 건축양식의 역사
이집트 → 그리스 → 로마 → 초기기독교 → 비잔틴 → 사라센 → 로마네스크 → 고딕 → 르네상스 → 바로크 → 로코코

정답 : ④

2015.2회-10

38 서양 건축양식의 시대 순서로 옳은 것은?

① 로마 → 로마네스크 → 고딕 → 르네상스 → 바로크
② 로마 → 로마네스크 → 고딕 → 바로크 → 르네상스
③ 로마네스크 → 로마 → 고딕 → 르네상스 → 바로크
④ 로마네스크 → 로마 → 고딕 → 바로크 → 르네상스

> [해설]

이집트 → 그리스 → 로마 → 초기기독교 → 비잔틴 → 사라센 → 로마네스크 → 고딕 → 르네상스 → 바로크 → 로코코

정답 : ①

39 서양 건축양식의 역사적인 순서가 옳게 배열된 것은?

① 로마 → 로마네스크 → 고딕 → 르네상스 → 바로크
② 로마 → 고딕 → 로마네스크 → 르네상스 → 바로크
③ 로마 → 로마네스크 → 고딕 → 바로크 → 르네상스
④ 로마 → 고딕 → 로마네스크 → 바로크 → 르네상스

해설

서양의 시대별 건축양식
이집트 → 그리스 → 로마 → 초기기독교 → 비잔틴 → 사라센 → 로마네스크 → 고딕 → 르네상스 → 바로크 → 로코코

정답 : ①

40 고대 이집트의 분묘 건축의 형태에 속하지 않는 것은?

① 인술라   ② 피라미드
③ 암굴 분묘   ④ 마스타바

해설

이집트 건축(분묘 형태)
• 피라미드 : 거대한 사각뿔 형태, 왕의 분묘
• 마스타바 : 왕족이나 귀족의 묘, 평탄한 탁상 모양
• 암굴 분묘 : 협곡지대의 산허리나 절벽을 파서 건설

[참고] 로마 주거 건축의 세 가지 유형
• 도무스(Domus) : 개인주택
• 빌라(Villa) : 별장 또는 전원주택
• 인술라(Insula) : 평민, 노예들을 위한 공동집합주택

정답 : ①

41 다음과 같은 특징을 갖는 그리스 건축의 오더는?

• 주두는 에키누스와 아바쿠스로 구성된다.
• 육중하고 엄정한 모습을 지니는 남성적인 오더이다.

① 코린트 오더   ② 도리스 오더
③ 이오니아 오더   ④ 컴포지트 오더

해설

그리스 기둥양식의 특징

도리아식 (Doric Order)	• 가장 단순, 장중한 느낌, 힘에서 유추(남성적) • 가장 오래된 양식 • 주초(base) 없음 • 주두 : 에키누스와 아바쿠스로 구성 • 착시교정(엔타시스)
이오니아식 (Ionic Order)	• 동방 여러 문화의 영향 • 주두에 회오리(볼류트)가 있음 • 섬세, 우아, 경쾌, 유연(여성적)
코린트식 (Corinthian Order)	• 주두에 아칸서스 나뭇잎을 화려하게 장식 • 너무 화려하므로 소규모의 기념건축 이외에는 별로 사용하지 않음

정답 : ②

42 고대 그리스의 기둥양식에 속하지 않는 것은?

① 도리아식   ② 코린트식
③ 컴포지트식   ④ 이오니아식

해설

컴포지트식은 고대 로마의 기둥양식이다.

고대 로마의 기둥양식 5가지 오더
그리스 기둥 양식(도리아식, 이오니아식, 코린트식) + 터스칸식·컴포지트식

정답 : ③

43 그리스 건축의 오더 중 도릭 오더의 구성에 속하지 않는 것은?

① 볼류트(Volute)   ② 프리즈(Frieze)
③ 아바쿠스(Abacus)   ④ 에키누스(Echinus)

해설

도리아(도릭) 오더
• 가장 단순, 장중한 느낌, 힘에서 유추(남성적)
• 가장 오래된 양식
• 주초(base) 없음
• 주두 : 에키누스와 아바쿠스로 구성
• 착시교정(엔타시스)
* 프리즈 : 조각을 한 벽

[참고] 볼류트(Volute)
• 이오니아, 코린트식 기둥머리 장식
• 기둥머리에 끝이 말린 것처럼 보이는 소용돌이 모양의 장식

정답 : ①

2013.2회-18

44 그리스 아테네의 아크로폴리스에 위치한 에렉테이온(Erechtheion)의 형식은?

① 도리아식 ② 코린트식
③ 이오니아식 ④ 콤포지트식

[해설]
에렉테이온 신전(B.C. 420~393년)
- 아테네 아크로폴리스 언덕 위 파르테논 신전 북측에 위치
- 이오니아식의 대표적인 신전
- 경사지에 3개의 신전이 복합구성되었으며 남측 입면의 여신상주가 특이

정답 : ③

2019.4회-17

45 그리스 아테네 아크로폴리스에 관한 설명으로 옳지 않은 것은?

① 프로필러어는 아크로폴리스로 들어가는 입구건물이다.
② 에렉테이온 신전은 이오닉 양식의 대표적인 신전으로 부정형 평면으로 구성되어 있다.
③ 니케 신전은 순수한 코린트식 양식으로서 페르시아와의 전쟁의 승리기념으로 세워졌다.
④ 파르테논 신전은 도릭 양식의 대표적인 신전으로서 그리스 고전건축을 대표하는 건물이다.

[해설]
니케 신전
- 그리스 아테네의 아크로폴리스에 위치하며 아테네 여신을 모시던 신전
- 아크로폴리스 최초의 이오니아식 건축물
- 페르시아와의 전쟁 승전을 기념하기 위해 세워짐

정답 : ③

2015.1회-4

46 그리스 신전 건축에 사용된 착시 현상의 보정 방법으로 옳지 않은 것은?

① 모서리 쪽의 기둥 간격을 넓혔다.
② 기둥의 전체적인 윤곽을 중앙부에서 약간 부풀게 만들었다.
③ 기둥 같은 수직 부재들은 올라가면서 약간 안쪽으로 기울였다.
④ 기단, 아키트레이브, 코니스 등이 이루는 긴 수평선들을 약간 위로 불룩하게 만들었다.

[해설]
모서리로 갈수록 기둥 간격을 좁게 한다.

정답 : ①

2016.1회-1

47 고대 로마건축에 대한 설명으로 옳지 않은 것은?

① 카라칼라 황제 욕장은 정사각형 안에 직사각형을 담은 배치를 취하였다.
② 바실리카 울피아는 신전건축물로서 로마식의 광대한 내부공간을 전형적으로 보여준다.
③ 콜로세움의 외벽은 도리스-이오니아-코린트 오더를 수직으로 중첩시키는 방식을 사용하였다.
④ 판테온은 거대한 돔을 얹은 로툰다와 대형 열주 현관이라는 두 주된 구성요소로 이루어진다.

[해설]
바실리카 울피아(Basilica Ulpia)
- 트라야누스 광장의 일부분
- 로마제국 내에서 가장 큰 광장
- 현실적 필요성보다 제국의 권력을 예찬하는 과시적 수단으로 건설

정답 : ②

2018.1회-8

48 고대 로마건축에 관한 설명으로 옳지 않은 것은?

① 인슐라(Insula)는 다층의 집합주거건물이다.
② 콜로세움의 1층에는 도릭 오더가 사용되었다.
③ 바실리카 울피아는 황제를 위한 신전으로 배럴 볼트가 사용되었다.
④ 판테온은 거대한 돔을 얹은 로툰다와 대형 열주 현관이라는 두 주된 구성요소로 이루어진다.

[해설]
바실리카 울피아(Basilica Ulpia)
- 트라야누스 광장의 일부분
- 로마제국 내에서 가장 큰 광장
- 현실적 필요성보다 제국의 권력을 예찬하는 과시적 수단으로 건설
* 배럴 볼트(Barrel Vault) : 반원형 아치 모양으로 된 천장 구조로 직사각형 평면을 덮음

정답 : ③

49 로마시대의 것으로 그리스의 아고라(Agora)와 유사한 기능을 갖는 것은? 2019.1회-4

① 포럼(Forum) ② 인술라(Insula)
③ 도무스(Domus) ④ 판테온(Pantheon)

[해설]
포럼(Forum)
- 그리스의 아고라와 동일한 기능을 지니는 공공광장
- 도시구조의 중심으로서 정치, 산업, 사교, 교통 등의 모든 기능이 집약되는 공공광장
- 광장 주위에 바실리카, 신전 등의 공공건축물과 개선문, 기념주 등의 기념건축물이 위치
- 예) 포로 로마노(Forum Romanum), 폼페이의 포럼

정답 : ①

50 로마의 판테온에 관한 설명으로 옳지 않은 것은? 2015.1회-2, 2020.4회-13

① 로툰다 내부는 드럼(drum)과 돔(dome)의 두 부분으로 구성된다.
② 직사각형의 입구공간은 외부와 내부 사이의 전이공간으로 사용된다.
③ 드럼 하부는 깊은 니치와 독립한 콤포지트식 기둥들로 정적인 공간을 구현한다.
④ 거대한 돔을 얹은 로툰다와 대형 열주 현관이라는 두 주된 구성요소로 이루어진다.

[해설]
판테온 신전
- 거대한 돔을 얹은 로툰다와 대형 열주 현관으로 구성
- 로툰다 내부는 드럼(Drum)과 돔(Dome)의 두 부분으로 구성
- 직사각형의 입구공간은 외부와 내부 사이의 전이공간으로 사용
- 하부의 코린티안 양식(Corinthian Order)의 열주들에 의해 조형이 분절되어 있어 단순한 기하학적 공간임에도 매우 역동적임

정답 : ③

51 초기 기독교 시기의 바실리카 양식의 본당의 평면도에서 회랑의 중앙 부분을 나타내는 용어는? 2017.2회-13

① 아일(Aisle) ② 네이브(Nave)
③ 아트리움(Atrium) ④ 페디먼트(Pediment)

[해설]
① 아일(Aisle) : 측랑, 측면복도
③ 아트리움(Atrium) : 개방된 뜰
④ 페디먼트(Pediment) : 박공(그리스 신전)

네이브(Nave)
- 교회 건축에서 중앙 회랑에 해당하는 중심부
- 교회 내부에서 가장 규모가 크고 넓은 부분
- 예배자를 위한 공간(긴 의자 설치)

정답 : ②

52 초기 기독교건축의 바실리카식 교회의 실내 공간 구성에 속하지 않는 것은? 2015.4회-11

① 앱스(Apse)
② 아일(Aisle)
③ 네이브(Nave)
④ 아키트레이브(Architrave)

[해설]
바실리카식 교회당
앱스, 트랜셉트, 네이브(회랑), 아일(측랑, 측면복도), 나르텍스, 아트리움(개방된 뜰)으로 구성
* 아키트레이브 : 고전건축의 Entablature의 최하부의 수평부분

정답 : ④

53 바실리카식 교회당의 구성에 속하지 않는 것은? 2017.1회-14

① 아일 ② 파일론
③ 트랜셉트 ④ 나르텍스

[해설]
바실리카식 교회당
앱스, 트랜셉트, 네이브(회랑), 아일(측랑, 측면복도), 나르텍스, 아트리움(개방된 뜰)으로 구성

[참고] 파일론(Pylon)
신전의 정문 등에 사용하였던 탑문

정답 : ②

54 바실리카식 교회당의 각부 명칭과 관계없는 것은? 2020.1회-17

① 아일(Aisle) ② 파일론(Pylon)
③ 나르텍스(Narthex) ④ 트랜셉트(Transept)

해설
파일론(Pylon)
신전의 정문 등에 사용하였던 탑문

정답 : ②

2013.1회-10

55 비잔틴 건축의 구성 요소에 해당하지 않는 것은?

① 아치(Arch)
② 부주두(Dosseret)
③ 펜덴티브(Pendentive)
④ 도릭 오더(Doric order)

해설
도릭 오더는 그리스, 로마시대의 기둥양식이다.

정답 : ④

2021.1회-14

56 비잔틴 건축에 관한 설명으로 옳지 않은 것은?

① 사라센 문화의 영향을 받았다.
② 도저렛(Dosseret)이 사용되었다.
③ 펜덴티브 돔(Pendentive Dome)이 사용되었다.
④ 평면은 주로 장축형 평면(라틴 십자가)이 사용되었다.

해설
평면은 주로 그릭크로스의 집중형 또는 유심형이 사용되었다.
* 그릭크로스(그리스 십자가 : 좌우, 상하 길이가 동일함) : 비잔틴 시대에 쓰이던 중앙집중형 공간

정답 : ④

2021.4회-5

57 다음과 같은 특징을 갖는 건축양식은?

- 사라센 문화의 영향을 받았다.
- 도저렛(Dosseret)과 펜덴티브 돔(Pendentive Dome)이 사용되었다.

① 로마 건축
② 이집트 건축
③ 비잔틴 건축
④ 로마네스크 건축

해설
비잔틴 건축
- 동·서양건축의 기조(사라센 문화의 영향)
- 도저렛(Dosseret)과 펜덴티브 돔(Pendentive Dome) 사용
- 집중형·유심형 평면
- 외부(재료의 본질성 강조), 내부(조각, 회화, 장식으로 화려하게 마감)

정답 : ③

2019.1회-9

58 이슬람교의 영향을 받은 건축물에서 볼 수 있는 연속적인 기하학적 문양, 식물문양, 당초문양 등을 이르는 용어는?

① 스퀸치
② 펜덴티브
③ 모자이크
④ 아라베스크

해설
아라베스크
아라비아 또는 이슬람 문화권의 전통적인 기하학적 무늬(문양)

정답 : ④

2022.1회-16

59 이슬람(사라센) 건축양식에서 미나렛(Minaret)이 의미하는 것은?

① 이슬람교의 신학원 시설
② 모스크의 상징인 높은 탑
③ 메카 방향으로 설치된 실내 제단
④ 열주나 아케이드로 둘러싸인 중정

해설
미나렛은 이슬람교 사원의 외곽에 설치하는 첨탑을 말한다.

정답 : ②

2014.2회-17, 2020.4회-18

60 고딕 성당에 관한 설명으로 옳지 않은 것은?

① 중앙집중식 배치를 지배적으로 사용하였다.
② 건축 형태에서 수직성을 강하게 강조하였다.
③ 수평 방향으로 통일되고 연속적인 공간을 만들었다.
④ 고딕 성당으로는 랭스 성당, 아미앵 성당 등이 있다.

해설
①은 비잔틴 건축양식의 주요 특징이며 펜덴티브 돔 부분에서 잘 나타난다.

정답 : ①

2021.2회-10

61 고딕양식의 건축물에 속하지 않는 것은?

① 아미앵 성당
② 노트르담 성당
③ 샤르트르 성당
④ 성 베드로 성당

해설
성 베드로 성당은 고딕건축의 르네상스 양식으로 1885년에 완공되었다.

정답 : ④

2020.3회-18

62 다음 중 건축요소와 해당 건축요소가 사용된 건축양식의 연결이 옳지 않은 것은?

① 장미창(Rose Window) – 고딕
② 러스티케이션(Rustication) – 르네상스
③ 첨두아치(Pointed Arch) – 로마네스크
④ 펜덴티브 돔(Pendentive Done) – 비잔틴

해설
첨두아치 – 고딕

고딕건축
첨두 아치, 플라잉 버트레스, 리브 볼트, 장미창 등

정답 : ③

2021.2회-16

63 르네상스 건축에 관한 설명으로 옳은 것은?

① 건축 비례와 미적 대칭 등을 중시하였다.
② 첨탑과 플라잉 버트레스가 처음 도입되었다.
③ 펜덴티브 돔이 창안되어 실내공간의 자유도가 높아졌다.
④ 강렬한 극적효과를 추구하며 관찰자의 주관적 감흥을 중시하였다.

해설
② 고딕 양식에 대한 설명
③ 비잔틴 양식에 대한 설명

④ 바로크 양식에 대한 설명

르네상스 건축의 특징
- 로마의 땅이었던 이탈리아에서 시작
- 건축 비례와 미적 대칭 등을 중시
- 순수미술을 건축의 장식으로 사용하기 시작한 건축기법
- 그리스의 도리아식, 이오니아식, 코린트식 기둥이 장식으로 들어가는 경우가 많음
- 예) 성 베드로 성당, 피사의 사탑 등

정답 : ①

2022.2회-12

64 르네상스 교회 건축양식의 일반적 특징으로 옳은 것은?

① 타원형 등 곡선평면을 사용하여 동적이고 극적인 공간 연출을 하였다.
② 수평을 강조하며 정사각형, 원 등을 사용하여 유심적 공간구성을 하였다.
③ 직사각형의 평면구성으로 볼트구조의 지붕을 구성하며 종탑을 설치하였다.
④ 로마네스크 건축의 반원 아치를 발전시킨 첨두형 아치를 주로 사용하였다.

해설
수평을 강조하며 정사각형, 원 등을 사용하여 유심적 공간구성을 하였다. 대표적인 건물로는 성 베드로 대성당이 있다.

정답 : ②

2016.4회-10

65 건축물과 양식의 연결이 옳지 않은 것은?

① 노트르담 성당 – 고딕 양식
② 샤르트르 성당 – 고딕 양식
③ 피사의 사탑 – 바로크 양식
④ 성 소피아 성당 – 비잔틴 양식

해설
피사(Pisa) 대성당
- 이탈리아 로마네스크 건축양식의 대표 건축물로, 일명 '피사의 사탑(Leaning Tower)'이라 불리는 종탑이 유명하다.
- 세례당, 종탑, 예배당으로 기능별 분류

정답 : ③

66 다음의 건축물과 양식의 연결이 옳지 않은 것은? (2017.2회-8)

① 판테온 – 로마 양식
② 파르테논 신전 – 그리스 양식
③ 성 소피아 성당 – 비잔틴 양식
④ 노트르담 성당 – 로마네스크 양식

[해설]
노트르담 성당 – 고딕 양식
정답 : ④

---

67 르 코르뷔지에(Le Corbuiser)가 주장한 건축 5대 원칙에 속하지 않는 것은? (2016.1회-14)

① 필로티 ② 모듈러
③ 옥상정원 ④ 자유로운 평면

[해설]
르 코르뷔지에의 5대 원칙
- 필로티의 사용 : 구조물을 지지하고 건물 아래에 있는 지면이 자유로움
- 연속된 수평창(수평띠창) : 골조와 벽의 기능적 독립
- 자유로운 평면 : 내부공간을 기능에 따라 구성
- 자유로운 입면 : 수평으로 긴 창을 채택한 자유로운 외관
- 옥상정원 : 정원으로 변형 가능

정답 : ②

---

68 다음 중 르 코르뷔지에가 제시한 근대건축의 5원칙에 속하는 것은? (2019.2회-4)

① 옥상정원 ② 유기적 건축
③ 노출 콘크리트 ④ 유니버설 스페이스

[해설]
르 코르뷔지에의 5대 원칙
- 필로티의 사용 : 구조물을 지지하고 건물 아래에 있는 지면이 자유로움
- 연속된 수평창(수평띠창) : 골조와 벽의 기능적 독립
- 자유로운 평면 : 내부공간을 기능에 따라 구성
- 자유로운 입면 : 수평으로 긴 창을 채택한 자유로운 외관
- 옥상정원 : 정원으로 변형 가능

정답 : ①

---

69 르 코르뷔지에가 주장한 근대건축 5원칙에 속하지 않는 것은? (2022.1회-10)

① 필로티 ② 옥상정원
③ 유기적 공간 ④ 자유로운 평면

[해설]
르 코르뷔지에의 근대 건축의 5원칙
- 필로티 사용
- 자유로운 평면(골조, 벽의 기능적 독립)
- 자유로운 파사드(입면)
- 수평으로 긴 창
- 옥상정원

정답 : ③

---

70 오토 바그너(Otto Wagner)가 주장한 근대건축의 설계지침 내용으로 옳지 않은 것은? (2013.2회-16, 2016.1회-5, 2021.4회-6)

① 경제적인 구조
② 그리스 건축양식의 복원
③ 시공재료의 적당한 선택
④ 목적을 정확히 파악하고 완전히 충족시킬 것

[해설]
①, ③, ④ 외에 건축형태가 자연스럽게 형성될 것 등의 지침이 있다.

오토 바그너(1896)
1. 빈분리파
2. 근대건축의 설계지침
   - 정밀한 목적 파악, 완전한 목적 추구
   - 적절한 시공재료의 선택
   - 간편하고 경제적인 구조
   - 자연스럽게 형성되는 건축형태

정답 : ②

---

71 다음의 건축작품과 설계자의 연결이 옳지 않은 것은? (2013.4회-5)

① 낙수장 : 프랭크 로이드 라이트
② 사보이(Savoye) 주택 : 르 코르뷔지에
③ 킴벨(Kimbel) 미술관 : 월터 그로피우스
④ 투겐하트(Tugendhat) 주택 : 미스 반 데 로에

[해설]
③ 킴벨 미술관 : 루이스 칸

정답 : ③

72 다음 중 건축가와 그의 작품 연결이 옳지 않은 것은? 2018.2회-16

① Marcel Breuer – 파리 유네스코 본부
② Le Corbusier – 동경 국립서양미술관
③ Antonio Gaudi – 시드니 오페라하우스
④ Frank Lloyd Wright – 뉴욕 구겐하임 미술관

[해설]
시드니 오페라하우스 – Jorn Utzon(에른 웃손)

정답 : ③

73 다음 중 건축가와 작품의 연결이 옳지 않은 것은? 2019.2회-19

① 르 코르뷔지에 – 사보이 주택
② 오스카 니마이어 – 브라질 국회의사당
③ 미스 반 데어 로에 – 뉴욕 레버하우스
④ 프랭크 로이드 라이트 – 뉴욕 구겐하임 미술관

[해설]
뉴욕 레버하우스의 건축가는 '고든 번샤프트(Gorden Bunshaft)'이다.
미국의 현대건축가이며 뉴욕 레버하우스는 초고층 빌딩으로 유리 커튼월 공법을 처음으로 사용하였다.

정답 : ③

74 다음 중 건축가와 작품의 연결이 옳지 않은 것은? 2019.4회-18

① 르 코르뷔지에(Le Corbusier) – 롱샹 교회
② 월터 그로피우스(Walter Gropius) – 아테네 미국대사관
③ 프랭크 로이드 라이트(Frank Lloyd Wright) – 구겐하임 미술관
④ 미스 반 데어 로에(Mies Van der Rohe) – M.I.T 공대 기숙사

[해설]
미스 반 데어 로에는 I.I.T(일리노이 공대) 건물들을 만들었고 M.I.T 공대 기숙사는 알바알토(1947, 베이커하우스), 스티븐 홀(2002, 시먼스 홀)이 만들었다.

※ 미스 반 데르 로에 or 미스 반 데 로에로 출제되는 경우도 있음에 주의!

정답 : ④

75 원합리주의로 분류되며 "장식은 죄악이다"라는 표현을 남긴 근대 건축가는? 2015.4회-17

① 오토 바그너   ② 아돌프 로스
③ 르 코르뷔지에   ④ 미스 반 데 로에

[해설]
아돌프 로스(Loos Adolf, 1870~1933)
• 근대 건축가
• 건축가, 가구디자이너, 실내장식가, 예술비평가로 활동
• "장식은 죄악이다."
• 아르누보 양식에 당시 빠져 있던 빈의 건축문화를 강하게 비판
• 슈타이너 하우스(Steiner House, 1910), 로스하우스(Looshaus, 1911), 빌라 뮐러(Villa Muller, 1930)

정답 : ②

76 레이트 모던(Late Modern) 건축양식에 관한 설명으로 옳지 않은 것은? 2022.1회-6

① 기호학적 분절을 추구하였다.
② 퐁피두센터는 이 양식에 부합되는 건축물이다.
③ 공업기술을 바탕으로 기술적 이미지를 강조하였다.
④ 대표적 건축가로는 시저 펠리, 노만 포스터 등이 있다.

[해설]
후기 현대주의(Late Modern)
• 공업기술 바탕의 기술적 이미지
• 반사유리, 금속판 피복
• 현대건축 이념 계승
• 기계미학(퐁피두센터)
• 건축가 : 시저 펠리, 노만 포스터 등

정답 : ①

77 포스트모더니즘의 건축가로 "건축의 복합성과 대립성(Complexity and Contradiction in Architecture)"이라는 저서를 쓴 건축가는? 2014.3회-6

① 다니엘 번함   ② 조셉 팍스턴
③ 로버트 벤추리   ④ 피터 아이젠만

[해설]
건축의 복합성과 대립성
• 로버트 벤추리의 저서
• 단순성과 순수성의 허구 지적
• 복합성과 다양성의 건축을 강조

정답 : ③

SECTION 02 각종 건축물의 건축계획

|1| 주거건축계획

2016.1회-20, 2019.1회-12

78 한식주택과 양식주택에 관한 설명으로 옳지 않은 것은?

① 양식주택은 입식생활이며, 한식주택은 좌식생활이다.
② 양식주택의 실은 단일용도이며, 한식주택의 실은 혼용도이다.
③ 양식주택은 실의 위치별 분화이며, 한식주택은 실의 기능별 분화이다.
④ 양식주택은 가구가 주요한 내용물이며, 한식주택의 가구는 부차적 존재이다.

[해설]
양식주택은 실의 '기능별 분화'이며, 한식주택은 실의 '위치별 분화'이다.

정답 : ③

2017.2회-9

79 일반주택의 동선계획에 관한 설명으로 옳지 않은 것은?

① 하중이 큰 가사노동의 동선은 길게 처리한다.
② 동선에는 공간이 필요하고 가구를 둘 수 없다.
③ 일반적으로 동선의 3요소라 함은 속도, 빈도, 하중을 의미한다.
④ 개인, 사회, 가사노동권의 3개 동선은 서로 분리하는 것이 바람직하다.

[해설]
동선
- 동선의 3요소 : 속도, 빈도, 하중
- 단순, 명쾌, 빈도 높은 동선은 짧게
- 서로 다른 종류의 동선은 분리
- 개인권, 사회권, 가사 노동권은 서로 분리하여 독립성 유지
* 하중이 큰 가사노동의 동선은 짧게 처리

정답 : ①

2016.1회-3

80 주택의 동선계획에 관한 설명으로 옳지 않은 것은?

① 동선은 가능한 한 굵고 짧게 한다.
② 동선의 형은 가능한 한 단순하게 한다.
③ 동선에는 공간이 필요하고 가구를 두지 않는다.
④ 화장실 등과 같이 사용빈도가 높은 공간은 동선을 길게 처리한다.

[해설]
사용빈도가 높은 공간은 동선을 짧게 하여야 한다.

정답 : ④

2021.1회-20

81 주택의 동선계획에 관한 설명으로 옳지 않은 것은?

① 동선은 가능한 굵고 짧게 계획하는 것이 바람직하다.
② 동선의 3요소 중 속도는 동선의 공간적 두께를 의미한다.
③ 개인, 사회, 가사노동권의 3개 동선은 상호 간 분리하는 것이 좋다.
④ 화장실, 현관 등과 같이 사용빈도가 높은 공간은 동선을 짧게 처리하는 것이 중요하다.

[해설]
동선의 3요소 중 속도는 피난용도 등 복도의 폭과 거리와 관계되며, 동선의 공간적 두께는 교차성을 의미한다.

정답 : ②

2016.1회-6

82 다음 중 주거공간의 효율을 높이고, 데드 스페이스(Dead Space)를 줄이는 방법과 가장 거리가 먼 것은?

① 유닛 가구를 활용한다.
② 가구와 공간의 치수체계를 통합한다.
③ 기능과 목적에 따라 독립된 실로 계획한다.
④ 침대, 계단 밑 등을 수납공간으로 활용한다.

[해설]
실을 다용도, 복합용도로 사용하여 공간활용을 최대로 한다.

정답 : ③

83 주택 부엌에서 작업삼각형(Work Triangle)의 구성 요소에 속하지 않는 것은?

① 개수대　　　② 배선대
③ 가열대　　　④ 냉장고

[해설]
작업삼각형
냉장고+개수대+가열대를 연결하는 삼각형

정답 : ②

84 주택의 부엌에서 작업과정을 고려한 작업대의 배치 순서로 가장 알맞은 것은?

① 레인지 → 싱크대 → 조리대 → 냉장고
② 조리대 → 싱크대 → 레인지 → 냉장고
③ 싱크대 → 냉장고 → 조리대 → 레인지
④ 냉장고 → 싱크대 → 조리대 → 레인지

[해설]
부엌의 작업 순서
냉장고에서 재료를 꺼내어 씻고 조리대에서 썰어서 레인지에 요리한다.

정답 : ④

85 주택의 부엌에서 작업 순서에 따른 작업대 배열로 가장 알맞은 것은?

① 냉장고 → 싱크대 → 조리대 → 가열대 → 배선대
② 싱크대 → 조리대 → 가열대 → 냉장고 → 배선대
③ 냉장고 → 조리대 → 가열대 → 배선대 → 싱크대
④ 싱크대 → 냉장고 → 조리대 → 배선대 → 가열대

[해설]
부엌의 작업 순서
냉장고에서 재료를 꺼내어 싱크대에서 씻고 조리대에서 썰어서 레인지나 가열대에서 요리한다.
개수대(싱크대) → 조리대 → 조리대 → 가열대 → 배선대

정답 : ①

86 주택 부엌의 작업삼각형(Work Triangle)에 관한 설명으로 옳지 않은 것은?

① 3변의 길이 합은 7~8m 정도가 기능적이다.
② 삼각형의 한 변의 길이는 1.8m 이하가 바람직하다.
③ 냉장고, 개수대, 레인지의 중간 지점을 연결한 삼각형이다.
④ 삼각형의 한 변 길이가 너무 길어지면 동선이 길어지므로 기능상 좋지 않다.

[해설]
세 변의 길이 합은 3.6~6.6m 정도가 적당하다.

정답 : ①

87 주택 주방의 작업삼각형의 꼭짓점에 해당하지 않는 것은?

① 냉장고　　　② 개수대
③ 가열대　　　④ 배선대

[해설]
작업삼각형
- 냉장고+개수대+가열대를 연결하는 삼각형을 말한다.
- 능률적인 길이는 3.6~6.6m
- 가장 짧은 변은 개수대와 가열대
- 세 변의 합이 짧을수록 효과적
- 개수대는 창에 면하는 것이 좋다.
- 개수대와 조리대의 길이 : 1.2~1.8m가 적당

정답 : ④

88 주택의 평면과 각 부위의 치수 및 기준척도에 관한 설명으로 옳지 않은 것은?

① 치수 및 기준척도는 안목치수를 원칙으로 한다.
② 층높이는 2.4m 이상으로 하되, 5cm를 단위로 한 것을 기준척도로 한다.
③ 거실 및 침실의 평면 각 변의 길이는 10cm를 단위로 한 것을 기준척도로 한다.
④ 계단 및 계단참의 평면 각 변의 길이 또는 너비는 5cm를 단위로 한 것을 기준척도로 한다.

[해설]
③ 거실 및 침실의 각 변의 길이는 5cm를 단위로 한 것을 기준척도로 한다.

주택의 평면과 각 부위의 치수 및 기준척도
① 치수 및 기준척도는 안목치수를 원칙으로 할 것. 다만, 한국산업규격이 정하는 모듈정합의 원칙에 의한 모듈격자 및 기준면의 설정방법 등에 따라 필요한 경우에는 중심선 치수로 할 수 있다.
② 거실 및 침실의 평면 각 변의 길이는 5센티미터를 단위로 한 것을 기준척도로 할 것
③ 부엌·식당·욕실·화장실·복도·계단 및 계단참 등의 평면 각 변의 길이 또는 너비는 5센티미터를 단위로 한 것을 기준척도로 할 것. 다만, 한국산업규격에서 정하는 주택용 조립식 욕실을 사용하는 경우에는 한국산업규격에서 정하는 표준모듈호칭치수에 따른다.
④ 거실 및 침실의 반자높이(반자를 설치하는 경우만 해당한다.)는 2.2미터 이상으로 하고 층높이는 2.4미터 이상으로 하되, 각각 5센티미터를 단위로 한 것을 기준척도로 할 것
⑤ 창호설치용 개구부의 치수는 한국산업규격이 정하는 창호개구부 및 창호부품의 표준모듈호칭치수에 의할 것. 다만, 한국산업규격이 정하지 아니한 사항에 대하여는 국토교통부장관이 정하여 공고하는 건축표준상세도에 의한다.
⑥ 제①호 내지 제⑤호에서 규정한 사항 외의 구체적인 사항은 국토교통부장관이 정하여 고시하는 기준에 적합할 것

정답 : ③

2017.4회-14, 2020.3회-2

89 주택의 평면과 각 부위의 치수 및 기준척도에 관한 설명으로 옳지 않은 것은?

① 치수 및 기준척도는 안목치수를 원칙으로 한다.
② 거실 및 침실의 평면 각 변의 길이는 10cm를 단위로 한 것을 기준척도로 한다.
③ 거실 및 침실의 층높이는 2.4m 이상으로 하되, 5cm를 단위로 한 것을 기준척도로 한다.
④ 계단 및 계단참의 평면 각 변의 길이 또는 너비는 5cm를 단위로 한 것을 기준척도로 한다.

[해설]
주택의 평면과 각 부위의 치수 및 기준척도
• 안목치수를 원칙으로 할 것
• 거실 및 침실의 평면, 각 변의 길이는 5cm 단위로 한 것을 기준척도로 할 것
• 거실 및 침실의 반자높이는 2.2m 이상, 층높이는 2.4m 이상으로 할 것

정답 : ②

2015.4회-3

90 다음 중 주택의 평면계획 시 사용되는 공간의 조닝방법과 가장 거리가 먼 것은?

① 융통성에 의한 조닝
② 가족 전체와 개인에 의한 조닝
③ 정적 공간과 동적 공간에 의한 조닝
④ 주간과 야간의 사용시간에 의한 조닝

[해설]
Zoning과 융통성은 반대의 개념이다.

정답 : ①

2017.2회-16, 2020.4회-12

91 건축공간의 치수계획에서 "압박감을 느끼지 않을 만큼의 천장 높이 결정"은 다음 중 어디에 해당하는가?

① 물리적 스케일
② 생리적 스케일
③ 심리적 스케일
④ 입면적 스케일

[해설]
건축공간 스케일
• 물리적 스케일 : 인간이나 물체의 물리적 크기에 의해 결정(출입구)
• 생리적 스케일 : 실공간의 소요환기량(창문의 크기)
• 심리적 스케일 : 압박감 등의 심리와 공간의 크기 등(천장 높이)

정답 : ③

2014.1회-20, 2020.4회-5

92 단독주택에서 다음과 같은 실들을 각각 직상층 및 직하층에 배치할 경우 가장 바람직하지 않은 것은?

① 상층 : 침실, 하층 : 침실
② 상층 : 부엌, 하층 : 욕실
③ 상층 : 욕실, 하층 : 침실
④ 상층 : 욕실, 하층 : 부엌

[해설]
상층은 침실, 하층은 욕실로 계획하는 것이 좋다.

설비적 코어
부엌, 욕실, 화장실 등 설비부분을 건물의 일부에 집약, 배치시켜 설비관계 공사비를 감소시키는 것이 바람직하다.

정답 : ③

2018.1회-18

93 단독주택계획에 관한 설명으로 옳지 않은 것은?

① 건물이 대지의 남측에 배치되도록 한다.
② 건물은 가능한 한 동서로 긴 형태가 좋다.
③ 동지 때 최소한 4시간 이상의 햇빛이 들어오도록 한다.
④ 인접 대지에 건물이 없더라도 개발 가능성을 고려하도록 한다.

[해설]
건물을 대지의 북측에 배치함으로써 남측의 공지를 확보하는 것이 유리하다.

정답 : ①

2020.4회-19

94 단독주택의 평면계획에 관한 설명으로 옳지 않은 것은?

① 거실은 평면계획상 통로나 홀로 사용하지 않는 것이 좋다.
② 현관의 위치는 대지의 형태, 도로와의 관계 등에 의하여 결정된다.
③ 부엌은 주택의 서측이나 동측이 좋으며 남향은 피하는 것이 좋다.
④ 노인침실은 일조가 충분하고 전망이 좋은 조용한 곳에 면하게 하고 식당, 욕실 등에 근접시킨다.

[해설]
부엌의 배치
- 남쪽 또는 동쪽의 모퉁이 부분으로 외기에 접할 수 있도록 하는 것이 좋다.
- 일사시간이 긴 서쪽은 음식물이 부패하기 쉬우므로 반드시 피해야 한다.

정답 : ③

2015.4회-13

95 평지 주택에 비해 경사지 주택이 갖는 유리한 특성으로 볼 수 없는 것은?

① 통풍   ② 조망
③ 접근성   ④ 프라이버시

[해설]
접근성은 경사지 주택보다는 평지 주택에 유리한 특성이다.

정답 : ③

2015.4회-18

96 숑바르 드 로브의 1인당 주거면적 기준으로 옳은 것은?

① 병리기준 : $6m^2$, 한계기준 : $12m^2$
② 병리기준 : $6m^2$, 한계기준 : $14m^2$
③ 병리기준 : $8m^2$, 한계기준 : $12m^2$
④ 병리기준 : $8m^2$, 한계기준 : $14m^2$

[해설]
숑바르 드 로브(Chombard de Lawve)의 기준
- 병리기준 : $8m^2$/인(거주자의 신체 및 건강에 나쁜 영향을 준다.)
- 한계기준 : $14m^2$/인(개인, 가족적인 거주의 융통성을 보장하지 못한다.)
- 표준기준 : $16m^2$/인(적극적으로 추천)

정답 : ④

2016.4회-1, 2020.3회-12

97 숑바르 드 로브의 주거면적 기준으로 옳은 것은?

① 병리기준 : $6m^2$, 한계기준 : $12m^2$
② 병리기준 : $6m^2$, 한계기준 : $14m^2$
③ 병리기준 : $8m^2$, 한계기준 : $12m^2$
④ 병리기준 : $8m^2$, 한계기준 : $14m^2$

[해설]
숑바르 드 로브(Chombard de Lawve)의 기준
- 병리기준 : $8m^2$/인(거주자의 신체 및 건강에 나쁜 영향을 준다.)
- 한계기준 : $14m^2$/인(개인, 가족적인 거주의 융통성을 보장하지 못한다.)
- 표준기준 : $16m^2$/인(적극적으로 추천)

정답 : ④

2019.1회-5

98 숑바르 드 로브(Chombard de Lawve)가 제시하는 1인당 주거 면적의 병리기준은?

① $6m^2$ ② $8m^2$
③ $10m^2$ ④ $12m^2$

[해설]
숑바르 드 로브가 제시하는 1인당 주거면적의 병리기준은 $8m^2$이다.

정답 : ②

2013.1회-8, 2019.4회-13

99 주택의 부엌가구 배치 유형에 관한 설명으로 옳지 않은 것은?

① L자형은 부엌과 식당을 겸할 경우 많이 활용된다.
② ㄷ자형은 작업공간이 좁기 때문에 작업효율이 나쁘다.
③ 병렬형은 작업동선은 줄일 수 있지만 몸을 앞뒤로 바꾸는 데 불편하다.
④ 일(-)자형은 좁은 면적 이용에 효과적이므로 소규모 부엌에 주로 사용된다.

[해설]
작업효율은 좋지만 출입구 설치가 불리한 단점이 있다.

ㄷ자형
1. 수납공간이 넓고 이용하기 편리하다.(양측 벽면 이용)
2. 출입구의 위치 설정이 어렵다.

부엌의 유형
부엌 설비기구들의 배치는 인체의 동작과 밀접하게 관련된다. 일반적으로 부엌의 평면형은 일렬형, 병렬형, ㄱ자형, ㄷ자형으로 구분되며, 주택의 규모와 배치에 따라 적합한 평면형을 결정하도록 한다.

일렬형 (직선형)	• 면적이 작은 소규모 주택에 적합 • 동선에 혼란이 없는 것이 장점 • 설비기구가 많은 경우에는 동선이 길어지는 단점
병렬형	• 일렬형에 비하여 작업동선 단축 • 작업 시 몸을 앞뒤로 바꾸어야 하는 불편이 있음 • 폭이 길이에 비해 넓은 부엌에 적합 • 식당과 부엌이 개방되지 않고 외부로 통하는 출입구가 필요한 경우에 많이 사용
ㄱ자형 (L자형)	• 작업동선이 효율적 • 두 벽면을 이용하여 작업대를 배치한 형태 • 모서리 부분은 개수대, 레인지를 설치할 수 없어 이용도가 낮음 • 비교적 넓은 부엌에서 능률적 • 여유공간이 많이 남기 때문에 식사실과 함께 이용할 경우 적합
ㄷ자형 (U자형)	• 비교적 규모가 큰 공간에 적합 • 병렬형과 ㄱ자형을 혼합한 평면형으로 동선의 길이가 가장 짧음 • 3면의 벽에 작업대를 배치하는 형태(작업면이 가장 넓고 작업효율이 좋음) • 양측의 벽면을 이용할 수 있으므로 수납공간을 크게 할 수 있는 장점 • 평면계획상 외부로 통하는 출입구의 설치가 어려움
아일랜드형	• 개방된 공간의 오픈시스템에 적합 • 작업대를 중앙에 놓거나 벽면에 직각이 되도록 배치

정답 : ②

2019.2회-1

100 주택의 부엌계획에 관한 설명으로 옳지 않은 것은?

① 일사가 긴 서쪽은 음식물이 부패하기 쉬우므로 피하도록 한다.
② 작업삼각형은 냉장고와 개수대 그리고 배선대를 잇는 삼각형이다.
③ 부엌가구의 배치유형 중 ㄱ자형은 부엌과 식당을 겸할 경우 많이 활용되는 형식이다.
④ 부엌가구의 배치유형 중 일렬형은 면적이 좁은 경우 이용에 효과적이므로 소규모 부엌에 주로 활용된다.

[해설]
작업삼각형
• 냉장고+개수대+가열대를 연결하는 삼각형
• 능률적인 길이는 3.6~6.6m
• 가장 짧은 변은 개수대와 가열대
• 세 변의 합이 짧을수록 효과적
• 개수대는 창에 면하는 것이 좋다.
• 개수대와 조리대의 길이는 1.2~1.8m가 적당

정답 : ②

2015.2회-19, 2022.1회-13

101 주택 부엌의 가구배치 유형 중 병렬형에 관한 설명으로 옳은 것은?

① 작업면이 가장 넓은 배치유형으로 작업효율이 좋다.
② 연속된 두 벽면을 이용하여 작업대를 배치한 형식이다.
③ 폭이 길이에 비해 넓은 부엌의 형태에 적당한 유형이다.
④ 좁은 면적 이용에 효과적이므로 소규모 부엌에 주로 이용된다.

[해설]
부엌의 유형
부엌의 설비기구들의 배치는 인체의 동작과 밀접하게 관련된다. 일반적으로 부엌의 평면형은 일렬형, 병렬형, ㄱ자형, ㄷ자형으로 구분되며, 주택의 규모와 배치에 따라 적합한 평면형을 결정하도록 한다.

일렬형 (직선형)	• 면적이 작은 소규모 주택에 적합 • 동선에 혼란이 없는 것이 장점 • 설비기구가 많은 경우에는 동선이 길어지는 단점
병렬형	• 일렬형에 비하여 작업동선 단축 • 작업 시 몸을 앞뒤로 바꾸어야 하는 불편이 있음 • 폭이 길이에 비해 넓은 부엌에 적합 • 식당과 부엌이 개방되지 않고 외부로 통하는 출입구가 필요한 경우에 많이 사용
ㄱ자형 (ㄴ자형)	• 작업동선이 효율적 • 두 벽면을 이용하여 작업대를 배치한 형태 • 모서리 부분은 개수대, 레인지를 설치할 수 없어 이용도가 낮음 • 비교적 넓은 부엌에서 능률적 • 여유공간이 많이 남기 때문에 식사실과 함께 이용할 경우 적합
ㄷ자형 (U자형)	• 비교적 규모가 큰 공간에 적합 • 병렬형과 ㄱ자형을 혼합한 평면형으로 동선의 길이가 가장 짧음 • 3면의 벽에 작업대를 배치하는 형태(작업면이 가장 넓고 작업효율이 좋음) • 양측의 벽면을 이용할 수 있으므로 수납공간을 크게 할 수 있는 장점 • 평면계획상 외부로 통하는 출입구의 설치가 어려움
아일랜드형	• 개방된 공간의 오픈시스템에 적합 • 작업대를 중앙에 놓거나 벽면에 직각이 되도록 배치

정답 : ③

2018.1회-13

102 다음과 같은 특징을 갖는 부엌의 평면형은?

• 작업시 몸을 앞뒤로 바꾸어야 하는 불편이 있다.
• 식당과 부엌이 개방되지 않고 외부로 통하는 출입구가 필요한 경우에 많이 쓰인다.

① 일렬형　　② ㄱ자형
③ 병렬형　　④ ㄷ자형

병렬형
• 일렬형에 비하여 작업동선 단축
• 작업 시 몸을 앞뒤로 바꾸어야 하는 불편이 있음
• 폭이 길이에 비해 넓은 부엌에 적합
• 식당과 부엌이 개방되지 않고 외부로 통하는 출입구가 필요한 경우에 많이 사용

정답 : ③

2014.3회-3, 2021.2회-1

103 주택의 부엌 작업대 배치유형 중 ㄷ자형에 관한 설명으로 옳은 것은?

① 두 벽면을 따라 작업이 전개되는 전통적인 형태이다.
② 평면계획상 외부로 통하는 출입구의 설치가 곤란하다.
③ 작업동선이 길고 조리면적은 좁지만 다수의 인원이 함께 작업할 수 있다.
④ 가장 간결하고 기본적인 설계형태로 길이가 4.5m 이상이 되면 동선이 비효율적이다.

ㄷ자형(U자형)
• 비교적 규모가 큰 공간에 적합
• 병렬형과 ㄱ자형을 혼합한 평면형으로 동선의 길이가 가장 짧음
• 3면의 벽에 작업대를 배치하는 형태(작업면이 가장 넓고 작업효율이 좋음)
• 양측의 벽면을 이용할 수 있으므로 수납공간을 크게 할 수 있는 장점
• 평면계획상 외부로 통하는 출입구의 설치가 어려움

정답 : ②

2013.1회-19

104 주택단지 안의 건축물 또는 옥외에 설치하는 계단 중 공동으로 사용하는 계단의 유효폭은 최소 얼마 이상으로 하여야 하는가?

① 90cm　　② 120cm
③ 150cm　　④ 180cm

계단의 유효폭

종류	유효폭	단높이	단너비
공동으로 사용하는 계단	120cm 이상	18cm 이하	26cm 이상
건축물의 옥외 계단	90cm 이상	20cm 이하	24cm 이상

정답 : ②

2015.2회-17

105 주택단지 안의 건축물에 설치하는 계단의 유효폭은 최소 얼마 이상이어야 하는가?(단, 공동으로 사용하는 계단의 경우)

① 45cm　　② 60cm
③ 120cm　　④ 150cm

[해설]
주택단지 안의 건축물 또는 옥외에 설치하는 계단의 각 부위의 치수는 다음 표의 기준에 적합하여야 한다.

계단의 종류	유효폭	단높이	단너비
공동으로 사용하는 계단	120cm 이상	18cm 이하	26cm 이상
건축물의 옥외 계단	90cm 이상	20cm 이하	24cm 이상

정답 : ③

2014.3회-15, 2017.4회-4

106 주택단지 안의 건축물에 설치하는 계단의 유효폭은 최소 얼마 이상이어야 하는가?(단, 공동으로 사용하는 계단의 경우)

① 90cm ② 120cm
③ 150cm ④ 180cm

[해설]

계단의 종류	유효폭	단높이	단너비
공동으로 사용하는 계단	120cm 이상	18cm 이하	26cm 이상
건축물의 옥외 계단	90cm 이상	20cm 이하	24cm 이상

정답 : ②

2018.2회-8

107 주택단지 안의 건축물에 설치하는 계단의 유효폭은 최소 얼마 이상으로 하여야 하는가?

① 0.9m ② 1.2m
③ 1.5m ④ 1.8m

[해설]

계단의 종류	유효폭	단높이	단너비
공동으로 사용하는 계단	120cm 이상	18cm 이하	26cm 이상
건축물의 옥외 계단	90cm 이상	20cm 이하	24cm 이상

정답 : ②

2014.1회-5

108 공동주택의 2세대 이상이 공동으로 사용하는 복도의 유효폭은 최소 얼마 이상이어야 하는가?(단, 갓복도의 경우)

① 90cm ② 120cm
③ 150cm ④ 180cm

[해설]
복도 폭(공동주택, 오피스텔)
• 양측에 거실이 있는 복도 : 1.8m 이상
• 기타의 복도 : 1.2m 이상
＊ 갓복도=편복도

정답 : ②

2014.3회-2

109 캐빈 린치(Kevin Lynch)가 주장한 "도시 이미지"의 구성 요소에 속하지 않는 것은?

① Paths ② Edges
③ Linkages ④ Landmarks

[해설]
캐빈 린치(Kevin Lynch)의 도시 이미지 구성 요소
• Edges(접촉부) : 관찰자가 길로서 느끼지 않는 두 지역 사이의 경계와 선형 요소로 해안선, 긴벽, 언덕 등
• Landmarks(기념물) : 관찰자가 그 속으로 진입할 수 있는 표지, 건물, 사인, 탑, 산 등
• Nodes(중심) : 관찰자가 진입할 수 있는 하나의 결절점으로 교차로, 광장 등
• Paths(통로) : 관찰자를 따라서 움직일 수 있는 채널로서 가로, 보도, 운하, 철도 등
• Districts(구역) : 관찰자가 심리적으로 진입하듯 하면서 느낄 수 있는 어떤 공통적 특징을 갖는 구역

정답 : ③

2021.4회-19

110 지속가능한(Sustainable) 공동주택의 설계개념으로 적절하지 않은 것은?

① 환경친화적 설계
② 지형순응형 배치
③ 가변적 구조체의 확대 적용
④ 규격화, 동일화된 단위평면

[해설]

지속가능한 건축
- 미래 세대가 그들의 필요를 충족시킬 수 있는 가능성을 손상시키지 않는 범위에서 현재 세대의 필요를 충족시키는 개발을 말한다.
- 환경과 경제개발을 조화시켜 환경을 파괴하지 않고 경제개발을 한다는 개념이다.

정답 : ④

2013.2회-13

111 공동주택의 단위주거 단면구성 형태에 관한 설명으로 옳지 않은 것은?

① 플랫형은 주거단위가 동일 층에 한하여 구성되는 형식이다.
② 복층형(메조네트형)은 엘리베이터의 정지 층수를 적게 할 수 있다.
③ 트리플렉스형은 듀플렉스형보다 프라이버시의 확보율이 낮고 통로면적이 많이 필요하다.
④ 스킵 플로어형은 주거단위의 단면을 단층형과 복층형에서 동일 층으로 하지 않고 반층씩 엇나게 하는 형식을 말한다.

[해설]

트리플렉스형은 듀플렉스형보다 프라이버시의 확보율이 높으며 통로면적이 적게 필요하다.

정답 : ③

2020.3회-17

112 공동주택 단위주거의 단면구성 형태에 관한 설명으로 옳지 않은 것은?

① 플랫형은 주거단위가 동일 층에 한하여 구성되는 형식이다.
② 스킵 플로어형은 통로 및 공용면적이 적은 반면에 전체적으로 유효면적이 높다.
③ 복층형(메조네트형)은 플랫형에 비해 엘리베이터의 정지 층수를 적게 할 수 있다.
④ 트리플렉스형은 듀플렉스형보다 프라이버시의 확보율이 낮고 통로면적이 많이 필요하다.

[해설]

트리플렉스형은 듀플렉스형보다 프라이버시 확보율이 높고 통로면적이 적게 필요하다.

복층형
- 듀플렉스형 : 하나의 단위주거의 평면이 2개 층에 걸쳐있는 것
- 트리플렉스형 : 하나의 단위주거의 평면이 3개 층에 걸쳐있는 것

정답 : ④

2015.2회-16, 2021.4회-7

113 공동주택의 단면형식에 관한 설명으로 옳지 않은 것은?

① 트리플렉스형은 듀플렉스형보다 공용면적이 크게 된다.
② 메조넷형에서 통로가 없는 층은 채광 및 통풍 확보가 가능하다.
③ 플랫형은 평면구성의 제약이 적으며, 소규모의 평면계획도 가능하다.
④ 스킵플로어형은 동일한 주동에서 각기 다른 모양의 세대 배치가 가능하다.

[해설]

트리플렉스형은 3개층의 전용주호를 갖고, 듀플렉스형은 2개층의 전용주호를 갖는다. 따라서, 트리플렉스형이 보다 안정적인 내부 주호형태를 띠고 있으므로 상대적으로 프라이버시 확보율이 높아지고, 공용 통로면적 부분도 유지가 가능하다.

정답 : ①

2014.1회-12

114 중복도형 공동주택에 관한 설명으로 옳지 않은 것은?

① 대지의 이용률이 높다.
② 채광 및 통풍이 불리하다.
③ 각 세대의 프라이버시 확보가 용이하다.
④ 도심지 내의 독신자용 공동주택 유형에 사용된다.

[해설]

각 세대의 프라이버시 확보가 어렵다.

정답 : ③

2016.2회-18, 2020.3회-7

115 탑상형 공동주택에 관한 설명으로 옳지 않은 것은?

① 각 세대에 시각적인 개방감을 준다.
② 각 세대의 거주 조건이나 환경이 균등하다.
③ 도심지 내의 랜드마크인 역할이 가능하다.
④ 건축물 외면의 4개의 입면성을 강조한 유형이다.

[해설]
각 세대의 거주 조건 및 환경이 균등한 것은 판상형 공동주택이다.

공동주택의 형태상 분류

구분	판상형	탑상형
장점	환경 균등	• 경관 우수 • 랜드마크적 역할 • 음영 분포가 작음 • 옥외환경 풍부 • 시각적 개방감
단점	경관, 조망 불리, 음영 분포가 큼	환경 불균등

정답 : ②

2018.4회-11

116 탑상형 공동주택에 관한 설명으로 옳지 않은 것은?

① 건축물 외면의 입면성을 강조한 유형이다.
② 각 세대에 시각적인 개방감을 줄 수 있다.
③ 각 세대의 채광, 통풍 등 자연조건이 동일하다.
④ 도시의 랜드마크(Landmark)적인 역할이 가능하다.

[해설]
아파트의 형태상 분류

구분	판상형	탑상형
장점	환경 균등	• 경관 우수 • 랜드마크적 역할 • 음영 분포가 작음 • 옥외환경 풍부 • 시각적 개방감
단점	경관, 조망 불리, 음영 분포가 큼	환경 불균등

정답 : ③

2017.4회-17

117 메조넷형(Maisonette Type) 공동주택에 관한 설명으로 옳지 않은 것은?

① 주택 내의 공간의 변화가 있다.
② 거주성, 특히 프라이버시가 높다.
③ 소규모 단위평면에 적합한 유형이다.
④ 양면 개구에 의한 통풍 및 채광 확보가 양호하다.

[해설]
메조넷형은 소규모 단위평면에는 비경제적이다.

정답 : ③

2013.4회-1, 2019.4회-10, 2022.2회-5

118 메조넷형 아파트에 관한 설명으로 옳지 않은 것은?

① 다양한 평면구성이 가능하다.
② 소규모 주택에서는 비경제적이다.
③ 편복도형일 경우 프라이버시가 양호하다.
④ 복도와 엘리베이터홀은 각 층마다 계획된다.

[해설]
복층형(Maisonette Type)
• 한 주호가 2개층 이상에 걸쳐 구성되는 형식
• 복도와 엘리베이터홀은 2개층 이상마다 계획되므로 통로면적이 감소되고 임대면적이 증가된다. (경제적, 효율적)

정답 : ④

2015.4회-5

119 아파트의 형식 중 메조넷형에 관한 설명으로 옳지 않은 것은?

① 다양한 평면 구성이 가능하다.
② 소규모 주택에 적용 시 경제적이다.
③ 통로가 없는 층은 통풍 및 채광 확보가 용이하다.
④ 트리플렉스형은 하나의 주거단위가 3층형으로 구성된 형식이다.

[해설]
메조넷형은 복층형으로 소규모 주택에는 비경제적이다.

정답 : ②

2018.4회-13

120 아파트의 단면형식 중 메조넷형(Maisonette Type)에 관한 설명으로 옳지 않은 것은?

① 다양한 평면구성이 가능하다.
② 거주성, 특히 프라이버시의 확보가 용이하다.
③ 통로가 없는 층은 채광 및 통풍 확보가 용이하다.
④ 공용 및 서비스 면적이 증가하여 유효면적이 감소된다.

> [해설]

메조넷형(Maisonette Type, Duplex)
한 주호가 2개층 이상에 걸쳐 구성되는 형

장점	단점
• 독립성이 가장 양호 • 다양한 평면구성 가능 • 편복도일 경우 프라이버시 양호 • 통로면적 감소 → 임대면적 증가 • 엘리베이터의 정지층 수를 적게 할 수 있다(효율적·경제적) • 통로가 없는 층 : 통풍 및 채광확보 유리	• 복도가 없는 층 : 피난상 불리 • 소규모 주택에는 비경제적 • 구조상 복잡(스킵플로어형)

정답 : ④

2020.4회-17

121 메조넷형(Maisonette Type) 아파트에 관한 설명으로 옳지 않은 것은?

① 설비, 구조적인 해결이 유리하며 경제적이다.
② 통로가 없는 층의 평면은 프라이버시 확보에 유리하다.
③ 통로가 없는 층의 평면은 화재 발생 시 대피상 문제점이 발생할 수 있다.
④ 엘리베이터 정지층 및 통로면적의 감소로 전용면적의 극대화를 도모할 수 있다.

> [해설]

메조넷형(Maisonette Type, Duplex)
한 주호가 2개층 이상에 걸쳐 구성되는 형

장점	단점
• 독립성이 가장 양호 • 다양한 평면구성 가능 • 편복도일 경우 프라이버시 양호 • 통로면적 감소 → 임대면적 증가 • 엘리베이터의 정지층 수를 적게 할 수 있다(효율적·경제적) • 통로가 없는 층 : 통풍 및 채광확보 유리	• 복도가 없는 층 : 피난상 불리 • 소규모 주택에는 비경제적 • 구조상 복잡(스킵플로어형)

정답 : ①

2022.1회-17

122 아파트의 단면형식 중 메조넷 형식(Maisonnette Type)에 관한 설명으로 옳지 않은 것은?

① 하나의 주거단위가 복층 형식을 취한다.
② 양면 개구부에 의한 통풍 및 채광이 좋다.
③ 주택 내의 공간의 변화가 없으며 통로에 의해 유효면적이 감소한다.
④ 거주성, 특히 프라이버시는 높으나 소규모 주택에는 비경제적이다.

> [해설]

다양한 평면구성이 가능하며 통로면적이 감소하여 임대면적이 증가된다.

정답 : ③

2021.1회-4

123 아파트 형식에 관한 설명으로 옳지 않은 것은?

① 계단실형은 거주의 프라이버시가 높다.
② 편복도형은 복도에서 각 세대로 진입하는 형식이다.
③ 메조넷형은 평면구성의 제약이 적어 소규모 주택에 주로 이용된다.
④ 플랫형은 각 세대의 주거단위가 동일한 층에 배치 구성된 형식이다.

> [해설]

평면구성의 제약이 적어 소규모 주택에 주로 이용하는 형식은 플랫형(단층형)에 대한 설명이다.
* 메조넷형(복층형)은 소규모 주택에는 비경제적이다.

정답 : ③

2015.1회-15

124 복층형(Maisonnette) 아파트에 관한 설명으로 옳지 않은 것은?

① 주택 내의 공간의 변화가 있다.
② 거주성, 특히 프라이버시가 높다.
③ 통로면적이 늘어나므로 유효면적이 줄어든다.
④ 엘리베이터 정지층 수가 적어지므로 운행 면에서 경제적이고 효율적이다.

> [해설]

통로면적이 감소하여 유효(임대)면적은 증가한다.

정답 : ③

125 복도형인 아파트의 복도에 관한 설명으로 옳지 않은 것은?

① 복도의 벽 및 반자의 배수구를 설치하고, 바닥의 배수에 지장이 없도록 한다.
② 외기에 개방된 복도에는 배수구를 설치하고, 바닥의 배수에 지장이 없도록 한다.
③ 2세대 이상이 공동으로 사용하는 복도의 유효폭은 갓복도의 경우 최소 120cm 이상으로 한다.
④ 중복도에는 채광 및 통풍이 원활하도록 50m 이내마다 1개소 이상 외기에 면하는 개구부를 설치한다.

[해설]
중복도에는 채광 및 통풍이 원활하도록 40m 이내마다 1개소 이상 외기에 면하는 개구부를 설치한다.

복도의 기준
1. 공동주택의 2세대 이상이 공동으로 사용하는 복도의 유효폭
   ① 갓복도 : 120cm 이상
   ② 중복도 : 180cm 이상
2. 복도형인 공동주택의 복도의 기준
   ① 외기에 개방된 복도에는 배수구를 설치하고, 바닥의 배수에 지장이 없도록 할 것
   ② 중복도에는 채광 및 통풍이 원활하도록 40미터 이내마다 1개소 이상 외기에 면하는 개구부를 설치할 것
   ③ 복도의 벽 및 반자의 마감(마감을 위한 바탕을 포함)은 불연재료 또는 준불연재료로 할 것

정답 : ④

126 공동주택의 2세대 이상이 공동으로 사용하는 복도의 유효폭은 최소 얼마 이상이어야 하는가?(단, 갓복도의 경우)

① 90cm
② 120cm
③ 150cm
④ 180cm

[해설]
공동주택의 2세대 이상이 공동으로 사용하는 복도의 유효폭
① 갓복도 : 120cm 이상
② 중복도 : 180cm 이상

정답 : ②

127 동일한 대지조건, 동일한 단위주호 면적을 가진 편복도형 아파트가 홀형 아파트에 비해 유리한 점은?

① 피난에 유리하다.
② 공용면적이 작다.
③ 엘리베이터 이용효율이 높다.
④ 채광, 통풍을 위한 개구부가 넓다.

[해설]
계단실(홀)형
1대의 엘리베이터에 대한 이용 가능한 세대수가 가장 적다. 고층아파트일 경우 계단실마다 엘리베이터를 설치해야 하므로 시설비가 많이 든다.

정답 : ③

128 아파트에서 친교공간 형성을 위한 계획 방법으로 옳지 않은 것은?

① 아파트에서의 통행을 공동 출입구로 집중시킨다.
② 별도의 계단실과 입구 주위에 집합단위를 만든다.
③ 큰 건물로 설계하고, 작은 단지는 통합하여 큰 단지로 만든다.
④ 공동으로 이용되는 서비스 시설을 현관에서 인접하여 통행의 주된 흐름에서 약간 벗어난 곳에 위치시킨다.

[해설]
작은 건물로 설계하고, 큰 단지는 분할하여 작은 단지로 만든다.

정답 : ③

129 아파트에 의무적으로 설치하여야 하는 장애인 · 노인 · 임산부 등의 편의시설에 속하지 않는 것은?

① 점자블록
② 장애인 전용 주차구역
③ 높이 차이가 제거된 건축물 출입구
④ 장애인 등의 통행이 가능한 접근로

[해설]
점자블록은 선택적 권장사항이다.

점자블록(공동주택)
시각장애인을 위한 장애인 전용 주택의 주출입구와 도로 또는 교통시설을 연결하는 보도에는 점자블록을 설치할 수 있다.

정답 : ①

130 근린생활권에 관한 설명으로 옳지 않은 것은?

① 인보구는 가장 작은 생활권 단위이다.
② 인보구 내에는 어린이놀이터 등이 포함된다.
③ 근린주구는 초등학교를 중심으로 한 단위이다.
④ 근린분구는 주간선도로 또는 국지도로에 의해 구분된다.

[해설]
근린분구는 국지도로 등으로 다른 분구와 구별이 된다.
* 근린주구는 보조간선도로 또는 집산도로에 의해 다른 주구와 구별된다.

정답 : ④

131 페리(C.A Perry)의 근린주구에 관한 설명으로 옳지 않은 것은?

① 경계 : 4면의 간선도로에 의해 구획
② 공공시설용지 : 지구에 분산하여 배치
③ 오픈스페이스 : 주민의 일상생활 요구를 충족시키기 위한 소공원과 위락공간체계
④ 지구 내 가로체계 : 내부 가로망은 단지 내의 교통량을 원활히 처리하고 통과교통을 방지

[해설]
페리(C.A Perry)의 근린주구(Neighborhood Unit)

구성요소	원칙
규모	• 하나의 초등학교가 구성될 수 있는 인구. 물리적 크기는 인구밀도에 의해 결정(반경 400m 정도, 최대 통학거리 800m)
주구의 경계	• 4면의 간선도로에 의해 구획 • 통과교통 배제
오픈스페이스	• 소공원, 레크리에이션 용지 확보 • 계획된 소공원과 여가공간(운동장 등)의 체계 수립
공공시설 용지	• 근린주구 중심에 위치 • 학교와 공공시설은 주구 중심부에 적절히 통합 배치
근린상가	주요 도로의 결절점에 위치 혹은 옆 근린단위의 상점구역과 인접
지구 내 가로체계	• 특수한 가로체계를 갖고, 보행동선과 차량동선을 분리하며 통과교통은 배제 • 단지 내부 교통체계는 쿨데삭과 루프형 집분산 도로, 주구외곽은 간선도로로 계획

정답 : ②

132 페리의 근린주구이론의 내용으로 옳지 않은 것은?

① 주민에게 적절한 서비스를 제공하는 1~2개소 이상의 상점가를 주요 도로의 결절점에 배치하여야 한다.
② 내부 가로망은 단지 내의 교통량을 원활히 처리하고 통과교통에 사용되지 않도록 계획되어야 한다.
③ 근린주구의 단위는 통과교통이 내부를 관통하지 않고 용이하게 우회할 수 있는 충분한 넓이의 간선도로에 의해 구획되어야 한다.
④ 근린주구는 하나의 중학교가 필요하게 되는 인구에 대응하는 규모를 가져야 하고, 그 물리적 크기는 인구밀도에 의해 결정되어야 한다.

[해설]
근린주구는 하나의 초등학교가 필요하게 되는 인구에 대응하는 규모를 가져야 하고, 그 물리적 크기는 인구밀도에 의해 결정되어야 한다.

정답 : ④

133 페리(C.A Perry)의 근린주구에 관한 설명으로 옳지 않은 것은?

① 경계 : 4면의 간선도로에 의해 구획
② 지구 내 상업시설 : 지구 중심에 집중하여 배치
③ 오픈스페이스 : 주민의 일상생활 요구를 충족시키기 위한 소공원과 위락공간체계
④ 지구 내 가로체계 : 내부 가로망은 단지 내의 교통량을 원활히 처리하고 통과교통을 방지

[해설]
지구 내 상업시설 : 지구 중심에 집중 배치하면 불필요한 통과교통이 빈번히 발생하므로 교통의 결절점이거나 인접 상점 지구와 근접하여 배치하는 것이 바람직하다.

정답 : ②

134 페리(C.A Perry)의 근린주구 이론에서 근린주구의 중심이 되는 시설은?

① 약국
② 대학교
③ 초등학교
④ 어린이놀이터

해설
근린주구는 하나의 초등학교가 필요하게 되는 인구에 대응하는 규모를 가져야 하고, 그 물리적 크기는 인구밀도에 의해 결정되어야 한다.

정답 : ③

135 페리(C.A Perry)의 근린주구(Neighborhood Unit) 이론의 내용으로 옳지 않은 것은?

① 초등학교 학구를 기본단위로 한다.
② 중학교와 의료시설을 반드시 갖추어야 한다.
③ 지구 내 가로망은 통과교통에 사용되지 않도록 한다.
④ 주민에게 적절한 서비스를 제공하는 1~2개소 이상의 상점가를 주요도로의 결절점에 배치한다.

해설
초등학교와 의료시설을 반드시 갖추어야 한다.

정답 : ②

136 공동주택의 평면형식에 관한 설명으로 옳지 않은 것은?

① 집중형은 각 세대별 조망이 다르다.
② 중복도형은 독신자 아파트에 많이 이용된다.
③ 편복도형은 각 호의 통풍 및 채광이 양호하다.
④ 계단실형은 통행부 면적이 커서 대지의 이용률이 높다.

해설
계단실형(홀형)
계단실이나 엘리베이터홀로부터 직접 각 주호에 들어가는 형식이다.

장점	단점
• 독립성이 좋다. • 통행부 면적 감소(건물의 이용도가 높다.) • 출입이 편하다.	고층 아파트일 경우 계단실마다 엘리베이터를 설치해야 하므로 시설비가 많이 소요된다.

정답 : ④

137 다음의 공동주택 평면형식 중 각 주호의 프라이버시와 거주성이 가장 양호한 것은?

① 계단실형
② 중복도형
③ 편복도형
④ 집중형

해설
계단실형(홀형)
계단실이나 엘리베이터홀로부터 직접 각 주호에 들어가는 방식이므로 프라이버시와 거주성이 양호하다.

정답 : ①

138 자연형 테라스 하우스에 관한 설명으로 옳지 않은 것은?

① 각 세대마다 전용의 정원을 가질 수 있다.
② 하향식이나 상향식 모두 스플릿 레벨이 가능하다.
③ 하향식의 경우 각 세대의 규모를 동일하게 할 수 없다.
④ 일반적으로 후면에 창을 설치할 수 없으므로 각 세대 깊이가 너무 깊지 않도록 한다.

해설
테라스 하우스(Terrace House)
• 경사지 이용에 적절한 형식으로 각 주호마다 전용의 뜰(정원)을 가진다.
• 상향식과 하향식으로 구분된다.

상향식	하향식
하층에 거실 등의 주생활 공간을 두어 도로로부터의 진입을 짧게 한다.	• 상층 : 거실 등의 주생활 공간 • 하층 : 침실 등의 휴식, 수면공간
상향식, 하향식 모두 스플릿 레벨(Split Level) 가능	

※ 스플릿 레벨 : 평면계획 시 층과 층의 높이 차이를 반층 또는 그 이하로 만들어 공간을 변화감있게 만드는 형식

정답 : ③

139 테라스 하우스에 관한 설명으로 옳지 않은 것은?

① 경사가 심할수록 밀도가 높아진다.
② 각 세대의 깊이는 7.5m 이상으로 하여야 한다.
③ 평지보다 더 많은 인구를 수용할 수 있어 경제적이다.
④ 시각적인 인공테라스형은 위층으로 갈수록 건물의 내부 면적이 작아지는 형태이다.

[해설]
테라스 하우스에서는 일반적으로 후면에 창문이 없기 때문에 각 세대의 깊이가 6~7.5m 이상 되어서는 안 된다. (후면에 창이 없어 통풍·채광상 불리)

정답 : ②

2018.4회-2

140 타운 하우스에 관한 설명으로 옳지 않는 것은?

① 각 세대마다 주차가 용이하다.
② 프라이버시 확보를 위한 경계벽 설치가 가능하다.
③ 단독주택의 장점을 고려한 형식으로 토지이용의 효율성이 높다.
④ 일반적으로 1층은 침실 등 개인공간, 2층은 거실 등 생활공간으로 구성한다.

[해설]
타운 하우스(Town House)
토지의 효율적인 이용, 건설비 및 유지관리비의 절약을 고려한 단독주택의 이점을 최대한 살린 연립주택의 한 종류
1. 공간구성
   - 1층 : 거실·식당·부엌 등의 생활공간
   - 2층 : 침실·서재 등의 휴식, 수면공간(침실은 발코니를 수반)
2. 특징
   - 경계벽을 통한 프라이버시 확보
   - 각 호별 주차 용이
   - 배치의 다양한 변화(주호의 진출 및 후퇴 배치) 가능
   - 층의 다양화 : 양 끝 세대 혹은 단지 외곽동을 1층으로, 중앙부는 3층으로 하는 등의 기법
   - 프라이버시 확보를 위한 주동 배치 : 25m 정도
   - 일조 확보를 위한 주동 배치 : 남향 또는 남동향 등
   - 집단적 건설로 단지화된 주택유형
   - 전용의 전정, 후정 보급 가능으로 단독주택의 이점을 충분히 살린 연립주택
   - 계벽 공유 가능
   - 전용의 홀을 지나 자기 집에 이르는 형식
* 계벽 : 인접하는 2개의 부동산을 구획하는 벽, 소유자나 이용자가 다른 부분의 경계에 세워진 벽

정답 : ④

2013.1회-1, 2018.2회-19

141 아파트의 평면형식에 관한 설명으로 옳지 않은 것은?

① 집중형은 기후조건에 따라 기계적 환경조절이 필요하다.
② 편복도형은 공용복도에 있어서 프라이버시가 침해되기 쉽다.
③ 홀형은 승강기를 설치할 경우 1대당 이용률이 복도형에 비해 적다.
④ 편복도형은 단위면적당 가장 많은 주호를 집결시킬 수 있는 형식이다.

[해설]
편복도형은 비해 중복도형이나 집중형(코어형)에 비해 단위면적당 많은 주호를 집중 배치시킬 수 없다.

편(갓)복도형(Balcony System, Side corridor System)
복도에 의해 각 주호로 출입하는 형식이다.

장점	단점
• 복도 개방 시 채광·환기 유리 • 중복도에 비해 독립성 유리 • 고층아파트에 적합	• 복도 폐쇄 시 채광·환기 불리 • 고층아파트의 경우 난간을 높게 해야 함 • 복도 개방 시 외부에 노출(위험)

정답 : ④

2014.2회-13

142 아파트 평면형식에 관한 설명으로 옳지 않은 것은?

① 홀형은 통행부 면적이 작아서 건물의 이용도가 높다.
② 집중형은 채광·통풍 조건이 좋아 기계적 환경조절이 필요하지 않다.
③ 중복도형은 대지에 대해서 건물 이용도가 높으나, 프라이버시가 좋지 않다.
④ 홀형은 계단 또는 엘리베이터홀로부터 직접 주거 단위로 들어가는 형식이다.

[해설]
집중형(Core형)은 채광·통풍 조건이 불리하여 기계적 환경조절이 필요하다.

정답 : ②

2022.2회-13

143 아파트의 평면형식에 관한 설명으로 옳지 않은 것은?

① 홀형은 통행부 면적이 작아서 건물의 이용도가 높다.
② 중복도형은 대지 이용률이 높으나, 프라이버시가 좋지 않다.
③ 집중형은 채광·통풍 조건이 좋아 기계적 환경조절이 필요하지 않다.
④ 홀형은 계단실 또는 엘리베이터홀로부터 직접 주거 단위로 들어가는 형식이다.

[해설]
집중형(Core형)은 채광, 통풍 조건이 불리하여 기계적 환경조절이 필요하다.

정답 : ③

2014.3회-9

144 아파트의 평면형식에 관한 설명으로 옳지 않은 것은?

① 집중형은 대지의 이용률이 높다.
② 편복도형은 각 세대의 거주성이 균일한 배치 구성이 가능한 유형이다.
③ 계단실형은 각 세대가 양쪽으로 개구부를 계획할 수 있는 관계로 통풍이 양호하다.
④ 중복도형은 엘리베이터를 공동으로 사용하는 주호의 한정으로 인하여 고층형에는 불리하다.

[해설]
④는 계단실형에 대한 설명이다. 고층 아파트일 경우 계단실마다 엘리베이터를 설치해야 하므로 시설비가 많이 든다.

정답 : ④

2018.1회-7

145 아파트의 평면형식에 관한 설명으로 옳지 않은 것은?

① 중복도형은 모든 세대의 향을 동일하게 할 수 없다.
② 편복도형은 각 세대의 거주성이 균일한 배치 구성이 가능하다.
③ 홀형은 각 세대가 양쪽으로 개구부를 계획할 수 있는 관계로 일조와 통풍이 양호하다.
④ 집중형은 공용 부분이 오픈되어 있으므로, 공용 부분에 별도의 기계적 설비계획이 필요 없다.

[해설]
집중형(코어형)
계단실과 엘리베이터를 중심으로 다수의 주호를 배치한 형식이다.

장점	단점
• 부지의 이용률이 가장 높다. • 많은 주호를 집중 배치할 수 있다.	• 독립성이 불리하다. • 채광, 환기가 극히 불리하다. • 복도의 환기에 고도의 설비시설이 필요하다.

* 집중형(코어형)은 집중되는 주호수에 따라 환경적 조건의 정도가 달라질 수 있음에 유의한다.

정답 : ④

2019.2회-13

146 아파트의 평면형식에 관한 설명으로 옳지 않은 것은?

① 중복도형은 부지의 이용률이 적다.
② 홀형(계단실형)은 독립성(privacy)이 우수하다.
③ 집중형은 복도 부분의 자연환기, 채광이 극히 나쁘다.
④ 편복도형은 복도를 외기에 터놓으면 통풍, 채광이 중복도형보다 양호하다.

[해설]
중복도형은 부지의 이용률이 높다.

중복도(속복도)형
• 복도 양측에 각 주호가 배치된 형식
• 남북으로 길게 건물을 설계하는 것이 유리

정답 : ①

2017.2회-10, 2021.2회-15

147 아파트의 평면형식 중 계단실형에 관한 설명으로 옳은 것은?

① 대지에 대한 이용률이 가장 높은 유형이다.
② 통행을 위한 공용면적이 크므로 건물의 이용도가 낮다.
③ 각 세대가 양쪽으로 개구부를 계획할 수 있는 관계로 통풍이 양호하다.
④ 엘리베이터를 공용으로 사용하는 세대수가 많으므로 엘리베이터의 효율이 높다.

계단실형(홀형)

계단실 형은 계단실이나 엘리베이터홀로부터 직접 각 주호에 들어가는 형식이다.

장점	단점
• 독립성이 좋다. • 통행부 면적 감소(건물의 이용도가 높다.) • 출입이 편하다.	고층 아파트일 경우 계단실마다 엘리베이터를 설치해야 하므로 시설비가 많이 든다.

정답 : ③

2016.4회-5

148 아파트의 평면형식에 따른 분류에 속하지 않는 것은?

① 홀형　　　　　② 집중형
③ 복도형　　　　④ 판상형

판상형, 탑상형은 아파트의 형태상 분류에 속한다.

정답 : ④

2015.4회-8

149 다음과 같은 조건에 있는 공동주택을 건설하는 주택단지에 설치하여야 하는 진입도로의 최소폭은?

- 주택단지의 총 세대 수 : 400세대
- 주택단지가 기간도로에 접하지 않아 기간도로로부터 당해 단지에 이르는 진입로를 1개 설치하는 경우

① 6m　　　　　② 8m
③ 12m　　　　④ 15m

진입도로

① 공동주택을 건설하는 주택단지는 기간도로와 접하거나 기간도로로부터 당해 단지에 이르는 진입도로가 있어야 한다. 이 경우 기간도로와 접하는 폭 및 진입도로의 폭은 다음 표와 같다.

(단위 : 미터)

주택단지의 총 세대 수	기간도로와 접하는 폭 또는 진입도로의 폭
300세대 미만	6 이상
300세대 이상 500세대 미만	8 이상
500세대 이상 1,000세대 미만	12 이상
1,000세대 이상 2,000세대 미만	15 이상
2,000세대 이상	20 이상

② 주택단지가 2 이상이면서 당해 주택단지의 진입도로가 하나인 경우 그 진입도로의 폭은 당해 진입도로를 이용하는 모든 주택단지의 세대 수를 합한 총 세대 수를 기준으로 하여 산정한다.

③ 공동주택을 건설하는 주택단지의 진입도로가 2 이상으로서 다음 표의 기준에 적합한 경우에는 제1항의 규정을 적용하지 아니할 수 있다. 이 경우 폭 4미터 이상 6미터 미만인 도로는 기간도로와 통행거리 200미터 이내인 때에 한하여 이를 진입도로로 본다.

(단위 : 미터)

주택단지의 총 세대 수	폭 4미터 이상의 진입도로 중 2개의 진입도로의 폭의 합계
300세대 이상 500세대 미만	12 이상
500세대 이상 1,000세대 미만	16 이상
1,000세대 이상 2,000세대 미만	20 이상
2,000세대 이상	25 이상

④ 도시지역 외에서 공동주택을 건설하는 경우 그 주택단지와 접하는 기간도로의 폭 또는 그 주택단지의 진입도로와 연결되는 기간도로의 폭은 제1항의 규정에 의한 기간도로와 접하는 폭 또는 진입도로의 폭의 기준 이상이어야 하며, 주택단지의 진입도로가 2 이상이 있는 경우에는 그 기간도로의 폭은 제3항의 기준에 의한 각각의 진입도로의 폭의 기준 이상이어야 한다.

정답 : ②

2015.1회-13, 2019.1회-11

150 공동주택을 건설하는 주택단지는 기간도로와 접하거나 기간도로로부터 당해 단지에 이르는 진입도로가 있어야 한다. 주택단지의 총 세대 수가 400세대인 경우 기간도로와 접하는 폭 또는 진입도로의 폭은 최소 얼마 이상이어야 하는가?(단, 진입도로가 1개이며, 원룸형 주택이 아닌 경우)

① 4m　　　　　② 6m
③ 8m　　　　　④ 12m

진입도로

공동주택을 건설하는 주택단지는 기간도로와 접하거나 기간도로로부터 당해 단지에 이르는 진입도로가 있어야 한다. 이 경우 기간도로와 접하는 폭 및 진입도로의 폭은 다음과 같다.

주택단지의 총 세대 수	기간도로와 접하는 폭 또는 진입도로의 폭
300세대 미만	6m 이상
300세대 이상 500세대 미만	8m 이상
500세대 이상 1천세대 미만	12m 이상
1천세대 이상 2천세대 미만	15m 이상
2천세대 이상	20m 이상

정답 : ③

2013.4회-18, 2020.2회-3

151 주거단지 내의 공동시설에 관한 설명으로 옳지 않은 것은?

① 중심을 형성할 수 있는 곳에 설치한다.
② 이용 빈도가 높은 건물은 이용거리를 길게 한다.
③ 확장 또는 증설을 위한 용지를 확보하는 것이 좋다.
④ 이용성, 기능상의 인접성, 토지 이용의 효율성에 따라 인접하여 배치한다.

[해설]
이용 빈도가 높은 건물은 거리를 짧게 하여 동선이 줄어드는 효과를 얻고 이용률을 높인다.

정답 : ②

2014.1회-1

152 주거단지의 각 도로에 관한 설명으로 옳지 않은 것은?

① 격자형 도로는 교통을 균등 분산시키고 넓은 지역을 서비스할 수 있다.
② 선형 도로는 폭이 넓은 단지에 유리하고 한쪽 측면의 단지만을 서비스할 수 있다.
③ 단지 순환로가 단지 주변에 분포하는 경우 최소한 4~5cm 정도 완충지를 두고 식재하는 것이 좋다.
④ 쿨데삭(Cul-de-sac)은 차량의 흐름을 주변으로 한정하여 서로 연결하며 차량과 보행자를 분리할 수 있다.

[해설]
선형 도로는 폭이 좁은 단지에 유리하다.

정답 : ②

2017.2회-11

153 주거단지의 도로형식에 관한 설명으로 옳지 않은 것은?

① 격자형은 가로망의 형태가 단순·명료하고, 가구 및 획지 구성상 택지의 이용효율이 높다.
② 쿨데삭(Cul-de-sac)형은 각 가구와 관계없는 자동차의 진입을 방지할 수 있다는 장점이 있다.
③ 루프(Loop)형은 우회도로가 없는 쿨데삭형의 결점을 개량하여 만든 패턴으로 도로율이 높아지는 단점이 있다.
④ T자형 도로의 교차방식은 주로 T자 교차로의 한 형태로 통행거리가 짧아 보행자 전용도로와 병용이 불필요하다.

[해설]
T자형 도로
• 도로 교차방식이 주로 T자형으로 발생
• 격자형이 갖는 택지의 효율성 강조
• 지구 내 통과교통 배제 및 주행속도 감소
• 통행거리 증가
• 보행거리가 증가하므로 보행전용도로와 결합해서 사용하면 좋음

정답 : ④

2019.4회-19

154 주거단지의 각 도로에 관한 설명으로 옳지 않은 것은?

① 격자형 도로는 교통을 균등 분산시키고 넓은 지역을 서비스할 수 있다.
② 선형 도로는 폭이 넓은 단지에 유리하고 한쪽 측면의 단지만을 서비스할 수 있다.
③ 루프(loop)형은 우회도로가 없는 쿨데삭(Cul-de-sac)형의 결점을 개량하여 만든 유형이다.
④ 쿨데삭(Cul-de-sac)형은 통과교통을 방지함으로써 주거환경의 쾌적성과 안정성을 모두 확보할 수 있다.

[해설]
선형 도로는 폭이 좁은 단지에 유리하고, 양측면 또는 한 측면의 단지를 모두 서비스할 수 있다. (보행자를 위한 공간 확보 가능)

정답 : ②

2016.1회-17

155 공동주택단지 안의 도로의 설계속도는 최대 얼마 이하가 되도록 하여야 하는가?

① 10km/h
② 15km/h
③ 20km/h
④ 30km/h

[해설]
주택단지 안의 도로는 유선형(流線型) 도로로 설계하거나 도로 노면의 요철(凹凸) 포장 또는 과속방지턱의 설치 등을 통해 도로의 설계속도(도로설계의 기초가 되는 속도를 말한다.)가 시속 20km 이하가 되도록 해야 한다.

정답 : ③

2020.2회-2

156 다음 설명에 알맞은 국지도로의 유형은?

> 불필요한 차량 진입이 배제되는 이점을 살리면서 우회도로가 없는 Cul-de-sac형의 결점을 개량하여 만든 패턴으로서 보행자의 안전성 확보가 가능하다.

① loop형
② 격자형
③ T자형
④ 간선분리형

[해설]
Loop형(고리형) 도로
- 불필요한 차량진입 배제
- 우회로 없는 막다른 도로형(Cul-de-sac)의 결점 보완
- 쿨데삭(Cul-de-sac)과 같이 통과교통이 없으므로 주거환경 양호, 안전성 확보
- 사람과 차량의 동선이 교차되는 단점

정답 : ①

2022.1회-4

157 공동주택의 단지계획에서 보차분리를 위한 방식 중 평면분리에 해당하는 방식은?

① 시간제 차량통행
② 쿨데삭(Cul-de-sac)
③ 오버브리지(Overbridge)
④ 보행자 안전참(Pedestrian Safecross)

[해설]
공동주택의 보차분리

평면분리	보차동선을 동일 평면에서 선적으로 분리하는 가장 기본적인 방법 예) 쿨데삭, 루프, T자형 등
면적분리	예) 보행자 안전참, 보행자공간, 몰플라자
시간분리	차로의 일정 구간을 특정한 시간대에 보행자 도로로 활용하는 방법 예) 시간제 차량통행, 차없는 날 등

입체분리	• 점적 분리 : 보차의 평면교차 부분을 입체화시키는 방법 예) 오버브리지, 언더패스 등 • 선적 분리 : 점적 분리의 선적인 연장에 의해 도시시설과 연결시키는 방법 예) 페디스트리언 데크, 지하도 등

정답 : ②

2015.1회-18, 2020.4회-3

158 주택단지계획에서 보차분리의 형태 중 평면분리에 해당하지 않는 것은?

① T자형
② 루프(loop)
③ 쿨데삭(Cul-de-sac)
④ 오버브리지(Overbridge)

[해설]
평면분리
보차동선을 동일 평면에서 선적으로 분리하는 가장 기본적인 방법
예) 쿨데삭, 루프, T자형 등
✻ 오버브리지는 입체분리에 해당된다.

정답 : ④

2014.2회-7

159 주택 단지 내 도로의 형태 중 쿨데삭(Cul-de-sac)형에 대한 설명으로 옳지 않은 것은?

① 보차 분리가 이루어진다.
② 보행로의 배치가 자유롭다.
③ 주거환경의 쾌적성 및 안전성 확보가 용이하다.
④ 대규모 주택단지에 주로 사용되며, 최대 길이는 1km 이하로 한다.

[해설]
④ 쿨데삭(Cul-de-sac)의 최대 길이는 150m 이하로 한다.

정답 : ④

2016.2회-12

160 국지도로의 유형 중 쿨데삭(Cul-de-sac) 형에 관한 설명으로 옳은 것은?

① 통과교통이 다수 발생한다.
② 우회도로가 있어 방재, 방범상 유리하다.
③ 도로의 최대 길이는 30m 이하이어야 한다.
④ 주택 배면에 보행자 전용도로가 설치되어야 효과적이다.

[해설]

쿨데삭(Cul-de-sac)형
- 통과교통이 없어 쾌적(자동차 진입의 방지 및 최소화)
- 주거환경의 쾌적성 및 안전성 확보 용이
- 각 가구와 관계없는 차량진입 배제
- 우회도로가 없어 방재, 방범상 불리
- 주택 배면에 보행자 전용도로가 함께 설치되어야 효과적
- 도로의 최대 길이는 150m 이하로 계획

정답 : ④

2019.2회-15

161 주택 단지 내 도로의 형태 중 쿨데삭(Cul-de-sac)형에 관한 설명으로 옳지 않은 것은?

① 통과교통이 방지된다.
② 우회도로가 없기 때문에 방재·방범상으로는 불리하다.
③ 주거환경의 쾌적성과 안전성 확보가 용이하다.
④ 대규모 주택 단지에 주로 사용되며, 도로의 최대 길이는 1km 이하로 한다.

[해설]

쿨데삭(Cul-de-sac)형
- 통과교통이 없어 쾌적(자동차 진입의 방지 및 최소화)
- 주거환경의 쾌적성 및 안전성 확보 용이
- 각 가구와 관계없는 차량진입 배제
- 우회도로가 없어 방재, 방범상 불리
- 주택 배면에 보행자 전용도로가 함께 설치되어야 효과적
- 도로의 최대 길이는 150m 이하로 계획

정답 : ④

2021.1회-10

162 주택단지 도로의 유형 중 쿨데삭(Cul-de-sac)형에 관한 설명으로 옳은 것은?

① 단지 내 통과교통의 배제가 불가능하다.
② 교차로가 +자형이므로 자동차의 교통처리에 유리하다.
③ 우회도로가 없기 때문에 방재상 불리하다는 단점이 있다.
④ 주행속도 감소를 위해 도로의 교차방식을 주로 T자 교차로 한 형태이다.

[해설]

쿨데삭(Cul-de-sac)형
- 통과교통이 없어 쾌적(자동차 진입을 방지, 자동차 진입의 최소화)
- 주거환경의 쾌적성 및 안전성 확보 용이
- 각 가구와 관계없는 차량진입 배제
- 우회도로가 없어 방재, 방범상 불리
- 주택 배면에 보행자 전용도로가 함께 설치되어야 효과적임
- 도로의 최대 길이는 150m 이하로 계획

정답 : ③

2013.2회-3, 2020.3회-5

163 래드번(Radburn) 주택단지계획에 관한 설명으로 옳지 않은 것은?

① 중앙에는 대공원 설치를 계획하였다.
② 주거구는 슈퍼블록 단위로 계획하였다.
③ 보행자의 보도와 차도를 분리하여 계획하였다.
④ 주거지 내의 통과교통으로 간선도로를 계획하였다.

[해설]

간선도로가 주거지 내의 통과교통을 허용하지 않음

래드번(Radburn)
- 보차 분리
- 쿨데삭(막힌 골목길)
- 대가구 계획(슈퍼블록)
- 간선도로로 둘러싸이고, 간선도로가 마을을 관통하지 않음
- 어린이를 둔 가정의 안전과 쾌적성 강조

정답 : ④

164 래드번(Radburn) 계획의 5가지 기본원리로 옳지 않은 것은?

① 기능에 따른 4가지 종류의 도로 구분
② 보도망 형성 및 보도와 차도의 평면적 분리
③ 자동차 통과도로 배제를 위한 슈퍼블록 구성
④ 주택단지 어디로나 통할 수 있는 공동 오픈스페이스 조성

[해설]
래드번 계획의 5가지 기본원리
1. 기능에 따른 4가지 종류의 도로 구분
2. 자동차 통과도로 배제를 위한 슈퍼블록 구성
3. 보도망 형성 및 보차분리 – 주도로와 보행로의 교차지점 입체화
4. Cul-de-sac형의 좁은 도로 구성
5. 주택단지 어디로나 통할 수 있는 공동 오픈스페이스 조성

정답 : ②

165 래드번(Radburn) 계획에서 슈퍼블록을 구성함으로써 얻어질 수 있는 효과로 옳지 않은 것은?

① 충분한 공동의 오픈스페이스의 확보가 가능
② 건물을 집약화함으로써 고층화·효율화가 가능
③ 커뮤니티시설의 중심배치로 간선도로변의 활성화가 가능
④ 도로교통의 개선, 즉 보도와 차도의 완전한 분리가 가능

[해설]
슈퍼블록(Super Block)의 장점
1. 보차분리
2. 내부통과교통 없음
3. 건물의 집약화(고층화, 효율화)
4. 충분한 오픈스페이스 확보
5. 도시시설의 공동화

정답 : ③

166 단지계획에 있어서 교통계획의 주요 착안사항으로 옳지 않은 것은?

① 통행량이 많은 고속도로는 근린주구단위를 분리시킨다.
② 근린주구단위 내부로의 자동차 통과진입을 최소화한다.
③ 2차 도로체계는 주도로와 연결하고 통과도로를 이루게 한다.
④ 단지 내의 교통량을 줄이기 위하여 고밀도지역은 진입구 주변에 배치시킨다.

[해설]
2차 도로체계는 주도로와 연결하고 쿨데삭을 이루게 한다.

정답 : ③

167 전통적인 주택의 골목길을 적층(積層) 주택인 아파트에 구현하고자 했던 설계어휘는?

① 진입광장
② 공중가로
③ eco-bridge
④ 데크식 주차장

공중가로
거주자의 동선 또는 다양한 공간(집과 집 등)을 연결하는 보행 위주의 공간개념

2 상업건축계획

2013.1회-4, 2019.2회-5

167 다음 중 구조코어로서 가장 바람직한 코어형식으로, 바닥면적이 큰 고층, 초고층사무소에 적합한 것은?

① 중심코어형　　② 편심코어형
③ 독립코어형　　④ 양단코어형

해설
중심(중앙)코어형
- 구조코어로서 가장 바람직한 코어형식
- 바닥면적이 큰 고층, 초고층에 적합
- 임대사무소에서 가장 경제적인 코어형
- 내부공간과 외관이 획일적

정답 : ①

2014.2회-11

168 사무소 건축의 코어형식 중 구조코어로서 가장 바람직한 것은?

① 편코어형　　② 외코어형
③ 양측코어형　　④ 중심코어형

해설
중심(중앙)코어형
구조코어로서 가장 바람직한 코어형식이며 바닥면적이 큰 고층, 초고층사무소에 적합하다.

정답 : ④

2020.2회-13

169 사무소 건축의 중심코어 형식에 관한 설명으로 옳은 것은?

① 구조코어로서 바람직한 형식이다.
② 유효율이 낮아 임대사무소 건축에는 부적합하다.
③ 일반적으로 기준층 바닥면적이 작은 경우에 주로 사용된다.
④ 2방향 피난에는 이상적인 관계로 방재/피난상 가장 유리한 형식이다.

해설
중심(중앙)코어형
- 구조코어로서 가장 바람직한 코어형식
- 바닥면적이 큰 고층, 초고층에 적합
- 임대사무소에서 가장 경제적인 코어형
- 내부공간과 외관이 획일적

정답 : ①

2017.1회-15, 2020.4회-15

170 다음 설명에 알맞은 사무소 건축의 코어 유형은?

- 코어와 일체로 한 내진구조가 가능한 유형이다.
- 유효율이 높으며, 임대사무소로서 경제적인 계획이 가능하다.

① 편심형　　② 독립형
③ 분리형　　④ 중심형

해설
중심(중앙)코어형
- 구조코어로서 가장 바람직한 코어형식
- 바닥면적이 큰 고층, 초고층에 적합
- 임대사무소에서 가장 경제적인 코어형
- 내부공간과 외관이 획일적

정답 : ④

2013.4회-19, 2021.2회-5

171 다음 설명에 알맞은 사무소 건축의 코어 유형은?

- 코어를 업무공간에서 분리시킨 관계로 업무공간의 융통성이 높은 유형이다.
- 설비덕트나 배관을 코어로부터 업무공간으로 연결하는 데 제약이 많다.

① 외코어형　　② 편단코어형
③ 양단코어형　　④ 중앙코어형

해설
독립(외)코어형
- 편심코어형에서 발전된 유형으로 특징은 편심코어형과 거의 동일
- 코어를 업무공간에서 분리시킨 관계로 업무공간의 융통성이 높은 유형
- 설비덕트나 배관을 코어로부터 업무공간으로 연결하는 데 제약이 많음
- 방재상 불리하고 바닥면적이 커지면 피난시설을 포함하는 서브코어가 필요
- 내진구조에는 불리

정답 : ①

2013.2회-15

172 사무소 건축의 코어 유형에 관한 설명으로 옳지 않은 것은?

① 중심코어형은 구조코어로서 바람직한 형식이다.
② 편단코어형은 기준층 바닥이 작은 경우에 적합하다.
③ 양측코어형은 단일 용도의 대규모 전용사무실에 적합하다.
④ 외코어형은 2방향 피난에 이상적인 관계로 방재상 유리한 형식이다.

[해설]
2방향 피난에 이상적인 관계로 방재상 유리한 형식은 양단(분리)코어형에 관한 설명이다.
정답 : ④

2019.1회-13

173 사무소 건축의 코어 유형에 관한 설명으로 옳지 않은 것은?

① 중심코어형은 유효율이 높은 계획이 가능하다.
② 양단코어형은 2방향 피난에 이상적이며 방재상 유리하다.
③ 편심코어형은 각 층 바닥면적이 소규모인 경우에 적합하다.
④ 독립코어형은 구조적으로 가장 바람직한 유형으로, 고층, 초고층 사무소 건축에 주로 사용된다.

[해설]
구조적으로 가장 바람직한 유형으로, 고층, 초고층 사무소 건축에 주로 사용되는 코어는 중심(중앙)코어형이다.
정답 : ④

2021.1회-13

174 사무소 건축의 코어 유형에 관한 설명으로 옳지 않은 것은?

① 편심코어형은 기준층 바닥면적이 작은 경우에 적합하다.
② 독립코어형은 코어를 업무공간에서 별도로 분리시킨 형식이다.
③ 중심코어형은 코어가 중앙에 위치한 유형으로 유효율이 높은 계획이 가능하다.
④ 양단코어형은 수직동선이 양 측면에 위치한 관계로 피난에 불리하다는 단점이 있다.

[해설]
양단코어형은 수직동선이 양 측면에 위치한 관계로 피난에 유리하다는 장점이 있다.
정답 : ④

2018.2회-9

175 사무소 건축의 코어 형식에 관한 설명으로 옳은 것은?

① 편심코어형은 각 층의 바닥면적이 큰 경우 적합하다.
② 양단코어형은 코어가 분산되어 있어 피난상 불리하다.
③ 중심코어형은 구조적으로 바람직한 형식으로 유효율이 높은 계획이 가능하다.
④ 외코어형은 설비 덕트나 배관을 코어로부터 사무실 공간으로 연결하는 데 제약이 없다.

[해설]
① 편심코어형은 각 층의 바닥면적이 작은 경우 적합하다.
② 양단코어형은 코어가 분산되어 있어 피난에 유리하다.
④ 외코어형은 설비 덕트나 배관을 코어로부터 사무실 공간으로 연결하는 데 제약이 있다.
정답 : ③

2021.4회-14

176 사무소 건축의 코어 형식 중 편심형 코어에 관한 설명으로 옳지 않은 것은?

① 고층인 경우 구조상 불리할 수 있다.
② 각 층 바닥면적이 소규모인 경우에 사용된다.
③ 바닥면적이 커지면 코어 이외에 피난시설 등이 필요해진다.
④ 내진구조상 유리하며 구조코어로서 가장 바람직한 형식이다.

[해설]
내진구조상 유리하며 구조코어로서 가장 바람직한 형식은 중심형 코어이다.
정답 : ④

2016.2회-17, 2019.4회-2

177 사무소 건축에서 코어 계획에 관한 설명으로 옳지 않은 것은?

① 코어 부분에는 계단실도 포함시킨다.
② 코어 내의 각 공간은 각 층마다 공통의 위치에 두도록 한다.
③ 엘리베이터홀이 출입구문에 바짝 접근해 있지 않도록 한다.
④ 코어 내에서 화장실은 외래자에게 잘 알려질 수 없는 곳에 위치시킨다.

[해설]
코어 내의 화장실은 외부 방문객이 잘 알 수 있는 곳에 배치한다.(코어 내 공간의 위치를 명확히 한다.)

정답 : ④

2022.1회-11

178 다음 중 사무소 건축에서 기준층 평면형태의 결정 요소와 가장 거리가 먼 것은?

① 동선상의 거리
② 구조상 스팬의 한도
③ 사무실 내의 책상 배치 방법
④ 덕트, 배선, 배관 등 설비시스템상의 한계

[해설]
사무소 건축의 기준층 평면형태 결정 요소
• 구조상 스팬의 한도
• 동선상의 거리
• 각종 설비시스템상의 한계
• 방화구획상 면적
• 자연광과 실 깊이(채광한계)
• 대피상 최대 피난거리

정답 : ③

2016.1회-7

179 다음 중 사무소 건축의 기준층 평면형태의 결정 요소와 가장 거리가 먼 것은?

① 엘리베이터 대수
② 방화구획상 면적
③ 구조상 스팬의 한도
④ 자연광에 의한 조명한계

[해설]
사무소 건축의 기준층 평면형태 결정 요소
• 구조상 스팬의 한도
• 동선상의 거리
• 각종 설비시스템상의 한계
• 방화구획상 면적
• 자연광과 실 깊이(채광한계)
• 대피상 최대 피난거리

정답 : ①

2017.2회-20

180 사무소 건축의 기준층 평면형태 결정 요소와 가장 거리가 먼 것은?

① 방화구획상 면적
② 구조상 스팬의 한도
③ 대피상 최소 피난거리
④ 덕트, 배선, 배관 등 설비 시스템상의 한계

[해설]
대피상 최대 피난거리를 고려한다.

정답 : ③

2018.4회-3

181 다음 중 사무소 건축의 기준층 층고 결정 요소와 가장 거리가 먼 것은?

① 채광률
② 사용목적
③ 계단의 형태
④ 공조시스템의 유형

[해설]
사무소 건축의 기준층 층고 결정 요소
• 채광률
• 사무실의 깊이
• 건물의 높이제한과 층수
• 공기조화
• 사용목적
• 공사비

정답 : ③

2014.1회-2, 2022.1회-20

182 사무소 건축의 오피스 랜드스케이핑(Office Landscaping)에 관한 설명으로 옳지 않은 것은?

① 의사전달, 작업흐름의 연결이 용이하다.
② 일정한 기하학적 패턴에서 탈피한 형식이다.
③ 작업단위에 의한 그룹(Group) 배치가 가능하다.
④ 개인적 공간으로의 분할로 독립성 확보가 쉽다.

[해설]
오피스 랜드스케이핑은 개방식의 일종으로 독립성 확보가 어렵다.

오피스 랜드스케이핑의 장단점

장점	단점
• 공간의 가변성(융통성) • 공간이용의 효율성(공간의 절약) • 사무능률 향상 • 공사비 절약	• 프라이버시 결여 • 소음

정답 : ④

183 사무소 건축에서 오피스 랜드스케이핑(Office Landscaping)에 관한 설명으로 옳지 않은 것은?

① 프라이버시 확보가 용이하여 업무의 효율성이 증대된다.
② 커뮤니케이션의 융통성이 있고 장애요인이 거의 없다.
③ 실내에 고정된 칸막이를 설치하지 않으며 공간을 절약할 수 있다.
④ 변화하는 작업의 패턴에 따라 조절이 가능하며 신속하고 경제적으로 대처할 수 있다.

[해설]
오피스 랜드스케이핑의 장단점

장점	단점
• 공간의 가변성(융통성) • 공간이용의 효율성(공간의 절약) • 사무능률 향상 • 공사비 절약(경제적)	• 프라이버시 결여 • 소음

정답 : ①

184 오피스 랜드스케이프(Office Landscape)에 관한 설명으로 옳지 않은 것은?

① 조경면적이 확대된다.
② 작업의 폐쇄성이 저하된다.
③ 사무능률의 향상을 도모한다.
④ 공간의 효율적 이용이 가능하다.

[해설]
오피스 랜드스케이프(Office Landscape)
부서 간 경계를 일부 실내조경 요소(식물, 화분 등)로도 구분을 하기도 하지만 외부 조경면적이 확대되는 것과는 관련이 없다.

정답 : ①

185 사무소 건축에서 오피스 랜드스케이핑에 관한 설명으로 옳지 않은 것은?

① 대형가구 등 소리를 반향시키는 기재의 사용이 어렵다.
② 작업장의 집단을 자유롭게 그루핑하여 불규칙한 평면을 유도한다.
③ 변화하는 작업의 패턴에 따라 조절이 가능하며 신속하고 경제적으로 대처할 수 있다.
④ 개실시스템의 한 형식으로 배치를 의사전달과 작업흐름의 실제적 패턴에 기초를 둔다.

[해설]
오피스 랜드스케이프는 개방식 시스템의 종류이다.

정답 : ④

186 사무실 건축의 실단위 계획에 있어서 개방식 배치(Open Plan)에 관한 설명으로 옳지 않은 것은?

① 독립성과 쾌적감 확보에 유리하다.
② 공사비가 개실시스템보다 저렴하다.
③ 방의 길이나 깊이에 변화를 줄 수 있다.
④ 전면적을 유효하게 이용할 수 있어 공간 절약상 유리하다.

[해설]
개방식 배치(Open System)
개방된 큰 방으로 설계하고 중역들을 위해 분리된 작은 방을 두는 방법

장점	단점
• 전면적을 유효하게 이용(공간 절약) • 공사비 절약(칸막이 ×) • 방 길이·깊이에 변화 가능	• 독립성 저하 • 소음이 크다. • 자연채광+인공조명 필요

정답 : ①

187 사무소 건축계획에서 개방식 배치에 관한 설명으로 옳지 않은 것은?

① 개인의 독립성 확보가 용이하다.
② 전면적을 유용하게 이용할 수 있다.
③ 공간의 길이나 깊이에 변화를 줄 수 있다.
④ 기본적인 자연채광에 인공조명이 필요한 형식이다.

[해설]

개방식 배치(Open System)
개방된 큰 방으로 설계하고 중역들을 위해 분리된 작은 방을 두는 방법

장점	단점
• 전면적을 유효하게 이용(공간 절약) • 공사비 절약(칸막이 ×) • 방 길이·깊이에 변화 가능	• 독립성 저하 • 소음이 크다. • 자연채광+인공조명 필요

정답 : ①

2016.1회-13

188 사무소 건축의 실단위 계획 중 개방식 배치에 관한 설명으로 옳은 것은?

① 독립성과 쾌적감의 이점이 있다.
② 조명은 자연채광만으로 이루어지며 별도의 인공조명은 필요 없다.
③ 방 길이에는 변화를 줄 수 있으나 방 깊이에는 변화를 줄 수 없다.
④ 개방식 배치에 있어 불리한 점은 소음으로, 소음 경감에 대한 고려가 필요하다.

[해설]
① 독립성 저하의 단점
② 조명은 자연채광과 인공조명 필요
③ 방 길이와 방 깊이에 변화 가능

정답 : ④

2018.2회-14, 2021.2회-14

189 사무소 건축의 실단위 계획에 있어서 개방식 배치(Open Plan)에 관한 설명으로 옳지 않은 것은?

① 독립성과 쾌적감 확보에 유리하다.
② 공사비가 개실시스템보다 저렴하다.
③ 방의 길이나 깊이에 변화를 줄 수 있다.
④ 전면적을 유효하게 이용할 수 있어 공간 절약상 유리하다.

[해설]
독립성과 쾌적감 확보가 어렵다.

정답 : ①

2019.1회-1

190 사무소 건축의 실단위 계획 중 개방식 배치에 관한 설명으로 옳지 않은 것은?

① 공사비를 줄일 수 있다.
② 실의 깊이나 길이에 변화를 줄 수 없다.
③ 시각차단이 없으므로 독립성이 적어진다.
④ 경영자의 입장에서는 전체를 통제하기가 쉽다.

[해설]
개방식 배치는 실의 깊이나 길이에 변화를 줄 수 있다.

정답 : ②

2017.4회-6, 2021.1회-11

191 사무소 건축의 실단위 계획에 관한 설명으로 옳지 않은 것은?

① 개실 시스템은 독립성과 쾌적감의 이점이 있다.
② 개방식 배치는 전면적을 유용하게 이용할 수 있다.
③ 개방식 배치는 개실 시스템보다 공사비가 저렴하다.
④ 개실 시스템은 연속된 긴 복도로 인해 방 깊이에 변화를 주기가 용이하다.

[해설]
개실 시스템은 연속된 긴 복도로 인해 방 깊이에는 변화를 줄 수 없다(방 길이는 변화 가능).

개실 배치(Individual Room System)

장점	단점
• 독립성이 좋다. • 채광·환기가 유리하다. • 소음이 적다.	• 공사비가 비교적 높다. • 방 길이에 변화를 줄 수 있다. (방 깊이는 변화를 줄 수 없다)

정답 : ④

2019.2회-12

192 사무소 건축의 실단위 계획에 관한 설명으로 옳지 않은 것은?

① 개실 시스템은 독립성과 쾌적감의 이점이 있다.
② 개방식 배치는 전면적을 유용하게 사용할 수 있다.
③ 개방식 배치는 개실 시스템보다 공사비가 저렴하다.
④ 오피스 랜드스케이프(Office Landscape)는 개실 시스템을 위한 실단위계획이다.

해설

오피스 랜드스케이프(Office Landscape)
개방식의 일종으로 기존의 계급, 서열에 의한 획일적·기하학적 배치에서 탈피하여 사무의 흐름이나 작업의 성격을 중시하여 보다 효율적인 사무환경의 향상을 위한 배치방법이다.

정답 : ④

2020.4회-2

193 사무소 건축의 실단위 계획 중 개실 시스템에 관한 설명으로 옳지 않은 것은?

① 공사비가 저렴하다.
② 독립성과 쾌적감이 높다.
③ 방 길이에 변화를 줄 수 있다.
④ 방 깊이에 변화를 줄 수 없다.

해설

개실 배치(Individual Room System)
복도에 의해 각 층의 여러 부분으로 들어가는 방법(소규모 사무실 임대에 유리)

장점	단점
• 독립성이 좋다. • 채광·환기가 유리하다. • 소음이 적다.	• 공사비가 비교적 높다. • 방길이에 변화를 줄 수 있다. (방깊이는 변화를 줄 수 없다)

정답 : ①

2014.3회-4

194 사무소 건축에서 유효율(Rentable Ratio)이 의미하는 것은?

① 연면적에 대한 대실면적의 비율
② 건축면적에 대한 대실면적의 비율
③ 대지면적에 대한 대실면적의 비율
④ 기준층 면적에 대한 대실면적의 비율

해설

유효율(Rentable Ratio)
연면적에 대한 대실면적의 비율

$$유효율 = \frac{대실면적}{연면적} \times 100$$

• 연면적에 대하여 70~75%(공용면적 비율 25~30%)
• 기준층에 대하여 80% 정도

정답 : ①

2015.4회-7

195 "렌터블(Rentable) 비가 높다."는 표현의 의미로 가장 알맞은 것은?

① 서비스를 더 좋게 할 수 있다.
② 임대료 수입이 더 증가할 수 있다.
③ 주차장 공간을 더 많이 확보할 수 있다.
④ 코어 부분의 면적을 더 많이 확보할 수 있다.

해설

유효율비(Rentable Ratio)
연면적에 대한 대실면적의 비율

$$유효율 = \frac{대실면적}{연면적} \times 100$$

• 연면적에 대하여 70~75%(공용면적 비율 25~30%)
• 기준층에 대하여 80% 정도

정답 : ②

2014.1회-11, 2020.2회-6

196 사무실 내의 책상배치의 유형 중 좌우대향형에 관한 설명으로 옳은 것은?

① 대향형과 동향형의 양쪽 특성을 절충한 형태로 커뮤니케이션의 형성에 불리하다.
② 4개의 책상이 맞물려 십자를 이루도록 배치하는 형식으로 그룹작업을 요하는 업무에 적합하다.
③ 책상이 서로 마주보도록 하는 배치로 면적효율은 좋으나 대면 시선에 의해 프라이버시가 침해당하기 쉽다.
④ 낮은 칸막이로 한 사람의 작업활동을 위한 공간이 주어지는 형태로 독립성을 요하는 전문직에 적합한 배치이다.

해설

책상배치의 유형
1. 동향형
   • 책상을 같은 방향으로 배치하는 형식(가장 일반적인 배열)
   • 프라이버시 침해를 최소화
   • 대면형에 비해 면적효율이 떨어짐
2. 대향형
   • 면적효율, 의사전달, 배선관리에 유리
   • 프라이버시 저하 우려
   • 일반 업무 및 공동의 자료를 처리하는 영업관리에 적합
3. 좌우대향형
   • 대향형과 동향형의 절충형
   • 조직관리, 정보처리, 업무의 효율 면에서 유리
   • 배치에 따른 면적 손실이 크며, 의사전달에 불리함
   • 독립성이 있는 자료처리업무에 적합(생산관리업무, 서류, 전표처리 등)

4. 십자형
- 그룹작업을 요하는 전문직 업무에 적합
- 원활한 의사전달 가능
5. 자유형
- 낮은 칸막이로 한 사람의 작업활동을 위한 공간이 주어짐
- 독립성을 요하는 전문직이나 간부급에 적합

정답 : ①

2016.4회-7

197 사무소 건축에서 3중지역 배치(Triple Zone Layout)에 관한 설명으로 옳지 않은 것은?

① 서비스 부분을 중심에 위치하도록 한다.
② 고층사무소 건축의 전형적인 해결방식이다.
③ 부가적인 인공조명과 기계환기가 필요하다.
④ 대여사무실을 포함하는 건물에 가장 적합하다.

해설

3중지역 배치(Triple Zone Layout, 2중 복도식)
- 방사선 형태의 평면형식으로 고층 전용사무실에 주로 사용된다.
- 교통시설, 위생설비는 건물 내부의 제3지역 또는 중심지역에 위치하며 사무실은 외벽을 따라 배치한다.
- 사무소 내부지역에 인공조명, 기계환기설비가 필요하다.
- 경제적이며 미적·구조적 견지에서 많은 이점이 있으나 대여사무실을 포함하는 건물에는 부적당하다.

정답 : ④

2013.1회-13, 2018.1회-5

198 사무소 건축에서 기둥간격(Span)의 결정 요소와 가장 관계가 먼 것은?

① 건물의 외관
② 주차배치의 단위
③ 책상배치의 단위
④ 채광상 층고에 의한 안깊이

해설

건물의 외관과 기둥 간격과는 관계가 없다.

기둥간격의 결정 요소
- 책상배치의 단위(사무기기 배치)
- 채광상 층고에 의한 안깊이
- 주차배치의 단위
- 지하주차장, 코어의 위치 등

정답 : ①

2014.2회-1, 2022.2회-2

199 다음 중 사무소 건축의 기둥간격 결정 요소와 가장 거리가 먼 것은?

① 책상배치의 단위
② 주차배치의 단위
③ 엘리베이터의 설치 대수
④ 채광상 층높이에 의한 깊이

해설

엘리베이터의 설치 대수와는 관계가 없다.

정답 : ③

2016.4회-2

200 다음 중 사무소 건물의 스팬(Span) 결정 요인과 가장 거리가 먼 것은?

① 지하층의 주차단위
② 냉·난방 설비방식
③ 층고에 의한 유효 채광범위
④ 사무실의 작업단위(책상배열 단위)

해설

기둥간격의 결정 요인
- 책상배치의 단위(사무기기 배치)
- 채광상 층고에 의한 안깊이
- 주차배치의 단위
- 지하주차장, 코어의 위치 등

정답 : ②

2015.4회-14

201 다음 중 고층 사무소 건물의 기둥간격 결정의 가장 직접적인 요인이 되는 것은?

① 공조방식
② 동선상의 거리
③ 자연광에 의한 조명한계
④ 지하주차장의 주차구획 크기

해설

사무소 기둥간격 직접적인 요인(가장 중요)
기둥간격 결정 시 가장 중요한 것은 지하주차장의 주차구획 크기이다.

정답 : ④

2018.1회-9

202 사무소 건축의 엘리베이터 설치계획에 관한 설명으로 옳지 않은 것은?

① 군 관리운전의 경우 동일군 내의 서비스 층은 같게 한다.
② 승객의 층별 대기시간은 평균 운전간격 이상이 되게 한다.
③ 서비스를 균일하게 할 수 있도록 건축물 중심부에 설치하는 것이 좋다.
④ 건축물의 출입층이 2개 층이 되는 경우는 각각의 교통 수요량 이상이 되도록 한다.

[해설]
엘리베이터 설계 시 고려사항
- 수량 계산 시 대상건축물의 교통수요량에 적합해야 한다.
- 층별 대기시간은 허용값(평균 운전간격) 이하가 되게 한다.
- 엘리베이터 배치 시는 운용에 편리한 배열로 되어야 하며, 서비스를 균일하게 할 수 있도록 건물의 중심부에 설치하도록 하여야 한다.
- 건물의 출입층(출발 기준층)이 2개층이 되는 경우는 각각의 교통 수요량 이상이 되어야 한다.
- 군 관리운전의 경우 동일군 내의 서비스층은 같게 한다.
- 초고층, 대규모 빌딩인 경우는 서비스 그룹을 분할(조닝)한다.

정답 : ②

2013.1회-20, 2017.2회-7

203 사무소 건축에서 엘리베이터 계획 시 고려사항으로 옳지 않은 것은?

① 수량 계산 시 대상 건축물의 교통수요량에 적합해야 한다.
② 승객의 층별 대기시간은 평균 운전간격 이상이 되게 한다.
③ 군 관리운전의 경우 동일군 내의 서비스 층은 같게 한다.
④ 초고층, 대규모 빌딩인 경우는 서비스 그룹을 분할(조닝)하는 것을 검토한다.

[해설]
평균 운전간격은 평균 일주시간을 뱅크 내 전체 엘리베이터 대수로 나눈 것으로 엘리베이터의 서비스 수준을 질적으로 나타낸 것이다. 엘리베이터 이용자의 대기시간은 일정 허용값 이하가 되도록 계획되어야 한다.

정답 : ②

2016.1회-15

204 사무소 건축의 엘리베이터 계획에 관한 설명으로 옳지 않은 것은?

① 군 관리운전의 경우 동일군 내의 서비스 층은 같게 한다.
② 승객의 층별 대기시간은 평균 운전간격 이하가 되게 한다.
③ 실내 공간의 확장을 용이하게 할 수 있도록 건축물의 한쪽 끝에 설치한다.
④ 초고층, 대규모 빌딩인 경우는 서비스 그룹을 분할(조닝)하는 것을 검토한다.

[해설]
엘리베이터 배치 시는 운용에 편리한 배열로 되어야 하며, 서비스를 균일하게 할 수 있도록 건물의 중심부에 설치하도록 하여야 한다.

정답 : ③

2014.1회-19

205 사무소 건물의 엘리베이터 배치 시 고려사항으로 옳지 않은 것은?

① 교통동선의 중심에 설치하여 보행거리가 짧도록 배치한다.
② 여러 대의 엘리베이터를 설치하는 경우, 그룹별 배치와 군 관리 운전방식으로 한다.
③ 일렬 배치는 6대를 한도로 하고 엘리베이터 중심 간 거리는 10m 이하가 되도록 한다.
④ 엘리베이터홀은 엘리베이터 정원 합계의 50% 정도를 수용할 수 있어야 하며, 1인당 점유면적은 $0.5 \sim 0.8m^2$로 계산한다.

[해설]
4대 이하는 직선배치, 6대 이상은 알코브, 대면 배치한다.
엘리베이터 배치계획 시 조건
- 주요 출입구, 홀에 직면 배치할 것
- 각 층의 위치는 되도록 동선이 짧고 간단할 것
- 외래자에게 잘 알려질 수 있는 위치일 것(단, 출입구 가까이 근접 금지)
- 한 곳에 집중해서 배치할 것(계단 : 분산배치)
- 4대 이하 : 직선배치, 6대 이상 : 알코브, 대면배치(대면 거리 : 3.5~4.5m)
- 엘리베이터 중심 간 거리는 8m 이하
- 엘리베이터홀의 최소 넓이 : $0.5m^2$/인, 폭은 4m 정도

정답 : ③

206 사무소 건축의 엘리베이터 계획에 관한 설명으로 옳지 않은 것은?

① 대면배치에서 대면거리는 동일 군 관리의 경우는 3.5~4.5m로 한다.
② 여러 대의 엘리베이터를 설치하는 경우, 그룹별 배치와 군 관리 운전방식으로 한다.
③ 일렬배치는 8대를 한도로 하고, 엘리베이터 중심 간 거리는 8m 이하가 되도록 한다.
④ 엘리베이터홀은 엘리베이터 정원 합계의 50% 정도를 수용할 수 있어야 하며, 1인당 점유면적은 0.5~0.8m² 로 계산한다.

[해설]
일렬배치는 4대를 한도로 하고, 엘리베이터 중심 간 거리는 8m 이하가 되도록 한다.
정답 : ③

207 사무소 건물의 엘리베이터 배치 시 고려사항으로 옳지 않은 것은?

① 교통동선의 중심에 설치하여 보행거리가 짧도록 배치한다.
② 대면배치의 경우, 대면거리는 동일 군 관리의 경우 3.5m~4.5m로 한다.
③ 여러 대의 엘리베이터를 설치하는 경우, 그룹별 배치와 군 관리 운전방식으로 한다.
④ 일렬배치는 6대를 한도로 하고, 엘리베이터 중심 간 거리는 10m 이하가 되도록 한다.

[해설]
④ 일렬 배치는 4대를 한도로 하고, 엘리베이터 중심 간 거리는 8m 이하가 되도록 한다.
정답 : ④

208 사무소 건축에서 엘리베이터 계획 시 고려되는 승객 집중시간은?

① 출근 시 상승
② 출근 시 하강
③ 퇴근 시 상승
④ 퇴근 시 하강

[해설]
엘리베이터의 대수 결정 조건
• 대수 산정의 기본 : 아침 출근 시 5분간의 이용자
• 1일 이용자가 가장 많은 시간 : 오후 0~1시
정답 : ①

209 엘리베이터를 이용하는 서비스대상 건축물의 교통수요승객의 집중시간 분석을 하려고 한다. 백화점의 경우 일반적으로 적용되는 승객 집중시간은?

① 일요일 개장 직후
② 일요일 정오 전후
③ 금요일 오후 6시 전후
④ 토요일 오후 3시 전후

[해설]
건축물의 용도별 엘리베이터 승객 집중시간
1. 사무용 빌딩 : 출근 시 상승 피크로 계산
2. 백화점 : 일요일 정오 전후 피크로 계산
3. 공동주택(APT) : 저녁 귀가시간을 피크로 계산
4. 호텔 : 저녁시간(체크인, 외출, 부대시설 이용)의 피크로 계산
5. 병원 : 면회시간 개시 직후 피크로 계산
정답 : ②

210 백화점의 엘리베이터 계획에 일반적으로 활용되는 승객 집중시간은?

① 월요일 개점 직후
② 금요일 폐점 직전
③ 토요일 폐점 직전
④ 일요일 정오 전후

[해설]
엘리베이터의 승객 집중시간
1. 백화점 : 일요일 정오 전후 피크로 계산
2. 사무용 빌딩 : 출근 시 상승 피크로 계산
3. 공동주택(APT) : 저녁 귀가시간을 피크로 계산
4. 호텔 : 저녁시간(체크인, 외출, 부대시설 이용)의 피크로 계산
5. 병원 : 면회시간 개시 직후 피크로 계산
정답 : ④

2014.2회-18, 2020.3회-10

211 엘리베이터 설계 시 고려사항으로 옳지 않은 것은?

① 군 관리운전의 경우 동일군 내의 서비스 층은 같게 한다.
② 승객의 층별 대기시간은 평균 운전간격 이하가 되게 한다.
③ 건축물의 출입층이 2개 층이 되는 경우는 각각의 교통수요량 이상이 되도록 한다.
④ 백화점과 같은 대규모 매장에서는 일반적으로 승객수송의 70~80%를 분담하도록 계획한다.

[해설]
백화점과 같은 대규모 매장에는 에스컬레이터가 승객수송의 70~80% 정도를 분담하도록 계획한다.

백화점의 승강설비
- 엘리베이터 : 최상층 급행용 이외에는 보조수단으로 이용
- 에스컬레이터 : 고객의 70~80%가 이용하게 되며, 수송능력이 엘리베이터의 10배

정답 : ④

2015.2회-11

212 엘리베이터 설치계획에 관한 설명으로 옳지 않은 것은?

① 군 관리운전의 경우 동일군 내의 서비스층은 같게 한다.
② 승객의 층별 대기시간은 평균 운전간격 이상이 되게 한다.
③ 서비스를 균일하게 할 수 있도록 건축물 중심부에 설치하는 것이 좋다.
④ 건축물의 출입층이 2개층이 되는 경우는 각각의 교통수요량 이상이 되도록 한다.

[해설]
층별 대기시간은 허용값(평균 운전간격) 이하가 되게 한다.

정답 : ②

2015.1회-11

213 고층용 엘리베이터 계획에 관한 설명으로 옳지 않은 것은?

① 각 서비스 존은 10~15개 층으로 구분한다.
② 각 서비스 존별 엘리베이터 수량은 가능한 한 8대 이하로 한다.
③ 출발 기준층은 입주인원의 변화를 고려하여 2개층 이상으로 하는 것이 바람직하다.
④ 호텔의 경우는 엘리베이터의 불특정한 이용 승객의 인지성 등을 고려하여 40층 이하의 경우에는 1개 존으로 하는 것이 바람직하다.

[해설]
출발 기준층은 가능한 한 1개층으로 한다. 다만, 초고층 빌딩의 경우는 입주인원의 변화를 고려하여 2개층(예 : 지하 1층 및 1층)으로 할 수 있고, 이 경우는 명확한 안내가 되도록 하여야 한다.

정답 : ③

2013.4회-2

214 다음과 같은 특징을 갖는 에스컬레이터 배열방법은?

- 설치면적이 크다.
- 승강장 찾기가 용이하다.
- 승강·하강이 연속적이며 독립적이다.

① 복렬형 ② 교차형
③ 단열 중복형 ④ 복렬 병렬형

[해설]
에스컬레이터 배열방법

구분	특징
복렬형	• 순서대로 갈아타면서 갈 수 있음 • 중소규모의 백화점에 많이 이용 • 상승 또는 하강 전용
단열 중복형	• 점포에서 손님을 한 층마다 점포 내로 유도할 수 있음 • 설치면적이 작다(소규모 건물에 적용). • 중소백화점에 많이 사용 • 상승 또는 하강 전용
병렬형	• 상승, 하강 운전을 나란히 하는 것 • 넓은 빌딩에 설치하는 경우에 적당(사무실, 은행, 호텔 등) • 엘리베이터 출발층 통합 시 사용
교차형	• 승강, 하강 모두 연속적으로 갈아탈 수 있음(승·하강 시 승강구가 혼잡하지 않음) • 대형백화점에 채용 • 승강구 찾기가 혼란스러움
복렬 병렬형	• 승강, 하강이 연속적이면 독립적 • 외관이 화려함 • 대형백화점에 적합 • 승강구 찾기가 용이 • 설치면적은 증대

정답 : ④

2021.1회-15

215 다음과 같은 특징을 갖는 에스컬레이터 배치 유형은?

- 점유면적이 다른 유형에 비해 작다.
- 연속적으로 승강이 가능하다.
- 승객의 시야가 좋지 않다.

① 교차식 배치
② 직렬식 배치
③ 병렬 단속식 배치
④ 병렬 연속식 배치

[해설]
교차식 배치에 관한 설명이다.

점유면적(승객의 시야 확보)
- 직렬식(유리) > 병렬(단속식) > 병렬(연속식) > 교차식(불리)
- 점유면적이 크지만 승객의 시야가 가장 좋은 것은 직렬식이다.

정답 : ①

2015.1회-9

216 고층 사무소 건축에 관한 설명으로 옳지 않은 것은?

① 토지이용 효율이 높아진다.
② 화재와 지진 등의 재난에 대한 대비가 필요하다.
③ 층고를 낮게 할 경우 건축비를 절감시킬 수 있다.
④ 고층일수록 설비비의 감소로 단위면적당 건축비가 절감된다.

[해설]
고층일수록 설비비의 증가로 단위면적당 건축비(구조, 방재, 설비, 외장 등)가 증가된다.

정답 : ④

2014.3회-5

217 고층 건물의 스모크 타워(Smoke Tower)에 관한 설명으로 옳은 것은?

① 보일러실의 굴뚝의 보조설비이다.
② 화재 시 연기를 배출시키기 위하여 설치한다.
③ 쿨링타워의 보조설비로서 옥상층에 설치한다.
④ 주방조리대 상부에 설치하여 냄새, 연기, 수증기 등을 흡출하는 설비이다.

[해설]
스모크 타워(Smoke Tower)
비상계단의 전실에 화재에 의해 침입한 연기를 배기하기 위한 샤프트(Shaft)이다.
- 계단실이 굴뚝역할을 하는 것을 방지
- 전실의 천장은 가급적 높게
- 전실 내 스모크 타워 설치
  - 배기 위치 : 계단실보다 복도 쪽에 가깝게 설치
  - 급기 위치 : 계단실 쪽에 가깝게 설치
- 전실의 창과는 별도로 스모크 타워를 반드시 설치해야 한다.

정답 : ②

2014.3회-8, 2020.4회-1

218 기업체가 자사제품의 홍보, 판매 촉진 등을 위해 제품 및 기업에 관한 자료를 소비자들에게 직접 호소하여 제품의 우위성을 인식시키는 전시공간은?

① 쇼룸
② 런드리
③ 프로세니움
④ 인포메이션

[해설]
쇼룸(Show Room)
회사 안에 그 회사에서 생산하는 제품을 진열해 놓은 곳

쇼룸의 분류
- 판매촉진을 위한 상업적 목적의 쇼룸
- 기업이미지를 PR하는 비상업적 목적의 쇼룸

정답 : ①

2013.1회-12

219 상점계획에 관한 설명으로 옳지 않은 것은?

① 종업원 동선은 고객의 동선과 교차되지 않도록 한다.
② 고객의 동선은 가능한 한 짧게 하여 고객에게 편의를 준다.
③ 내부 계단 설계 시 올라간다는 부담을 덜 들게 계획하는 것이 중요하다.
④ 소규모의 건물에서 계단의 경사가 너무 낮은 것은 매장면적을 감소시킨다.

[해설]
고객의 동선은 최대한 길게 하여 상품에 대한 시선과 흥미를 끌어 충동적 구매를 유발하는 것이 유리하다.

정답 : ②

2019.4회-16

220 상점계획에 관한 설명으로 옳지 않은 것은?

① 고객의 동선은 일반적으로 짧을수록 좋다.
② 점원의 동선과 고객의 동선은 서로 교차되지 않는 것이 바람직하다.
③ 대면판매형식은 일반적으로 시계, 귀금속, 의약품 상점 등에서 쓰여진다.
④ 쇼케이스 배치 유형 중 직렬형은 다른 유형에 비하여 상품의 전달 및 고객의 동선상 흐름이 빠르다.

[해설]
동선계획(상점계획 시 가장 중요)
1. 고객의 동선
   - 통로의 폭은 최소 0.9m 이상
   - 바닥의 단 차이는 가능한 한 길게 하고 입구 부분에서 전체 매장이 한눈에 보이도록 배치한다.
2. 직원의 동선
   - 가능한 한 짧게 하여 작업능률에 지장이 없도록 한다.
   - 고객 동선과 서로 교차되지 않도록 한다.
   - 카운터, 쇼케이스의 배치는 고객 동선과 종업원 동선이 만나는 위치에 둔다.
3. 상품의 동선
   - 상품의 취급에 따른 충분한 통로폭을 유지한다.

정답 : ①

2014.2회-10

221 상점의 동선계획에 관한 설명으로 옳지 않은 것은?

① 직원동선은 되도록 짧게 한다.
② 상품동선과 직원동선은 교차해서는 안 된다.
③ 고객의 상점 내 동선은 길고 원활하게 한다.
④ 피난에 관련된 동선은 고객이 쉽게 인지하도록 한다.

[해설]
상품동선은 고객동선과는 분리시키고, 직원동선과는 일부 교차할 수 있다.

상점의 동선계획
1. 고객의 동선
   - 통로의 폭은 최소 0.9m 이상
   - 바닥의 단 차이는 가능한 한 길게 하고 입구 부분에서 전체 매장이 한눈에 보이도록 배치한다.
2. 직원의 동선
   - 가능한 한 짧게 하여 작업능률에 지장이 없도록 한다.
   - 고객 동선과 서로 교차되지 않도록 한다.
   - 카운터, 쇼케이스의 배치는 고객 동선과 종업원 동선이 만나는 위치에 둔다.
3. 상품의 동선
   - 상품의 취급에 따른 충분한 통로폭을 유지한다.

정답 : ②

2013.2회-19, 2020.4회-11

222 상점의 동선계획에 관한 설명으로 옳지 않은 것은?

① 고객동선은 가능한 길게 한다.
② 직원동선은 가능한 짧게 한다.
③ 상품동선과 직원동선은 동일하게 처리한다.
④ 고객 출입구와 상품 반입·출 출입구는 분리하는 것이 좋다.

[해설]
고객동선, 직원동선, 상품동선은 서로 교차되지 않는 것이 좋다.

정답 : ③

2013.4회-6, 2018.1회-17, 2022.1회-19

223 다음 중 상점 정면(Facade) 구성에 요구되는 5가지 광고요소(AIDMA 법칙)에 속하지 않는 것은?

① Attention(주의)
② Identity(개성)
③ Desire(욕구)
④ Memory(기억)

[해설]
상점의 광고요소(AIDMA 법칙)
- A(Attention)-주의 : 주목시킬 수 있는 배려
- I(Interest)-흥미 : 공감을 주는 호소력
- D(Desire)-욕구 : 욕구를 일으키는 연상
- M(Memory)-기억 : 인상적인 변화
- A(Action)-행동 : 들어가기 쉬운 구성

정답 : ②

2015.1회-6, 2019.2회-2

224 상점의 매장 및 정면 구성에서 요구되는 AIDMA 법칙의 내용으로 옳지 않은 것은?

① Memory
② Interest
③ Attention
④ Attraction

해설

상점의 광고요소(AIDMA 법칙)
- A(Attention)-주의 : 주목시킬 수 있는 배려
- I(Interest)-흥미 : 공감을 주는 호소력
- D(Desire)-욕구 : 욕구를 일으키는 연상
- M(Memory)-기억 : 인상적인 변화
- A(Action)-행동 : 들어가기 쉬운 구성

정답 : ④

2020.2회-15

225 다음 중 상점계획에서 파사드 구성에 요구되는 소비자 구매심리 5단계(AIDMA 법칙)에 속하지 않는 것은?

① 흥미(Interest)
② 욕망(Desire)
③ 기억(Memory)
④ 유인(Attraction)

해설

상점의 광고 요소(AIDMA 법칙)
- Attention(주의)
- Interest(흥미)
- Desire(욕구)
- Memory(기억)
- Action(행동)

정답 : ④

2017.4회-20

226 쇼핑센터에서 고객의 주 보행동선으로서 중심 상점과 각 전문점에서의 출입이 이루어지는 곳은?

① 몰(Mall)
② 코트(Court)
③ 터미널(Terminal)
④ 페디스트리언 지대(Pedestrian Area)

해설

몰(Mall)
- 쇼핑센터 내외 주요 보행동선으로 고객을 각 상점으로 고르게 유도하는 쇼핑거리인 동시에 고객의 휴식처로서의 기능도 갖고 있다.
- 고객의 주보행 동선으로 핵상점과 각 전문점에서 출입이 이루어지는 곳이므로 확실한 방향성, 식별성이 요구된다.
- 고객에게 변화감, 다채로움, 자극과 흥미를 주며 쇼핑을 유쾌하게 할 수 있는 휴식장소를 제공해 주어야 한다.
- 자연광을 끌어들여 외부공간과 같은 느낌을 주도록 한다.
- 몰은 개방된 오픈 몰(Open Mall)과 닫힌 실내공간으로 형성된 인클로즈드 몰(Inclosed Mall)로 계획할 수 있으며, 일반적으로 공기조화에 의해 쾌적한 실내 기후를 유지할 수 있는 인클로즈드 몰이 선호된다.
- 몰은 페디스트리언 지대(Pedestrian Area)의 일부이며, 페디스트리언 지대에는 몰, 코트, 분수, 연못, 조경이 있다.

정답 : ①

2018.4회-16

227 쇼핑센터의 공간구성에서 고객을 각 상점에 유도하는 주요 보행자 동선인 동시에 고객의 휴식처로서의 기능을 갖고 있는 곳은?

① 몰(Mall)
② 허브(Hub)
③ 코트(Court)
④ 핵상점(Magnet Store)

해설

몰(Mall)
- 쇼핑센터 내외 주요 보행동선으로 고객을 각 상점으로 고르게 유도하는 쇼핑거리인 동시에 고객의 휴식처로서의 기능도 갖고 있다.
- 고객의 주보행 동선으로 핵상점과 각 전문점에서 출입이 이루어지는 곳이므로 확실한 방향성, 식별성이 요구된다.
- 고객에게 변화감, 다채로움, 자극과 흥미를 주며 쇼핑을 유쾌하게 할 수 있는 휴식장소를 제공해 주어야 한다.
- 자연광을 끌어들여 외부 공간과 같은 느낌을 주도록 한다.
- 몰은 개방된 오픈 몰(Open Mall)과 닫힌 실내공간으로 형성된 인클로즈드 몰(Inclosed Mall)로 계획할 수 있으며, 일반적으로 공기조화에 의해 쾌적한 실내 기후를 유지할 수 있는 인클로즈드 몰이 선호된다.
- 몰은 페디스트리언 지대(Pedestrian Area)의 일부이며, 페디스트리언 지대에는 몰, 코트, 분수, 연못, 조경이 있다.

✱ 코트(Court) : 고객이 머무를 수 있는 넓은 공간으로서 몰의 군데군데에 위치하여 고객의 휴식처가 되는 동시에 각종 행사의 장이 되기도 한다.

정답 : ①

2016.2회-9, 2021.2회-19

228 쇼핑센터의 몰(Mall)에 관한 설명으로 옳은 것은?

① 전문점과 핵상점의 주출입구는 몰에 면하도록 한다.
② 쇼핑 체류시간을 늘릴 수 있도록 방향성이 복잡하게 계획한다.
③ 몰은 고객의 통과동선으로서 부속시설과 서비스 기능의 출입이 이루어지는 곳이다.
④ 일반적으로 공기조화에 의해 쾌적한 실내기후를 유지할 수 있는 오픈 몰(Open Mall)이 선호된다.

해설

② 확실한 방향성과 식별성이 요구된다.
③ 몰은 고객의 주보행 동선으로 핵상점과 각 전문점에서의 출입이 이루어지는 곳
④ 일반적으로 공기조화에 의해 쾌적한 실내 기후를 유지할 수 있는 인클로즈드(Inclosed Mall) 몰이 선호된다.

정답 : ①

2018.1회-2, 2021.1회-1

229 쇼핑센터의 몰(Mall)의 계획에 관한 설명으로 옳지 않은 것은?

① 전문점들과 중심상점의 주출입구는 몰에 면하도록 한다.
② 몰에는 자연광을 끌어들여 외부공간과 같은 성격을 갖게 하는 것이 좋다.
③ 다층으로 계획할 경우 시야의 개방감을 적극적으로 고려하는 것이 좋다.
④ 중심상점들 사이의 몰의 길이는 150m를 초과하지 않아야 하며, 길이 40~50m마다 변화를 주는 것이 바람직하다.

[해설]
몰의 폭과 길이
• 폭은 6~12m가 일반적이다.
• 길이는 240m를 초과하지 않아야 하며, 길이 20~30m마다 변화를 주어 단조롭지 않게 한다.

정답 : ④

2022.2회-18

230 쇼핑센터의 특징적인 요소인 페디스트리언 지대(Pedestrian Area)에 관한 설명으로 옳지 않은 것은?

① 고객에게 변화감과 다채로움, 자극과 흥미를 제공한다.
② 바닥면의 고저차를 많이 두어 지루함을 주지 않도록 한다.
③ 바닥면에 사용하는 재료는 주위 상황과 조화시켜 계획한다.
④ 사람들의 유동적 동선이 방해되지 않는 범위에서 나무나 관엽식물을 둔다.

[해설]
몰(Mall)
• 쇼핑센터 내외 주요 보행동선으로 고객을 각 상점으로 고르게 유도하는 쇼핑거리인 동시에 고객의 휴식처로서의 기능도 갖고 있다.
• 고객의 주보행 동선으로 핵상점과 각 전문점에서 출입이 이루어지는 곳이므로 확실한 방향성, 식별성이 요구된다.
• 고객에게 변화감, 다채로움, 자극과 흥미를 주며 쇼핑을 유쾌하게 할 수 있는 휴식장소를 제공해 주어야 한다.
• 자연광을 끌어들여 외부공간과 같은 느낌을 주도록 한다.
• 몰은 개방된 오픈 몰(Open Mall)과 닫힌 실내공간으로 형성된 인클로즈드 몰(Inclosed Mall)로 계획할 수 있으며, 일반적으로 공기조화에 의해 쾌적한 실내 기후를 유지할 수 있는 인클로즈드 몰이 선호된다.
• 몰은 페디스트리언 지대(Pedestrian Area)의 일부이며, 페디스트리언 지대에는 몰, 코트, 분수, 연못, 조경이 있다.

정답 : ②

2019.1회-16

231 백화점의 에스컬레이터 배치에 관한 설명으로 옳지 않은 것은?

① 교차식 배치는 점유면적이 작다.
② 직렬식 배치는 점유면적이 크나 승객의 시야가 좋다.
③ 병렬식 배치는 백화점 매장 내부에 대한 시계가 양호하다.
④ 병렬 연속식 배치는 연속적으로 승강할 수 없다는 단점이 있다.

[해설]
병렬 연속식 배치는 연속적으로 승강할 수 있다.

에스컬레이터 배치형식

배치형식의 종류		승객의 시야	점유면적
직렬식		가장 좋으나, 시선이 한 방향으로 고정되기 쉽다.	가장 크다.
병렬	단속식	양호하다.(연속 승강이 불가능)	크다.
	연속식	일반적이다.(연속 승강이 가능)	작다.
교차식		나쁘다.(연속 승강이 가능)	가장 작다.

정답 : ④

2020.2회-14

232 백화점의 에스컬레이터 배치형식에 관한 설명으로 옳은 것은?

① 직렬식 배치는 승객의 시야도 좋고 점유면적도 작다.
② 병렬 연속식 배치는 연속적으로 승강할 수 없다는 단점이 있다.
③ 교차식 배치는 점유면적이 작으며 연속 승강이 가능하다는 장점이 있다.
④ 병렬 단속식 배치는 승객의 시야는 안 좋으나 점유면적이 작아 고층백화점에 주로 사용된다.

[해설]
에스컬레이터 배치형식

배치형식의 종류		승객의 시야	점유면적
직렬식		가장 좋으나, 시선이 한 방향으로 고정되기 쉽다.	가장 크다.
병렬	단속식	양호하다.(연속 승강이 불가능)	크다.
	연속식	일반적이다.(연속 승강이 가능)	작다.
교차식		나쁘다.(연속 승강이 가능)	가장 작다.

정답 : ③

2018.4회-12

233 백화점 매장에 에스컬레이터를 설치할 경우, 설치 위치로 가장 알맞은 곳은?

① 매장의 한 쪽 측면
② 매장의 가장 깊은 곳
③ 백화점의 계단실 근처
④ 백화점의 주출입구와 엘리베이터 존의 중간

> [해설]
> **백화점 매장의 에스컬레이터의 위치**
> 엘리베이터와 출입구의 중간 또는 매장의 중앙에 가까운 장소로서 고객이 알아보기 쉬운 곳이 가장 좋다.
>
> 정답 : ④

2014.3회-12, 2019.4회-4

234 상점 매장의 가구배치에 따른 평면유형에 관한 설명으로 옳지 않은 것은?

① 직렬형은 부분별로 상품 진열이 용이하다.
② 굴절형은 대면판매 방식만 가능한 유형이다.
③ 환상형은 대면판매와 측면판매 방식을 병행할 수 있다.
④ 복합형은 서점, 패션점, 액세서리점 등의 상점에 적용이 가능하다.

> [해설]
> **진열장(판매대) 배치방법**
>
> | | |
> |---|---|
> | 직렬
배열형 | • 통로가 직선, 고객의 흐름이 가장 빠르다.
• 부분별 상품진열 용이, 대량판매형식 가능
• 침구점, 실용의복점, 서점, 식기점, 가정전기점 등 |
> | 굴절
배열형 | • 진열장 배치와 고객 동선이 굴절, 곡선으로 구성
• 대면판매와 측면판매의 조합으로 구성
• 양복점, 안경점, 모자점, 문방구 등 |
> | 환상
배열형 | • 중앙에 케이스, 대 등에 의한 직선 또는 곡선에 의한 환상 부분을 설치
• 민예품점, 수예품점 |
> | 복합형 | • 위와 같은 제반 형태를 적절히 조합한 형태
• 뒷부분은 대면판매 또는 접객 부분이 된다.
• 부인복지점, 피혁제품점, 서점 등 |
>
> 정답 : ②

2015.1회-3, 2021.4회-1

235 상점건축의 진열장 배치에 관한 설명으로 옳은 것은?

① 손님 쪽에서 상품이 효과적으로 보이도록 계획한다.
② 들어오는 손님과 종업원의 시선이 정면으로 마주치도록 계획한다.
③ 도난을 방지하기 위하여 손님에게 감시한다는 인상을 주도록 계획한다.
④ 동선이 원활하여 다수의 손님을 수용하고 다수의 종업원으로 관리하게 한다.

> [해설]
> ② 들어오는 손님과 종업원의 시선이 직접 마주치지 않도록 계획한다.
> ③ 손님에게 감시한다는 인상을 주지 않도록 계획한다.
> ④ 소수의 종업원으로 다수의 고객 수용이 가능하도록 한다.
>
> 정답 : ①

2015.4회-1

236 상점의 쇼윈도에 관한 설명으로 옳지 않은 것은?

① 평형은 일반적으로 많이 사용되는 기본형으로 상점 내의 면적을 넓게 사용할 수 있다.
② 경사형은 유리면을 경사지게 처리하여 단조로움이 적게 되지만 유리면의 눈부심이 크다.
③ 상점의 전면이 넓지 않을 경우 일반적으로 쇼윈도와 출입구는 비대칭적으로 처리하는 것이 좋다.
④ 곡면형은 곡면유리를 사용하여 쇼윈도의 구성에 변화를 주어 일단 형태감에서 통행인의 시선을 자연스럽게 유도할 수 있다.

> [해설]
> 유리면을 경사지게 처리하면 눈부심이 적다.
> **반사(현휘, 눈부심, Glare) 방지**
> 외부 조도가 내부의 10~30배일 때 현휘 발생
>
> | | |
> |---|---|
> | 주간 시 | • 쇼윈도 내부의 조도를 외부보다 밝게 한다.
• 차양을 달아 외부에 그늘을 준다.
• 건너편의 건물이 비치는 것을 방지하기 위해 가로수를 심는다.
• 유리면을 경사지게 하고 특수한 곡면유리를 사용한다. |
> | 야간 시 | • 광원을 감춘다.
• 눈에 입사하는 광속을 적게 한다. |
>
> 정답 : ②

237 백화점 계획에서 매장 부분의 외관을 무창으로 하는 이유로 옳지 않은 것은?

① 실내의 조도를 일정하게 하기 위해서
② 벽면에 상품 전시공간을 확보하기 위해서
③ 인접건물의 화재 시 백화점으로의 인화를 방지하기 위해서
④ 창으로부터의 역광이 없도록 하여 디스플레이(Display)를 유리하게 하기 위해서

[해설]
무창 백화점
실내의 진열면을 늘리거나 분위기 조성을 위해 백화점의 외벽을 창이 없게 처리하는 방법

장점	• 창의 역광으로 인한 내부의장의 불리한 요소 제거 • 매장 내의 냉·난방 효율이 증가 • 외부 벽면에 상품 전시 가능(매장 배치상 유리)
단점	화재나 정전 시 고객들이 큰 혼란에 빠질 우려

정답 : ③

238 상점의 판매방식에 관한 설명으로 옳지 않은 것은?

① 측면판매형식은 직원 동선의 이동성이 많다.
② 대면판매형식은 측면판매형식에 비해 상품진열면적이 넓어진다.
③ 측면판매형식은 고객이 직접 진열된 상품을 접촉할 수 있는 관계로 선택이 용이하다.
④ 대면판매형식은 쇼케이스를 중심으로 판매원이 고정된 자리나 위치를 확보하는 것이 용이하다.

[해설]
대면판매방식은 측면판매방식에 비해 상품 진열면적이 감소한다.
대면판매형식

장점	단점
• 설명을 하기에 편리 • 종업원의 정위치를 정하기 용이 • 포장, 계산이 편리	• 진열면적 감소 • 진열장이 많아지면 상점의 분위기가 딱딱해짐

정답 : ②

239 백화점의 진열장 배치에 관한 설명으로 옳지 않은 것은?

① 직각배치는 매장 면적의 이용률을 최대로 확보할 수 있다.
② 사행배치는 주통로 이외의 제2통로를 상하교통계를 향해서 45° 사선으로 배치한 것이다.
③ 사행배치는 많은 고객이 매장 구석까지 가기 쉬운 이점이 있으나 이형의 진열장이 필요하다.
④ 자유유선배치는 획일성을 탈피할 수 있으며, 변화와 개성을 추구할 수 있고 시설비가 적게 든다.

[해설]
자유유선배치법
• 고객의 유동방향에 따라 자유로운 곡선으로 통로를 배치한다.
• 전시에 변화를 주고 판매장의 특수성을 살릴 수 있다.
• 진열대 제작비가 많이 들고 매장의 변경이 어렵다.
• 고객의 입장에서 가장 우수한 배치법이다.

정답 : ④

240 다음 설명에 알맞은 백화점 진열장 배치방법은?

• Main 통로를 직각 배치하며, Sub 통로를 45° 정도 경사지게 배치하는 유형이다.
• 많은 고객이 매장공간의 코너까지 접근하기 용이하지만, 이형의 진열장이 많이 필요하다.

① 직각배치 ② 방사배치
③ 사행배치 ④ 자유유선배치

[해설]
사행(사교)배치법
주통로를 직각 배치, 부통로를 주통로에 45° 경사지게 배치한다.
• 상호 교통로를 가깝게 연결할 수 있다.
• 많은 고객이 매장 구석까지 가기 쉽다.(동선 단축)
• 이형의 판매대가 많이 필요하다.

정답 : ③

2017.1회-13

241 백화점 매장의 배치 유형에 관한 설명으로 옳지 않은 것은?

① 직각형 배치는 매장 면적의 이용률을 최대로 확보할 수 있다.
② 직각형 배치는 고객의 통행량에 따라 통로폭을 조절하기 용이하다.
③ 경사형 배치는 많은 고객이 매장공간의 코너까지 접근하기 용이한 유형이다.
④ 경사형 배치는 Main 통로를 직각 배치하며, Sub 통로를 45° 정도 경사지게 배치하는 유형이다.

[해설]
직각(직교)형 배치는 고객 통행량에 따른 통로폭의 변화가 어렵다.
정답 : ②

2021.4회-18

242 백화점 매장의 배치 유형에 관한 설명으로 옳지 않은 것은?

① 직각배치는 매장 면적의 이용률을 최대로 확보할 수 있다.
② 직각배치는 고객의 통행량에 따라 통로폭을 조절하기 용이하다.
③ 사행배치는 많은 고객이 매장공간의 코너까지 접근하기 용이한 유형이다.
④ 사행배치는 Main 통로를 직각 배치하며, Sub 통로를 45° 정도 경사지게 배치하는 유형이다.

[해설]
직각배치는 고객의 통행량에 따라 통로폭을 조절하기 어렵다. (국부적 혼란 야기)
정답 : ②

2018.2회-6

243 다음 중 백화점의 기둥간격 결정 요소와 가장 거리가 먼 것은?

① 화장실의 크기
② 에스컬레이터의 배치방법
③ 매장 진열장의 치수와 배치방법
④ 지하주차장의 주차방식과 주차폭

[해설]
기둥간격의 결정 요소(백화점)
• 진열대(장)의 치수와 배치방법 및 매장의 통로
• 에스컬레이터, 엘리베이터의 배치방법(크기, 개수 등)
• 지하주차장의 주차방식과 주차폭
정답 : ①

2020.3회-20

244 다음 중 백화점 기둥간격의 결정 요소와 가장 거리가 먼 것은?

① 지하주차장의 주차방법
② 진열대의 치수와 배열법
③ 엘리베이터의 배치 방법
④ 각 층별 매장의 상품구성

[해설]
기둥간격의 결정 요소(백화점)
• 진열대(장)의 치수와 배치방법 및 매장의 통로
• 에스컬레이터, 엘리베이터의 배치방법(크기, 개수 등)
• 지하주차장의 주차방식과 주차폭
정답 : ④

2020.4회-6

245 다음 중 백화점 매장의 기둥간격 결정 요소와 가장 거리가 먼 것은?

① 엘리베이터의 배치방법
② 진열장의 치수와 배치방법
③ 지하주차장 주차방식과 주차 폭
④ 층별 매장 구성과 예상 이용 인원

[해설]
기둥간격 결정 요소(백화점)
• 진열대(장)의 치수와 배치방법 및 매장의 통로
• 에스컬레이터, 엘리베이터의 배치방법(크기, 개수 등)
• 지하주차장의 주차방식과 주차폭
정답 : ④

246 다음 중 백화점의 기둥간격 결정 요소와 가장 거리가 먼 것은?

① 매장의 연면적
② 진열장의 배치방법
③ 지하주차장의 주차방식
④ 에스컬레이터의 배치방법

[해설]
기둥간격 결정 요소(백화점)
- 진열대(장)의 치수와 배치방법 및 매장의 통로
- 에스컬레이터, 엘리베이터의 배치방법(크기, 개수 등)
- 지하주차장의 주차방식과 주차폭

정답 : ①

247 다음 중 백화점 건물의 기둥간격 결정 요소와 가장 거리가 먼 것은?

① 진열장의 치수
② 고객동선의 길이
③ 에스컬레이터의 배치
④ 지하주차장의 주차방식

[해설]
기둥간격의 결정 요소(백화점)
- 진열대의 치수와 배치방법
- 에스컬레이터의 배치
- 매장의 통로
- 지하주차장의 주차방식과 주차폭

정답 : ②

3 | 공공문화건축계획

248 극장의 평면방식 중 관객이 연기자를 사면에서 둘러싸고 관람하는 형식으로 가장 많은 관객을 수용할 수 있는 형식은?

① 아레나(Arena)형
② 가변형(Adaptable stage)
③ 프로시니엄(Proscenium)형
④ 오픈스테이지(Open stage)형

[해설]
무대를 관객석이 360도 둘러싸고 관람하는 형태
아레나 스테이지(Arena Stage, Center Stage)형

특징	・가까운 거리에서 가장 많은 관객을 수용 ・연기 도중 다른 연기자를 가리는 결점 ・무대 배경은 주로 낮은 가구로 구성(배경을 만들지 않으므로 경제적) ・마당놀이, 판소리 등

정답 : ①

249 극장의 평면형 중 아레나(Arena)형에 관한 설명으로 옳은 것은?

① 투시도법을 무대공간에 응용한 형식이다.
② 무대의 장치나 소품은 주로 높은 기구로 구성된다.
③ 픽쳐프레임 스테이지(Picture Frame Stage)라고도 한다.
④ 가까운 거리에서 관람하면서 가장 많은 관객을 수용할 수 있다.

[해설]
아레나 스테이지(Arena Stage, Center Stage)형
무대를 관객석이 360도 둘러싸고 관람하는 형태

특징	・가까운 거리에서 가장 많은 관객을 수용 ・연기 도중 다른 연기자를 가리는 결점 ・무대 배경은 주로 낮은 가구로 구성(배경을 만들지 않으므로 경제적) ・마당놀이, 판소리 등

정답 : ④

250 극장의 평면형식 중 아레나(Arena)형에 관한 설명으로 옳지 않은 것은?

① 관객이 무대를 360°로 둘러싼 형식이다.
② 무대의 장치나 소품은 주로 낮은 가구들로 구성된다.
③ 픽처 프레임 스테이지(Picture Frame Stage)형이라고도 한다.
④ 가까운 거리에서 관람하면서 많은 관객을 수용할 수 있다.

[해설]
③은 프로시니엄(Proscenium)형에 관한 설명이다.
정답 : ③

251 극장의 평면 형식 중 애리나형에 관한 설명으로 옳지 않은 것은?

① 무대의 배경을 만들지 않으므로 경제성이 있다.
② 무대의 장치나 소품은 주로 낮은 가구들로 구성한다.
③ 연기는 한정된 액자 속에서 나타나는 구성화의 영향을 준다.
④ 가까운 거리에서 관람하면서 가장 많은 관객을 수용할 수 있다.

[해설]
가까운 거리에서 관람하면서 가장 많은 관객을 수용할 수 있는 것은 프로시니엄(Proscenium)형이다.
애리나와 아레나는 혼용 출제되어 두 가지 표기를 그대로 사용함
정답 : ③

252 극장의 평면형식 중 애리나(Arena)형에 관한 설명으로 옳지 않은 것은?

① 무대의 배경을 만들지 않으므로 경제성이 있다.
② 무대의 장치나 소품은 주로 낮은 가구들로 구성한다.
③ 가까운 거리에서 관람하면서 많은 관객을 수용할 수 있다.
④ 연기자가 일정한 방향으로만 관객을 대하므로 강연, 콘서트, 독주, 연극 공연에 가장 좋은 형식이다.

[해설]
연기자가 일정한 방향으로만 관객을 대하므로 강연, 콘서트, 독주, 연극 공연에 가장 좋은 형식은 프로시니엄 형이다.
정답 : ④

253 극장의 평면형 중 애리나(Arena)형에 관한 설명으로 옳은 것은?

① Picture Frame Stage라고도 불린다.
② 무대의 배경을 만들지 않으므로 경제적이다.
③ 연기자가 한 쪽 방향으로만 관객을 대하게 된다.
④ 투시도법을 무대공간에 응용함으로써 하나의 구상화와 같은 느낌이 들게 한다.

[해설]
아레나 스테이지(Arena Stage, Center Stage)형
• 무대를 관객석이 360도 둘러싸고 관람하는 형태
• 가까운 거리에서 가장 많은 관객을 수용
• 연기 도중 다른 연기자를 가리는 결점
• 무대 배경은 주로 낮은 가구로 구성(배경을 만들지 않으므로 경제적)
• 마당놀이, 판소리 등에 적합
정답 : ②

254 다음 설명에 알맞은 극장건축의 평면형식은?

• 가까운 거리에서 관람하면서 가장 많은 관객을 수용할 수 있다.
• 객석과 무대가 하나의 공간에 있으므로 양자의 일체감이 높다.
• 무대의 배경을 만들지 않으므로 경제성이 있다.

① 아레나(Arena)형
② 가변(Adaptable)형
③ 프로시니엄(Proscenium)형
④ 오픈스테이지(Open stage)형

[해설]
아레나(Arena)형에 관한 내용이다.
정답 : ①

2014.2회-15

255 극장의 평면형식에 관한 설명으로 옳지 않은 것은?

① 프로시니엄형이 일반적으로 사용된다.
② 프로시니엄형은 연기자와 관객의 접촉면이 한정되어 있다.
③ 애리나형은 가까운 거리에서 관람하면서 많은 관객을 수용할 수 있다.
④ 애리나형은 배경이 한 폭의 그림과 같은 느낌을 주게 되어 전체적인 통일의 효과를 얻는 데 가장 좋은 형태이다.

[해설]
배경이 한 폭의 그림과 같은 느낌을 주게 되어 전체적인 통일의 효과를 얻는 데 가장 좋은 형태는 프로시니엄형이다.

정답 : ④

2019.4회-11

256 극장의 평면형식에 관한 설명으로 옳지 않은 것은?

① 오픈스테이지형은 무대장치를 꾸미는 데 어려움이 있다.
② 프로시니엄형은 객석 수용능력에 있어서 제한을 받는다.
③ 가변형 무대는 필요에 따라서 무대와 객석을 변화시킬 수 있다.
④ 애리나형은 무대 배경설치 비용이 많이 소요된다는 단점이 있다.

[해설]
④ 애리나형은 무대 배경을 만들지 않으므로 경제적이다.

정답 : ④

2020.3회-1

257 극장의 평면형식에 관한 설명으로 옳지 않은 것은?

① 애리나형에서 무대 배경은 주로 낮은 가구로 구성된다.
② 프로시니엄형은 픽처 프레임 스테이지형이라고도 불린다.
③ 오픈스테이지형은 관객석이 무대의 대부분을 둘러싸고 있는 형식이다.
④ 프로시니엄형은 가까운 거리에서 관람하게 되며, 가장 많은 관객을 수용할 수 있다.

[해설]
가까운 거리에서 관람하게 되며, 가장 많은 관객을 수용할 수 있는 것은 애리나형에 대한 설명이다.

정답 : ④

2018.1회-19

258 극장의 평면형식 중 프로시니엄형에 관한 설명으로 옳지 않은 것은?

① 픽처 프레임 스테이지형이라고도 한다.
② 배경은 한 폭의 그림과 같은 느낌을 준다.
③ 연기자가 제한된 방향으로만 관객을 대하게 된다.
④ 가까운 거리에서 관람하면서 가장 많은 관객을 수용할 수 있다.

[해설]
가까운 거리에서 관람하면서 가장 많은 관객을 수용할 수 있는 것은 애리나 스테이지형이다.

정답 : ④

2013.4회-11

259 극장의 평면형 중 프로시니엄형에 관한 설명으로 옳지 않은 것은?

① Picture Frame Stage라고도 불린다.
② 강연, 콘서트, 독주, 연극공연 등에 적합하다.
③ 무대의 배경을 만들지 않으므로 경제성이 있다.
④ 연기자가 일정한 방향으로만 관객을 대하게 된다.

[해설]
③은 애리나 스테이지형에 대한 설명이다.

프로시니엄형의 특징
- 강연, 콘서트, 독주, 연극 등에 적합하다.
- 연기자가 일정한 방향으로만 관객을 대하게 된다.
- 투시도법을 무대 공간에 응용함으로써 발생한 것으로 연극의 내용을 한정된 고정액자 속에서 보는 듯한 하나의 구성화와 같은 느낌이 들게 하여 Picture Frame Stage라고도 불린다.
- 배경은 한 폭의 그림과 같은 느낌을 주게 되어 전체적인 통일의 효과를 얻는 데 가장 좋은 형태이다.
- 연기자와 관객의 접촉면이 한정되어 있으므로 많은 관람석을 두려면 거리가 멀어져 객석 수용능력에 있어서 제한을 받는다.

정답 : ③

260 극장의 평면형 중 프로시니엄형에 관한 설명으로 옳은 것은?

① 무대의 배경을 만들지 않으므로 경제성이 있다.
② 센트럴 스테이지(Central Stage)형이라고도 한다.
③ 연기자가 일정한 방향으로만 관객을 대하게 된다.
④ 가까운 거리에서 관람하면서 가장 많은 관객을 수용할 수 있다.

[해설]
①, ②, ④는 애리나 스테이지(Arena Stage)형에 대한 설명이다.
정답 : ③

261 극장의 평면형식 중 오픈 스테이지(Open Stage)형에 관한 설명으로 옳은 것은?

① 연기자가 남측 방향으로만 관객을 대하게 된다.
② 강연, 음악회, 독주, 연극 공연에 가장 적합한 형식이다.
③ 가장 일반적인 극장의 형식으로 어떠한 배경이라도 창출이 가능하다.
④ 무대와 객석이 동일 공간에 있는 것으로 관객석이 무대의 대부분을 둘러싸고 있다.

[해설]
오픈 스테이지(Open Stage)
무대와 관객석을 구분하는 프로시니엄 아치나 막을 제거한 무대
정답 : ④

262 극장의 프로시니엄에 관한 설명으로 옳은 것은?

① 무대배경용 벽을 말하며 쿠펠 호리존트라고도 한다.
② 조명기구나 사이클로라마를 설치한 연기 부분 무대의 후면 부분을 일컫는다.
③ 무대의 천장 밑에 설치되는 것으로 배경이나 조명기구 등을 매다는 데 사용된다.
④ 그림에 있어서 액자와 같이 관객의 시선을 무대에 쏠리게 하는 시각적 효과를 갖는다.

[해설]
프로시니엄형 아치
관람석과 무대 사이에 격벽이 설치되고 이 격벽의 개구부를 통해 극을 관람하게 된다. 이 개구부의 틀을 프로시니엄 아치라 한다.
정답 : ④

263 극장건축에서 무대의 제일 뒤에 설치되는 무대 배경용의 벽을 나타내는 용어는?

① 프로시니엄　　② 사이클로라마
③ 플라이 로프트　　④ 그리드 아이언

[해설]
사이클로라마에 대한 설명이다.
① 프로시니엄 : 무대와 객석의 경계를 이루는 개구부를 말한다.
③ 플라이 로프트 : 무대의 상부 공간을 말한다.
④ 그리드 아이언 : 무대의 가장 상부에 격자형으로 설치되며, 무대 기계장비를 지탱해주는 철골 고정 구조물이다.
정답 : ②

264 극장건축에서 무대의 제일 뒤에 설치되는 무대 배경용의 벽을 의미하는 것은?

① 사이클로라마　　② 플라이 로프트
③ 플라이 갤러리　　④ 그리드 아이언

[해설]
사이클로라마
• 무대 제일 뒤에 설치되는 무대 배경용의 벽
• 높이 : 프로시니엄 높이의 3배 정도
정답 : ①

265 극장건축의 그리드 아이언(Grid Iron)에 관한 설명으로 옳은 것은?

① 무대 뒤편의 좁은 통로이다.
② 무대의 배경이 되는 벽면 시설이다.
③ 관객의 시선을 차단하는 데 사용된다.
④ 조명기구, 배경 등을 매어다는 데 사용된다.

[해설]
그리드 아이언(Grid Iron, 격자철판)
• 무대의 천장 밑에 위치하는 곳에 철골을 촘촘히 깔아 바닥을 이루게 한 것으로, 여기에 배경이나 조명기구, 연기자 또는 음향 반사판 등을 매어 달 수 있게 한 장치이다.
• 무대 천장 밑의 제일 낮은 보 밑에서 1.8m의 위치에 바닥이 위치하면 된다.
정답 : ④

266 극장 무대에서 그리드 아이언(Grid Iron)이란 무엇인가?

① 조명 조작 등을 위해 무대 주위 벽에 6~9m의 높이로 설치되는 좁은 통로
② 조명기구, 연기자 또는 음향 반사판을 매달기 위해 무대 천장 밑에 설치되는 시설
③ 하늘이나 구름 등 자연현상을 나타내기 위한 무대 배경용 벽
④ 무대와 객석의 경계를 이루는 곳으로 액자와 같은 시각적 효과를 갖게 하는 시설

[해설]
①은 플라이 갤러리, ③은 사이클로라마, ④는 프로시니엄 아치에 대한 설명이다.

정답 : ②

267 극장 무대 주위의 벽에 6~9m 높이로 설치되는 좁은 통로로, 그리드 아이언에 올라가는 계단과 연결되는 것은?

① 그린룸
② 록 레일
③ 플라이 갤러리
④ 슬라이딩 스테이지

[해설]
플라이 갤러리(Fly Gallery)
그리드 아이언에 올라가는 계단과 연결되게 무대 주위의 벽에 6~9m 높이로 설치되는 좁은 통로(폭은 1.2~2m 정도)

① 그린룸 : 출연자 대기실
② 록 레일 : 와이어로프로 한 곳에 모아서 조정하는 장소
④ 슬라이딩 스테이지 : 무대전환기구, 이동식 무대

정답 : ③

268 극장건축의 관련 제실에 관한 설명으로 옳지 않은 것은?

① 앤티룸(Anti Room)은 출연자들이 출연 바로 직전에 기다리는 공간이다.
② 그린룸(Green Room)은 출연자 대기실을 말하며 주로 무대 가까운 곳에 배치한다.
③ 배경제작실의 위치는 무대에 가까울수록 편리하며, 제작 중의 소음을 고려하여 차음설비가 요구된다.
④ 의상실은 실의 크기가 1인당 최고 $8m^2$가 필요하며, 그린룸이 있는 경우 무대와 동일한 층에 배치하여야 한다.

[해설]
의상실
• 연기자가 분장 또는 화장을 하고 의상을 갈아입는 곳
• 실의 크기 : 1인당 최소 $4~5m^2$ 정도
• 실의 위치 : 무대 근처가 좋고 같은 층에 있는 것이 이상적이다. (단, 그린룸이 있는 경우 반드시 같은 층에 있을 필요는 없다.)

정답 : ④

269 극장에서 그린룸(Green Room)이란 무엇을 뜻하는가?

① 보관실
② 연주실
③ 분장실
④ 출연대기실

[해설]
그린룸(Green Room)
• 출연대기실
• 무대와 같은 층
• 크기 : 보통 $30m^2$ 정도

정답 : ④

270 극장건축에서 그린룸(Green Room)의 역할로 가장 알맞은 것은?

① 의상실
② 배경제작실
③ 관리관계실
④ 출연대기실

해설

그린룸(Green Room)
- 출연대기실
- 무대와 같은 층
- 크기 : 보통 30m² 정도

* 앤티룸
- 무대와 그린룸 사이의 조그만 방
- 출연 바로 직전 기다리는 방

정답 : ④

2019.1회-20

271 극장의 무대에 관한 설명으로 옳지 않은 것은?

① 프로시니엄 아치는 일반적으로 장방형이며, 종횡의 비율은 황금비가 많다.
② 프로시니엄 아치의 바로 뒤에는 막이 쳐지는데, 이 막의 위치를 커튼 라인이라고 한다.
③ 무대의 폭은 적어도 프로시니엄 아치 폭의 2배, 깊이는 프로시니엄 아치 폭 이상으로 한다.
④ 플라이 갤러리는 배경이나 조명기구, 연기자 또는 음향반사판 등을 매달 수 있도록 무대 천장 밑에 철골로 설치한 것이다.

해설

배경이나 조명기구, 연기자 또는 음향반사판 등을 매달 수 있도록 무대 천장 밑에 철골로 설치한 것은 그리드 아이언(Grid Iron : 격자철판)이다.

플라이 갤러리(Fly Gallery)
그리드 아이언에 올라가는 계단과 연결되게 무대 주위의 벽에 6~9m 높이로 설치되는 좁은 통로(폭은 1.2~2m 정도)

정답 : ④

2020.3회-11

272 극장건축과 관련된 용어 설명으로 옳지 않은 것은?

① 플라이 갤러리(Fly Gallery) : 무대 주위의 벽에 설치되는 좁은 통로이다.
② 사이클로라마(Cyclorama) : 무대의 제일 뒤에 설치되는 무대 배경용 벽이다.
③ 그린룸(Green Room) : 연기자가 분장 또는 화장을 하고 의상을 갈아입는 곳이다.
④ 그리드 아이언(Grid Iron) : 무대 천장 밑에 설치한 것으로 배경이나 조명 기구 등이 매달린다.

해설

③은 의상실에 관한 설명이다.
그린룸(Green Room)은 출연자들이 대기하는 장소이다. 무대와 같은 층에 위치하며 크기는 보통 30m² 정도이다.

정답 : ③

2016.2회-11

273 극장의 객석계획에 관한 설명 중 옳지 않은 것은?

① 객석의 세로통로는 무대를 중심으로 하는 방사선상이 좋다.
② 연극 등을 감상하는 경우 연기자의 표정을 읽을 수 있는 가시한계는 15m 정도이다.
③ 객석은 무대의 중심 또는 스크린의 중심을 중심으로 하는 원호의 배열이 이상적이다.
④ 좌석을 엇갈리게 배열(Stagger Seats)하는 방법은 객석의 바닥구배가 완만할 경우에는 사용할 수 없으며 통로 폭이 좁아지는 단점이 있다.

해설

좌석을 엇갈리게 배열하는 방법은 객석의 바닥구배가 완만한 경우에 사용할 수 있으며, 이 경우에는 객석 양쪽의 벽은 평행이 아닌 것이 좋다.

정답 : ④

2016.4회-13

274 극장의 음향계획에 관한 설명으로 옳지 않은 것은?

① 반사음의 집중이 없도록 한다.
② 무대 근처에는 음의 반사재를 취한다.
③ 불필요한 음은 적당히 감쇠시키고 필요한 음의 청취에 방해가 되지 않게 한다.
④ 천장계획에 있어서 돔(Dome)형은 음원의 위치 여하를 막론하고 음을 확산시키므로 바람직하다.

해설

돔(Dome)형의 천장은 음원의 위치를 막론하고 천장에서 반사된 음이 한 곳에 집중되므로 피하는 것이 바람직하다.

극장의 음향계획
- 음향계획에 있어서 발코니의 계획은 될 수 있는 한 피하는 것이 좋다.
- 무대에서 가까운 벽은 반사체로 하고 멀어짐에 따라서 흡음재의 벽을 배치하는 것이 원칙이다.
- 오디토리움 양쪽의 벽은 무대의 음을 반사에 의해 객석 뒷부분까지 이르도록 보강해 주는 역할을 한다.

정답 : ④

275 극장건축의 음향계획에 관한 설명으로 옳지 않은 것은?

① 음향계획에 있어서 발코니의 계획은 될 수 있는 한 피하는 것이 좋다.
② 음의 반복 반사 현상을 피하기 위해 가급적 원형에 가까운 평면형으로 계획한다.
③ 무대에 가까운 벽은 반사재로 하고 멀어짐에 따라서 흡음재의 벽을 배치하는 것이 원칙이다.
④ 오디토리움 양쪽의 벽은 무대의 음을 반사에 의해 객석 뒷부분까지 이르도록 보강해주는 역할을 한다.

[해설]
돔(Dome)형의 천장은 음원의 위치를 막론하고 천장에서 반사된 음이 한 곳에 집중되므로 피하는 것이 바람직하다.

정답 : ②

276 ( ) 안에 알맞은 것은?

> 연극 등을 감상하는 경우 연기자의 표정을 읽을 수 있는 가시한계는 (㉠)m 정도이다. 그러나 실제적으로 극장에서는 잘 보여야 하는 동시에 많은 관객을 수용해야 하므로 (㉡)m 까지를 1차 허용한도로 한다.

① ㉠ 15, ㉡ 22
② ㉠ 20, ㉡ 35
③ ㉠ 22, ㉡ 35
④ ㉠ 22, ㉡ 38

[해설]
가시거리의 한계
• A구역 : 생리적 한계(15m), 인형극, 아동극
• B구역 : 제1차 허용한도(22m), 국악, 신극, 실내악
• C구역 : 제2차 허용한도(35m), 그랜드 오페라, 발레, 뮤지컬, 연극, 심포니 오케스트라
* 무대 예술의 감상에 있어서 배우 상호 간, 배우와 배경 간의 관계 때문에 수평편각의 허용도는 중심선에서 60°의 범위로 한다.

정답 : ①

277 극장에서 인형극이나 아동극 및 연극과 같이 배우의 표정과 동작을 자세히 감상할 필요가 있는 공연에 적합한 가시거리의 한계는?

① 10m   ② 15m
③ 22m   ④ 38m

[해설]
가시거리 한계
• A구역 : 생리적 한계(15m), 인형극, 아동극

정답 : ②

278 연극을 감상하는 경우 배우의 표정이나 동작을 감상할 수 있는 시각 한계는?

① 3m   ② 5m
③ 10m   ④ 15m

[해설]
가시거리 한계
• 생리적 한계(15m) : 인형극, 아동극

정답 : ④

279 공연장의 객석계획에서 잘 보이는 동시에 실제적으로 관객을 수용해야 하는 공연장에서 큰 무리가 없는 거리인 제1차 허용거리의 한도는?

① 15m   ② 22m
③ 38m   ④ 52m

[해설]
가시거리의 한계
• B구역 : 제1차 허용한도(22m), 국악, 신극, 실내악

정답 : ②

2013.1회-11

280 미술관 전시실의 순회 형식에 관한 설명으로 옳지 않은 것은?

① 중앙홀 형식은 작은 부지에서 효율적이나 많은 실을 순서별로 통하여야 하는 불편이 있다.
② 중앙홀 형식은 중앙홀이 크면 동선의 혼란은 없으나 장래의 확장에 많은 무리를 가지고 있다.
③ 연속순로 형식은 각 전시실이 연속적으로 동선을 형성하고 있으며 비교적 소규모 전시에 적합하다.
④ 갤러리(gallery) 형식은 각 실에 직접 들어갈 수가 있는 점이 유리하며, 필요시에는 자유로이 독립적으로 폐쇄할 수 있다.

[해설]
작은 부지에서 효율적이나 많은 실을 순서별로 통하여야 하는 불편이 있는 것은 연속순로 형식이다.

정답 : ①

2015.4회-15

281 전시실의 순회형식에 관한 설명으로 옳지 않은 것은?

① 연속순로 형식은 많은 실을 순서별로 통하여야 하는 불편이 있다.
② 연속순로 형식은 소규모의 전시실에 이용하면 작은 대지 면적에서도 가능하고 편리하다.
③ 갤러리 및 코리도 형식은 각 실에 직접 들어갈 수 있으며, 필요시 독립적으로 폐쇄할 수 있다.
④ 중앙홀 형식은 중심부에 큰 홀을 두고 그 주위에 각 전시실이 배치되어 있으며, 장래 확장이 용이하다.

[해설]
중앙홀 형식
• 중심부에 하나의 큰 홀을 두고 그 주위에 각 전시실을 배치하여 자유로이 출입하는 형식이다.
• 중앙홀이 좁으면 동선의 혼란을 가져오기 쉽다.
• 장래 확장에 불리하다.
• 대규모 전시실에 가장 적합하다.

정답 : ④

2016.4회-12

282 전시실 순회방식에 관한 설명으로 옳지 않은 것은?

① 연속순회 형식은 비교적 소규모 전시실에 적합하다.
② 중앙홀 형식은 홀의 크기가 크면 중앙부 동선의 혼란이 있다.
③ 갤러리 및 코리도 형식은 복도 자체도 전시공간으로 이용이 가능하다.
④ 갤러리 및 코리도 형식은 각 실에 직접 들어갈 수 있는 점이 유리하다.

[해설]
중앙홀 형식
중심부에 하나의 큰 홀을 두고 그 주위에 각 전시실을 배치하여 자유로이 출입하는 형식이다.
• 중앙홀이 좁으면 동선의 혼란을 가져오기 쉽다.
• 장래 확장에 불리하다.
• 대규모 전시실에 가장 적합하다.

정답 : ②

2018.4회-7, 2021.2회-18

283 미술관의 전시실 순회형식에 관한 설명으로 옳지 않은 것은?

① 갤러리 및 코리도 형식에서는 복도 자체도 전시공간으로 이용이 가능하다.
② 중앙홀 형식에서 중앙홀이 크면 동선의 혼란은 많으나 장래의 확장에는 유리하다.
③ 연속순회 형식은 전시 중에 하나의 실을 폐쇄하면 동선이 단절된다는 단점이 있다.
④ 갤러리 및 코리도 형식은 복도에서 각 전시실에 직접 출입할 수 있으며 필요시에 자유로이 독립적으로 폐쇄할 수가 있다.

[해설]
중앙홀 형식
중심부에 하나의 큰 홀을 두고 그 주위에 각 전시실을 배치하여 자유로이 출입하는 형식으로 장래 확장에 불리하다.

정답 : ②

284 미술관 전시실의 순회 형식에 관한 설명으로 옳지 않은 것은?

① 연속순회 형식은 전시 벽면이 최대화되고 공간절약 효과가 있다.
② 연속순회 형식은 한 실을 폐쇄하면 다음 실로의 이동이 불가능하다.
③ 갤러리 및 복도 형식은 관람자가 전시실을 자유롭게 선택하여 관람할 수 있다.
④ 중앙홀 형식에서 중앙홀이 크면 장래의 확장에는 용이하나 동선의 혼잡이 심해진다.

[해설]
중앙홀 형식에서 중앙홀이 좁으면 동선의 혼란을 가져오기 쉬우며 장래 확장에 불리하다.

정답 : ④

285 전시실의 순회형식에 관한 설명으로 옳지 않은 것은?

① 중앙홀 형식은 각 실에 직접 들어갈 수 없다는 단점이 있다.
② 연속순회 형식은 많은 실을 순서별로 통하여야 하는 불편이 있다.
③ 갤러리 및 코리도 형식에서는 복도 자체도 전시공간으로 이용할 수 있다.
④ 갤러리 및 코리도 형식은 각 실에 직접 들어갈 수 있으며, 필요시 독립적으로 폐쇄할 수 있다.

[해설]
각 실에 직접 들어갈 수 없다는 단점이 있는 것은 연속순로 형식이다.

정답 : ①

286 미술관 전시실의 순회형식에 관한 설명으로 옳은 것은?

① 연속순회 형식은 각 실에 직접 들어갈 수 있다는 장점이 있다.
② 갤러리 및 코리도 형식은 하나의 실을 폐쇄하면 전체 동선이 막히게 되는 단점이 있다.
③ 연속순회 형식은 연속된 전시실의 한쪽 복도에 의해서 각 실을 배치한 형식이다.
④ 중앙홀 형식에서 중앙홀을 크게 하면 동선의 혼란은 없으나 장래의 확장에는 다소 무리가 따른다.

[해설]
① 갤러리 및 코리도 형식
② 연속순회 형식
③ 갤러리 및 코리도 형식

정답 : ④

287 미술관 전시실의 순회형식 중 연속순회 형식에 관한 설명으로 옳은 것은?

① 각 전시실에 바로 들어갈 수 있다는 장점이 있다.
② 연속된 전시실의 한 쪽 복도에 의해서 각 실을 배치한 형식이다.
③ 중심부에 하나의 큰 홀을 두고 그 주위에 각 전시실을 배치한 형식이다.
④ 전시실을 순서별로 통해야 하고, 한 실을 폐쇄하면 전체 동선이 막히게 된다.

[해설]
① 각 전시실이 연속적으로 연결되어 있어 바로 들어갈 수 없다는 단점이 있다.
②는 갤러리 및 코리도 형식에 대한 설명이다.
③은 중앙홀 형식에 대한 설명이다.

정답 : ④

2017.1회-7, 2022.2회-10

288 미술관 전시실의 순회형식 중 연속순로 형식에 관한 설명으로 옳은 것은?

① 각 실을 필요시에는 자유로이 독립적으로 폐쇄할 수 있다.
② 평면적인 형식으로 2, 3개 층의 입체적인 방법은 불가능하다.
③ 많은 실을 순서별로 통하여야 하는 불편이 있으나 공간 절약의 이점이 있다.
④ 중심부에 하나의 큰 홀을 두고 그 주위에 각 전시실을 배치하여 자유로이 출입하는 형식이다.

[해설]
연속순회(순로) 형식
구형 또는 다각형의 각 전시실을 연속적으로 연결하는 형식
• 단순하고 공간이 절약된다.
• 소규모의 전시실에 적합하다.
• 전시벽면을 많이 만들 수 있다.
• 많은 실을 순서별로 통과해야 한다.(1실을 닫으면 전체 동선이 막힘)

정답 : ③

2014.2회-5

289 미술관 전시실의 순회형식 중 연속순로 형식에 관한 설명으로 옳은 것은?

① 연속된 전시실의 한 쪽 복도에 의해 각 실을 배치한 형식이다.
② 중앙에 큰 홀을 두고 그 주위에 각 전시실을 배치한 형식이다.
③ 각 실에 직접 들어갈 수 있고 필요시에는 부분적으로 폐쇄할 수 있다.
④ 단순하고 공간절약의 장점이 있으나 여러 실을 순서별로 통해야 하는 불편이 있다.

[해설]
① 갤러리 및 코리도 형식
② 중앙홀 형식
③ 갤러리 및 코리도 형식

정답 : ④

2015.1회-219

290 다음과 같은 특징을 갖는 미술관 전시실의 순회형식은?

• 각 전시실이 연속적으로 동선을 형성하고 있으며, 단순함과 공간 절약의 의미에서 이점을 갖고 있다.
• 많은 실을 순서별로 통하여야 하는 불편이 있다.
• 1실을 폐문시켰을 때는 전체 동선이 막히게 된다.

① 연속순로 형식   ② 갤러리 형식
③ 중앙홀 형식   ④ 코리도 형식

[해설]
소규모 전시실에 적합한 연속순로(순회) 형식에 대한 설명이다.

정답 : ①

2019.4회-3

291 미술관의 전시실 순회형식 중 많은 실을 순서별로 통해야 하고, 1실을 폐쇄할 경우 전체 동선이 막히게 되는 것은?

① 중앙홀 형식   ② 연속순회 형식
③ 갤러리(Gallery) 형식   ④ 코리도(Corridor) 형식

[해설]
연속순회(순로) 형식
구형 또는 다각형의 각 전시실을 연속적으로 연결하는 형식
• 단순하고 공간이 절약된다.
• 소규모의 전시실에 적합하다.
• 전시벽면을 많이 만들 수 있다.
• 많은 실을 순서별로 통과해야 한다.(1실을 닫으면 전체 동선이 막힘)

정답 : ②

2016.2회-14, 2019.2회-17

292 미술관 전시공간의 순회형식 중 갤러리 및 코리도 형식에 관한 설명으로 옳은 것은?

① 복도의 일부를 전시장으로 사용할 수 있다.
② 전시실 중 하나의 실을 폐쇄하면 동선이 단절된다는 단점이 있다.
③ 중앙에 커다란 홀을 계획하고 그 홀에 접하여 전시실을 배치한 형식이다.
④ 이 형식을 채용한 대표적인 건축물로는 뉴욕 근대미술관과 프랭크 로이드 라이트의 구겐하임 미술관이 있다.

해설
② 연속순로 형식
③, ④ 중앙홀 형식

갤러리(Gallery) 및 코리도(Corridor) 형식
연속된 전시실의 한쪽 복도에 의해서 각 실을 배치한 형식
- 각 실에 직접 들어갈 수 있는 점이 유리(필요시 자유로이 독립적으로 폐쇄 가능)
- 복도 자체도 전시공간으로 이용 가능

정답 : ①

2015.2회-2

293 미술관 전시실의 순회형식 중 갤러리 및 코리도 형식에 관한 설명으로 옳은 것은?

① 많은 전시실을 순서별로 통하여야 하는 불편이 있다.
② 필요시에는 자유로이 독립적으로 전시실을 폐쇄할 수 있다.
③ 프랭크 로이드 라이트는 이 형식을 기본으로 뉴욕 구겐하임 미술관을 설계하였다.
④ 중심부에 하나의 큰 홀을 두고 그 주위에 각 전시실을 배치하여 자유로이 출입하는 형식이다.

해설
①은 연속순회형식이고, ③, ④는 중앙홀 형식이다.

정답 : ②

2013.2회-14

294 미술관의 자연채광법 중 정측광 형식에 관한 설명으로 옳은 것은?

① 전시실의 중앙부를 가장 밝게 하여 전시벽면의 조도를 균등하게 한다.
② 전시실의 측면창에서 직접 광선을 사입하는 방법으로 소규모 전시에 적합하다.
③ 측광식과 정광식을 절충한 방법으로 천장 높이가 3m를 넘는 경우에는 적용할 수 없다.
④ 관람자가 서 있는 위치의 상부에 천장을 불투명하게 하여 중앙부는 어둡게 하고 전시벽면에 조도를 충분하게 하는 방법이다.

해설
① 정광형식
② 측광형식
③ 고측광형식

정답 : ④

2014.1회-18

295 미술관 및 박물관의 전시기법에 관한 설명으로 옳지 않은 것은?

① 하모니카 전시는 동선계획이 용이한 전시기법이다.
② 아일랜드 전시는 일정한 형태의 평면을 반복시켜 전시공간을 구획하는 방식으로 전시효율이 높다.
③ 파노라마 전시는 연속적인 주제를 연관성 있게 표현하기 위해 선형의 파노라마로 연출하는 전시기법이다.
④ 디오라마 전시는 하나의 사실 또는 주제의 시간상황을 고정시켜 연출하는 것으로 현장에 임한 느낌을 주는 기법이다.

해설
일정한 형태의 평면을 반복시켜 전시공간을 구획하는 방식으로 전시효율이 높은것은 하모니카 전시이다.

정답 : ②

2021.2회-17

296 미술관 전시실의 전시기법에 관한 설명으로 옳지 않은 것은?

① 하모니카 전시는 동일 종류의 전시물을 반복하여 전시할 경우에 유리하다.
② 아일랜드 전시는 실물을 직접 전시할 수 없는 경우 영상매체를 사용하여 전시하는 방법이다.
③ 파노라마 전시는 연속적인 주제를 연관성 있게 표현하기 위해 선형의 파노라마로 연출하는 전시기법이다.
④ 디오라마 전시는 하나의 사실 또는 주제의 시간상황을 고정시켜 연출하는 것으로 현장에 임한 느낌을 주는 기법이다.

해설
실물을 직접 전시할 수 없는 경우 영상매체를 사용하여 전시하는 방법은 영상전시이다.

아일랜드 전시
- 벽이나 천장을 직접 이용하지 않음
- 전시물의 입체물 자체를 전시공간에 배치
- 관람객의 동선이 전시물 사이를 통과할 수 있도록 함
- 대형 또는 아주 소형 전시물에 유리(전시물의 크기에 관계 없이 배치 가능)

정답 : ②

297 연속적인 주제를 선적으로 관계성 깊게 표현하기 위하여 전경(全景)으로 펼쳐지도록 연출하여 맥락이 중요시될 때 사용되는 특수전시기법은?

① 아일랜드 전시 ② 하모니카 전시
③ 디오라마 전시 ④ 파노라마 전시

[해설]
파노라마(Panorama) 전시
• 넓은 시야와 실제 경치를 보는 듯한 감각이 연출된다.
• 벽면전시와 입체물이 병행된다.

정답 : ④

---

298 연속적인 주제를 선(線)적으로 관계성 깊게 표현하기 위하여 전경(全景)으로 펼치도록 연출하는 것으로 맥락이 중요시될 때 사용되는 특수전시기법은?

① 아일랜드 전시 ② 파노라마 전시
③ 하모니카 전시 ④ 디오라마 전시

[해설]
파노라마 전시에 관한 내용이다.

정답 : ②

---

299 현장감을 가장 실감 나게 표현하는 방법으로 하나의 사실 또는 주제의 시간상황을 고정시켜 연출하는 것으로 현장에 임한 느낌을 주는 특수전시기법은?

① 디오라마 전시 ② 하모니카 전시
③ 파노라마 전시 ④ 아일랜드 전시

[해설]
디오라마(Diorama) 전시
• 현장감을 살리기 위해 실물과 배경 스크린을 이용한 전시방법
• 하나의 사실 또는 주제의 시간적 상황을 고정하여 연출
• 현장감(사실감) 있는 입체적인 전시방법

정답 : ①

---

300 전시공간의 특수전시기법 중 하나의 사실이나 주제의 시간상황을 고정시켜 연출함으로써 현장에 임한 듯한 느낌을 가지고 관찰할 수 있는 기법은?

① 알코브 전시 ② 아일랜드 전시
③ 디오라마 전시 ④ 하모니카 전시

[해설]
디오라마 전시에 대한 설명이다.

정답 : ③

---

301 사방에서 감상해야 할 필요가 있는 조각물이나 모형을 전시하기 위해 벽면에서 띄어놓고 전시하는 특수전시기법은?

① 아일랜드 전시 ② 디오라마 전시
③ 파노라마 전시 ④ 하모니카 전시

[해설]
② 디오라마 전시 : 모형, 사진들을 이용한 생동감이 있는 전시기법
③ 파노라마 전시 : 주제를 연속성 있게 선적으로 연결한 전시기법
④ 하모니카 전시 : 전시공간을 사각형 격자화하여 규칙적으로 배치하는 전시기법

정답 : ①

---

302 미술관의 전시 기법 중 전시평면이 동일한 공간으로 연속되어 배치되는 전시기법으로 동일 종류의 전시물을 반복 전시할 경우에 유리한 방식은?

① 디오라마 전시 ② 파노라마 전시
③ 하모니카 전시 ④ 아일랜드 전시

[해설]
하모니카 전시
• 전시 평면이 하모니카 흡입구처럼 동일 공간으로 연속 배치
• 동일 종류의 전시물을 반복 전시할 때 유리
• 전시체계가 질서정연하고 명확하며, 계획이 용이

정답 : ③

303 특수전시기법에 관한 설명으로 옳지 않은 것은?

① 하모니카 전시는 전시 내용을 통일된 형식 속에서 규칙적으로 반복시켜 표현하는 기법이다.
② 파노라마 전시는 연속적인 주제를 연관성 있게 표현하기 위해 선형의 파노라마로 연출하는 기법이다.
③ 디오라마 전시는 하나의 사실 또는 주제의 시간상황을 고정시켜 연출하는 것으로 현장에 임한 느낌을 주는 기법이다.
④ 아일랜드 전시는 실물을 직접 전시할 수 없거나 오브제 전시만의 한계를 극복하기 위해 영상매체를 사용하여 전시하는 기법이다.

[해설]
실물을 직접 전시할 수 없거나 오브제전시만의 한계를 극복하기 위해 영상매체를 사용하여 전시하는 기법은 영상전시이다.

정답 : ④

304 전시공간의 특수전시기법에 관한 설명으로 옳지 않은 것은?

① 파노라마 전시는 전체의 맥락이 중요하다고 생각될 때 사용된다.
② 하모니카 전시는 동일 종류의 전시물을 반복하여 전시할 경우에 유리하다.
③ 디오라마 전시는 하나의 사실 또는 주제의 시간상황을 고정시켜 연출하는 기법이다.
④ 아일랜드 전시는 벽면 전시기법으로 전체 벽면의 일부만을 사용하며 그림과 같은 미술품 전시에 주로 사용된다.

[해설]
아일랜드(Island) 전시
• 벽이나 천장을 직접 이용하지 않음
• 전시물의 입체물 자체를 전시공간에 배치
• 관람객의 동선이 전시물 사이를 통과할 수 있도록 함
• 대형 또는 아주 소형 전시물에 유리(전시물의 크기에 관계 없이 배치 가능)

정답 : ④

305 미술관 건축계획에 관한 설명으로 옳지 않은 것은?

① 미술관은 이용하기에 편리한 도심지에 위치하는 것이 좋다.
② 미술관의 연속순회 형식은 연속된 전시실의 한쪽 복도에 의해서 각 실을 배치한 형식이다.
③ 디오라마 전시란 전시물을 부각시켜 관람객에게 현장감을 부여하는 입체적인 수법을 말한다.
④ 2층 이상의 층은 일반적으로 전시실로는 부적당하나 뉴욕 근대미술관은 이러한 개념을 타파하였다.

[해설]
갤러리(Gallery) 및 코리도(Corridor) 형식
• 연속된 전시실의 한쪽 복도에 의해서 각 실을 배치한 형식
• 각 실에 직접 들어갈 수 있는 점이 유리(필요시 자유로이 독립적으로 폐쇄 가능)
• 복도 자체도 전시공간으로 이용 가능

정답 : ②

306 미술관 건축계획에 관한 설명 중 옳은 것은?

① 하모니카 전시기법은 동일 종류의 전시물을 반복 전시할 경우 유리하다.
② 연속순회 형식이 가장 이상적으로 반영되어 있는 건축물로는 뉴욕의 구겐하임 미술관이 있다.
③ 미술관의 채광방식을 편측창 방식으로 할 경우 실 전체의 조도 분포가 균일하여 별도의 조명설비가 필요 없다.
④ 아일랜드 전시기법은 벽이나 천장을 직접 이용하여 전시물을 배치하는 기법으로 관람자의 시거리를 짧게 할 수 없다는 단점이 있다.

[해설]
② 뉴욕의 구겐하임 미술관은 중앙홀 형식의 수평증축의 문제점을 수직적으로 극복한 대표적 사례이다.
③ 편측창 방식은 측면 창에서 직접 광선을 사입하는 방법으로 소규모 전시실 외에는 부적합하다. (전시실 채광방식 중 가장 불리)
④ 전시물의 입체물 자체를 전시공간에 배치하는 아일랜드 전시기법은 벽이나 천장을 직접 이용하지 않는 바닥 전시기법이다.

정답 : ①

2013.4회-17

307 다음의 주요 사례에서 전시공간의 융통성을 가장 많이 부여하고 있는 것은?

① 뉴욕 구겐하임 미술관 ② 과천 현대미술관
③ 파리 퐁피두센터 ④ 파리 루브르 박물관

[해설]

파리 퐁피두센터
- 리차드 로저스, 렌조피아노가 설계함(1977)
- 다양함(오락이나 대중성 등)과 변화감(고정보다는 변화)을 주어 전시공간의 융통성 부여
- 건물 철골이 그대로 드러나는 파격적 외장

정답 : ③

2014.1회-10, 2019.2회-18

308 다음 중 전시공간의 융통성을 주요 건축개념으로 한 것은?

① 퐁피두센터 ② 루브르 박물관
③ 구겐하임 미술관 ④ 슈투트가르트 미술관

[해설]

파리 퐁피두센터
- 리차드 로저스, 렌조피아노가 설계함(1977)
- 다양함(오락이나 대중성 등)과 변화감(고정보다는 변화)을 주어 전시공간의 융통성 부여
- 건물 철골이 그대로 드러나는 파격적 외장

정답 : ①

2017.2회-2

309 다음의 주요 사례에서 전시공간의 융통성을 가장 많이 부여하고 있는 것은?

① 과천 현대 미술관
② 파리 퐁피두센터
③ 파리 루브르 박물관
④ 뉴욕 구겐하임 미술관

[해설]

파리 퐁피두센터
- 리차드 로저스, 렌조피아노가 설계함(1977)
- 다양함(오락이나 대중성 등)과 변화감(고정보다는 변화)을 주어 전시공간의 융통성 부여
- 건물 철골이 그대로 드러나는 파격적 외장

정답 : ②

| 4 | 기타 건축물계획

2015.2회-15

310 초등학교 저학년에 가장 권장되는 학교운영방식은?

① 달톤형 ② 플래툰형
③ 종합교실형 ④ 교과교실형

[해설]

종합교실형
- 초등학교 저학년에 권장되는 방식이다.
- 이용률이 높으나(100%), 순수율은 낮다.

학교 운영방식

구분	특징
달톤형	학급과 학년을 없애고 학생들은 각자의 능력에 따라서 교과를 선택하고 일정한 교과가 끝나면 졸업하는 방식
플래툰형	각 학급을 2분단으로 나누어 한 쪽이 일반교실을 사용할 때, 다른 한쪽은 특별교실을 사용하는 방식
교과교실형	모든 교실이 특정 교과 때문에 만들어지며 일반교실은 없고 각 교과 전문의 교실이 주어져 시설의 질이 높으며 각 교과의 순수율도 높은 방식
종합교실형	초등학교 저학년에 가장 적합한 방식으로 교실 수는 학급 수와 일치하며 각 학급은 자기 교실에서 모든 학습을 하는 방식

정답 : ③

2016.2회-15

311 다음 중 초등학교 저학년에 대해 가장 권장할 만한 학교운영방식은?

① 달톤형 ② 플래툰형
③ 종합교실형 ④ 교과교실형

[해설]

종합교실형
- 초등학교 저학년에 권장되는 방식이다.
- 이용률이 높으나(100%), 순수율은 낮다.

정답 : ③

2013.1회-9

312 학교 운영방식에 관한 설명으로 옳지 않은 것은?

① 종합교실형의 경우, 교실 수는 학급 수와 일치한다.
② 종합교실형은 초등학교 저학년에 가장 권장되는 형식이다.
③ 플래툰형은 교사의 수와 적당한 시설이 없으면 실시가 곤란하다.
④ 교과교실형은 일반교실 외에 특별교실을 갖는 형태로 우리나라에서 가장 많이 사용되는 형식이다.

[해설]
일반교실 외에 특별교실을 갖는 형태로 우리나라에서 가장 많이 사용되는 형식인 '일반교실형+특별교실형(U+V)'에 관한 설명이며,

특별교실형(V형)
모든 교실이 특정한 교과를 위해 만들어지고 일반교실은 없다.
- 장점 : 각 교과에 순수율이 높은 교실이 주어져 시설의 활용도가 높게 된다.
- 단점 : 학생의 이동이 심하고, 이동할 때에는 소지품을 두는 곳을 고려할 필요가 있다. 또한 이동에 대한 동선에 주의하지 않으면 안 된다.

정답 : ④

2013.4회-7, 2021.1회-5

313 학교 운영방식에 관한 설명으로 옳지 않은 것은?

① 종합교실형은 각 학급마다 가정적인 분위기를 만들 수 있다.
② 교과교실형은 초등학교 저학년에 대해 가장 권장되는 방식이다.
③ 플래툰은 미국의 초등학교에서 과밀을 해소하기 위해 실시한 것이다.
④ 달톤형은 학급, 학년 구분을 없애고 학생들을 각자의 능력에 따라 교과를 선택하고 일정한 교과를 끝내면 졸업하는 방식이다.

[해설]
초등학교 저학년에 가장 권장되는 학교운영방식은 종합교실형이다.
* 교과교실형 : 모든 교실이 특정 교과를 위해 만들어지고, 일반교실은 없다.

정답 : ②

2017.4회-13

314 학교 운영방식에 관한 설명으로 옳지 않은 것은?

① 달톤형은 다양한 크기의 교실이 요구된다.
② 교과교실형은 각 교과교실의 순수율이 낮다는 단점이 있다.
③ 플래툰형은 교사 수 및 시설이 부족하면 운영이 곤란하다는 단점이 있다.
④ 종합교실형은 학생의 이동이 없으며, 초등학교 저학년에 적합한 형식이다.

[해설]
교과교실형(V형)
- 일반교실이 필요 없다.
- 순수율이 높다.

정답 : ②

2020.4회-7

315 학교 운영방식에 관한 설명으로 옳지 않은 것은?

① 종합교실형은 초등학교 저학년에 권장되는 방식이다.
② 교과교실형은 교실의 이용률은 높으나 순수율은 낮다.
③ 달톤형은 학급과 학년을 없애고 각자의 능력에 따라 교과를 선택하는 방식이다.
④ 플래툰형은 전 학급을 2분단으로 나누어 한 쪽이 일반교실을 사용할 때, 다른 쪽은 특별교실을 사용한다.

[해설]
특별교실형(V형)
- 일반교실이 필요 없다.
- 순수율이 높다.

정답 : ②

2014.2회-16

316 학교 운영방식에 관한 설명으로 옳지 않은 것은?

① 종합교실형은 초등학교 저학년에 적합한 유형이다.
② 교과교실형은 소지품 보관장소에 대한 고려가 요구된다.
③ 교과교실형은 모든 교실이 특정한 교과 수업을 위해 만들어진 형식이다.
④ 달톤형은 전 학급을 2분단으로 나누고 한편이 일반 교실을 사용할 때 다른 한편은 특별교실을 이용하는 형식이다.

> [해설]

전 학급을 2분단으로 나누고 한편이 일반 교실을 사용할 때 다른 한편은 특별교실을 이용하는 형식은 P플래툰형(2분단형)이다.

정답 : ④

2019.1회-8

317 학교 운영방식에 관한 설명으로 옳지 않은 것은?

① 교과교실형은 교실의 순수율은 높으나 학생의 이동이 심하다.
② 종합교실형은 학생의 이동이 없고 초등학교 저학년에 적합하다.
③ 일반교실, 특별교실형은 각 학급마다 일반교실을 하나씩 배당하고 그 외에 특별교실을 갖는다.
④ 플래툰(platoon)형은 학급과 학년을 없애고 학생들은 각자의 능력에 따라서 교과를 선택하는 방식이다.

> [해설]

급과 학년을 없애고 학생들은 각자의 능력에 따라서 교과를 선택하는 방식은 달톤형이다.

플래툰(Platoon)형
- 각 학급을 2분단으로 나누어 한쪽이 일반교실을 사용하면, 다른 한쪽은 특별교실을 사용한다.
- 교사 수와 적당한 시설이 없으면 실시가 어렵다. 시간을 배당하는 데 상당한 노력이 든다.
- 미국의 초등학교에서 과밀 해소를 위해 운영한다.

정답 : ④

2020.3회-8

318 학교의 운영방식에 관한 설명으로 옳지 않은 것은?

① 플래툰형은 교과교실형보다 학생의 이동이 많다.
② 종합교실형은 초등학교 저학년에 가장 권장할 만한 형식이다.
③ 달톤형은 규모 및 시설이 다른 다양한 형태의 교실이 요구된다.
④ 일반 및 특별교실형은 우리나라 중학교에서 일반적으로 사용되는 방식이다.

> [해설]

플래툰형은 교과교실형(일반교실이 없다)보다 학생의 이동이 많지 않다.

플래툰(Platoon)형
- 각 학급을 2분단으로 나누어 한쪽이 일반교실을 사용하면, 다른 한쪽은 특별교실을 사용한다.
- 교사 수와 적당한 시설이 없으면 실시가 어렵다. 시간을 배당하는 데 상당한 노력이 든다.
- 미국의 초등학교에서 과밀 해소를 위해 운영한다.

정답 : ①

2021.2회-7

319 학교 운영방식에 관한 설명으로 옳지 않은 것은?

① 종합교실형은 교실의 이용률이 높지만 순수율은 낮다.
② 일반교실 및 특별교실형은 우리나라 중학교에서 주로 사용되는 방식이다.
③ 교과교실형에서는 모든 교실이 특정 교과를 위해 만들어지고, 일반교실이 없다.
④ 플래툰형은 학년과 학급을 없애고 학생들은 각자의 능력에 따라 교과를 선택하고 일정한 교과가 끝나면 졸업을 한다.

> [해설]

학급과 학년을 없애고 학생들은 각자의 능력에 따라서 교과를 선택하는 방식은 달톤형이다.

정답 : ④

2017.1회-10

320 학교 운영방식 중 교과교실형에 관한 설명으로 옳지 않은 것은?

① 교실의 순수율이 높다.
② 학생들의 동선계획에 많은 고려가 필요하다.
③ 시간표 짜기와 담당교사 수 맞추기가 용이하다.
④ 학생 소지품을 두는 곳을 별도로 만들 필요가 있다.

> [해설]

교과교실형은 교과목에 따라 학생이 이동해야 하므로 시간표 구성이 복잡하고 전문적인 교과교사가 배치되어야 하므로 담당교사 공급이 쉽지 않다.

정답 : ③

2016.4회-3

321 학교 운영방식 중 종합교실형에 관한 설명으로 옳지 않은 것은?

① 교실의 이용률이 높다.
② 교실의 순수율이 높다.
③ 초등학교 저학년에 적합한 형식이다.
④ 학생의 이동을 최소한으로 할 수 있다.

[해설]
종합교실형(A형)
- 한 교실에서 모든 교과를 행하므로 교실 수는 학급 수와 일치한다.
- 학생의 이동이 전혀 없어 동선계획이 줄고 학급마다 가정적인 분위기가 조성된다.
- 모든 교과를 행해야 하므로 시설의 정도가 높고, 고학년에는 불리하다(저학년에 적합).
- 교실의 이용률은 높고 상대적으로 순수율은 낮아진다.

정답 : ②

2017.2회-19

322 학교 운영방식 중 플래툰 형에 관한 설명으로 옳은 것은?

① 교실 수는 학급 수와 동일하다.
② 초등학교 저학년에 가장 적합한 형식이다.
③ 교과 담임제와 학급 담임제를 병용할 수 있는 형식이다.
④ 모든 교실이 특정한 교과 수업을 위해 만들어진 형식으로, 일반교실은 없다.

[해설]
① 종합교실형
② 종합교실형
④ 교과교실형

정답 : ③

2022.1회-12

323 다음 설명에 알맞은 학교 운영방식은?

> 각 학급을 2분단으로 나누어 한 쪽이 일반교실을 사용할 때, 다른 한 쪽은 특별교실을 사용한다.

① 달톤형   ② 플래툰형
③ 개방 학교   ④ 교과교실형

[해설]
플래툰(Platoon)형
- 각 학급을 2분단으로 나누어 한쪽이 일반교실을 사용하면, 다른 한쪽은 특별교실을 사용한다.
- 교사수와 적당한 시설이 없으면 실시가 어렵다. 시간을 배당하는 데 상당한 노력이 든다.
- 미국의 초등학교에서 과밀 해소를 위해 운영한다.

정답 : ②

2018.2회-0

324 학교 건축계획에서 그림과 같은 평면 유형을 갖는 학교운영방식은?

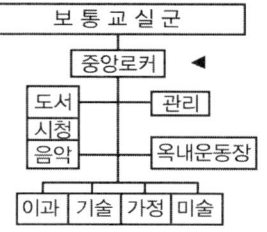

① 달톤형   ② 플래툰형
③ 교과교실형   ④ 종합교실형

[해설]
플래툰(P)형
각 학급을 2분단으로 나누어 한쪽이 일반교실을 사용하면, 다른 한쪽은 특별교실을 사용한다.

정답 : ②

2014.1회-17

325 학교 운영방식 중 전 학급을 2분단으로 하고, 한 분단이 일반교실을 사용할 때 다른 분단은 특별교실을 사용하는 방식은?

① 달톤형   ② 플래툰형
③ 종합교실형   ④ 교과교실형

[해설]
P형(2분단형)에 대한 설명이다.

정답 : ②

2015.1회-16

326 학교 건축계획 시 고려되는 융통성의 해결 수단과 가장 관계가 먼 것은?

① 공간의 다목적성
② 각 교실의 특수화
③ 교실배치의 융통성
④ 방 사이 벽(Partition)의 이동

[해설]
확장성과 융통성
- 확장성 : 인구의 집중·증가 등에 의해 학생 수가 늘어나는 것에 대비
- 융통성

원인	해결 방법
구조상 확장에 대한 융통성	칸막이의 변경(건식구조)
배치계획상 광범위한 교과 내용의 변화에 대응할 수 있는 융통성	융통성 있는 교실의 배치를 위해서는 배치상 특별교실군을 일단으로 배치
평면계획상 학교운영방식이 변화하는 데 대응할 수 있는 융통성	공간의 다목적성 : 평면 계획상 교과내용의 변화에 대응

정답 : ②

327 다음 중 학교건축계획에 요구되는 융통성과 가장 거리가 먼 것은?

① 지역사회의 이용에 의한 융통성
② 학교 운영방식의 변화에 대응하는 융통성
③ 광범위한 교과내용의 변화에 대응하는 융통성
④ 한계 이상의 학생 수의 증가에 대응하는 융통성

[해설]
한계 이상의 학생 수의 증가에 대응하는 융통성은 확장성에 대한 설명이다.

정답 : ④

328 학교 건축에서 단층교사에 관한 설명으로 옳지 않은 것은?

① 재해 시 피난이 유리하다.
② 학습활동을 실외에 연장할 수 있다.
③ 부지의 이용률이 높으며 설비의 배선, 배관을 집약할 수 있다.
④ 개개의 교실에서 밖으로 직접 출입할 수 있으므로 복도가 혼잡하지 않다.

[해설]
부지의 이용률이 높으며 설비의 배선, 배관을 집약할 수 있는 것은 다층교사이다.

다층교사
• 치밀한 평면계획 가능
• 부지의 이용률이 높다.
• 부대시설의 집중화(효율적)
• 저학년(1층), 고학년(2층 이상)

정답 : ③

329 학교 건축에서 단층교사에 관한 설명으로 옳지 않은 것은?

① 내진·내풍구조가 용이하다.
② 학습활동을 실외로 연장할 수 있다.
③ 계단이 필요 없으므로 재해 시 피난이 용이하다.
④ 설비 등을 집약할 수 있어 치밀한 평면계획이 용이하다.

[해설]
설비 등을 집약할 수 있어 치밀한 평면계획이 용이한 것은 다층교사에 대한 설명이다.

다층교사
• 치밀한 평면계획 가능
• 부지의 이용률이 높다.
• 부대시설의 집중화(효율적)
• 저학년(1층), 고학년(2층 이상)

정답 : ④

330 학교건축에서 분산병렬형 배치계획에 관한 설명으로 옳지 않은 것은?

① 놀이터와 정원이 생긴다.
② 구조계획이 간단하고 시공이 용이하다.
③ 부지를 최대한 효율적으로 사용할 수 있다.
④ 일조·통풍 등 교실의 환경조건이 균등하다.

[해설]
부지를 최대한 효율적으로 사용할 수 있는 배치는 폐쇄형이다.

정답 : ③

331 학교건축의 배치계획 중 분산병렬형에 관한 설명으로 옳지 않은 것은?

① 일종의 핑거 플랜이다.
② 넓은 부지를 필요로 한다.
③ 일조·통풍 등 교실의 환경 조건이 불균등하다.
④ 구조계획이 간단하고 규격형의 이용도 편리하다.

[해설]
일조·통풍 등 교실의 환경 조건이 불균등한 것은 폐쇄형이다.

분산병렬형
일종의 핑거 플랜(Finger Plan)이다.

장점	• 각 건물 사이에 놀이터와 정원이 생겨 생활환경이 좋아진다. • 일조, 통풍 등 교실의 환경조건이 균등하다. • 구조계획이 간단하고 규격형의 이용이 편리하다.
단점	• 넓은 부지가 필요하다. • 편복도로 할 경우 복도면적이 커지고 단조로워지므로 유기적인 구성을 취하기가 어렵다.

정답 : ③

2016.1회-9

332 학교 교사의 배치형식 중 분산병렬형에 대한 설명으로 옳지 않은 것은?

① 구조계획이 간단하다.
② 일종의 핑거 플랜(Finger Plan)이다.
③ 교실의 환경조건을 균등하게 할 수 없다는 단점이 있다.
④ 각 교사건축물 사이의 공간을 놀이터나 정원으로 이용할 수 있다.

[해설]
분산병렬형
일종의 핑거 플랜(Finger Plan)이다.

장점	• 각 건물 사이에 놀이터와 정원이 생겨 생활환경이 좋아진다. • 일조, 통풍 등 교실의 환경조건이 균등하다. • 구조계획이 간단하고 규격형의 이용이 편리하다.
단점	• 넓은 부지가 필요하다. • 편복도로 할 경우 복도면적이 커지고 단조로워지므로 유기적인 구성을 취하기가 어렵다.

정답 : ③

2019.2회-16

333 학교의 배치형식 중 분산병렬형에 관한 설명으로 옳지 않은 것은?

① 일종의 핑거 플랜이다.
② 구조계획이 간단하고 시공이 용이하다.
③ 부지의 크기에 상관없이 적용이 용이하다.
④ 일조·통풍 등 교실의 환경조건을 균등하게 할 수 있다.

[해설]
분산병렬형은 넓은 부지를 필요로 한다.

정답 : ③

2021.4회-12

334 학교 교사의 배치형식에 관한 설명으로 옳지 않은 것은?

① 분산병렬형은 넓은 부지를 필요로 한다.
② 폐쇄형은 일조, 통풍 등 환경조건이 불균등하다.
③ 집합형은 이동 동선이 길어지고 물리적 환경이 나쁘다.
④ 분산병렬형은 구조계획이 간단하고 생활환경이 좋아진다.

[해설]
집합형은 학생의 이동 동선이 짧아 유리하고, 물리적 환경이 좋다.

정답 : ③

2014.3회-14, 2019.4회-9

335 1주간의 평균 수업시간이 30시간인 어느 학교의 설계제도교실이 사용되는 시간은 24시간이다. 그 중 6시간은 다른 과목을 위해 사용된다고 할 때, 설계제도교실의 이용률과 순수율은 각각 얼마인가?

① 이용률 80%, 순수율 25%
② 이용률 80%, 순수율 75%
③ 이용률 60%, 순수율 25%
④ 이용률 60%, 순수율 75%

[해설]
• 이용률(%) = $\frac{(\text{교실이 사용되고 있는 시간})}{(1\text{주간 평균 수업시간})} \times 100(\%)$
$= \frac{24}{30} \times 100 = 80\%$

• 순수율(%) = $\frac{(\text{일정한 교과를 위해 사용되는 시간})}{(\text{그 교실이 사용되고 있는 시간})} \times 100(\%)$
$= \frac{(24-6)}{24} \times 100 = 75\%$

정답 : ②

2015.4회-19

336 어느 학교의 1주간의 평균 수업시간이 40시간인데 제도교실이 사용되는 시간은 20시간이다. 그 중 4시간은 다른 과목을 위해 사용된다. 이 제도교실의 이용률과 순수율은 각각 얼마인가?

① 이용률 20%, 순수율 50%
② 이용률 50%, 순수율 20%
③ 이용률 50%, 순수율 80%
④ 이용률 80%, 순수율 50%

해설

- 이용률 = $\frac{20}{40} \times 100(\%) = 50\%$
- 순수율 = $\frac{20-4}{20} \times 100(\%) = 80\%$

정답 : ③

2018.4회-9, 2022.2회-7

337 주당 평균 40시간을 수업하는 어느 학교에서 음악실에서의 수업이 총 20시간이며 이 중 15시간은 음악시간으로, 나머지 5시간은 학급 토론시간으로 사용되었다면 이 음악실의 이용률과 순수율은?

① 이용률 37.5%, 순수율 75%
② 이용률 50%, 순수율 75%
③ 이용률 75%, 순수율 37.5%
④ 이용률 75%, 순수율 50%

해설

- 이용률(%) = $\frac{(교실이\ 사용되고\ 있는\ 시간)}{(1주간\ 평균\ 수업시간)} \times 100(\%)$
  = $\frac{20}{40} \times 100 = 50\%$
- 순수율(%) = $\frac{(일정한\ 교과를\ 위해\ 사용되는\ 시간)}{(그\ 교실이\ 사용되고\ 있는\ 시간)} \times 100(\%)$
  = $\frac{(20-5)}{20} \times 100 = 75\%$

정답 : ②

2018.1회-4

338 학교의 강당계획에 관한 설명으로 옳지 않은 것은?

① 체육관의 크기는 배구코트의 크기를 표준으로 한다.
② 강당은 반드시 전교생을 수용할 수 있도록 크기를 결정하지는 않는다.
③ 강당 및 체육관으로 겸용하게 될 경우 체육관 목적으로 치중하는 것이 좋다.
④ 강당 겸 체육관은 커뮤니티의 시설로서 이용될 수 있도록 고려하여야 한다.

해설

체육관의 크기
1. 초등학교 : 리듬운동을 할 수 있는 넓이(8인 1조의 원(직경 4m)을 7~8개 만들 수 있는 크기

2. 중학교 : 농구 코트를 둘 수 있을 정도
   - 최소 400m²(코트 12.8m×22.5m)
   - 보통 500m²(코트 15.2m×28.6m)

정답 : ①

2013.1회-2

339 도서관 서고의 능률적인 작업용량을 고려한 수용능력으로 가장 적당한 것은?

① 100권/m² ② 200권/m²
③ 300권/m² ④ 400권/m²

해설

도서관 서고의 수용능력
- 서고 1m²당 : 150~250권(평균 200권)
- 서고 1단 : 20~30권/1m(평균 25권)
- 서고 공간 1m³당 : 약 66권 정도
- 성인 1인당 서고의 면적 : 1.5~2.0m²

정답 : ②

2014.2회-14

340 도서관에서 능률적인 작업용량으로서 30만 권을 수장할 서고의 면적으로 가장 알맞은 것은?

① 600m² ② 900m²
③ 1,000m² ④ 1,500m²

해설

- 서고 1m²당 : 150~250권(평균 200권)
- 300,000권 ÷ 200권/m² = 1,500m²

정답 : ④

2017.1회-5

341 다음 중 공공도서관에서 능률적인 작업용량을 고려할 경우, 200,000권의 책을 수정하는 서고의 바닥면적으로 가장 적당한 것은?

① 300m² ② 500m²
③ 600m² ④ 1,000m²

해설

서고의 크기(수용능력)
- 서고 1m²당 : 150~250권(평균 200권)
- 서고 1m³당 : 약 66권 정도
- 서가 1단 : 20~30권/1m(평균 25권)
∴ 200,000권 ÷ 200권/m² = 1,000m²

정답 : ④

342 능률적인 작업용량으로서 10만 권을 수장할 도서관 서고의 면적으로 가장 알맞은 것은?

① 350m²   ② 500m²
③ 800m²   ④ 950m²

해설
서고 1m²당 : 150~250권(평균 200권)
100,000권÷200권/m²=500m²

정답 : ②

343 다음 중 10만 권을 수용하는 도서관의 서고 면적으로 가장 적절한 것은?

① 500m²   ② 750m²
③ 900m²   ④ 1,000m²

해설
서고의 크기(수용능력)
• 서고 1m²당 : 150~250권(평균 200권)
• 서고 1m³당 : 약 66권 정도
• 서가 1단 : 20~30권/1m(평균 25권)
∴ 100,000권÷200권/m²=500m²

정답 : ①

344 다음 중 도서관에서 장서가 60만 권일 경우 능률적인 작업용량으로서 가장 적정한 서고의 면적은?

① 3,000m²   ② 4,500m²
③ 5,000m²   ④ 6,000m²

해설
서고의 크기(수용능력)
• 서고 1m²당 : 150~250권(평균 200권)
• 서고 1m³당 : 약 66권 정도
• 서가 1단 : 20~30권/1m(평균 25권)
∴ 그러므로 600,000권÷200권=3,000m²

정답 : ①

345 도서관 건축에 관한 설명으로 옳지 않은 것은?

① 캐럴(carrel)은 서고 내의 설치된 소연구실이다.
② 서고의 내부는 자연채광을 하지 않고 인공조명을 사용한다.
③ 일반열람실의 면적은 0.25~0.5m²/인 정도의 규모로 계획한다.
④ 서고면적 1m²당 150~250권 정도의 수장능력을 갖도록 계획한다.

해설
일반열람실(성인열람실)

이용률	일반인 : 학생 = 7 : 3(일반인과 학생용 열람실 분리)
크기	• 성인 : 1.5~2.0m² • 아동 : 1.1m² 정도 • 실 전체로서 1석 평균 2.0~2.5m²

정답 : ③

346 도서관의 열람실 및 서고계획에 관한 설명으로 옳지 않은 것은?

① 서고 안에 캐럴(carrel)을 둘 수도 있다.
② 서고면적 1m²당 150~250권의 수장능력으로 계획한다.
③ 열람실은 성인 1인당 3.0~3.5m²의 면적으로 계획한다.
④ 서고실은 모듈러 플래닝(Modular Planning)이 가능하다.

해설
일반열람실(성인열람실)

이용률	일반인 : 학생 = 7 : 3(일반인과 학생용 열람실 분리)
크기	• 성인 : 1.5~2.0m² • 아동 : 1.1m² 정도 • 실 전체로서 1석 평균 2.0~2.5m²

정답 : ③

2013.1회-15, 2015.4회-2, 2018.1회-1, 2020.4회-4

347 도서관의 출납 시스템 유형 중 이용자가 자유롭게 도서를 꺼낼 수 있으나 열람석으로 가기 전에 관원의 검열을 받는 형식은?

① 폐가식
② 반개가식
③ 자유개가식
④ 안전개가식

[해설]

안전개가식(Safeguarded Open Access)
열람자가 서가에서 직접 책을 꺼내지만 관원의 검열을 받고 대출의 기록을 남긴 후 열람하는 방식
- 도서 열람의 체크시설이 필요하다.
- 출납 시스템이 필요치 않아 혼잡하지 않다.
- 감시가 필요하지 않다.
- 자유개가식과 반개가식의 혼용형이다.

정답 : ④

2021.4회-10

348 열람자가 서가에서 책을 자유롭게 선택하나 관원의 검열을 받고 열람하는 도서관 출납시스템은?

① 폐가식
② 반개가식
③ 안전개가식
④ 자유개가식

[해설]

안전개가식(Safeguarded Open Access)
열람자가 서가에서 직접 책을 꺼내지만 관원의 검열을 받고 대출의 기록을 남긴 후 열람하는 방식

정답 : ③

2013.2회-2

349 도서관 출납시스템 형식 중 자유개가식에 관한 설명으로 옳은 것은?

① 서고와 열람실이 통합되어 있다.
② 도서열람의 체크시설이 필요하다.
③ 책의 내용 파악 및 선택이 어렵다.
④ 대출절차가 복잡하고 관원의 작업량이 많다.

[해설]

자유개가식(Free Open System)
- 열람자가 서가에서 직접 책을 고르고 열람하는 방식
- 보통 1실형이고, 10,000권 이하의 서적 보관·열람에 적당
- 아동열람실, 정기간행물실, 참고열람실

장점	단점
• 선택이 자유롭다. • 책의 목록이 없어 간편하다. • 대출수속이 가장 간편하다.	• 책의 마모, 망실이 크다. • 서가의 정리가 안 되면 혼란스럽게 된다.

정답 : ①

2015.2회-18, 2022.2회-9

350 도서관 출납시스템 중 자유개가식에 관한 설명으로 옳은 것은?

① 도서의 유지관리가 용이하다.
② 책의 내용 파악 및 선택이 자유롭다.
③ 대출절차가 복잡하고 관원의 작업량이 많다.
④ 열람자는 직접 서가에 면하여 책의 표지 정도는 볼 수 있으나 내용은 볼 수 없다.

[해설]

자유개가식(Free Open System)
- 열람자가 서가에서 직접 책을 고르고 열람하는 방식
- 보통 1실형이고, 10,000권 이하의 서적 보관·열람에 적당
- 아동열람실, 정기간행물실, 참고열람실

장점	단점
• 선택이 자유롭다. • 책의 목록이 없어 간편하다. • 대출수속이 가장 간편하다.	• 책의 마모, 망실이 크다. • 서가의 정리가 안 되면 혼란스럽게 된다.

정답 : ②

2016.2회-19

351 도서관의 출납시스템 중 자유개가식에 관한 설명으로 옳지 않은 것은?

① 책의 마모, 망실의 우려가 크다.
② 서가의 정리가 잘 안 되면 혼란스럽게 된다.
③ 자유로이 책의 내용을 보고 필요한 책을 정확히 고를 수 있다.
④ 보통 2실형이고, 50,000권 이상의 서적 보관과 열람에 적당하다.

[해설]

자유개가식
보통 1실형이고, 10,000권 이하의 서적 보관·열람에 적당

정답 : ④

352 도서관 출납시스템의 유형 중 열람자 자신이 서가에서 책을 꺼내어 책을 고르고 그대로 검열을 받지 않고 열람하는 형식은?

① 폐가식　　② 반개가식
③ 자유개가식　　④ 안전개가식

[해설]
자유개가식(Free Open System)
열람자가 서가에서 직접 책을 고르고 열람하는 방식

정답 : ③

353 도서관의 출납시스템 중 열람자는 직접 서가에 면하여 책의 체제나 표지 정도는 볼 수 있으나 내용을 보려면 관원에게 요구하여 대출 기록을 남긴 후 열람하는 형식은?

① 폐가식　　② 반개가식
③ 안전개가식　　④ 자유개가식

[해설]
반개가식(Semi Open Access)
서가에 면하여 책의 체제나 표지 정도는 볼 수 있으나 내용을 보려면 관원에게 대출기록을 남긴 후 열람하는 방식
• 출납시설이 필요하다.
• 서가의 열람이나 감시가 불필요하다.
• 신간서적 안내에 채용된다.(다량의 도서에는 부적당)

정답 : ②

354 다음 설명에 알맞은 도서관의 자료 출납시스템 유형은?

> 이용자가 직접 서고 내의 서가에서 도서자료의 제목 정도는 볼 수 있지만 내용을 열람하고자 할 경우 관원에게 대출을 요구해야 하는 형식

① 폐가식　　② 반개가식
③ 자유개가식　　④ 안전개가식

[해설]
반개가식(Semi Open Access)
서가에 면하여 책의 체제나 표지 정도는 볼 수 있으나 내용을 보려면 관원에게 대출기록을 남긴 후 열람하는 방식
• 출납시설이 필요하다.
• 서가의 열람이나 감시가 불필요하다.
• 신간서적 안내에 채용된다.(다량의 도서에는 부적당)

정답 : ②

355 도서관 출납시스템에 관한 설명으로 옳지 않은 것은?

① 폐가식은 대규모 도서관에 적합한 유형이다.
② 반개가식은 새로 출간된 신간서적 안내에 채용된다.
③ 안전개가식은 서가 열람이 가능하여 도서를 직접 뽑을 수 있다.
④ 자유개가식은 이용자가 자유롭게 도서를 꺼낼 수 있으나 열람석으로 가기 전에 관원에게 체크를 받는 형식이다.

[해설]
자유개가식
• 열람자가 서가에서 직접 책을 고르고 열람하는 방식
• 보통 1실형이고, 10,000권 이하의 서적 보관·열람에 적당
• 아동열람실, 정기간행물실, 참고열람실

장점	단점
• 선택이 자유롭다. • 책의 목록이 없어 간편 • 대출수속이 가장 간편	• 책의 마모, 망실이 크다. • 서가의 정리가 안 되면 혼란스럽게 된다.

정답 : ④

356 도서관의 출납시스템에 관한 설명으로 옳지 않은 것은?

① 폐가식은 대출절차가 복잡하다.
② 자유개가식은 대출수속이 간편하다.
③ 폐가식은 열람실에서 감시가 필요하다.
④ 자유개가식은 소규모 아동 열람에 편리하다.

[해설]
폐가식은 열람실에서 감시할 필요가 없다.

정답 : ③

2017.4회-11, 2022.1회-9

357 도서관 출납시스템에 관한 설명으로 옳지 않은 것은?

① 자유개가식은 책 내용의 파악 및 선택이 자유롭다.
② 자유개가식은 서가의 정리가 잘 안되면 혼란스럽게 된다.
③ 폐가식은 규모가 큰 도서관의 독립된 서고의 경우에 채용한다.
④ 폐가식은 서가나 열람실에서 감시가 필요하나 대출절차가 간단하여 관원의 작업량이 적다.

[해설]
폐가식은 서가나 열람실에서 감시할 필요가 없으며, 대출절차가 복잡하여 관원의 작업량이 많다.

정답 : ④

2019.4회-8

358 도서관 출납시스템에 관한 설명으로 옳지 않은 것은?

① 폐가식은 서고와 열람실이 분리되어 있다.
② 반개가식은 새로 출간된 신간서적 안내에 채용된다.
③ 안전개가식은 서가 열람이 가능하여 도서를 직접 뽑을 수 있다.
④ 자유개가식은 이용자가 자유롭게 도서를 꺼낼 수 있으나 열람석으로 가기 전에 관원에게 체크를 받는 형식이다.

[해설]
이용자가 자유롭게 도서를 꺼낼 수 있으나 열람석으로 가기 전에 관원에게 체크를 받는 형식은 안전개가식이다.

정답 : ④

2015.1회-14, 2019.2회-6

359 도서관의 출납시스템 중 폐가식에 관한 설명으로 옳지 않은 것은?

① 서고와 열람실이 분리되어 있다.
② 도서의 유지관리가 좋아 책의 망실이 적다.
③ 대출절차가 간단하여 관원의 작업량이 적다.
④ 규모가 큰 도서관의 독립된 서고의 경우에 많이 채용된다.

[해설]
대출절차가 복잡하므로 관원의 작업량이 많다.

폐가식
목록에 의해 책을 선택하여 관원에게 대출기록을 제출한 후 대출받는 형식으로 대출절차가 복잡하고 관원의 작업량이 많다.

정답 : ③

2014.1회-8, 2021.4회-2

360 다음 중 도서관에 있어 모듈계획(Module Plan)을 고려한 서고계획 시 결정 및 선행되어야 할 요소와 가장 거리가 먼 것은?

① 엘리베이터의 위치
② 서가 선반의 배열 깊이
③ 서고 내의 주요 통로 및 교차통로의 폭
④ 기둥의 크기와 방향에 따른 서가의 규모 및 배열의 길이

[해설]
②, ③, ④ 외에 서가와 서가 중심거리, 일렬서가의 수, 서고의 유형 등이 있다.

서고계획 시 고려사항
• 폐가식(규모가 큰 도서관), 개가식(규모가 작은 도서관)
• 도서의 수장, 보존에 적합하도록 방습·방화·유해가스 제거에 유의하며 공조설비를 갖추어야 함
• 도서 증가에 따른 장래 확장 고려
• 모듈에 의한 계획 가능
• 서고의 층고는 2.3m 전후(서가의 높이는 2.1m 전후)
• 목록실은 소규모 도서관의 경우는 중앙화를 하지 않고 서가 근처에 설치

정답 : ①

2015.2회-8

361 도서관 기둥간격 결정과 가장 밀접한 관계가 있는 공간은?

① 서고   ② 캐럴
③ 출납실   ④ 시청각자료실

[해설]
도서관 모듈계획
• 장서량의 증가에 따라 확장이 가능하도록 계획
• 책의 하중량 증가에 따른 구조적 계획
• 도서의 운반 동선에 따른 모듈계획
• 기둥의 간격 및 층높이 : 열람실과 서고 등 그 용도에 맞도록 계획
* 캐럴 : 서고 내에 있는 작은 연구실

정답 : ①

2018.4회-6, 2021.2회-11

362 도서관 건축계획에서 장래에 증축을 반드시 고려해야 할 부분은?

① 서고 ② 대출실
③ 사무실 ④ 휴게실

[해설]
서고계획 시 고려사항
- 폐가식(규모가 큰 도서관), 개가식(규모가 작은 도서관)
- 도서의 수장, 보존에 적합하도록 방습·방화·유해가스 제거에 유의하며 공조설비를 갖춤
- 도서 증가에 따른 장래 확장 고려
- 모듈에 의한 계획 가능
- 서고의 층고는 2.3m 전후(서가의 높이는 2.1m 전후)
- 목록실은 소규모 도서관의 경우는 중앙화를 하지 않고 서가 근처에 설치

정답 : ①

2013.1회-7

363 다음 중 공장 녹지계획의 효용성과 가장 관계가 먼 것은?

① 생산 및 노동 환경의 보전
② 공해 및 재해 파급의 완충
③ 상품 이미지의 향상과 선전
④ 원료 수급 및 저장의 원활

[해설]
①, ②, ③ 외에 미관, 위생, 보건, 방화, 회사 이미지 개선 등에 도움이 될 수 있다.
④ 원료 수급 및 저장의 원활은 작업장 배치계획과 관련된다.

정답 : ④

2013.1회-18

364 다품종 소량생산으로 예상생산이 불가능한 경우, 표준화가 곤란한 경우에 알맞은 공장건축의 레이아웃 방식은?

① 혼성식 레이아웃 ② 고정식 레이아웃
③ 제품중심 레이아웃 ④ 공정중심 레이아웃

[해설]
공정중심 레이아웃은 표준화가 힘들 때 쓰는 주문공장 방식이라 생산성이 낮다.
① 혼성식 레이아웃 : 고정식과 제품중심 공정중심 레이아웃 방식을 섞는 방식이다.

② 고정식 레이아웃 : 제품 크기가 크고(선박류) 생산수량이 적을 때 적합하다.
③ 제품중심 레이아웃 : 대량생산이 가능하여 생산성이 높은 방식이다.

정답 : ④

2014.3회-17, 2019.1회-2

365 다음 설명에 알맞은 공장건축의 레이아웃 형식은?

- 동종의 공정, 동일한 기계설비 또는 기능이 유사한 것을 하나의 그룹으로 집합시키는 방식
- 다종 소량생산의 경우, 예상생산이 불가능한 경우, 표준화가 이루어지기 어려운 경우에 채용

① 고정식 레이아웃 ② 혼성식 레이아웃
③ 공정중심의 레이아웃 ④ 제품중심의 레이아웃

[해설]
공정중심의 레이아웃
다종 소량생산으로 예상생산이 불가능한 경우나 표준화가 행해지기 어려운 경우에 채용

특징	· 생산성이 낮으나 주문생산에 적합하다. · 공정 간의 시간적·수량적 균형을 이루기 어렵다.

정답 : ③

2013.2회-17, 4회-14, 2021.2회-3

366 다음 설명에 알맞은 공장건축의 레이아웃(Layout) 형식은?

- 생산에 필요한 모든 공정과 기계류를 제품의 흐름에 따라 배치하는 형식이다.
- 대량생산에 유리하며 생산성이 높다.

① 고정식 레이아웃 ② 혼성식 레이아웃
③ 제품중심 레이아웃 ④ 공정중심의 레이아웃

[해설]
제품중심의 레이아웃(연속작업식)에 대한 설명이다.

제품중심의 레이아웃(연속작업식)
작업의 흐름에 따라 생산에 필요한 공정, 기계 종류를 배치하는 방식

특징	· 대량생산에 유리하고, 생산성이 높다. · 공정 간의 시간적·수량적 균형을 이룰 수 있다. · 상품의 연속성이 유지된다.

정답 : ③

2014.2회-6, 2019.4회-1

367 공장의 레이아웃 형식 중 생산에 필요한 모든 공정과 기계류를 제품의 흐름에 따라 배치하는 형식은?

① 고정식 레이아웃 ② 혼성식 레이아웃
③ 제품중심의 레이아웃 ④ 공정중심의 레이아웃

[해설]
제품중심의 레이아웃(연속 작업식)에 대한 설명이다.
정답 : ③

2015.2회-1, 2021.4회-15

368 공장건축의 레이아웃에 관한 설명으로 옳지 않은 것은?

① 장래 공장규모의 변화에 대응한 융통성이 있어야 한다.
② 제품중심의 레이아웃은 생산에 필요한 모든 공정, 기계기구를 제품의 흐름에 따라 배치한다.
③ 이동식 레이아웃 방식은 사람이나 기계가 이동하여 작업하는 방식으로 제품이 크고, 수량이 적을 때 사용된다.
④ 레이아웃은 공장 생산성에 미치는 영향이 크므로 공장의 배치계획, 평면계획은 이것에 부합되는 건축계획이 되어야 한다.

[해설]
사람이나 기계가 이동하여 작업하는 방식으로 제품이 크고, 수량이 적을 때 사용하는 방식은 고정식 레이아웃이다.

고정식 레이아웃
주가 되는 재료나 조립부품은 고정된 장소에 있고 사람이나 기계가 그 장소로 이동하여 작업이 행해지는 방식

| 특징 | 제품이 크고, 생산수량이 극히 적은 경우에 적합하다.(선박, 건축 등에 적용) |

정답 : ③

2017.2회-17, 2020.4회-9

369 공장건축의 레이아웃(Layout)에 관한 설명으로 옳지 않은 것은?

① 제품중심의 레이아웃은 대량생산에 유리하여 생산성이 높다.
② 레이아웃은 장래 공장 규모의 변화에 대응한 융통성이 있어야 한다.
③ 공정중심의 레이아웃은 다품종 소량생산이나 주문생산에 적합한 형식이다.
④ 고정식 레이아웃은 기능이 동일하거나 유사한 공정, 기계를 접합하여 배치하는 방식이다.

[해설]
기능이 동일하거나 유사한 공정, 기계를 접합하여 배치하는 방식은 공정중심의 레이아웃이다.

고정식 레이아웃
주가 되는 재료나 조립부품은 고정된 장소에 있고 사람이나 기계가 그 장소로 이동하여 작업이 행해지는 방식

| 특징 | 제품이 크고, 생산수량이 극히 적은 경우에 적합하다.(선박, 건축 등에 적용) |

정답 : ④

2016.1회-2, 2021.1회-9

370 공장건축의 레이아웃(Layout)에 관한 설명으로 옳지 않은 것은?

① 제품중심의 레이아웃은 대량생산에 유리하며 생산성이 높다.
② 레이아웃이란 생산품의 특성에 따른 공장의 건축면적 결정방식을 말한다.
③ 공정중심의 레이아웃은 다종 소량생산으로 표준화가 행해지기 어려운 주문생산에 적합하다.
④ 고정식 레이아웃은 조선소와 같이 조립부품이 고정된 장소에 있고 사람과 기계를 이동시키며 작업을 행하는 방식이다.

[해설]
레이아웃이란 공장건축의 평면요소 간의 위치관계를 결정하는 것으로서 작업장 내의 기계설비 배치에 관한 것을 말한다.

공장건축의 레이아웃(Layout) 개념
- 공장 사이의 여러 부분, 작업장 내의 기계설비, 작업자의 작업구역, 자재나 제품을 두는 곳 등 상호 위치관계를 가리키는 것이다.
- 장래 공장 규모의 변화에 대응한 융통성이 있어야 한다.
- 공장 생산성이 미치는 영향이 크고 공장 배치계획, 평면계획 시 레이아웃을 건축적으로 종합한 것이 되어야 한다.

정답 : ②

371 공장건축계획에 관한 설명으로 옳지 않은 것은?

① 기능식 레이아웃은 소종 다량생산이나 표준화가 쉬운 경우에 주로 적용된다.
② 공장의 지붕형식 중 톱날지붕은 균일한 조도를 얻을 수 있다는 장점이 있다.
③ 평면계획 시 관리부분과 생산공정부분을 구분하고 동선이 혼란되지 않게 한다.
④ 공장건축의 형식에서 집중식(Block Type)은 건축비가 저렴하고 공간효율도 좋다.

[해설]
다량생산이나 표준화가 쉬운 경우에 주로 적용하는 것은 제품중심 레이아웃이다.

공정중심의 레이아웃
다종 소량생산으로 예상생산이 불가능한 경우나 표준화가 행해지기 어려운 경우에 채용한다.

특징	• 생산성이 낮으나 주문생산에 적합하다. • 공정 간의 시간적·수량적 균형을 이루기 어렵다.

정답 : ①

---

372 공장건축의 레이아웃 계획에 관한 설명으로 옳지 않은 것은?

① 플랜트 레이아웃은 공장건축의 기본설계와 병행하여 이루어진다.
② 고정식 레이아웃은 조선소와 같이 제품이 크고 수량이 적을 경우에 적용된다.
③ 다품종 소량생산이나 주문생산 위주의 공장에는 공정중심의 레이아웃이 적합하다.
④ 레이아웃 계획은 작업장 내의 기계설비 배치에 관한 것으로 공장 규모 변화에 따른 융통성은 고려대상이 아니다.

[해설]
레이아웃 계획은 작업장 내의 기계설비 배치에 관한 것으로 공장규모 변화에 따른 융통성을 고려해야 한다.

정답 : ④

---

373 공장건축의 레이아웃(Layout)에 관한 설명으로 옳지 않은 것은?

① 제품중심의 레이아웃은 대량생산에 유리하며 생산성이 높다.
② 레이아웃이란 공장건축의 평면요소 간의 위치 관계를 결정하는 것을 말한다.
③ 고정식 레이아웃은 조선소와 같이 제품이 크고 수량이 적은 경우에 행해진다.
④ 중화학 공업, 시멘트 공업 등 장치공업 등은 시설의 융통성이 크기 때문에 신설 시 장래성에 대한 고려가 필요 없다.

[해설]
레이아웃이란 공장건축의 평면요소 간의 위치관계를 결정하는 것으로서 작업장 내의 기계설비 배치에 관한 것을 말한다.

공장건축의 레이아웃(Layout) 개념
• 공장 사이의 여러 부분, 작업장 내의 기계설비, 작업자의 작업구역, 자재나 제품을 두는 곳 등 상호 위치관계를 가리키는 것이다.
• 장래 공장 규모의 변화에 대응한 융통성이 있어야 한다.
• 공장 생산성이 미치는 영향이 크고 공장 배치계획, 평면계획시 레이아웃을 건축적으로 종합한 것이 되어야 한다.

정답 : ④

---

374 공장건축에 관한 설명으로 옳은 것은?

① 계획 시부터 장래 증축을 고려하는 것이 필요하며 평면형은 가능한 요철이 많은 것이 유리하다.
② 재료 반입과 제품 반출 동선은 동일하게 하고 물품동선과 사람 동선은 별도로 하는 것이 바람직하다.
③ 외부인 동선과 작업원 동선은 동일하게 하고, 견학자는 생산과 교차하지 않는 동선을 확보하도록 한다.
④ 자연환기방식의 경우 환기방법은 채광형식과 관련하여 건물형태를 결정하는 매우 중요한 요소가 된다.

[해설]
① 평면형은 가능한 요철이 적은 것이 유리하다.
② 재료 반입·반출, 출입동선은 분리한다.
③ 외부인 동선과 작업원 동선은 분리한다.

정답 : ④

375 공장 건축형식 중 파빌리온 타입(Pavilion Type)에 관한 설명으로 옳지 않은 것은?

① 통풍, 채광이 좋다.
② 배수, 물홈통 설치가 불리하다.
③ 공장의 신설과 확장이 용이하다.
④ 공장건설을 병행할 수 있으므로 조기완성이 가능하다.

[해설]
배수, 물홈통 설치가 용이하다.

정답 : ②

376 공장 형식 중 분관식(Pavilion Type)에 관한 설명으로 옳은 것은?

① 공간의 효율이 좋다.
② 공장의 신설, 확장이 용이하다.
③ 공장건설을 병행할 수 없으므로 시공기간이 길다.
④ 자재나 제품의 운반이 용이하고 흐름이 단순하다.

[해설]
공장건축의 형식과 특징
1. 집중식
 • 공간효율이 좋음   • 건축비 저렴
 • 운반 용이   • 내부 배치 변경의 탄력성
 • 평지붕, 단층공장   • 서로 다른 기초 구조 가능
2. 분관식
 • 신설, 확장이 용이   • 조기 건설 가능
 • 통풍·채광이 양호   • 배수, 물홈통 설치가 용이
 • 경사지붕, 다층공장

정답 : ②

377 공장건축의 지붕형에 관한 설명으로 옳지 않은 것은?

① 솟을지붕은 채광, 환기에 적합한 방법이다.
② 샤렌지붕은 기둥이 많이 소요되는 단점이 있다.
③ 뾰족지붕은 직사광선을 어느 정도 허용하는 결점이 있다.
④ 톱날지붕은 북향의 채광창으로 하루 종일 변함없는 조도를 유지할 수 있다.

[해설]
샤렌지붕은 기둥이 적게 소요된다는 장점이 있다.

지붕의 형태

구분	특성
평지붕	• 중층식 건물의 최상층
솟을지붕	• 채광·환기에 적합
뾰족지붕	• 동일면에 천장을 내는 방법 • 어느 정도 직사광선을 허용하는 단점
톱날지붕	• 채광창이 북향으로 균일한 조도 유지 • 공장 특유의 지붕형태
샤렌지붕	기둥이 적게 소요되는 장점

정답 : ②

378 다음 중 기계 공장의 지붕을 톱날형으로 하는 이유로 가장 적당한 것은?

① 모양이 좋다.
② 소음이 줄어든다.
③ 빗물 처리가 용이하다.
④ 균일한 조도를 얻을 수 있다.

[해설]
톱날지붕
• 공장 특유의 지붕형태
• 채광창이 북향으로 균일한 조도를 유지

정답 : ④

379 공장의 지붕형태에 관한 설명으로 옳은 것은?

① 솟을지붕은 채광, 환기에 적합한 방법이다.
② 샤렌구조는 기둥이 많이 소요된다는 단점이 있다.
③ 뾰족지붕은 직사광선이 완전히 차단된다는 장점이 있다.
④ 톱날지붕은 남향으로 할 경우 하루 종일 변함없는 조도를 가진 약광선을 받아들일 수 있다.

[해설]
② 샤렌구조는 기둥이 적게 소요되는 장점이 있다.
③ 뾰족지붕은 직사광선을 어느 정도 허용하는 결점이 있다.
④ 톱날지붕은 북향의 채광창으로 하루 종일 변함없는 조도를 유지할 수 있다.

지붕의 형태

구분	특성
평지붕	• 중층식 건물의 최상층
솟을지붕	• 채광·환기에 적합
뾰족지붕	• 동일면에 천장을 내는 방법 • 어느 정도 직사광선을 허용하는 단점
톱날지붕	• 채광창이 북향으로 균일한 조도 유지 • 공장 특유의 지붕형태
샤렌지붕	기둥이 적게 소요되는 장점

정답 : ①

2022.1회-18

380 기계공장에서 지붕의 형식을 톱날지붕으로 하는 가장 주된 이유는?

① 소음을 작게 하기 위하여
② 빗물의 배수를 충분히 하기 위하여
③ 실내 온도를 일정하게 유지하기 위하여
④ 실내의 주광조도를 일정하게 하기 위하여

[해설]

톱날지붕
• 공장 특유의 지붕형태
• 채광창이 북향으로 균일한 조도를 유지

정답 : ④

2013.1회-6, 2021.4회-16

381 병원건축에 있어서 파빌리온 타입(Pavilion Type)에 관한 설명으로 옳은 것은?

① 대지 이용의 효율성이 높다.
② 고층 집약식 배치형식을 갖는다.
③ 각 실의 채광을 균등히 할 수 있다.
④ 도심지에서 주로 적용되는 형식이다.

[해설]

①, ②, ④는 집중식(Block Type)에 대한 설명이다.

분관식(Pavilion Type, 평면분산식)
• 각 건물은 3층 이하의 저층 건물로 외래진료부, 중앙(부속)진료부, 병동부를 각각 별동으로 분산해 복도로 연결시킨 형식
• 전염병의 확산을 방지하기 위해 운영되기 시작
• 각 병실을 남향으로 할 수 있다.(일조·통풍 유리)
• 넓은 대지가 필요하고 설치가 분산적이고 보행거리가 멀어진다.
• 내부 환자는 주로 경사로를 이용한다.(보행·들것 사용)

정답 : ③

2013.4회-10, 2018.2회-4

382 병원건축의 형식 중 분관식에 관한 설명으로 옳지 않은 것은?

① 동선이 길어진다.
② 채광 및 통풍이 좋다.
③ 대지면적에 제약이 있는 경우에 주로 적용된다.
④ 환자는 주로 경사로를 이용한 보행 또는 들것으로 운반된다.

[해설]

대지면적에 제약이 있는 경우에는 주로 집중식(블록식)이 적용된다.

분관식(Pavilion Type, 평면분산식)
• 각 건물은 3층 이하의 저층 건물로 외래진료부, 중앙(부속)진료부, 병동부를 각각 별동으로 분산해 복도로 연결시킨 형식
• 전염병의 확산을 방지하기 위해 운영되기 시작
• 각 병실을 남향으로 할 수 있다.(일조·통풍 유리)
• 넓은 대지가 필요하고 설치가 분산적이고 보행거리가 멀어진다.
• 내부 환자는 주로 경사로를 이용한다.(보행·들것 사용)

정답 : ③

2017.4회-5

383 병원건축의 형식 중 분관식(Pavilion Type)에 관한 설명으로 옳은 것은?

① 저층 분산형의 형태이다.
② 각 병실의 채광 및 통풍 조건이 불리하다.
③ 환자의 이동은 주로 에스컬레이터를 이용한다.
④ 외래부, 부속진료부는 저층부에, 병동은 고층부에 배치한다.

[해설]

②, ③, ④번은 집중식(Block Type)에 대한 설명이다.

정답 : ①

2021.2회-12

384 병원건축형식 중 분관식(Pavilion Type)에 관한 설명으로 옳은 것은?

① 대지가 협소할 경우 주로 적용된다.
② 보행길이가 짧아져 관리가 용이하다.
③ 각 병실의 일조, 통풍 환경을 균일하게 할 수 있다.
④ 급수, 난방 등의 배관 길이가 짧아져 설비비가 적게 든다.

해설
①, ②, ④번은 집중식(Block Type)에 대한 설명이다.
정답 : ③

2022.1회-2

385 병원건축의 병동배치방법 중 분관식(Pavilion Type)에 관한 설명으로 옳은 것은?
① 각종 설비 시설의 배관길이가 짧아진다.
② 대지의 크기와 관계없이 적용이 용이하다.
③ 각 병실을 남향으로 할 수 있어 일조와 통풍 조건이 좋다.
④ 병동부는 5층 이상의 고층으로 하며 환자는 엘리베이터로 운송된다.

해설
①, ②, ④는 집중식(Block Type)에 대한 설명이다.

분관식(Pavilion Type)의 특성
- 넓은 대지가 필요하며 설치가 분산적이고 보행거리가 멀어진다.
- 각 병실을 남향으로 할 수 있어 일조·통풍이 용이하다.
- 내부 환자는 주로 경사로를 이용한 보행 또는 들것으로 운반한다.

정답 : ③

2013.2회-9, 2020.2회-20

386 종합병원의 건축형식 중 분관식(Pavilion Type)에 대한 설명으로 옳지 않은 것은?
① 평면 분산식이다.
② 채광 및 통풍 조건이 좋다.
③ 일반적으로 3층 이하의 저층건물로 구성된다.
④ 재난 시 환자의 피난이 어려우며 공사비가 높다.

해설
분관식은 재난 시 환자의 피난에 불리하다.
정답 : ④

2017.2회-6

387 병원건축의 병동 배치형식 중 집중식(Block Type)에 관한 설명으로 옳지 않은 것은?
① 재난 시 환자의 피난이 용이하다.
② 병동에서의 조망을 확보할 수 있다.
③ 대지를 효과적으로 이용할 수 있다.
④ 공조설비가 필요하게 되어 설비비가 높다.

해설
집중식(Block Type)
외래진료부, 중앙(부속)진료부, 병동부를 합쳐서 한 건물로 하고 특히 병동부의 병동은 고층으로 하여 환자를 운송하는 형식이다.
- 일조·통풍 조건 불리(각 병실의 환경이 불균일)
- 관리가 편리, 대부분의 종합병원에서 채용
- 대지를 효과적으로 이용하지만 공조설비 등의 설비비가 높음

정답 : ①

2016.2회-2, 2022.2회-6

388 고층밀집형 병원에 관한 설명으로 옳지 않은 것은?
① 병동에서 조망을 확보할 수 있다.
② 대지를 효과적으로 이용할 수 있다.
③ 각종 방재대책에 대한 비용이 높다.
④ 병원의 확장 등 성장 변화에 대한 대응이 용이하다.

해설
병원의 확장 등 성장 변화에 대한 대응이 용이한 것은 분관식이다.

집중식(Block Type)
외래진료부, 중앙(부속)진료부, 병동부를 합쳐서 한 건물로 하고 특히 병동부의 병동은 고층으로 하여 환자를 운송하는 형식이다.
- 일조·통풍 조건 불리(각 병실의 환경이 불균일)
- 관리가 편리, 대부분의 종합병원에서 채용
- 대지를 효과적으로 이용하지만 공조설비 등의 설비비가 높음

정답 : ④

2014.2회-19

389 다음 중 병원건축에서 간호단위의 병상수가 과다한 경우 나타나는 문제점과 가장 관계가 먼 것은?
① 병실 간호능력이 저하된다.
② 간호사들의 동선이 길어진다.
③ 전체 환자의 상태를 파악하기 어려워진다.
④ 환자 보호자들에 의한 간호가 불가능해진다.

해설
환자 보호자들에 의한 개별 간호와 병상수의 증가와는 무관하다.
정답 : ④

2014.3회-19

390 병원의 간호사 대기소에 관한 설명으로 옳지 않은 것은?

① 병실군의 한쪽 끝에 위치시켜 복도의 상황을 쉽게 알 수 있도록 한다.
② 간호사 대기소에서 병실군까지 보행하는 거리를 24m 이내가 되도록 한다.
③ 1개의 간호사 대기소에서 관리할 수 있는 병상 수는 30~40개 이하로 한다.
④ 계단이나 엘리베이터홀 등에 가능한 한 인접시켜 외부인의 출입을 감시할 수 있도록 한다.

[해설]
간호사 대기소(Nurse Station)는 복도 중앙, 수직통로 가까이에 위치시킨다.

정답 : ①

2014.1회-16

391 다음 중 의사 및 간호사의 수술부에서의 동선으로 가장 적합한 것은?

① 세면실만을 거쳐 수술실로 간다.
② 갱의실에서 세면실을 거쳐 수술실로 간다.
③ 갱의실, 세면실, 마취실을 차례로 거쳐 수술실로 간다.
④ 급한 환자일 경우 별도의 실을 경유하지 않고 수술실로 직접 간다.

[해설]
의사 및 간호사의 동선
갱의실 → 세면실 → 수술실

정답 : ②

2015.2회-6

392 병원건축의 시설규모를 결정하는 기준이 되는 것은?

① 병상 수   ② 병실 수
③ 의사 수   ④ 간호사 수

[해설]
병원의 시설규모는 병상 수에 의해 결정된다.

정답 : ①

2017.1회-1

393 종합병원의 건축계획에 관한 설명으로 옳지 않은 것은?

① 간호사의 보행거리는 24m 이내가 되도록 한다.
② 외래진료부는 환자의 이용이 편리하도록 1층 또는 2층 이하에 둔다.
③ 일반적으로 병원건축의 시설규모는 입원환자의 병상 수에 의해 결정된다.
④ 병동 배치방식 중 분관식(Pavilion Type)은 동선이 짧게 되는 이점이 있다.

[해설]
분관식과 집중식 비교

구분	분관식	집중식
배치 형식	저층, 분산식(별동)	고층, 집약식
환경 조건	양호(균등)	불량(불균등)
대지의 이용도	비경제적(넓은 대지)	경제적(좁은 대지)
설비 시설	분산적	집중적
관리의 편의성	불편함	편리함
보행 거리	멀다.	짧다.
적용 대상	특수병원	도심의 대규모 병원

정답 : ④

2018.1회-16

394 종합병원의 건축계획에 관한 설명으로 옳지 않은 것은?

① 부속진료부는 외래환자 및 입원환자 모두가 이용하는 곳이다.
② 간호사 대기소는 각 간호단위 또는 각 층 및 동별로 설치한다.
③ 집중식 병원건축에서 부속진료부와 외래부는 주로 건물의 저층부에 구성된다.
④ 외래진료부의 운영방식에 있어서 미국의 경우는 대개 클로즈드 시스템인데 비하여, 우리나라는 오픈 시스템이다.

[해설]
외래진료부
• 오픈 시스템(Open System) : 미국 등에서 채용하고 있으며 개업의사는 종합병원에 등록
• 클로즈드 시스템(Closed System) : 우리나라 종합병원에서 채용하고 있으며 외래환자 수는 병상 수×2~3배이다.

* 오픈 시스템(Open System) : 종합병원 근처의 일반 개업의사가 종합병원에 등록되어 있어서 종합병원 내의 큰 시설을 이용할 수 있고 자신의 환자를 종합병원 진찰실에서 예약된 장소와 시간에 진료할 수 있으며 입원시킬 수 있다.

정답 : ④

2019.1회-19

395 종합병원 건축계획에 관한 설명으로 옳지 않은 것은?

① 간호사 대기실은 각 간호단위 또는 층별, 동별로 설치한다.
② 수술실의 바닥마감은 전기도체성 마감을 사용하는 것이 좋다.
③ 병실의 창문은 환자가 병상에서 외부를 전망할 수 있게 하는 것이 좋다.
④ 우리나라의 일반적인 외래진료방식은 오픈 시스템이며 대규모의 각종 과를 필요로 한다.

[해설]
우리나라의 일반적인 외래진료방식은 클로즈드 시스템이며 대규모의 각종 과를 필요로 한다.

클로즈드 시스템(Closed System)
• 대규모의 각 종 과를 필요로 하고 환자가 매일 병원에 출입하는 형식
• 우리나라 종합병원에서 채용
• 외래환자 수=병상 수×2~3배

정답 : ④

2015.1회-10

396 병원계획에 관한 설명으로 옳지 않은 것은?

① 입원환자와 외래환자의 출입구는 분리시킨다.
② 환자 병상 수에 따라 병원의 시설규모가 결정된다.
③ 수술실 앞에는 홀이나 다른 통과교통이 없도록 한다.
④ 종합병원의 간호단위는 60병상 정도로 하는 것이 바람직하다.

[해설]
간호단위의 구성(1간호단위)
1조(8~10명)의 간호원이 간호하기에 적절한 병상 수로 25bed가 이상적이지만, 보통 30~40bed이다.

정답 : ④

2015.4회-20, 2019.2회-8

397 종합병원계획에 관한 설명으로 옳지 않은 것은?

① 수술부는 외래와 병동 중간에 위치시킨다.
② 수술실의 바닥은 전기도체성 마감을 사용하는 것이 좋다.
③ 간호사 대기실은 되도록 계단이나 엘리베이터실 등에 인접하여 설치한다.
④ 평면계획 시 모듈을 적용하여 각 병실을 모두 동일한 크기로 하는 것이 좋다.

[해설]
평면계획 시 모듈을 적용하여 각 병실의 종류에 따라 크기를 다르게 하는 것이 바람직하다.

* 병실
• 종류 : 1인실, 2인실, 4인실, 5인실(6인실) 등 다양
• 면적 : 10~13m²/bed

정답 : ④

2018.4회-10

398 종합병원계획에 관한 설명으로 옳지 않은 것은?

① 수술부는 타 부분의 통과교통이 없는 장소에 배치한다.
② 전체적으로 바닥의 단 차이를 가능한 줄이는 것이 좋다.
③ 외래진료부의 구성단위는 간호단위를 기본단위로 한다.
④ 내과는 진료검사에 시간이 걸리므로, 소진료실을 다수 설치한다.

[해설]
병동의 구성단위는 간호단위를 기본단위로 한다.

정답 : ③

2014.1회-14, 2020.3회-3

399 종합병원의 외래진료부를 클로즈드 시스템(Closed System)으로 계획할 경우 고려할 사항으로 가장 부적절한 것은?

① 1층에 두는 것이 좋다.
② 부속진료시설을 인접하게 한다.
③ 외과계통은 소진료실을 다수 설치하도록 한다.
④ 약국, 회계 등은 정면출입구 근처에 설치한다.

[해설]
외과계통은 1실에 여러 환자를 돌볼 수 있도록 대실로 한다.

외래진료부 각 과별 계획
- 내과 : 진료검사에 시간이 걸리므로 소진료실을 다수 설치한다.
- 외과 : 진찰실과 처치실로 구분하며(소수술실, 깁스실을 인접설치), 각 과는 1실에 여러 환자를 볼 수 있도록 대실로 한다.

정답 : ③

2016.1회-11, 2021.1회-16

400 클로즈드 시스템(Closed System)의 종합병원에서 외래진료부 계획에 관한 설명으로 옳지 않은 것은?

① 환자의 이용이 편리하도록 2층 이하에 두도록 한다.
② 부속진료시설을 인접하게 하여 이용이 편리하게 한다.
③ 중앙주사실, 약국은 정면출입구에서 멀리 떨어진 곳에 둔다.
④ 외과계통 각 과는 1실에서 여러 환자를 볼 수 있도록 대실로 한다.

[해설]
중앙주사실, 약국, 회계 등은 정면출입구에서 가까운 곳에 둔다.

정답 : ③

2020.4회-8

401 종합병원에서 클로즈드 시스템(Closed System)의 외래진료부에 관한 설명으로 옳지 않은 것은?

① 내과는 소규모 진료실을 다수 설치하도록 한다.
② 환자의 이용이 편리하도록 1층 또는 2층 이하에 둔다.
③ 중앙주사실, 회계, 약국 등은 정면출입구 근처에 설치한다.
④ 전체병원에 대한 외래진료부의 면적비율은 40~45% 정도로 한다.

[해설]
병원의 면적 구성 비율
- 병동부 : 30~40%(가장 크다.)
- 서비스부 : 20~25%
- 중앙진료부 : 15~17%
- 외래진료부 : 10~15%
- 관리부 : 8~10%

정답 : ④

2014.2회-20

402 종합병원건축에서 면적 구성 비율이 가장 높은 부분은?

① 병동부
② 관리부
③ 외래진료부
④ 중앙진료부

[해설]
병원의 면적 구성 비율은 병동부가 30~40% 정도로 가장 크다.

정답 : ①

2016.4회-8

403 종합병원건축의 면적 배분에서 가장 많이 차지하는 부분은?

① 외래부
② 병동부
③ 관리부
④ 중앙진료부

[해설]
병원의 면적 구성 비율
- 병동부 : 30~40%(가장 크다.)
- 서비스부 : 20~25%
- 중앙진료부 : 15~17%
- 외래진료부 : 10~15%
- 관리부 : 8~10%

정답 : ②

2013.1회-16

404 호텔건축의 기준층 계획에 관한 설명으로 옳지 않은 것은?

① 기준층은 호텔에서 객실이 있는 대표적인 층을 말한다.
② 동일 기준층에서 필요한 것으로는 서비스실, 배선실 등이 있다.
③ 기준층의 객실 수는 기준층의 면적이나 기둥간격의 구조적인 문제에 영향을 받는다.
④ H형 또는 ㅁ자형 평면은 거주성이 좋아 일반적으로 가장 많이 사용되는 형식이다.

[해설]
H형 또는 ㅁ자형 평면
1. 주거성은 그다지 바람직하지 않은 형태이다.
2. 한정된 체적 속에 외기접면을 최대로 할 수 있다.

정답 : ④

405 호텔건축에 관한 설명으로 옳지 않은 것은?

① 호텔의 관리부분에 의해 호텔의 외형이 결정된다.
② 호텔의 공공부분은 호텔 전체의 매개공간 역할을 한다.
③ 호텔의 공공부분 중 수익성 부분은 일반적으로 1층과 지하층에 두는 경우가 많다.
④ 호텔의 숙박부분은 호텔의 가장 중요한 부분으로 객실은 쾌적성과 개성을 필요로 한다.

[해설]
호텔의 숙박부분에 의해 호텔의 외형이 결정된다.
정답 : ①

406 다음 중 호텔 외관의 형태에 가장 크게 영향을 미치는 부분은?

① 관리부분 ② 공공부분
③ 숙박부분 ④ 설비부분

[해설]
외관의 형태에 가장 크게 영향을 미치는 부분은 숙박부분이다.
정답 : ③

407 호텔건축에 관한 설명으로 옳지 않은 것은?

① 커머셜 호텔은 가급적 저층으로 한다.
② 아파트먼트 호텔은 장기 체류용 호텔이다.
③ 리조트 호텔은 자연경관이 좋은 곳을 선택한다.
④ 터미널 호텔은 교통기관의 발착지점에 위치한다.

[해설]
커머셜 호텔은 가급적 고층으로 한다.

커머셜 호텔
• 비즈니스 관련 여행객을 대상으로 함
• 호텔 경영내용의 주체를 객실로 하며, 부대시설은 최소화
• 연면적에 대한 숙박면적의 비가 가장 큰 호텔
정답 : ①

408 호텔건축에 관한 설명으로 옳은 것은?

① 일반적으로 호텔건축의 형태는 공공(Public) 부분에 의하여 결정된다.
② 숙박관계 부분의 연면적에 대한 비율은 리조트 호텔이 커머셜 호텔보다 높다.
③ 연회장의 출입은 명확한 동선을 위해 호텔 주출입구 및 로비를 통하도록 하는 것이 좋다.
④ 시티 호텔은 부지의 제약으로 복도면적을 작게 하고 고층화에 적합한 평면형이 요구된다.

[해설]
① 호텔건축의 형태는 숙박부분에 의하여 결정된다.
② 숙박면적비 : 시티(커머셜) > 리조트 > 아파트먼트
③ 연회장의 외부에서 직접 출입할 수 있어야 한다.
정답 : ④

409 호텔건축에 관한 설명으로 옳은 것은?

① 호텔의 동선에서 물품동선과 고객동선은 교차시키는 것이 좋다.
② 프런트 오피스는 수평동선이 수직동선으로 전이되는 공간이다.
③ 현관은 퍼블릭 스페이스의 중심으로 로비, 라운지와 분리하지 않고 통합시킨다.
④ 주식당은 숙박객 및 외래객을 대상으로 하여, 외래객이 편리하게 이용할 수 있도록 출입구를 별도로 설치하는 것이 좋다.

[해설]
연회장 등 사람들이 빈번하게 왕래하는 곳은 외부에서 직접 출입할 수 있어야 한다.
정답 : ④

410 다음 중 시티 호텔에 속하지 않는 것은?

① 커머셜 호텔 ② 터미널 호텔
③ 클럽하우스   ④ 레지던셜 호텔

[해설]
클럽하우스는 리조트 호텔에 해당한다.

시티 호텔의 종류
커머셜 호텔, 터미널 호텔, 레지던셜 호텔, 아파트먼트 호텔

정답 : ③

2021.1회-18

411 다음 중 시티 호텔에 속하지 않는 것은?

① 비치 호텔   ② 터미널 호텔
③ 커머셜 호텔   ④ 아파트먼트 호텔

[해설]
비치 호텔은 리조트 호텔에 속한다.

리조트 호텔(Resort Hotel)
피서, 피한을 위주로 하여 관광객이나 휴양객이 많이 이용하는 숙박시설
• 해변호텔(Beach Hotel)
• 산장호텔(Mountain Hotel)
• 온천호텔(Hot Spring Hotel)
• 스키호텔(Ski Hotel)
• 스포츠호텔(Spot Hotel)
• 클럽하우스(Club House) : 스포츠 및 레저시설을 위해 주로 이용하는 시설

정답 : ①

2018.4회-17, 2022.1회-5

412 다음 중 터미널 호텔의 종류에 속하지 않은 것은?

① 해변 호텔   ② 부두 호텔
③ 공항 호텔   ④ 철도역 호텔

[해설]
해변 호텔은 리조트 호텔의 종류에 속한다.

터미널 호텔
교통기관의 발착지점에 위치
• 철도역 호텔(Station Hotel)
• 부두 호텔(Harbor Hotel)
• 공항 호텔(Airport Hotel)

정답 : ①

2016.2회-16, 2017.4회-18

413 다음 중 리조트 호텔에 속하지 않는 것은?

① 해변 호텔(Beach Hotel)
② 부두 호텔(Harbor Hotel)
③ 산장 호텔(Mountain Hotel)
④ 클럽하우스(Club House)

[해설]
부두호텔(Harbor Hotel)
교통의 중심지 역할을 하는 호텔로서 시티 호텔에 속한다.

정답 : ②

2014.3회-18, 2020.4회-20

414 다음 중 호텔의 성격상 연면적에 대한 숙박면적의 비가 가장 큰 것은?

① 리조트 호텔   ② 커머셜 호텔
③ 클럽하우스   ④ 레지던셜 호텔

[해설]
• 숙박면적비 : 커머셜 > 리조트 > 아파트먼트 > 레지던셜 호텔
• 공용면적비(퍼블릭 스페이스) : 아파트먼트 > 리조트 > 커머셜
• 1객실 면적 : 아파트먼트 > 리조트 > 커머셜

정답 : ②

2018.1회-10

415 다음 중 일반적으로 연면적에 대한 숙박관계 부분의 비율이 가장 큰 호텔은?

① 해변 호텔   ② 리조트 호텔
③ 커머셜 호텔   ④ 레지던셜 호텔

[해설]
각 실의 면적 구성비
• 숙박면적비 : 커머셜 > 리조트 > 아파트먼트 > 레지던셜 호텔
• 공용면적비(퍼블릭 스페이스) : 아파트먼트 > 리조트 > 커머셜
• 1객실 면적 : 아파트먼트 > 리조트 > 커머셜

정답 : ③

2019.2회-10

416 다음의 호텔 중 연면적에 대한 숙박면적의 비가 일반적으로 가장 큰 것은?

① 커머셜 호텔   ② 클럽하우스
③ 리조트 호텔   ④ 아파트먼트 호텔

[해설]
• 숙박면적비 : 커머셜 > 리조트 > 아파트먼트 > 레지던셜 호텔
• 공용면적비(퍼블릭 스페이스) : 아파트먼트 > 리조트 > 커머셜
• 1객실 면적 : 아파트먼트 > 리조트 > 커머셜

정답 : ①

417 다음 중 연면적에 대한 숙박 부분의 비율이 가장 높은 호텔은?

① 커머셜 호텔
② 리조트 호텔
③ 클럽하우스
④ 아파트먼트 호텔

[해설]
면적 구성비
- 숙박면적비 : 커머셜＞리조트＞아파트먼트＞레지던셜 호텔
- 공용면적비(퍼블릭 스페이스) : 아파트먼트＞리조트＞커머셜
- 1객실 면적 : 아파트먼트＞리조트＞커머셜

정답 : ①

418 호텔계획에 관한 설명으로 옳지 않은 것은?

① 로비(Lobby)는 라운지(Lounge)와 명확히 구별하여 계획한다.
② 일반적으로 호텔의 형태는 숙박부분의 계획에 의해 영향을 받는다.
③ 공공부분, 사교부분은 일반적으로 저층에 배치하는 것이 이용성이 좋다.
④ 로비(Lobby)는 퍼블릭 스페이스(Public Space)의 중심이 되도록 계획한다.

[해설]
현관, 로비, 홀, 라운지는 공용부로서 외래 접객의 장소로 이용되며, 개방성과 연계성이 중요시 된다.
로비
현관에 접속되어 있는 홀, 곁방 또는 대기실의 형태를 취한 것, 복도를 겸한 것 등 여러 형태가 있다.
- 주(主)로비로서, 원칙적으로는 현관의 프런트와 접하게 되어 있어 찾아온 손님과의 면담이나 휴게장소로 쓰인다.
- 여타 부분에 적절히 설치되어 있는 라운지·흡연실·독서실 같은 것으로, 주로 숙박객의 휴식용으로 쓰인다.

정답 : ①

419 호텔계획에 관한 설명으로 옳지 않은 것은?

① 시티 호텔은 대부분 고밀도의 고층형이다.
② 호텔의 적정 규모는 일반적으로 시장성을 따른다.
③ 리조트 호텔의 건축형식은 주변 조건에 따라 자유롭게 이루어진다.
④ 커머셜 호텔은 일반적으로 리조트 호텔에 비해 넓은 공공공간(Public Space)을 갖는다.

[해설]
커머셜 호텔은 일반적으로 리조트 호텔에 비해 좁은 공공공간(Public Space)을 갖는다.
각 실의 면적 구성비
- 숙박면적비 : 커머셜＞리조트＞아파트먼트＞레지던셜 호텔
- 공용면적비(퍼블릭 스페이스) : 아파트먼트＞리조트＞커머셜
- 1객실 면적 : 아파트먼트＞리조트＞커머셜

정답 : ④

420 호텔의 건축계획에 관한 설명으로 옳지 않은 것은?

① 객실의 크기는 대지나 건물의 형태에 영향을 받지 않는다.
② 기준층의 객실 수는 기준층의 면적이나 기둥간격의 구조적인 문제에 영향을 받는다.
③ 로비는 퍼블릭 스페이스의 중심으로 휴식, 면회, 담화, 독서 등 다목적으로 사용되는 공간이다.
④ 주식당(Main Dining Room)은 숙박객 및 외래객을 대상으로 하며 외래객이 편리하게 이용할 수 있도록 출입구를 별도로 설치한다.

[해설]
객실의 크기는 대지나 건물의 형태에 영향을 받는다.

정답 : ①

421 호텔에 관한 설명으로 옳지 않은 것은?

① 터미널 호텔은 교통기관의 발착지점에 위치한다.
② 커머셜 호텔은 스포츠 시설을 위주로 이용되는 숙박시설을 갖추고 있다.
③ 리조트 호텔은 조망 및 주변 경관의 조건이 좋은 곳에 위치하는 것이 좋다.
④ 아파트먼트 호텔은 장기간 체재하는 데 적합한 호텔로서 각 객실에는 주방설비를 갖추고 있다.

[해설]
커머셜 호텔
- 일반 여행자용 호텔(비지니스 주체)
- 외래객에게 개방(집회, 연회)
- 교통이 편리한 도시 중심지에 위치
- 주로 고층화(대지 제한)

정답 : ②

422 호텔에 관한 설명으로 옳지 않은 것은?

① 커머셜 호텔은 일반적으로 고밀도의 고층형이다.
② 터미널 호텔에는 공항 호텔, 부두 호텔, 철도역 호텔 등이 있다.
③ 리조트 호텔의 건축형식은 주변 조건에 따라 자유롭게 이루어진다.
④ 레지던셜 호텔은 여행자의 장기간 체재에 적합한 호텔로서, 각 객실에는 주방설비를 갖추고 있다.

[해설]
여행자의 장기간 체재에 적합한 호텔로서, 각 객실에는 주방설비를 갖추고 있는 호텔은 아파트먼트 호텔이다.

정답 : ④

423 호텔 객실의 평면계획에서 침대 및 가구의 배치에 영향을 끼치는 요인과 가장 거리가 먼 것은?

① 객실의 층수
② 반침의 위치
③ 욕실의 위치
④ 실폭과 실길이의 비

[해설]
가로·세로의 비, 욕실, 벽장의 위치 등에 의해서 침대의 배치를 검토하여 결정한다.

정답 : ①

424 호텔의 퍼블릭 스페이스(Public Space) 계획에 관한 설명으로 옳지 않은 것은?

① 로비는 개방성과 다른 공간과의 연계성이 중요하다.
② 프런트 데스크 후방에 프런트 오피스를 연속시킨다.
③ 주식당은 외래객이 편리하게 이용할 수 있도록 출입구를 별도로 설치한다.
④ 프런트 오피스는 기계화된 설비보다는 많은 사람을 고용함으로써 고객의 편의와 능률을 높여야 한다.

[해설]
호텔의 기능별 실의 배치
- 숙박부 : 객실, 보이실, 메이드실, 린넨실, 트렁크실 등
- 공용부 : 현관, 홀, 로비, 라운지, 연회장, 프런트 카운터 등
- 관리부 : 프런트 오피스, 클로크룸, 전화교환실
- 요리관계부 : 배선실, 주방 등
- 설비관계부 : 보일러실 등
- 대실 : 상점, 대사무실 등

프런트 오피스
- 호텔 운영의 중심부이다.
- 많은 사람을 고용하기보다는 사무의 기계화, 각종 통신설비의 도입 등으로 업무의 연결을 신속하고 또한 고객의 편의를 높일 수 있도록 한다.
- 작업능률을 올려 인건비를 절약할 수 있도록 한다.

정답 : ④

425 호텔의 소요실 중 퍼블릭 스페이스(Public Space)에 속하지 않는 것은?

① 그릴
② 로비
③ 린넨실
④ 라운지

[해설]
린넨실은 숙박 부분에 해당한다.

정답 : ③

426 은행의 건축계획에 관한 설명으로 옳지 않은 것은?

① 고객이 지나는 동선은 되도록 짧게 한다.
② 영업실의 면적은 행원 수×(4~5m²) 정도로 한다.
③ 규모가 큰 건물에 은행을 계획하는 경우, 고객 출입구는 최소 2개소 이상 설치하여야 한다.
④ 일반적으로 출입문은 안여닫이로 하며, 전실을 둘 경우에 바깥문은 밖여닫이 또는 자재문으로 하기도 한다.

[해설]
큰 건물의 경우 고객 출입구는 되도록 1개소로 한다(안여닫이).
• 영업실 면적 : 은행원 수당 4~5m²
• 영업장(영업실+객장) : 은행원 수당 10m²
• 객장면적 : 1일평균 고객 수당 0.13~0.2m²

정답 : ③

427 은행의 건축계획에 관한 설명으로 옳지 않은 것은?

① 고객이 지나는 동선은 되도록 짧게 한다.
② 직원과 고객의 출입구는 따로 설치하는 것이 좋다.
③ 규모가 큰 건물에 은행을 계획하는 경우, 고객 출입구는 최소 2개소 이상 설치하여야 한다.
④ 일반적으로 출입문은 안여닫이로 하며, 전실을 둘 경우에 바깥문은 밖여닫이 또는 자재문으로 하기도 한다.

[해설]
큰 건물의 경우 고객 출입구는 되도록 1개소로 한다(안여닫이).

정답 : ③

428 은행계획에 관한 설명으로 옳지 않은 것은?

① 고객이 지나는 동선은 가능한 짧게 한다.
② 고객과 직원 간의 동선은 중복되지 않도록 한다.
③ 대규모의 은행일 경우 고객 출입구는 2개소 이상으로 한다.
④ 동일 목적의 고객동선은 그루핑하여 각기 요구되는 은행업무에 적합한 동선을 유도하는 것이 좋다.

[해설]
큰 건물의 경우 고객 출입구는 되도록 1개소로 한다.

정답 : ③

429 은행의 주출입구에 관한 설명으로 옳지 않은 것은?

① 겨울철의 방풍을 위해 방풍실을 설치하는 것이 좋다.
② 내부와 면한 출입문은 도난방지상 바깥여닫이로 하는 것이 좋다.
③ 이중문을 설치하는 경우, 바깥문은 바깥여닫이 또는 자재문으로 계획할 수 있다.
④ 어린이들의 출입이 많은 곳에서는 안전을 고려하여 회전문 설치를 배제하는 것이 좋다.

[해설]
내부와 면한 출입문은 도난방지상 안여닫이로 하는 것이 좋다.

정답 : ②

430 은행건축에 관한 설명으로 옳지 않은 것은?

① 금고실은 고객대기실에서 떨어진 위치에 둔다.
② 일반적으로 출입문은 안여닫이로 함이 타당하다.
③ 영업실의 면적은 은행원 1인당 최소 20m² 이상 되어야 한다.
④ 은행실은 고객대기실과 영업실로 나누어지며 은행의 주체를 이루는 곳이다.

[해설]
영업실의 면적은 은행원 1인당 10m² 이상이고
영업장은 1인당 4~5m² 이상이다.

은행실의 면적 산정

영업실(장)	고객용 로비(객장)
행원 수×4~5m²	1일 평균고객 수×0.13~0.2m²

정답 : ③

431 은행건축계획에 관한 설명으로 옳지 않은 것은?

① 고객이 지나는 동선은 되도록 짧게 한다.
② 아이들이 많은 지역에서는 주출입구를 회전문으로 하지 않는 것이 좋다.
③ 야간금고는 가능한 한 주출입구 근처에 위치하도록 하며 조명시설이 완비되도록 한다.
④ 경비 및 관리의 능률상 은행 내 출입은 주출입구 하나로 집약시키고 별도의 출입구는 설치하지 않는다.

[해설]
고객의 출입구는 가능한 한 1개소로 하고, 직원의 출입구는 별도로 설치하는 것이 좋다.

은행건축의 동선계획
- 고객의 공간과 업무공간 사이에는 원칙적으로 구분이 없어야 한다.
- 고객이 지나는 동선은 되도록 짧게 한다.
- 고객과 직원의 출입구는 분리한다. (항상 열어둠)
- 업무 내부의 일의 흐름은 되도록 고객이 알기 어렵게 한다.
- 큰 건물의 경우 고객 출입구는 되도록 1개소로 한다. (안여닫이)
- 고객부분과 내부객실과의 긴밀한 관계가 요구된다.

정답 : ④

2018.2회-2

432 은행건축계획에 관한 설명으로 옳지 않은 것은?

① 은행원과 고객의 출입구는 별도로 설치하는 것이 좋다.
② 영업실의 면적은 은행원 1인당 1.2m²을 기준으로 한다.
③ 대규모의 은행일 경우 고객의 출입구는 되도록 1개소로 하는 것이 좋다.
④ 주출입구에 이중문을 설치할 경우, 바깥문은 바깥여닫이 또는 자재문으로 할 수 있다.

[해설]
은행실의 면적 산정

영업실(장)	고객용 로비(객장)
행원 수×4~5m²	1일 평균고객 수×0.13~0.2m²

★ 은행의 시설 규모
- 연면적=행원 수×16~26m²(지점) 또는 은행실 면적×1.5~3배
- 은행실 면적=행원 수×10m²

정답 : ②

2020.3회-19

433 은행건축계획에 관한 설명으로 옳지 않은 것은?

① 고객과 직원과의 동선이 중복되지 않도록 계획한다.
② 대규모 은행일 경우 고객의 출입구는 되도록 1개소로 계획한다.
③ 이중문을 설치할 경우 바깥문은 바깥여닫이 또는 자재문으로 계획한다.
④ 어린이의 출입이 많은 경우에는 주출입구에 회전문을 설치하는 것이 좋다.

[해설]
어린이의 출입이 많은 경우에는 주출입구에 회전문을 설치하지 않는 것이 좋다.

회전문
- 인원 통제
- 실내기밀 유지
- 어린이 출입이 많은 곳에서는 위험하므로 사용금지

정답 : ④

2014.1회-4

434 은행건축의 동선계획에 관한 설명으로 옳지 않은 것은?

① 은행의 경우 고객의 출입구는 되도록 1개소로 한다.
② 고객동선은 고객의 목적과 관계없이 1개로 처리하는 것이 좋다.
③ 직원의 동선계획 시 업무의 흐름을 고객이 알지 못하도록 계획하는 것이 좋다.
④ 고객이 지나는 동선은 가능한 한 빠른 시간 내에 일을 처리할 수 있도록 짧게 계획하는 것이 좋다.

[해설]
고객동선은 내부 객실과의 긴밀한 관계가 요구된다.

정답 : ②

2014.2회-12

435 다음은 주택단지의 관리사무소에 관한 설명이다. ( ) 안에 알맞은 것은?

> 50세대 이상의 공동주택을 건설하는 주택단지에는 10m²에 50세대를 넘는 매 세대마다 ( )를 더한 면적 이상의 관리사무소를 설치하여야 한다. 다만, 그 면적의 합계가 100m²를 초과하는 경우에는 100m²로 할 수 있다.

① 100cm²　　② 500cm²
③ 1,000cm²　　④ 1,500cm²

[해설]
50세대 이상의 공동주택을 건설하는 주택단지에는 10m²에 50세대를 넘는 매 세대마다 500cm²를 더한 면적 이상의 관리사무소와 경비원 등 공동주택 관리 업무에 종사하는 근로자를 위한 휴게시설을 설치하여야 한다. 다만, 그 면적의 합계가 100m²를 초과하는 경우에는 100m²로 할 수 있다.

정답 : ②

436 주택법상 주택단지의 복리시설에 속하지 않는 것은?

① 경로당 ② 관리사무소
③ 어린이놀이터 ④ 주민운동시설

해설
복리시설
주택단지 입주자 등의 생활복리를 위한 공동시설을 말한다.
- 어린이 놀이터
- 주민운동시설
- 근린생활시설
- 경로당
- 유치원
* 부대시설 : 주차장, 관리사무소, 담장, 주택단지 안의 도로

정답 : ②

---

437 제1종 근린생활시설 중 장애인 전용주차구역을 의무적으로 설치하여야 하는 대상에 속하지 않는 것은?

① 지구대 ② 우체국
③ 수퍼마켓 ④ 지역자치센터

해설
제1종 근린생활시설 중 수퍼마켓, 일용품 소매점 등의 경우에는 권장사항이다.

정답 : ③

---

438 장애인 등의 편의시설 중 매개시설에 속하지 않는 것은?

① 주출입구 접근로
② 유도 및 안내설비
③ 장애인 전용주차구역
④ 주출입구 높이차이 제거

해설
편의시설의 종류
- 매개시설 : 주출입구 접근로, 장애인 전용주차구역, 주출입구 높이차이 제거
- 내부시설 : 출입구(문), 복도, 계단 또는 승강기
- 안내시설 : 점자블록, 유도 및 안내설비, 경보 및 피난설비
- 위생시설 : 대변기, 소변기, 세면대, 욕실, 샤워·탈의실
- 그 밖의 시설 : 객실·침실, 관람석·열람석, 접수대·작업대, 매표소·판매기·음료대, 임산부 등을 위한 휴게시설

정답 : ②

---

439 장애인·노인·임산부 등의 편의증진 보장에 관한 법령에 따른 편의시설 중 매개시설에 속하지 않는 것은?

① 주출입구 접근로 ② 유도 및 안내설비
③ 장애인 전용주차구역 ④ 주출입구 높이차이 제거

해설
매개시설의 종류
주출입구 접근로, 장애인 전용주차구역, 주출입구 높이차이 제거

정답 : ②

---

440 장애인·노인·임산부 등을 위한 편의시설은 매개시설, 내부시설, 안내시설 등으로 구분할 수 있다. 다음 중 매개시설에 속하는 것은?

① 점자블록
② 장애인 전용주차구역
③ 장애인 등의 통행이 가능한 복도
④ 시각 및 청각장애인 경보·피난설비

해설
매개시설의 종류
주출입구 접근로, 장애인 전용 주차구역, 주출입구 높이 차이 제거

정답 : ②

---

441 건축물의 에너지 절약을 위한 계획 내용으로 옳지 않은 것은?

① 공동주택은 인동간격을 넓게 하여 저층부의 일사 수열량을 증대시킨다.
② 건축물의 체적에 대한 외피면적의 비 또는 연면적에 대한 외피면적의 비는 가능한 크게 한다.
③ 건축물은 대지의 향, 일조 및 주풍량 등을 고려하여 배치하며, 남향 또는 남동향 배치를 한다.
④ 거실의 층고 및 반자높이는 실의 용도와 기능에 지장을 주지 않는 범위 내에서 가능한 낮게 한다.

해설
건축물의 체적에 대한 외피면적의 비가 작을수록 열성능이 유리하다.

정답 : ②

Engineer Architecture

2과목 건축설비

회독 CHECK!

1회독 ☐　월　일
2회독 ☐　월　일
3회독 ☐　월　일

2과목 건축설비

SECTION 01 환경계획원론

|1| 건축과 환경

2018.1회–61

1 다음의 어떤 수조면의 일사량을 나타낸 값 중 그 값이 가장 큰 것은?

① 전천일사량
② 확산일사량
③ 천공일사량
④ 반사일사량

[해설]
- 전천일사량=직달일사량+확산일사량(천공일사량)
- 직달일사량(direct solar radiation) : 태양으로부터 복사로 지구 대기권 외에 도달하여 대기를 투과해서 직접 지표에 도달한 일사량
- 확산일사량(=천공일사 ; sky radiation) : 일사가 대기 중의 입자에 의해 산란되어 천공 전체로부터 복사하여 지면에 도달하는 일사량
- 반사일사량 : 지면으로부터 반사된 일사량
- *일사 : 태양으로부터 받는 열의 강함을 표현(단위 : W/m^2)

정답 : ①

2018.2회–75

2 일사에 관한 설명으로 옳지 않은 것은?

① 일사에 의한 건물의 수열은 방위에 따라 차이가 있다.
② 추녀와 차양은 창면에서의 일사조절 방법으로 사용된다.
③ 블라인드, 루버, 롤스크린은 계절이나 시간, 실내의 사용상황에 따라 일사를 조절할 수 있다.
④ 일사조절의 목적은 일사에 의한 건물의 수열이나 흡열을 작게 하여 동계의 실내기후의 악화를 방지하는 데 있다.

[해설]
일사조절의 목적은 건물의 수열이나 흡열을 작게 하여 하계의 실내기후 악화를 방지하는 데 있다.

정답 : ④

|2| 열환경

2018.1회–67

3 주관적 온열요소 중 인체의 활동상태의 단위로 사용되는 것은?

① met
② clo
③ lm
④ cd

[해설]
활동량(met, Activity)
- 인체의 열발생단위
- 1met는 $58W/m^2$에 상당하는 단위면적당 열량을 의미

정답 : ①

2021.4회–68, 2015.2회–67

4 의복의 단열성을 나타내는 단위로서, 그 값이 클수록 인체에서 발생되는 열이 주위 공기로 적게 발산되는 것을 의미하는 것은?

① clo
② dB
③ NC
④ MRT

[해설]
clo
- 의복의 열저항치이다.
- 1clo의 보온력은 온도 21.2℃, 습도 50% 이하, 기류 0.1m/s의 실내에서 의자에 앉아 안정하고 있는 성인 남자가 쾌적하면서 평균피부온도를 33℃로 유지할 수 있는 착의상태의 보온력을 말한다.

정답 : ①

2014.2회–66, 2021.2회–70

5 온열감각에 영향을 미치는 물리적 온열 4요소에 속하지 않는 것은?

① 기온
② 습도
③ 일사량
④ 복사열

[해설]
온열감각에 영향을 미치는 물리적 온열 4요소
1. 기온 2. 습도 3. 기류 4. 복사열

정답 : ③

6 기온, 습도, 기류의 3요소의 조합에 의한 실내 온열감각을 기온의 척도로 나타낸 것은?

① 작용온도　　② 등가온도
③ 유효온도　　④ 등온지수

[해설]

유효온도(실감온도, 감각온도, ET ; Effective Temperature)
- 공기조화의 실내조건의 표준
- 기온(온도), 습도, 기류의 3요소의 조합으로 공기환경의 쾌적조건을 표시한 것
- 일반적인 실내의 쾌적한 상대습도는 40~60%
- 실내의 쾌적대는 계절(여름철과 겨울철)과 인종에 따라 다름

정답 : ③

7 실내열환경 지표 중 공기의 습도가 고려되지 않는 것은?

① 작용온도　　② 유효온도
③ 등온지수　　④ 신유효지수

[해설]

작용온도(Operative Temperature)
실내환경이 인체의 생리적인 측면에 미치는 영향을 고려한 체감온도로 작용온도라고도 한다. 건구온도, 기류 및 주위 벽의 복사온도와의 종합 효과를 나타낸다.(단, 습도는 고려되지 않는다.)

정답 : ①

8 불쾌지수의 결정 요소로만 구성된 것은?

① 기온, 습도
② 습도, 기류
③ 기류, 복사열
④ 기온, 복사열

[해설]

불쾌지수(Discomfort Index)
기온과 습도를 고려하여 사람의 온열환경 중 특히 불쾌 정도를 판단하는 수치
$DI = 0.72(t+t') + 40.6$
여기서, t : 건구온도, t' : 습구온도

정답 : ①

9 여름철 실내 최고 온도는 외기온도가 가장 높은 시각 이후에 나타나는 것이 일반적이다. 이와 같은 현상은 벽체를 구성하고 있는 재료의 어떤 성능 때문인가?

① 축열성능　　② 단열성능
③ 일사반사성능　　④ 일사투과성능

[해설]

축열성능
축열성능을 이용하는 대표적인 방식이 축열벽이며, 축열벽은 일사열을 주간에 모았다가 야간에 이용하는 간접획득방식의 난방이다.

정답 : ①

10 건축설비 관련 용어의 단위가 옳지 않은 것은?

① 상대습도 : %
② 비열 : k/kg·K
③ 열전도율 : W/m²·K
④ 열관류 저항 : m²·K/W

[해설]

- 열전도율 단위 : W/m·K
- 열관류율 단위 : W/m²·K

정답 : ③

11 벽체의 열관류율 계산에 고려되지 않는 것은?

① 실내복사열　　② 재료의 두께
③ 공기층의 열저항　　④ 재료의 열전도율

[해설]

벽체의 열관류율 계산
재료의 두께, 열전도율, 공기층의 열저항 등을 고려한다. 열관류율 계산 시 실내복사에 의한 부분은 반영되지 않는다.

열관류율(K)
$$K = \frac{1}{R} (R = \frac{1}{\alpha_i} + \sum \frac{d}{\lambda} + \frac{1}{\alpha_o})$$
여기서, R : 열저항률, α : 열전달률(α_i : 외표면, α_o : 내표면)
d : 두께, λ : 열전도율

정답 : ①

12 열관류율 $K=2.5W/m^2 \cdot K$인 벽체의 양쪽 공기온도가 각각 20℃와 0℃일 때, 이 벽체 $1m^2$당 이동열량은?

① 25W   ② 50W
③ 100W   ④ 200W

해설

이동열량(W)
$Q = K \times A \times \Delta t$
$= 2.5 \times 1 \times 20$
$= 50$

여기서, K : 열관류율(W/m²·K), A : 면적(m²)
Δt : 온도차(K)

정답 : ②

13 다음과 같은 벽체의 열관류율은?

- ㉠ 내표면 열전달률 : 8W/m²·K
- ㉡ 외표면 열전달률 : 20W/m²·K
- ㉢ 재료의 열전도율
  - 콘크리트 : 1.2W/m·K
  - 유리면 : 0.036W/m·K
  - 타일 : 1.1W/m·K

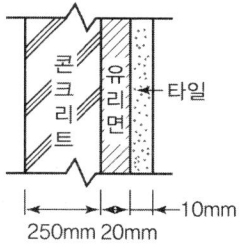

① 약 $0.90W/m^2 \cdot K$ ② 약 $1.05W/m^2 \cdot K$
③ 약 $1.20W/m^2 \cdot K$ ④ 약 $1.35W/m^2 \cdot K$

해설

$K = \dfrac{1}{R} \left(R = \dfrac{1}{\alpha_i} + \sum \dfrac{d}{\lambda} + \dfrac{1}{\alpha_o} \right)$

여기서, R : 열저항률, α : 열전달률(α_i : 외표면, α_o : 내표면)
d : 두께, λ : 열전도율

벽체 열관류율은 먼저 열저항의 합을 구한 후, 그것의 역수를 취해 구해야 실수를 방지할 수 있다.

- 열저항(R, m²·K/W)
$= \dfrac{1}{\text{외표면 열전달률(W/m}^2\cdot\text{K)}} + \sum \dfrac{\text{두께(m)}}{\text{열전도율}}$
$+ \dfrac{1}{\text{내표면 열전달률(W/m}^2\cdot\text{K)}}$
$= \dfrac{1}{20} + \dfrac{0.25}{1.2} + \dfrac{0.02}{0.036} + \dfrac{0.01}{1.1} + \dfrac{1}{8} = 0.948$

- 열관류율(K, W/m²·K)
$= \dfrac{1}{\text{열저항(m}^2\cdot\text{K/W)}} = \dfrac{1}{0.948} ≒ 1.05W/m^2 \cdot K$

정답 : ②

14 가로, 세로, 높이가 각각 4.5×4.5×3m인 실의 각 벽면 표면온도가 18℃, 천장면 20℃, 바닥면 30℃일 때 평균복사온도(MRT)는?

① 15.2℃   ② 18.0℃
③ 21.0℃   ④ 27.2℃

해설

$\text{MRT} = \dfrac{\sum S_i T_i}{\sum S_i}$

$= \dfrac{(\text{바닥면적}\times\text{온도})+(\text{천장면적}\times\text{온도})+(\text{벽체면적}\times\text{온도})}{(\text{바닥면적}+\text{천장면적}+\text{벽체면적})}$

$= \dfrac{(4.5\times4.5\times30)+(4.5\times4.5\times20)+(4.5\times3\times4\times18)}{(4.5\times4.5)+(4.5\times4.5)+(4.5\times3\times4)}$

$= \dfrac{1,984.5}{94.5} = 21(℃)$

여기서, S_i : 내표면적(m²), T_i : 온도(℃)

정답 : ③

15 겨울철 벽체를 통해 실내에서 실외로 빠져나가는 열손실량을 계산할 때 필요하지 않은 요소는?

① 외기온도
② 실내습도
③ 벽체의 두께
④ 벽체 재료의 열전도율

해설

벽체를 통한 열손실은 온도변화에 대한 열량인 현열로 판단한다. 따라서 실내습도는 고려되지 않는다.
- 열손실량 $Q = K \times A \times \Delta t \times p$
  여기서, K : 열관류율(W/m² · K), A : 면적(m²)
  Δt : 온도차(K), p : 방위계수
- 열관류율 $K = \dfrac{1}{R}(R = \dfrac{1}{\alpha_i} + \sum \dfrac{d}{\lambda} + \dfrac{1}{\alpha_o})$
  여기서, R : 열저항률, α : 열전달률(α_i : 외표면, α_o : 내표면)
  d : 두께, λ : 열전도율

정답 : ②

2013.4회-66

16 다음 중 실내에 결로현상이 발생하는 원인과 가장 거리가 먼 것은?

① 실내외 온도 차
② 실내의 완전 건조
③ 구조재의 열적 특성
④ 생활 습관에 의한 환기 부족

해설

결로현상은 건물 내부의 공기 중에 포함된 수증기가 건물의 차가운 표면과 접촉하여 응결되는 것을 말한다. 이는 건물의 외부 온도와 실내 온도 차이, 실내 공기의 상대습도, 건물 내부의 저온 표면 등 여러 요인에 영향을 받는다.
② 실내의 완전 건조 시에는 절대습도 하강에 따른 상대습도의 저하로 결로현상의 발생 가능성은 오히려 낮아진다.

정답 : ②

2014.4회-61

17 표면결로의 방지대책으로 옳지 않은 것은?

① 실내에서 발생하는 수증기를 억제한다.
② 환기에 의해 실내 절대습도를 상승시킨다.
③ 단열강화에 의해 실내측 표면온도를 상승시킨다.
④ 직접가열에 의해 실내측 표면온도를 상승시킨다.

해설

표면결로를 방지하기 위해서는 환기를 통해 절대습도를 낮추어야 한다.

결로 방지대책
- 실내의 수증기 발생을 억제한다.
- 환기를 자주하여 절대습도를 낮춘다.
- 벽체의 열관류율을 작게 한다.
- 벽체의 열관류저항을 크게 한다.

- 각 실의 온도차를 작게 한다.
- 실내측 벽의 표면온도를 실내공기의 노점온도보다 높게 한다.
- 복층 유리를 사용한다.

정답 : ②

2013.2회-76, 2020.4회-61

18 다음 중 겨울철 실내 유리창 표면에 발생하기 쉬운 결로의 방지 방법과 가장 거리가 먼 것은?

① 실내공기의 움직임을 억제한다.
② 실내에서 발생하는 수증기를 억제한다.
③ 이중유리로 하여 유리창의 단열성능을 높인다.
④ 난방기기를 이용하여 유리창 표면온도를 높인다.

해설

겨울철 결로를 예방하기 위해서는 환기 등을 통해 낮은 습도를 가진 실외공기를 유입하여 실내공기와 외기를 순환(움직임을 촉진)시킬 필요가 있다.

정답 : ①

2020.4회-67

19 다음 중 건물 실내에 표면결로 현상이 발생하는 원인과 가장 거리가 먼 것은?

① 실내외 온도차
② 구조재의 열적 특성
③ 실내 수증기 발생량 억제
④ 생활 습관에 의한 환기 부족

해설

실내 수증기의 발생량을 억제할 경우 절대습도 하강에 따른 상대습도의 저하로 결로현상의 발생 가능성은 오히려 낮아진다.

정답 : ③

2019.1회-69

20 겨울철 주택의 단열 및 결로에 관한 설명으로 옳지 않은 것은?

① 단층 유리보다 복층 유리의 사용이 단열에 유리하다.
② 벽체 내부로 수증기 침입을 억제할 경우 내부결로 방지에 효과적이다.
③ 단열이 잘 된 벽체에서는 내부결로는 발생하지 않으나 표면결로는 발생하기 쉽다.
④ 실내측 벽 표면온도가 실내공기의 노점온도보다 높은 경우 표면결로는 발생하지 않는다.

[해설]
단열이 잘 된 벽체는 내부결로 및 표면결로의 발생 가능성이 모두 낮아지게 된다.
정답 : ③

21 건축물의 에너지절약을 위한 기계부분의 권장사항으로 옳지 않은 것은?
① 냉방기기는 전력피크부하를 줄일 수 있도록 한다.
② 난방순환수 펌프는 가능한 한 대수제어 또는 가변속 제어방식을 채택한다.
③ 폐열회수를 위한 열회수설비를 설치할 때에는 중간기에 대비한 바이패스(By-Pass)설비를 설치한다.
④ 위생설비 급탕용 저탕조의 설계온도는 65℃ 이하로 하고 필요한 경우에는 부스터히터 등으로 승온하여 사용한다.

[해설]
위생설비 급탕용 저수조의 설계온도는 55℃ 이하로 하고, 필요한 경우에는 부스터히터 등으로 승온하여 사용하도록 권장하고 있다.
정답 : ④

22 건축물의 에너지절약 설계기준에 따른 건축물의 단열을 위한 권장사항으로 옳지 않은 것은?
① 외벽 부위는 내단열로 시공한다.
② 열손실이 많은 북측 거실의 창 및 문의 면적은 최소화한다.
③ 외피의 모서리 부분은 열교가 발생하지 않도록 단열재를 연속적으로 설치한다.
④ 발코니 확장을 하는 공동주택에는 단열성이 우수한 로이(Low-E) 복층창이나 삼중창 이상의 단열성능을 갖는 창을 설치한다.

[해설]
외벽 부위는 외단열로 시공하여야 열교현상의 최소화로 결로예방 및 난방부하를 절감할 수 있다.
정답 : ①

23 건축물의 단열계획에 관한 설명으로 옳지 않은 것은?
① 외벽 부위는 내단열로 시공한다.
② 열손실이 많은 북측 거실의 창 및 문의 면적을 최소화한다.
③ 외피의 모서리 부분은 열교가 발생하지 않도록 단열재를 연속적으로 설치한다.
④ 발코니 확장을 하는 공동주택에는 단열성이 우수한 로이(Low-E) 복층창이나 삼중창 이상의 단열성능을 갖는 창을 설치한다.

[해설]
외벽 부위는 외단열로 시공하여야 열교현상의 최소화로 결로예방 및 난방부하를 절감할 수 있다.
정답 : ①

3 | 음환경

24 음의 대소를 나타내는 감각량을 음의 크기라고 하는데, 음의 크기의 단위는?
① dB ② cd
③ Hz ④ sone

[해설]
① dB : 음의 세기 ② cd : 밝기의 기본단위 ③ Hz : 주파수
정답 : ④

25 음의 세기가 $10^{-9} W/m^2$일 때 음의 세기 레벨은?(단, 기준음의 세기 $I_o = 10^{-12} W/m^2$이다.)
① 3dB ② 30dB
③ 0.3dB ④ 0.03dB

[해설]
음압 세기 레벨(Sound Intensity Level : IL)
음압 세기 레벨은 기준음의 세기에 대비하여 음의 세기가 몇 배의 세기를 나타내는지 대수로서 표시한 것이다.
$$IL = 10\log\frac{I}{I_o} = 10\log\frac{10^{-9}}{10^{-12}} = 10\log 10^3$$
$$= 30dB$$
여기서, I : 음의 세기(W/m^2), I_o : 기준음의 세기(W/m^2)
정답 : ②

2018.4회-64, 2021.2회-64, 2022.1회-65

26 다음 중 건축물 실내공간의 잔향시간에 가장 큰 영향을 주는 것은?

① 실의 용적 ② 음원의 위치
③ 벽체의 두께 ④ 음원의 음압

[해설]
잔향시간은 실의 형태와는 무관하며, 실의 용적과 밀접한 관계가 있는데, 실의 용적이 클수록 길어진다.

정답 : ①

2022.2회-76

27 실내 음환경의 잔향시간에 관한 설명으로 옳은 것은?

① 실의 흡음력이 높을수록 잔향시간은 길어진다.
② 잔향시간을 길게 하기 위해서는 실내공간의 용적을 작게 하여야 한다.
③ 잔향시간은 음향 청취를 목적으로 하는 공간이 음성 전달을 목적으로 하는 공간보다 짧아야 한다.
④ 잔향시간은 실내가 확장음장이라고 가정하여 구해진 개념으로 원리적으로는 음원이나 수음점의 위치에 상관없이 일정하다.

[해설]
잔향시간
- 음원을 정지시킨 후에 일정시간 동안 실내에 소리가 남는 현상
- 실내음 발생을 중지시킨 후 60dB까지 감소하는 데 소요되는 시간
- 실의 형태와는 무관하고 실의 용적과 밀접한 관계가 있으며, 실의 용적이 클수록 길어짐
- 천장과 벽의 흡음력을 크게 하면 잔향시간을 짧게 할 수 있음
- 강연장 등 청취가 중요한 곳은 잔향시간을 짧게 하여 음성의 명료도를 높이고, 오케스트라 등의 공연이 펼쳐지는 음악공연장의 경우 잔향시간을 길게 하여 음질을 높이는 것이 좋음

정답 : ④

2014.1회-66, 2020.1, 2회 통합-64, 2016.4회-74

28 흡음 및 차음에 관한 설명으로 옳지 않은 것은?

① 벽의 차음성능은 투과손실이 클수록 높다.
② 차음성능이 높은 재료는 대부분 흡음성능도 높다.
③ 실내 벽면의 흡음률이 높아지면 잔향시간은 짧아진다.
④ 철근콘크리트 벽은 동일한 두께의 경량콘크리트 벽보다 차음성능이 높다.

[해설]
차음은 음을 차단하는 것으로 주로 밀도가 높은 중량 구조물의 형태가 많고, 흡음은 음을 흡수하는 것으로 다공질을 띠고 있는 저항형 단열재를 많이 사용한다. 차음은 음의 반사, 흡음은 음의 흡수를 하므로 흡음성과 차음성은 반비례 관계이다. 즉, 차음성능이 높은 재료는 흡음성능이 낮고, 차음성능이 낮은 재료는 흡음성능이 높다.

정답 : ②

SECTION 02 전기설비

| 1 | 전기 기초

2018.1회-71

29 전기설비의 전압 구분에서 저압 기준으로 옳은 것은?(2021년 변경된 KEC 규정 적용하여 보기 변경)

① 교류 700[V] 이하, 직류 1,000[V] 이하
② 교류 1,000[V] 이하, 직류 2,000V] 이하
③ 교류 1,000[V] 이하, 1,500[V] 이하
④ 교류 1,500[V] 이하, 1,000[V] 이하

[해설]
전압의 분류(21년 개정된 KEC 규정)

분류	교류	직류
저압	1,000V 이하	1,500V 이하
고압	1,000V 초과~ 7,000V 이하	1,500V 초과~ 7,000V 이하
특고압	7,000V 초과	

정답 : ③

2015.4회-67

30 전압의 구분에서 저압의 전압 크기 기준은?(단, 교류의 경우, 2021년 변경된 KEC 규정 적용)

① 600V 이하   ② 1,000V 이하
③ 1,500V 이하   ④ 2,000V 이하

[해설]
전압의 분류(21년 개정된 KEC 규정)

분류	교류	직류
저압	1,000V 이하	1,500V 이하
고압	1,000V 초과~ 7,000V 이하	1,500V 초과~ 7,000V 이하
특고압	7,000V 초과	

정답 : ②

2016.1회-75

31 전기설비의 전압 구분에서 고압의 범위 기준으로 옳은 것은?(단, 교류의 경우, 2021년 개정된 KEC 규정 적용)

① 600V 이상
② 750V 이상
③ 1,000V 초과 7,000V 이하
④ 1,500V 초과 7,000V 이하

[해설]
전압의 분류(21년 개정된 KEC 규정)

분류	교류	직류
저압	1,000V 이하	1,500V 이하
고압	1,000V 초과~ 7,000V 이하	1,500V 초과~ 7,000V 이하
특고압	7,000V 초과	

정답 : ③

2014.2회-65, 2022.2회-77

32 발전기에 적용되는 법칙으로 유도기전력의 방향을 알기 위하여 사용되는 법칙은?

① 오옴의 법칙
② 키르히호프의 법칙
③ 플레밍의 왼손 법칙
④ 플레밍의 오른손 법칙

[해설]
• 발전기의 원리 : 플레밍의 오른손 법칙
• 전동기의 원리 : 플레밍의 왼손 법칙

정답 : ④

2015.1회-63

33 변압기의 1차측 코일의 권수가 6,000, 2차측 코일의 권수가 200일 때 1차측 코일에 교류전압 3,000[V] 인가 시 2차측 코일에 발생하는 교류전압[V]은?

① 500   ② 200
③ 100   ④ 50

[해설]
발생 전압은 코일의 권수에 비례하여 변한다.
$$\frac{N_1}{N_2} = \frac{V_1}{V_2}$$
$$\frac{6,000}{200} = \frac{3,000V}{V_2}$$

$V_2 = 100V$

여기서, N_1 : 변압기의 1차측 코일 권수
N_2 : 변압기의 2차측 코일 권수
V_1 : 1차측 전압, V_2 : 2차측 전압

정답 : ③

2015.2회-66

34 전기에 관한 기초사항으로 옳지 않은 것은?

① 전류는 발열작용, 화학작용, 자기작용을 한다.
② 병렬회로에서는 각각의 저항에 흐르는 전류의 값이 같다.
③ 옴(Ohm)의 법칙은 전압, 전류, 저항 사이의 규칙적인 관계를 나타낸다.
④ 1[W]란 전압이 1[V]일 때, 1[A]의 전류가 1[s] 동안에 하는 일을 말한다.

[해설]
병렬회로에서는 각각의 저항에 흐르는 **전압**의 값이 같으며, 직렬회로에서는 각각의 저항에 흐르는 **전류**의 값이 같다.

정답 : ②

2019.1회-71

35 전압이 1[V]일 때 1[A]의 전류가 1[s] 동안 하는 일을 나타내는 것은?

① 1[Ω]　　　② 1[J]
③ 1[dB]　　　④ 1[W]

[해설]
$1W = \dfrac{1V \times 1A}{1} \sec$

정답 : ④

2015.2회-70, 2019.1회-67

36 다음 중 그 값이 클수록 안전한 것은?

① 접지저항　　　② 도체저항
③ 접촉저항　　　④ 절연저항

[해설]
절연저항
전기가 통하지 못하게 하는 저항을 의미한다. 전기에 의한 감전사고 또는 기계적 사고의 발생을 방지하기 위해 도체 사이에 전기가 통하지 못하게 하는 것이다.

정답 : ④

2017.2회-62

37 3상 대칭 성형(Y) 결선에서 상전압이 220[V]일 때 선간전압은 얼마인가?

① 110[V]　　　② 220[V]
③ 380[V]　　　④ 440[V]

[해설]
3상 4선식에서의 선간전압 산출 공식
$V_{ab} = \sqrt{3}E = \sqrt{3} \times 220V = 381.1V ≒ 380V$

여기서, V_{ab} : 선간전압
E : 상전압

정답 : ③

2014.4회-67, 2021.4회-76

38 220[V], 200[W] 전열기를 110[V]에서 사용하였을 경우 소비전력은?

① 50[W]　　　② 100[W]
③ 200[W]　　　④ 400[W]

[해설]
먼저 220[V], 200[W] 전열기에서의 저항을 구한 다음 소비전력을 산출한다.
$W(전력) = V(전압) \cdot I(전류)$
$I = \dfrac{W}{V} = \dfrac{200}{220} = \dfrac{10}{11} A$

- 저항 산출 $R = \dfrac{V}{I} = \dfrac{220}{\dfrac{10}{11}} ≒ 242[\Omega]$

- 소비전력 산출
110[V]를 사용하면
$W = \dfrac{V^2}{R} = \dfrac{110^2}{242} = 50[W]$

정답 : ①

2019.2회-73

39 100[V], 500[W]의 전열기를 90[V]에서 사용할 경우 소비 전력은?

① 200[W]　　　② 310[W]
③ 405[W]　　　④ 420[W]

[해설]
100[V], 500[W] 전열기에서 저항을 구한 후 90[V]에서의 소비전력을 산출한다.

W(전력) $= V$(전압) $\cdot I$(전류)

$I = \dfrac{W}{V} = \dfrac{500}{100} = 5A$

- 저항 산출 $R = \dfrac{V}{I} = \dfrac{100}{5} = 20[\Omega]$
- 소비전력 산출
  90[V]를 사용하면

  $W = \dfrac{V^2}{R} = \dfrac{90^2}{20} = 405[W]$

정답 : ③

2016.1회-73, 2022.1회-69

40 10Ω의 저항 10개를 직렬로 접속할 때의 합성저항은 병렬로 접속할 때의 합성저항의 몇 배가 되는가?

① 5배   ② 10배
③ 50배   ④ 100배

[해설]

합성저항의 산정
- 직렬저항
  $R = R_1 + R_2 + \cdots R_n$
  $= 10+10+10+10+10+10+10+10+10+10 = 100[\Omega]$
- 병렬저항
  $\dfrac{1}{R} = \dfrac{1}{R_1} + \dfrac{1}{R_2} + \cdots \dfrac{1}{R_n}$
  $= \dfrac{1}{10}+\dfrac{1}{10}+\dfrac{1}{10}+\dfrac{1}{10}+\dfrac{1}{10}+\dfrac{1}{10}+\dfrac{1}{10}+\dfrac{1}{10}+\dfrac{1}{10}+\dfrac{1}{10}$
  $= 1[\Omega]$

∴ 직렬저항(100[Ω])은 병렬저항(1[Ω])의 100배이다.

정답 : ④

| 2 | 조명설비

2014.2회-73

41 광원에 의해 비춰진 면의 밝기 정도를 나타내는 것은?

① 휘도   ② 광도
③ 조도   ④ 광속발산도

[해설]

① 휘도 : 빛을 받는 반사면에서 나오는 광도의 면적으로서, 눈부심의 정도
② 광도 : 빛의 밝기를 나타내는 것
④ 광속발산도 : 어떤 물체의 표면으로부터 방사되는 광속밀도

정답 : ③

2014.1회-77, 2019.4회-65

42 조명설비에서 눈부심에 관한 설명으로 옳지 않은 것은?

① 광원의 크기가 클수록 눈부심이 강하다.
② 광원의 휘도가 작을수록 눈부심이 강하다.
③ 광원의 시선에 가까울수록 눈부심이 강하다.
④ 배경이 어둡고 눈이 암순응될수록 눈부심이 강하다.

[해설]

광원의 휘도가 작을수록 눈부심이 **약하다**.

정답 : ②

2021.1회-62

43 광원으로부터 일정 거리 떨어진 수조면의 조도에 관한 설명으로 옳지 않은 것은?

① 광원의 광도에 비례한다.
② $\cos\theta$(입사각)에 비례한다.
③ 거리의 제곱에 반비례한다.
④ 측정점의 반사율에 반비례한다.

[해설]

조도와 측정점의 반사율과는 관계가 없다.

조도의 산출식
$조도(E) = \dfrac{광도(I)}{거리(D)^2} \times \cos\theta(입사각)$

∴ 조도는 광도와 입사각에 비례하고 거리의 제곱에 반비례한다.

정답 : ④

2019.2회-70

44 점광원으로부터의 거리가 n배가 되면 그 값은 $1/n^2$배가 된다는 '거리의 역제곱의 법칙'이 적용되는 빛환경 지표는?

① 조도   ② 광도
③ 휘도   ④ 복사속

[해설]

조도
조도는 광도에 비례하고 거리의 제곱에 반비례한다.

$조도(E) = \dfrac{광도(I)}{거리(D)^2}$

정답 : ①

2013.1회-78, 2016.4회-75, 2017.1회-68, 2020.3회-74, 2021.2회-78

45 어느 점광원에서 1[m] 떨어진 곳의 직각면 조도가 200[lx]일 때 이 광원에서 2[m] 떨어진 곳의 직각면 조도는?

① 25[lx] ② 50[lx]
③ 100[lx] ④ 200[lx]

해설

조도에 대한 거리의 역제곱의 법칙

$$조도(E) = \frac{광도(I)}{거리(D)^2}$$

$$E = \frac{200}{2^2} = 50[lx]$$

조도는 광도(I)에 비례하고, 거리(D)의 제곱에 반비례한다.

정답 : ②

2022.2회-70

46 어느 점광원과 1[m] 떨어진 곳의 직각면 조도가 800[lx]일 때, 이 광원과 4[m] 떨어진 곳의 직각면 조도는?

① 50[lx] ② 100[lx]
③ 150[lx] ④ 200[lx]

해설

조도에 대한 거리의 역제곱의 법칙

$$조도(E) = \frac{광도(I)}{거리(D)^2}$$

$$E = \frac{800}{4^2} = 50[lx]$$

조도는 광도(I)에 비례하고, 거리(D)의 제곱에 반비례한다.

정답 : ①

2014.4회-66, 2017.4회-72

47 광속이 2,000[lm]인 백열전구로부터 2[m] 떨어진 책상에서 조도를 측정하였더니 200[lx]이었다. 이 책상을 백열전구로부터 4[m] 떨어진 곳에 놓고 측정하였을 때 조도는?

① 50[lx] ② 100[lx]
③ 150[lx] ④ 200[lx]

해설

조도에 대한 거리의 역자승 법칙

$$조도(E) = \frac{광도(I)}{거리(D)^2}$$

조도는 광도(I)에 비례하고, 거리(D)의 제곱에 반비례한다.

거리가 2배가 되면 조도는 $\frac{1}{2^2} = \frac{1}{4}$이 되므로

$$200 \times \frac{1}{4} = 50[lx]$$

정답 : ①

2021.1회-72

48 바닥면적이 50[m²]인 사무실이 있다. 32[W] 형광등 20개를 균등하게 배치할 때 사무실의 평균 조도는?(단, 형광등 1개의 광속은 3,300[lm], 조명률은 0.5, 보수율은 0.76이다.)

① 약 350[lx] ② 약 400[lx]
③ 약 450[lx] ④ 약 500[lx]

해설

$$조도(E) = \frac{광속(F) \times 조명도(U) \times 보수율(M) \times 전등개수(N)}{사무실\ 면적(A)}$$

$$= \frac{3,300 \times 0.5 \times 0.76 \times 20}{50} = 501.6[lx]$$

∴ 약 500[lx]

정답 : ④

2018.4회-79

49 조명기구를 사용하는 도중에 광원의 능률 저하나 기구의 오염, 손상 등으로 조도가 점차 저하되는데, 인공조명 설계 시 이를 고려하여 반영하는 계수는?

① 광도 ② 조명률
③ 실지수 ④ 감광보상률

해설

감광보상률(D)
- 광원을 갈아 끼우거나 조명기구를 청소할 때까지 필요한 조도를 유지할 수 있도록 소요되는 전 광속에 여유를 두는 비율
- 유지율의 역수 $\left(D = \frac{1}{M}\right)$이다.

정답 : ④

50 조명을 요하는 면적을 A, 사용 램프의 전광속을 F, 조명률을 U, 보수율을 M, 평균조도를 E라고 할 때, 평균 조도의 산정식으로 옳은 것은?

① $\dfrac{E \cdot A \cdot M}{F \cdot U}$ ② $\dfrac{E \cdot A \cdot F}{U \cdot M}$

③ $\dfrac{E \cdot A}{F \cdot U \cdot M}$ ④ $\dfrac{E}{A \cdot F \cdot U \cdot M}$

[해설]
평균 조도의 산정식
• 감광보상률(D)이 주어지는 경우
$$\dfrac{E \cdot A \cdot M}{F \cdot U}$$
• 보수율(M)이 주어지는 경우
$$\dfrac{E \cdot A}{F \cdot U \cdot M}$$

여기서, 감광보상률(D)과 보수율(M)은 역수의 관계($D=\dfrac{1}{M}$)라는 사실에 유의하여 문제를 풀어야 한다.

정답 : ③

---

51 어느 실에 필요한 램프의 개수를 구하고자 한다. 그 실의 바닥면적을 A, 평균조도를 E, 조명률을 U, 보수율을 M, 램프 1개의 광속을 F라고 할 때, 소요 램프 수의 적절한 산정식은?

① $\dfrac{E \cdot A \cdot M}{F \cdot U}$ ② $\dfrac{E \cdot A \cdot F}{U \cdot M}$

③ $\dfrac{E \cdot A}{F \cdot U \cdot M}$ ④ $\dfrac{E}{A \cdot F \cdot U \cdot M}$

[해설]
소요 조명개수(램프) 산정식
$$N=\dfrac{E \cdot A \cdot D}{F \cdot U}=\dfrac{E \cdot A}{F \cdot U \cdot M}$$
여기서, N : 광원수, F : 광원 1개당 광속(lm)
E : 평균수평면 조도(lx), A : 실의 면적(m²)
U : 조명률, D : 감광보상률(=1/M)
M : 보수율

정답 : ③

---

52 작업면의 필요 조도가 400[lx], 면적이 10[m²], 전등 1개의 광속이 2,000[lm], 감광보상률이 1.5, 조명률이 0.6일 때 전등의 소요 수량은?

① 3등   ② 5등
③ 8등   ④ 10등

[해설]
소요 전등의 수(N)
$$N=\dfrac{E \cdot A \cdot D}{F \cdot U}$$
$$=\dfrac{E(\text{조도}) \cdot A(\text{면적}) \cdot D(\text{감광보상률})}{F(\text{램프 1개의 광속}) \cdot U(\text{조명률})}$$
$$=\dfrac{400 \times 10 \times 1.5}{2,000 \times 0.6}=5\text{개}$$

정답 : ②

---

53 다음과 같은 조건에서 사무실의 평균조도를 800[lx]로 설계하고자 할 경우, 광원의 필요수량은?

- 광원 1개의 광속 : 2,000[lm]
- 실의 면적 : 10[m²]
- 감광보상률 : 1.5
- 조명률 : 0.6

① 3개   ② 5개
③ 8개   ④ 10개

[해설]
소요 전등의 수(N)
$$N=\dfrac{E \cdot A \cdot D}{F \cdot U}$$
$$=\dfrac{E(\text{조도}) \cdot A(\text{면적}) \cdot D(\text{감광보상률})}{F(\text{램프 1개의 광속}) \cdot U(\text{조명률})}$$
$$=\dfrac{800 \times 10 \times 1.5}{2,000 \times 0.6}=10\text{개}$$

정답 : ④

2020.3회-76

54 면적이 100m²인 어느 강당의 야간 소요 평균조도가 300l[x]이다. 1개당 광속이 2,000[lm]인 형광등을 사용할 경우 소요 형광등 수는?(단, 조명률은 60%이고 감광보상률은 1.5이다.)

① 25개
② 29개
③ 34개
④ 38개

해설

소요 전등의 수(N)

$$N = \frac{E \cdot A \cdot D}{F \cdot U}$$

$$= \frac{E(\text{조도}) \cdot A(\text{면적}) \cdot D(\text{감광보상률})}{F(\text{램프 1개의 광속}) \cdot U(\text{조명률})}$$

$$= \frac{300 \times 100 \times 1.5}{2,000 \times 0.6} = 37.5개 = 38개$$

정답 : ④

2021.2회-67

55 다음 중 조명률에 영향을 끼치는 요소와 가장 거리가 먼 것은?

① 광원의 높이
② 마감재의 반사율
③ 조명기구의 배광방식
④ 글레어(Glare)의 크기

해설

글레어(Glare)는 작업면(피조면)의 눈부심 정도를 의미하므로 직접적인 연관성이 없다.

조명률(U)
광원에서 방사된 빛이 작업면에 도달하는 양을 백분율로 나타낸 비율로 광원의 높이, 마감재의 반사율, 조명기구의 배광방식의 영향을 받는다.

정답 : ④

2016.2회-61

56 조명설비에서 연색성에 관한 설명으로 옳지 않은 것은?

① 평균 연색평가수(Ra)가 0에 가까울수록 연색성이 좋다.
② 일반적으로 할로겐전구가 고압수은램프보다 연색성이 좋다.
③ 연색성이란 물체가 광원에 의하여 조명될 때 그 물체의 색의 보임을 정하는 광원의 성질을 말한다.
④ 평균 연색평가수(Ra)란 많은 물체의 대표색으로서 8종류의 시험색을 사용하여 그 평균값으로부터 구한 것이다.

해설

연색평가지수(Ra)
• 인공광원이 얼마나 기준광(태양광)과 비슷하게 물체의 색을 보여주는가를 나타내는 지수
• 연색평가지수는 0~100 범위의 수치를 가지며, 100에 가까울수록 연색성이 좋다.

정답 : ①

2018.1회-74

57 광원의 연색성에 관한 설명으로 옳지 않은 것은?

① 고압수은램프의 평균연색평가수(Ra)는 100이다.
② 연색성을 수치로 나타낸 것을 연색평가수라고 한다.
③ 평균연색평가수(Ra)가 100에 가까울수록 연색성이 좋다.
④ 물체가 광원에 의하여 조명될 때, 그 물체의 색의 보임을 정하는 광원의 성질을 말한다.

해설

고압수은램프의 평균연색평가수(Ra)는 약 25 정도이다.
태양과 백열전구는 약 100 정도이다.

정답 : ①

2020.1, 2회 통합-79

58 조명설비의 광원 중 할로겐램프에 관한 설명으로 옳지 않은 것은?

① 휘도가 낮다.
② 백열전구에 비해 수명이 길다.
③ 연색성이 좋고 설치가 용이하다.
④ 흑화가 거의 일어나지 않고 광속이나 색온도의 저하가 극히 적다.

해설

할로겐램프는 휘도가 높고 연색성이 좋아 상점의 디스플레이, 운동장 조명이나 광학용 장비 등에 주로 사용한다.

정답 : ①

59 직접조명방식에 관한 설명으로 옳은 것은?

① 조명률이 크다.
② 실내면 반사율의 영향이 크다.
③ 분위기를 중요시하는 조명에 적합하다.
④ 발산광속 중 상향광속이 90~100%, 하향광속이 0~10% 정도이다.

[해설]
직접조명방식은 조명률이 커서, 어떠한 작업면을 집중적으로 밝게 유지하고 싶을 때 유리하다. ②, ③, ④는 간접조명에 대한 설명이다.

정답 : ①

60 직접조명방식에 관한 설명으로 옳지 않은 것은?

① 조명률이 크다.
② 실내면 반사율의 영향이 적다.
③ 상반부 광속은 보통 0~10% 정도이다.
④ 분위기를 중요시하는 조명에 적합하다.

[해설]
분위기를 중요시하는 조명에 적합한 것은 간접조명이다.

정답 : ④

61 조명기구의 배광에 따른 분류 중 직접조명형에 관한 설명으로 옳은 것은?

① 상향광속과 하향광속이 거의 동일하다.
② 천장을 주광원으로 이용하므로 천장의 색에 대한 고려가 필요하다.
③ 매우 넓은 면적이 광원으로서의 역할을 하기 때문에 직사 눈부심이 없다.
④ 작업면에 고조도를 얻을 수 있으나 심한 휘도차 및 짙은 그림자가 생긴다.

[해설]
①, ②, ③은 간접조명방식에 대한 설명이다.

간접조명
조명 광원으로부터 나온 빛의 반사광에 의해, 피조면을 비추는 조명방식으로 조명효율은 좋지 않지만 눈부심이 적다. 일반적으로 그림자가 거의 생기지 않는다.

정답 : ④

62 조명기구를 배광에 따라 분류할 경우, 다음과 같은 특징을 갖는 것은?

> 발산광속 중 상향광속이 60~90[%] 정도이고, 하향광속이 10~40[%] 정도이며, 천장을 주광원으로 이용한다.

① 직접조명기구   ② 반직접조명기구
③ 반간접조명기구   ④ 전반확산조명기구

[해설]
반간접조명
발산광속의 대부분을 상향광속으로 하여 천장을 통한 간접조명(반사광)이 주가 되고, 일부를 하향광속(직사광)으로 조명하는 기구형식이다.

구분	광속(%)	
	상향광속	하향광속
직접조명방식	0~10	90~10
간접조명방식	90~100	0~10
반간접조명방식	60~90	10~40

정답 : ③

63 간접조명방식에 관한 설명으로 옳지 않은 것은?

① 조명률이 높다.
② 실내면 반사율이 크다.
③ 분위기를 중요시하는 조명에 적합하다.
④ 그림자가 적고 글레어가 적은 조명이 가능하다.

[해설]
간접조명방식은 조명능률은 떨어지지만 음영이 부드러워 직접조명방식에 비해 균등한 조명 특성을 가지고 있으며, 안정적인 분위기를 유지할 수 있으므로 분위기를 중시하는 조명에 적당하다.

정답 : ①

64 간접조명기구에 관한 설명으로 옳지 않은 것은?

① 직사 눈부심이 없다.
② 매우 넓은 면적이 광원으로서의 역할을 한다.
③ 일반적으로 발산광속 중 상향광속이 90~100[%] 정도이다.
④ 천장, 벽면 등은 빛이 잘 흡수되는 색과 재료를 사용하여야 한다.

해설
간접조명기구는 천장 또는 벽면으로 입사된 빛이 천장면에서 반사되어 간접적으로 실내로 채광되어야 하므로 천장, 벽면 등에는 반사율이 높은 재료를 적용하는 것이 좋다.

정답 : ④

2019.2회-61

65 작업구역에는 전용의 국부조명방식으로 조명하고, 기타 주변 환경에 대하여는 간접조명과 같은 낮은 조도 레벨로 조명하는 방식은?

① TAL 조명방식
② 반직접 조명방식
③ 반간접 조명방식
④ 전반확산 조명방식

해설
TAL(Task and Ambient Lighting) 조명
작업구역(Task)에는 전용의 국부조명방식으로 조명하고, 기타 주변(Ambient) 환경에 대하여는 간접조명과 같은 낮은 조도 레벨로 조명하는 방식. 주변조명은 직접조명방식도 포함되며 실의 전체적인 밝기를 낮게 억제할 수 있기 때문에 에너지 절약에 유리하지만, 데스크 조명 설치로 인해 초기 비용은 증가하는 단점이 있다.

정답 : ①

2013.2회-79

66 다음의 건축화 조명 중 천장면 이용방식에 속하지 않는 것은?

① 광창조명
② 코브조명
③ 코퍼조명
④ 광천장조명

해설
광창조명
조명을 벽면에 매입하여 벽면 전체 또는 일부를 광원화하는 방식으로 벽 자체가 빛이 들어오는 창과 같은 느낌을 준다. 지하실 등의 벽면에 사용하며 비스타(Vista)적인 효과를 연출할 수 있다.

정답 : ①

2016.1회-80

67 건축화 조명 중 천장 전면에 광원 또는 조명기구를 배치하고, 발광면을 확산투과성 플라스틱판이나 루버 등으로 전면을 가리는 조명방법은?

① 밸런스 조명
② 광천장 조명
③ 코니스 조명
④ 다운라이트 조명

해설
광천장 조명
천장 전면을 발광면으로 하는 조명으로서 확산투과성 플라스틱판이나 루버 등으로 천장을 마감하여 그 속에 전등을 넣는 방법으로 그림자 없는 쾌적한 빛을 얻을 수 있으며, 마감재료의 설치방법에 따라 다양한 인테리어 분위기를 연출할 수 있다.

정답 : ②

3 전원 및 배전·배선설비

2019.2회-79

68 전력부하 산정에서 수용률 산정 방법으로 옳은 것은?

① (부등률/설비용량)×100%
② (최대 수용전력/부등률)×100%
③ (최대 수용전력/설비용량)×100%
④ (부하 각개의 최대 수용전력합계/각 부하를 합한 최대 수용전력)×100%

해설
수용률(수요율)
$= \dfrac{\text{최대 수용(수요)전력}}{\text{부하설비용량}} \times 100$

설비기기의 전 용량에 대하여 실제 사용하고 있는 부하의 최대 전력 비율을 나타낸 계수로서 설비용량을 이용하여 최대 수요전력을 결정할 때 사용한다. 일반건물은 보통 60~70%이다.

정답 : ③

2013.1회-75

69 최대 수용전력이 500[kW], 수용률이 80[%]일 때 부하설비용량[kW]은?

① 400
② 500
③ 525
④ 625

해설
부하설비용량은 문제에서 수용률(수요율)과 최대 수용전력을 제시하였으므로, 수용률 공식을 활용하여 계산한다.

$\text{수용률} = \dfrac{\text{최대 수요전력[kW]}}{\text{부하설비용량[kW]}} \times 100[\%]$

$\text{부하설비용량[kW]} = \dfrac{\text{최대 수요전력[kW]}}{\text{수용률}} \times 100[\%]$

$= \dfrac{500[\text{kW}]}{0.8} \times 100[\%] = 625[\text{kW}]$

정답 : ④

70 다음 설명에 알맞은 전기설비 관련 용어는?

> 최대 수요전력을 구하기 위한 것으로 최대 수요전력의 총부하설비용량에 대한 비율이다.

① 역률　　　　② 부등률
③ 부하율　　　④ 수용률

[해설]
수용률(수요율)
설비기기의 전 용량에 대하여 실제 사용하고 있는 부하의 최대 전력 비율을 나타낸 계수로서 설비용량을 이용하여 최대 수요전력을 결정할 때 사용한다.

$$수용률 = \frac{최대\ 수요전력[kW]}{부하설비용량[kW]} \times 100[\%]$$

정답 : ④

71 최대 수요전력을 구하기 위한 것으로 최대 수요전력의 총부하 용량에 대한 비율로 나타내는 것은?

① 역률　　　　② 수용률
③ 부등률　　　④ 부하율

[해설]
수용률(수요율)
설비기기의 전 용량에 대하여 실제 사용하고 있는 부하의 최대 전력 비율을 나타낸 계수로서 설비용량을 이용하여 최대 수요전력을 결정할 때 사용한다.

$$수용률 = \frac{최대\ 수요전력[kW]}{부하설비용량[kW]} \times 100[\%]$$

정답 : ②

72 최대 수요전력을 구하기 위한 것으로 총부하설비용량에 대한 최대 수요전력의 비율을 백분율로 나타낸 것은?

① 역률　　　　② 수용률
③ 부등률　　　④ 부하율

[해설]
수용률(수요율)
설비기기의 전 용량에 대하여 실제 사용하고 있는 부하의 최대 전력 비율을 나타낸 계수로서 설비용량을 이용하여 최대 수요전력을 결정할 때 사용한다.

정답 : ②

73 각각의 최대 수용전력의 합이 1,200[kW], 부등률이 1.2일 때 합성 최대 수용전력은?

① 800[kW]　　　② 1,000[kW]
③ 1,200[kW]　　④ 1,440[kW]

[해설]
부등률
$$= \frac{개별부하의\ 최대\ 수용(수요)전력\ 합계[kW]}{합성\ 최대\ 수용(수요)전력[kW]} \times 100[\%]$$

여기서, 부등률은 1.2, 각 부하 최대 수용전력의 합계는 1,200[kW]이므로

$$최대\ 사용전력 = \frac{1,200[kW]}{1.2} = 1,000[kW]$$

정답 : ②

74 전기설비가 어느 정도 유효하게 사용되는가를 나타내며, 다음과 같이 표현되는 것은?

$$\frac{부하의\ 평균전력}{최대\ 수용전력} \times 100[\%]$$

① 역률　　　　② 부등률
③ 부하율　　　④ 수용률

[해설]
부하율이 클수록 부하에 대한 전력공급설비가 유효하게 사용되었음을 의미하며, 공급 가능한 최대 수요전력과 실제 사용된 평균전력의 비율을 나타낸 것으로 보통 1보다 작다.

정답 : ③

75 다음과 같은 공식을 통해 산출되는 값으로 전기설비가 어느 정도 유효하게 사용되는가를 나타내는 것은?

$$\frac{부하의\ 평균전력}{최대\ 수용전력} \times 100[\%]$$

① 부하율　　　② 보상률
③ 부등률　　　④ 수용률

[해설]

부하율
부하율이 클수록 부하에 대한 전력공급설비가 유효하게 사용되었음을 의미하며, 공급 가능한 최대 수요전력과 실제 사용된 평균전력의 비율을 나타낸 것으로 보통 1보다 작다.

정답 : ①

2020.4회-70

76 전기설비가 어느 정도 유효하게 사용되는가를 나타내며, 최대 수용전력에 대한 부하의 평균전력의 비로 표현되는 것은?

① 부하율 ② 부등률
③ 수용률 ④ 유효율

[해설]

부하율
부하율이 클수록 부하에 대한 전력공급설비가 유효하게 사용되었음을 의미하며, 공급 가능한 최대 수요전력과 실제 사용된 평균전력의 비율을 나타낸 것이다.

$$부하율 = \frac{부하의\ 평균전력}{합성\ 최대\ 수용전력} \times 100[\%]$$

정답 : ①

2017.4회-80

77 합성 최대 수용전력이 1,000[kW], 부하율이 0.6일 때 평균 전력[kW]은?

① 600 ② 800
③ 1,000 ④ 1,667

[해설]

$$부하율 = \frac{부하의\ 평균전력}{합성\ 최대\ 수용전력} \times 100[\%]$$

문제에서 부하율이 0.6으로 백분율[%]로 제시하지 않았으므로 다음 식으로 부하의 평균전력을 구한다.

부하의 평균전력[kW] = 부하율 × 합성 최대 수용전력[kW]
$$= 0.6 \times 1,000 = 600[kW]$$

정답 : ①

2018.2회-63

78 최대 수용전력이 500kW, 수용률이 80%일 때 부하설비용량은?

① 400kW ② 625kW
③ 800kW ④ 1,250kW

[해설]

부하설비용량은 문제에서 수용률(수요율)과 최대 수용전력을 제시하였으므로, 수용률 공식을 활용하여 계산한다.

$$수용률 = \frac{최대\ 수요전력[kW]}{부하설비용량[kW]} \times 100[\%]$$

$$부하설비용량[kW] = \frac{최대\ 수요전력[kW]}{수용률} \times 100[\%]$$

$$= \frac{500[kW]}{0.8} \times 100[\%] = 625[kW]$$

정답 : ②

2015.4회-79

79 전기설비용량이 각각 80[kW], 90[kW], 100[kW]인 부하설비가 있다. 그 수용률이 70[%]인 경우 최대 수요전력은?

① 63[kW] ② 70[kW]
③ 189[kW] ④ 270[kW]

[해설]

최대 수요전력은 수용률 공식에서 산출할 수 있다.

$$수용률[\%] = \frac{최대\ 수요전력[kW]}{부하설비용량[kW]} \times 100[\%]$$

최대 수요전력[kW] = 수용률[%] × 부하설비용량[kW] ÷ 100[%]
$$= 70 \times (80+90+100) \div 100 = 189[kW]$$

정답 : ③

2014.4회-77

80 전력용 변압기 용량의 산정식으로 옳은 것은?

① $\dfrac{부하설비용량 \times 부등률}{부하율}$

② $\dfrac{부하설비용량 \times 부하율}{부등률}$

③ $\dfrac{부하설비용량 \times 수용률}{부등률}$

④ $\dfrac{부하설비용량 \times 부등률}{수용률}$

[해설]

$$전력용\ 변압기\ 용량 = \frac{부하설비용량 \times 수용률}{부등률}$$

정답 : ③

81 전기설비용 시설공간(실)의 계획에 관한 설명으로 옳지 않은 것은?

① 변전실은 부하의 중심에 설치한다.
② 변전실은 외부로부터 전력의 수전이 용이해야 한다.
③ 중앙감시실은 일반적으로 방재센터와 겸하도록 한다.
④ 발전기실은 변전실에서 최소 10m 이상 떨어진 위치에 배치한다.

[해설]
변전실의 위치 선정 시 고려사항
- 가능한 한 부하중심에 가까울 것(전압강하, 전력손실, 배선비 절감)
- 인입선의 인입이 쉽고 보수유지 및 점검이 유리한 곳
- 간선처리 및 증설이 유리한 곳
- 기기의 반출입이 용이한 곳
- 침수 및 기타 재해발생의 위험이 적은 곳
- 화재폭발의 위험성이 적은 곳
- 습기, 먼지가 적은 곳(채광·통풍이 양호한 곳)
- 열해 유독가스의 발생이 적은 곳
- 발전기실, 축전지실이 가급적 가까운 곳
- 장래 부하증설에 대비한 면적 확보가 용이한 곳

정답 : ④

82 변전실의 위치에 관한 설명으로 옳지 않은 것은?

① 습기와 먼지가 적은 곳일 것
② 전기 기기의 반출입이 용이한 곳일 것
③ 가능한 한 부하의 중심에서 먼 곳일 것
④ 외부로부터 전원의 인입이 쉬운 곳일 것

[해설]
변전실의 위치 선정 시 고려사항
- 가능한 한 부하중심에 가까울 것(전압강하 전력손실 배선비 절감)
- 인입선의 인입이 쉽고 보수유지 및 점검이 유리한 곳
- 간선처리 및 증설이 유리한 곳
- 기기의 반출입이 용이한 곳
- 침수 및 기타 재해발생의 위험이 적은 곳
- 화재폭발의 위험성이 적은 곳
- 습기, 먼지가 적은 곳(채광·통풍이 양호한 곳)
- 열해 유독가스의 발생이 적은 곳
- 발전기실, 축전지실이 가급적 가까운 곳
- 장래 부하증설에 대비한 면적 확보가 용이한 곳

정답 : ③

83 변전실에 관한 설명으로 옳지 않은 것은?

① 부하의 중심에 설치한다.
② 외부로부터 전력의 수전이 용이해야 한다.
③ 발전기실과 가능한 한 거리를 두고 설치한다.
④ 간선의 배선과 점검·유지보수가 용이한 장소에 설치한다.

[해설]
변전실은 발전기실과 인접한 거리에 배치한다.

정답 : ③

84 변전실에 관한 설명으로 옳지 않은 것은?

① 건축물의 최하층에 설치하는 것이 원칙이다.
② 용량의 증설에 대비한 면적을 확보할 수 있는 장소로 한다.
③ 사용부하의 중심에 가깝고, 간선의 배선이 용이한 곳으로 한다.
④ 변전실의 높이는 바닥의 케이블트렌치 및 무근 콘크리트 설치 여부 등을 고려한 유효높이로 한다.

[해설]
변전실은 습기와 먼지가 적고, 채광·통풍이 양호한 곳이어야 하므로, 건축물의 최하층은 피하는 것이 좋다.

정답 : ①

85 다음 중 변전실 면적에 영향을 주는 요소와 가장 거리가 먼 것은?

① 출입문의 높이
② 건축물의 구조적 여건
③ 수전전압 및 수전방식
④ 설치 기기와 큐비클의 종류 및 시방

[해설]
변전실 면적의 결정요소는 수평적인 요소로서, 수직적인 높이인 출입문의 높이는 면적 산정에서 고려할 사항이 아니다.

＊ 큐비클 : 차단기, 단로기 등의 전력용 개폐기, 계기용 변성기, 모선, 접속도체 및 감시제어에 필요한 기기로 된 접합장치

변전실 면적에 영향을 주는 요소
- 수전전압 및 수전방식
- 변전설비 강압방식, 변압기용량, 수량 및 형식
- 설치 기기와 큐비클의 종류 및 시방
- 기기의 배치방법 및 유지보수 필요면적
- 건축물의 구조적 여건

정답 : ①

2019.4회-74, 2022.2회-65

86 다음 중 변전실 면적에 영향을 주는 요소와 가장 거리가 먼 것은?

① 발전기실의 면적
② 변전설비 변압방식
③ 수전전압 및 수전방식
④ 설치 기기와 큐비클의 종류

[해설]
변전실 면적에 영향을 주는 요소
- 수전전압 및 수전방식
- 변전설비 강압방식, 변압기용량, 수량 및 형식
- 설치 기기와 큐비클의 종류 및 시방
- 기기의 배치방법 및 유지보수 필요면적
- 건축물의 구조적 여건

정답 : ①

2013.2회-67, 2020.1, 2회 통합-61

87 다음 중 변전실 면적 결정 시 영향을 주는 요소와 가장 거리가 먼 것은?

① 수전전압   ② 수전방식
③ 발전기 용량 ④ 큐비클의 종류

[해설]
변전실의 면적 산정 시 고려 요소
변압기 용량, 수전전압, 수전방식 및 큐비클의 종류, 기기의 배치방법 등

정답 : ③

2014.2회-67

88 변전실 면적에 영향을 주는 요소로 볼 수 없는 것은?

① 변압기 용량   ② 발전기 용량
③ 큐비클의 종류   ④ 수전전압 및 수전방식

[해설]
변전실의 면적 산정 시 고려 요소
변압기 용량, 수전전압, 수전방식 및 큐비클의 종류, 기기의 배치방법 등

정답 : ②

2015.4회-72

89 변전실 면적에 영향을 주는 요소로 볼 수 없는 것은?

① 수전방식   ② 변압기 용량
③ 발전기실의 면적 ④ 기기의 배치방법

[해설]
변전실의 면적 산정 시 고려 요소
변압기 용량, 수전전압, 수전방식 및 큐비클의 종류, 기기의 배치방법 등

정답 : ③

2020.3회-65

90 몰드변압기에 관한 설명으로 옳지 않은 것은?

① 내진성이 우수하다.
② 내습성이 우수하다.
③ 반입, 반출이 용이하다.
④ 옥외 설치 및 대용량 제작이 용이하다.

[해설]
몰드변압기(Molded Transformer, Castcoil Dry Transformer)
권선 부분을 에폭시수지로 굳혀 절연한 건식 변압기로서 내약품성 및 내열성, 내습성, 내진성능이 좋고, 반출입이 용이한 특성을 가지고 있으나 **옥외설치 및 대용량 제작이 어렵다**는 단점이 있다.

정답 : ④

2017.4회-63, 2020.3회-64

91 알칼리 축전지에 관한 설명으로 옳지 않은 것은?

① 고율방전 특성이 좋다.
② 공칭전압은 2[V/셀]이다.
③ 기대수명이 10년 이상이다.
④ 부식성의 가스가 발생하지 않는다.

[해설]
② 알칼리 축전지의 공칭전압은 1.2[V/셀]이다.

정답 : ②

92 축전지의 충전방식 중 필요할 때마다 표준시간율로 소정의 충전을 하는 방식은?

① 급속충전 ② 보통충전
③ 부동충전 ④ 세류충전

[해설]

축전지의 충전방식
- 급속충전방식 : 비교적 단시간에 급속으로 보통 충전전류의 2~3배의 전류로 충전하는 방식
- 부동충전방식 : 전지의 자기방전을 보충함과 동시에 상용부하에 대한 전력공급은 충전기가 부담하도록 하되, 충전기가 부담하기 어려운 일시적인 대전류부하는 축전지로 하여금 부담하게 하는 방식
- 세류충전방식 : 부동충전방식의 일종으로 자기 방전량만을 항상 충전하는 방식
- 보통충전방식 : 필요시마다 표준시간율로 소정의 충전을 하는 방식
- 균등충전방식 : 상시전원 이상 또는 전압이 낮을 때 배터리에서 전원을 공급하는 방식

정답 : ②

93 다음 중 간선 및 배선설비 설계에서 일반적으로 가장 먼저 이루어지는 작업은?

① 부하 산정
② 보호방식 결정
③ 간선의 배선방식 결정
④ 배선의 부설방식 결정

[해설]

간선 및 배선설비 설계에서 일반적으로 가장 먼저 이루어지는 것은 부하의 산정이다.

간선설비의 설계순서
1. 간선의 부하 산정
2. 간선의 배선방식 결정
3. 배선의 부설방식 결정
4. 보호방식 결정

정답 : ①

94 220/380V 전원을 공급하는 빌딩 및 공장의 전등 및 동력용 간선으로 가장 많이 사용되는 배선방식은?

① 단상 2선식 ② 단상 3선식
③ 3상 3선식   ④ 3상 4선식

[해설]

3상 4선식
동력과 전등부하를 동시에 공급할 수 있어 대규모 건물에 적합하다.

배전방식
- 단상 2선식 : 110V와 220V 등을 사용하며, 일반주택과 같은 소규모 건축물에 사용
- 단상 3선식 : 본선 간 전압은 220V, 중성선과 본선 간의 전압은 110V를 얻을 수 있으며, 중성선(N)은 회색이나 백색을 사용한다. 학교, 사무소, 아파트 등 중규모 건물에 사용
- 3상 3선식 : 3상 220V, 380V 전압을 많이 이용하며, 각 선간 전압은 모두 동일하며 공장의 동력전원으로 사용
- 3상 4선식 : 동력과 전등 부하를 동시에 공급할 수 있으며, 중성선은 백색이나 회색을 사용한다. 대규모 건물에서 시설비 절감을 위해 사용하며, 공장 등의 전등, 동력용으로 사용

정답 : ④

95 3상 동력과 단상 전등, 전열부하를 동시에 사용 가능한 방식으로 사무소 건물 등 대규모 건물에 많이 사용되는 구내 배전방식은?

① 단상 2선식 ② 단상 3선식
③ 3상 3선식   ④ 3상 4선식

[해설]

3상 4선식
동력과 전등부하를 동시에 공급할 수 있어 대규모 건물에 적합하다.

정답 : ④

96 3상 동력과 단상전등부하를 동시에 사용할 수 있는 방식으로 대형빌딩이나 공장 등에서 사용되는 것은?

① 단상 3선식 220/110[V]
② 3상 2선식 220[V]
③ 3상 3선식 220[V]
④ 3상 4선식 380/220[V]

[해설]

3상 4선식
3상 동력과 단상전등부하를 동시에 공급할 수 있어 대규모 건물에 적합하다.

정답 : ④

2014.1회-80

97 간선의 배선방식 중 분전반에서 사고가 발생했을 때 그 파급 범위가 가장 적은 것은?

① 루프식
② 평행식
③ 나뭇가지식
④ 나뭇가지 평행식

해설

간선 배선방식
1. 수지상식(나뭇가지식)
   - 한 개의 간선이 각각의 분전반을 배선한다.
   - 시설비가 경제적이나 1개소의 사고가 전체에 영향을 미친다.
   - 말단 분전반에서 전압강하가 커진다.
   - 간선의 굵기가 변하는 접속점에 보완장치가 필요하다.
   - 각 분전반별로 동일 전압을 유지할 수 없다.
   - 중소규모 건축물, 전동기가 넓게 분산되어 있는 건축물에 적합
2. 평행식(개별방식)
   - 배전반에서 각 분전만마다 단독으로 배선된다.
   - 전압강하가 적고 평균화 된다.
   - 사고발생 시 파급범위가 좁다.
   - 배선이 복잡하고 설비비가 많이 소요된다.
   - 대규모 건축물에 적합하다.
3. 병용식
   - 부하의 중심에 분전반을 설치하여 각 부하에 배선하는 방식이다.
   - 평행식과 나뭇가지식의 특징을 병용한 것이다.
   - 전압강하도 크지 않고 설비비도 줄일 수 있어 경제적이다.
   - 일반 건축물 등(가장 많이 사용)에 적합하다.

정답 : ②

2020.3회-66, 2015.2회-64

98 간선의 배선방식 중 평행식에 관한 설명으로 옳은 것은?

① 설비비가 가장 저렴하다.
② 배선 자재의 소요가 가장 적다.
③ 사고의 영향을 최소화할 수 있다.
④ 전압이 안정되나 부하의 증가에 적응할 수 없다.

해설

평행식
- 배전반에서 각 분전만마다 단독으로 배선된다.
- 전압강하가 적고 평균화 된다.
- 사고발생 시 파급범위가 좁다.
- 배선이 복잡하고 설비비가 많이 소요된다.
- 대규모 건축물에 적합하다.

정답 : ③

2018.4회-78, 2022.2회-67

99 다음의 간선 배선방식 중 분전반에서 사고가 발생했을 때 그 파급 범위가 가장 좁은 것은?

① 평행식
② 방사선식
③ 나뭇가지식
④ 나뭇가지 평행식

해설

평행식
각 분전반 마다 배전반에서 단독으로 배선되므로 전압강하가 적고 사고 발생 시 범위가 좁으나, 설비비가 고가이다.

정답 : ①

2021.1회-69

100 다음과 같은 특징을 갖는 간선 배선방식은?

- 사고 발생 때 타 부하에 파급효과를 최소한으로 억제할 수 있어 다른 부하에 영향을 미치지 않는다.
- 경제적이지 못하다.

① 평행식
② 나뭇가지식
③ 네트워크식
④ 나뭇가지 평행 병용식

해설

평행식
각 분전반 마다 배전반에서 단독으로 배선되므로 전압강하가 적고 사고 발생 시 범위가 좁으나, 설비비가 고가이다.

정답 : ①

2019.4회-77

101 다음 그림과 같은 형태를 갖는 간선의 배선방식은?

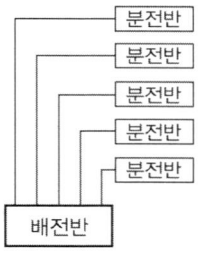

① 개별방식
② 루프방식
③ 병용방식
④ 나뭇가지방식

해설

개별방식(평행식)
- 큰 용량의 부하 또는 분산되어 있는 부하에 대하여 단독회선으로 배선하는 것이다.
- 배전반에서 각 분전마다 단독배선되므로 전압강하가 평균화된다.

정답 : ①

2013.4회-67, 2019.1회-63

102 전기설비에서 다음과 같이 정의되는 것은?

> 전면이나 후면 또는 양면에 개폐기, 과전류 차단장치 및 기타 보호장치, 모선 및 계측기 등이 부착되어 있는 하나의 대형 패널 또는 여러 개의 패널, 프레임 또는 패널 조립품으로서, 전면과 후면에서 접근할 수 있는 것

① 캐비닛 ② 차단기
③ 배전반 ④ 분전반

해설

분전반으로 전원을 공급하는 전기설비인 배전반(Switch Board)에 대한 설명이다.

정답 : ③

2017.2회-78

103 옥내배선의 전선 굵기 결정 요소에 속하지 않는 것은?

① 허용전류 ② 배선방식
③ 전압강하 ④ 기계적 강도

해설

옥내배선의 전선 굵기 결정 요소
- 허용전류
- 전압강하
- 기계적 강도

정답 : ②

2013.2회-72

104 옥내배선에서 전선의 굵기 산정의 결정 요소에 속하지 않는 것은?

① 배선방식 ② 허용전류
③ 전압강하 ④ 기계적 강도

해설

옥내배선의 전선 굵기 결정 요소
- 허용전류
- 전압강하
- 기계적 강도

정답 : ①

2016.1회-66

105 전선의 굵기 결정 요소에 속하지 않는 것은?

① 전압강하
② 기계적 강도
③ 전선의 허용전류
④ 전선 외곽의 보호관 굵기

해설

전선 굵기 결정 요소
허용전류, 전압강하, 기계적 강도

정답 : ④

2015.4회-62

106 저압옥내 배선공사 중 직접 콘크리트에 매설할 수 있는 공사는?

① 금속관공사 ② 금속덕트공사
③ 버스덕트공사 ④ 금속몰드공사

해설

금속관공사
- 전선관의 일종인 금속 파이프 속에 전선, 케이블을 끌어들여 배선하는 공사 방법
- 절연전선을 사용
- 직접 콘크리트 매설하여 사용
- 화재에 대한 위험성이 적고 전선의 기계적 손상이 적음
- 전선 교체가 용이
- 전선은 금속관 안에서 접속점이 없도록 시공
- 금속관은 접지공사를 할 것

정답 : ①

2019.2회-65

107 다음의 저압 옥내배선방법 중 노출되고 습기가 많은 장소에 시설이 가능한 것은?(단, 400[V] 미만인 경우)

① 금속관 배선 ② 금속몰드 배선
③ 금속덕트 배선 ④ 플로어덕트 배선

> [해설]

금속관 배선
금속관 배선에 사용되는 전선은 절연체에 고무, 비닐, 폴리에틸렌 등을 사용한 절연전선이어야 하며, 그 사용 장소에 따라서 부식성 물질, 습기의 유무, 주위온도 등의 조건을 고려하여 가장 적절한 전선을 사용한다.

정답 : ①

2018.1회-65

108 금속관 공사에 관한 설명으로 옳지 않은 것은?

① 고조파의 영향이 없다.
② 저압, 고압, 통신설비 등에 널리 사용된다.
③ 사용 목적과 상관없이 접지를 할 필요가 없다.
④ 사용장소로는 은폐장소, 노출장소, 옥측, 옥외 등 광범위하게 사용할 수 있다.

> [해설]

③ 금속관에는 제3종 접지를 해야 한다.

정답 : ③

2016.4회-62

109 다음과 같은 특징을 갖는 배선공사는?

> • 열적 영향이나 기계적 외상을 받기 쉽다.
> • 관 자체가 절연체이므로 감전의 우려가 없다.
> • 옥내의 점검할 수 없는 은폐장소에도 사용 가능하다.

① 금속관 공사   ② 버스덕트 공사
③ 경질비닐관 공사   ④ 라이팅덕트 공사

> [해설]

경질비닐관(합성수지관)은 관 자체가 우수한 절연성을 가지고 있으며, 중량이 가볍고 시공이 용이하며 내식성이 뛰어나지만 열에 취약하고 기계적 강도가 낮은 단점이 있다.

정답 : ③

2021.1회-75

110 전기설비에서 경질비닐관공사에 관한 설명으로 옳은 것은?

① 절연성과 내식성이 강하다.
② 자성체이며 금속관보다 시공이 어렵다.
③ 온도변화에 따라 기계적 강도가 변하지 않는다.
④ 부식성 가스가 발생하는 곳에는 사용할 수 없다.

> [해설]

경질비닐관(합성수지관)
• 절연성 우수
• 경량이고 시공 용이
• 내식성 우수
• 내열성이 약하고, 기계적 강도 낮음

정답 : ①

2020.3회-78

111 다음과 같은 특징을 갖는 배선 방법은?

> • 열적 영향이나 기계적 외상을 받기 쉬운 곳이 아니면 금속관 배선과 같이 광범위하게 사용 가능하다.
> • 관 자체가 절연체이므로 감전의 우려가 없으며 시공이 용이하다.

① 금속덕트 배선
② 버스덕트 배선
③ 플로어덕트 배선
④ 합성수지관 배선

> [해설]

경질비닐관(합성수지관)
• 절연성 우수
• 경량이고 시공 용이
• 내식성 우수
• 내열성이 약하고, 기계적 강도 낮음

정답 : ④

2016.2회-70

112 다음과 같은 특징을 갖는 배선공사 방식은?

> • 열적 영향이나 기계적 외상을 받기 쉬운 곳이 아니면 금속배관과 같이 광범위하게 사용 가능하다.
> • 관 자체가 절연체이므로 감전의 우려가 없으며 시공이 쉬운 것이 장점이다.

① 버스덕트 공사   ② 애자사용 공사
③ 합성수지관 공사   ④ 플로어덕트 공사

> [해설]

합성수지관 공사에 관한 내용이다.

정답 : ③

2014.1회-71

113 다음 중 옥내의 건조한 노출장소에 시설할 수 없는 배선공사는?

① 금속관 배선 ② 금속몰드 배선
③ 플로어덕트 배선 ④ 합성수지몰드 배선

[해설]
플로어덕트 배선공사
- 전기 및 통신 배선을 인출할 수 있도록 바닥에 배선용 덕트를 매설하는 시설
- 중규모 혹은 대규모 사무용 건물, 백화점, 실험실 등에서 사용
- 강·약전을 동시에 배선할 수 있으나 약전의 교차점에는 접속함을 사용하여 전선끼리 접촉하지 않도록 해야 함
- 옥내의 건조한 노출 장소에 설치할 수 없음

정답 : ③

2020.1, 2회 통합 -76

114 다음 중 옥내의 노출된 건조한 장소에 시설할 수 없는 배선 방법은?(단, 사용전압이 400V 미만인 경우)

① 금속관 배선 ② 버스덕트 배선
③ 가요전선관 배선 ④ 플로어덕트 배선

[해설]
플로어덕트 배선공사
- 전기 및 통신 배선을 인출할 수 있도록 바닥에 배선용 덕트를 매설하는 시설
- 중규모 혹은 대규모 사무용 건물, 백화점, 실험실 등에서 사용
- 강·약전을 동시에 배선할 수 있으나 약전의 교차점에는 접속함을 사용하여 전선끼리 접촉하지 않도록 해야 함
- 옥내의 건조한 노출 장소에 설치할 수 없음

정답 : ④

2021.2회-79

115 전기설비의 배선공사에 관한 설명으로 옳지 않은 것은?

① 금속관 공사는 외부적 응력에 대해 전선보호의 신뢰성이 높다.
② 합성수지관 공사는 열적 영향이나 기계적 외상을 받기 쉬운 곳에서는 사용이 곤란하다.
③ 금속덕트 공사는 다수회선의 절연전선이 동일 경로에 부설되는 간선 부분에 사용된다.
④ 플로어덕트 공사는 옥내의 건조한 콘크리트 바닥면에 매입 사용되나 강·약전을 동시에 배선할 수 없다.

[해설]
플로어덕트 공사
강·약전을 동시에 배선할 수 있으나 이때 강전과 약전의 교차점에는 접속함을 사용하여 전선끼리 접촉하지 않도록 해야 한다.

정답 : ④

2013.1회-69, 2020.1, 2회 통합-66

116 전기설비에서 다음과 같이 정의되는 장치는?

> 지락전류를 영상전류기로 검출하는 전류 동작형으로 지락전류가 미리 정해 놓은 값을 초과할 경우, 설정된 시간 내에 회로나 회로의 일부의 전원을 자동으로 차단하는 장치

① 퓨즈 ② 누전차단기
③ 단로스위치 ④ 절환스위치

[해설]
누전차단기
누전에 의하여 회로 내에 흐르는 전류가 일정한 값을 초과하게 되면 전원을 차단하는 안전장치이다.

정답 : ②

2018.4회-72

117 다음 중 최근 저압선로의 배선보호용 차단기로 가장 많이 사용되는 것은?

① ACB ② GCB
③ MCCB ④ ABCB

[해설]
배선용 차단기(MCCB ; Molded Case Circuit Breaker)
개폐기구, 트랩장치 등을 절연물 용기 내에 일체화 조립한 것으로 과부하(전류)와 단락전류의 이상이 있을 시 자동으로 전류를 차단하여 선로를 보호하는 배선용 차단기이다.

정답 : ③

2015.1회-65

118 전기설비용 시설공간(실)의 계획에 관한 설명으로 옳지 않은 것은?

① 변전실은 부하의 중심에 설치한다.
② 변전실은 외부로부터 전력의 수전이 용이해야 한다.
③ 중앙감시실은 일반적으로 방재센터와 겸하도록 한다.
④ 발전기실은 변전실에서 최소 10m 이상 떨어진 위치에 배치한다.

> [해설]

발전기실의 위치 및 구조
- 기기의 반출입 및 운전, 보수가 용이한 위치일 것
- 엔진 배기 배출구에 가까울 것
- 급배수·연료 보급이 용이할 것
- 변전실에서 가까울 것(최대한 인접하여 배치)
- 주위 온도가 5℃ 이내로 내려가지 않도록 할 것(엔진 시동 곤란 및 규정 출력 미달의 우려)

정답 : ④

2022.2회-64

119 전기샤프트(ES)의 계획 시 고려사항으로 옳지 않은 것은?

① 각 층마다 같은 위치에 설치한다.
② 기기의 배치와 유지보수에 충분한 공간으로 하고, 건축적인 마감을 실시한다.
③ 점검구는 유지보수 시 기기의 반출입이 가능하도록 하여야 하며, 점검구 문의 폭은 최소 300mm 이상으로 한다.
④ 공급 대상 범위의 배선거리, 전압강하 등을 고려하여 가능한 한 공급 대상 설비시설 위치의 중심부에 위치하도록 한다.

> [해설]

점검구는 유지보수 시 기기의 반입 및 반출이 가능하도록 하여야 하며, 점검구 문의 폭은 90cm 이상으로 한다.

전기샤프트(ES) 설치
- 전력용(EPS)과 정보통신용(TPS)과 같이 용도별로 구분하여 설치한다.(단, 각 용도의 설치 장비 및 배선이 적은 경우는 공용으로 사용)
- 각 층마다 같은 위치에 설치한다.
- 면적은 보, 기둥부분을 제외하고 산정하며, 기기의 배치와 유지보수에 충분한 공간으로 하고, 건축적이 마감을 시행한다.
- 점검구는 유지보수 시 기기의 반출입이 가능하도록 하여야 하며, 점검구 문의 폭은 90cm 이상으로 한다.
- 공급 대상 범위의 배선거리, 전압강하 등을 고려하여 가능한 한 공급 대상 설비시설 위치의 중심부에 위치하도록 한다.
- 현재 장비 이외에 장래의 배선 등에 대한 여유성을 고려한 크기로 한다.

정답 : ③

2014.2회-77, 2020.1, 2회 통합-78

120 전기샤프트(ES)에 관한 설명으로 옳지 않은 것은?

① 각 층마다 같은 위치에 설치한다.
② 전력용과 정보통신용은 공용으로 사용해서는 안 된다.
③ 전기샤프트의 면적은 보, 기둥 부분을 제외하고 산정한다.
④ 현재 장비 이외에 장래의 배선 등에 대한 여유성을 고려한 크기로 한다.

> [해설]

전기샤프트(ES) 설치
- 전력용(EPS)과 정보통신용(TPS)과 같이 용도별로 구분하여 설치한다.(단, 각 용도의 설치 장비 및 배선이 적은 경우는 공용으로 사용)
- 각 층마다 같은 위치에 설치한다.
- 면적은 보, 기둥부분을 제외하고 산정하며, 기기의 배치와 유지보수에 충분한 공간으로 하고, 건축적인 마감을 시행한다.
- 점검구는 유지보수 시 기기의 반출입이 가능하도록 하여야 하며, 점검구 문의 폭은 90cm 이상으로 한다.
- 공급 대상 범위의 배선거리, 전압강하 등을 고려하여 가능한 한 공급 대상 설비시설 중심부에 위치하도록 한다.
- 현재 장비 이외에 장래의 배선 등에 대한 여유성을 고려한 크기로 한다.

정답 : ②

2019.4회-62

121 전기샤프트(ES)에 관한 설명으로 옳지 않은 것은?

① 전기샤프트(ES는 각 층마다 같은 위치에 설치한다.
② 전기샤프트(ES)의 면적은 보, 기둥 부분을 제외하고 산정한다.
③ 전기샤프트(ES)는 전력용(EPS)과 정보통신용(TPS)을 공용으로 설치하는 것이 원칙이다.
④ 전기샤프트(ES)의 점검구는 유지 보수 시 기기의 반입 및 반출이 가능하도록 하여야 한다.

> [해설]

전기샤프트(ES ; Electrical Shaft)는 용도별로 전력용(EPS)과 정보통신용(TPS)으로 구분하여 설치한다. 단, 각 용도의 설치 장비 및 배선이 적은 경우는 공용으로 사용 가능하다.

정답 : ③

2013.1회-68, 2016.2회-78

122 다음 설명에 알맞은 전동기의 종류는?

- 회전자계를 만드는 여자 전류가 전원측으로부터 흐르는 관계로 역률이 나쁘다는 결점이 있다.
- 구조와 취급이 간단하여 건축설비에서 가장 널리 사용된다.

① 직권전동기 ② 분권전동기
③ 유도전동기 ④ 동기전동기

[해설]
유도전동기
구조와 취급이 간단하고 기계적으로 견고하며, 가격도 저렴하여 건축설비에 가장 널리 사용되고 있다.
우리나라에서의 배전은 교류배전이므로 전동기도 대부분 교류전동기가 사용되고 있으며, 그중에서도 값이 싸고 구조가 간단하여 보수상의 문제가 적은 유도전동기가 가장 보편적으로 사용되고 있다. 직류전동기는 건축설비용으로는 직류 엘리베이터 구동용 등 극히 일부분에서만 사용되고 있다.

정답 : ③

2016.4회-71

123 다음 설명에 알맞은 전동기는?

- 구조와 취급이 간단하고 기계적으로 견고하다.
- 가격이 비교적 싸고 운전이 대체로 쉽다.
- 건축설비에서 가장 널리 사용되고 있다.

① 유도전동기 ② 동기전동기
③ 직류전동기 ④ 정류자전동기

[해설]
유도전동기에 관한 설명이다.

정답 : ①

2017.2회-68

124 3상 유도전동기의 속도제어 방법으로 옳지 않은 것은?

① 인버터를 사용하여 주파수를 변화시킨다.
② 2선의 접속을 바꿔 회전자계의 방향이 반대로 되도록 한다.

③ 회전자에 접속되어 있는 저항을 변화시켜 비례추이의 원리로 제어한다.
④ 독립된 2조의 극수가 서로 다른 고정자 권선을 감아 놓고 필요에 따라 극수를 선택하여 극수를 변화시킨다.

[해설]
3상 유도전동기 속도 제어
- 주파수 제어법 : 인버터를 사용하여 주파수를 변화시킨다.
- 2차 저항 제어법 : 회전자에 접속되어 있는 저항을 변화시켜 비례추이의 원리로 제어한다.
- 극수변환법 : 독립된 2조의 극수가 서로 다른 고정자 권선을 감아 놓고 필요에 따라 극수를 선택하여 극수를 변화시킨다.

정답 : ②

2013.1회-73

125 다음은 비상콘센트설비를 설치하여야 하는 특정소방대상물에 관한 기준 내용이다. ( ) 안에 공통으로 들어가는 숫자는?

층수가 ( )층 이상인 특정소방대상물의 경우에는 ( )층 이상의 층

① 8   ② 11
③ 14 ④ 16

[해설]
비상콘센트설비 설치대상
- 지하층을 포함하는 층수가 11층 이상인 특정소방대상물의 11층 이상의 층
- 지하 3층 이상이고 지하층 바닥면적의 합계가 1,000[m²] 이상인 지하층의 모든 층

정답 : ②

2016.4회-78

126 비상콘센트설비에 관한 설명으로 옳지 않은 것은?

① 층수가 6층 이상인 특정소방대상물의 전층에 설치하여야 한다.
② 전원회로는 각층에 있어서 2 이상이 되도록 설치하는 것을 원칙으로 한다.
③ 비상콘센트는 바닥으로부터 높이 0.8m 이상 1.5m 이하의 위치에 설치한다.
④ 소방시설 중 화재를 진압하거나 인명구조활동을 위하여 사용하는 소화활동설비에 속한다.

> [해설]

비상콘센트설비 설치대상
- 지하층을 포함하는 층수가 11층 이상인 특정소방대상물의 11층 이상의 층
- 지하 3층 이상이고 지하층 바닥면적의 합계가 1,000[m^2] 이상인 지하층의 모든 층

비상콘센트 설치기준
- 바닥으로부터 높이 0.8[m] 이상 1.5[m] 이하의 위치에 설치할 것
- 아파트 또는 바닥면적이 1,000[m^2] 미만인 층 : 계단의 출입구로부터 5[m] 이내에 설치
- 바닥면적이 1,000[m^2] 이상인 층(아파트 제외) : 계단의 출입구 또는 계단부속실의 출입구로부터 5[m] 이내에 설치

정답 : ①

2013.2회-64

127 비상콘센트설비에서 비상콘센트의 설치 위치로 가장 알맞은 것은?

① 바닥으로부터 높이 0.5m 이상 1.5m 이하의 위치
② 바닥으로부터 높이 0.8m 이상 1.5m 이하의 위치
③ 바닥으로부터 높이 0.5m 이상 1.8m 이하의 위치
④ 바닥으로부터 높이 0.8m 이상 1.8m 이하의 위치

> [해설]

비상콘센트 설치기준
- 바닥으로부터 높이 0.8[m] 이상 1.5[m] 이하의 위치에 설치할 것
- 아파트 또는 바닥면적이 1,000[m^2] 미만인 층 : 계단의 출입구로부터 5[m] 이내에 설치
- 바닥면적이 1,000[m^2] 이상인 층(아파트 제외) : 계단의 출입구 또는 계단부속실의 출입구로부터 5[m] 이내에 설치

정답 : ②

│4│ 약전설비(피뢰침·통신 및 신호설비 등)

2017.4회-69

128 다음 중 약전설비에 속하는 것은?

① 변전설비 ② 전화설비
③ 축전지설비 ④ 자가발전설비

> [해설]

약전설비
전화설비, 인터폰설비, 전기시계설비, 안테나(공동수신) 설비, 방범설비, 화재경보설비, 전기음향설비, 감시제어설비, 주차관제설비, 구내방송설비 등은 약전류 신호를 취급하는 설비를 말한다.

정답 : ②

2018.1회-68

129 다음 중 약전설비(소세력 전기설비)에 속하지 않는 것은?

① 조명설비 ② 전기음향설비
③ 감시제어설비 ④ 주차관제설비

> [해설]

전화설비, 인터폰설비, 전기시계설비, 안테나(공동수신) 설비, 방범설비, 화재경보설비, 전기음향설비, 감시제어설비, 주차관제설비, 구내방송설비 등은 약전류 신호를 취급하는 약전설비이며, 조명설비는 강전설비에 해당된다.

정답 : ①

2014.1회-79, 2018.2회-71

130 피뢰시스템에 관한 설명으로 옳지 않은 것은?

① 피뢰시스템은 보호성능 정도에 따라 등급을 구분한다.
② 피뢰시스템의 등급은 Ⅰ, Ⅱ, Ⅲ의 3등급으로 구분된다.
③ 수뢰부시스템은 보호범위 산정방식(보호각, 회전구체법, 메시법)에 따라 설치한다.
④ 피보호건축물에 적용하는 피뢰시스템의 등급 및 보호에 관한 사항은 한국산업표준의 낙뢰리스트 평가에 의한다.

> [해설]

피뢰시스템의 등급 분류(4등급으로 구분)

등급	시스템의 효율
Ⅰ	0.98
Ⅱ	0.95
Ⅲ	0.90
Ⅳ	0.80

정답 : ②

2016.2회-63

131 피뢰설비에서 수뢰부시스템의 보호범위 산정방식에 속하지 않는 것은?

① 보호각 ② 메시법
③ 축점조도법 ④ 회전구체법

> [해설]

피뢰설비의 수뢰부시스템의 보호범위 산정방식
메시법, 보호각법, 회전구체법 등이 있다.

정답 : ③

132 피뢰설비에서 수뢰부시스템의 설치 시 사용되는 보호범위 산정방식에 속하지 않는 것은?

① 메시법 ② 면적법
③ 보호각법 ④ 회전구체법

[해설]
보호범위 산정방식
- 메시법 : 보호건물 주위에 망상 도체를 적당한 간격으로 보호하는 방법
- 보호각법 : 피뢰침 보호각 내에 보호하는 방법
- 회전구체법 : 피뢰침과 지면에 닿는 회전구체를 그려 회전구체가 닿지 않는 부분을 보호범위로 산정하는 방법

정답 : ②

133 다음 설명에 알맞은 접지의 종류는?

> 기능상 목적이 서로 다르거나 동일한 목적의 개별접지들을 전기적으로 서로 연결하여 구현한 접지시스템

① 단독접지 ② 공통접지
③ 통합접지 ④ 종별접지

[해설]
통합접지
전기기기뿐만 아니라 수도관, 가스관, 철근, 철골 등과 같이 전기와 무관한 도체도 모두 함께 접지하여 그들 간에 전위차가 없도록 함으로써 감전 우려를 최소화하는 접지방식

정답 : ③

134 건축물 등에서 항공기의 추돌을 방지하기 위하여 설치하는 각종의 안전등화를 무엇이라 하는가?

① 선회등 ② 유도로등
③ 항공등화 ④ 항공장애표시등

[해설]
항공장애표시등
- 비행기의 야간비행이나 저공비행 시 안전하게 운항할 수 있도록 설치하는 것
- 건축물 또는 공작물의 높이가 60m 이상인 경우 설치 필요
- 수직거리 45m 간격으로 설치

정답 : ④

135 인터폰설비의 통화망 구성방식에 속하지 않는 것은?

① 모자식 ② 상호식
③ 복합식 ④ 프레스토크식

[해설]
통화망 구성방식
1. 모자식
   - 1대의 모기에 2대 이상의 자기를 접속하여 모기와 자기가 서로 호출해서 통화하는 방식
   - 자기끼리의 통화는 모기를 통해서 함
2. 상호식
   - 설치하는 각 기기의 구조와 사용법이 전부 동일
   - 서로 어느 기기에서든지 임의의 다른 기기를 자유롭게 호출하여 통화할 수 있음
   - 통화 중인 기기의 통화에는 혼선되지 않고 별도로 몇 쌍의 통화가 가능
3. 복합식
   - 모자식과 상호식의 조합
   - 몇 대의 자기를 접속한 모기그룹이 몇 개 있는 경우 모자 간은 모자식으로, 모기끼리는 상호식으로 호출하여 통화

정답 : ④

136 TV 공청설비의 주요 구성기기에 속하지 않은 것은?

① 증폭기 ② 월패드
③ 컨버터 ④ 혼합기

[해설]
월패드(Wall-pad)
가정의 주방이나 거실 벽면에 부착된 형태로, 비디오 도어폰 기능뿐 아니라 조명, 보일러, 가전제품 등 가정 내 각종 기기를 제어할 수 있는 단말기를 말하며 TV 공청설비의 주요 구성기기에는 속하지 않는다.

TV 공청설비(방송공동수신설비)
안테나, 증폭기, 분배기, 컨버터, 혼합기 등

정답 : ②

2020.4회-77

137 다음 중 방송공동수신설비의 구성 기기에 속하지 않는 것은?

① 혼합기 ② 모시계
③ 컨버터 ④ 증폭기

[해설]
모시계는 전기시계설비의 구성 기기로 대규모 시설에 주로 이용된다.

정답 : ②

2013.2회-63

138 정보통신설비는 정보설비와 통신설비로 구분할 수 있다. 다음 중 통신설비에 속하지 않는 것은?

① 전화설비 ② 인터폰설비
③ TV공청설비 ④ 전기시계설비

[해설]
전기시계설비는 정보설비에 해당한다.

정답 : ④

SECTION 03 위생설비

| 1 | 기초사항

2018.4회-68

139 대기압 하에서 0℃의 물이 0℃의 얼음으로 될 경우의 체적 변화에 관한 설명으로 옳은 것은?

① 체적이 4% 팽창한다. ② 체적이 4% 감소한다.
③ 체적이 9% 팽창한다. ④ 체적이 9% 감소한다.

[해설]

0℃ 물 → 0℃ 얼음 : 9% 팽창
이것은 얼음의 체적이 팽창하면서 물보다 가벼워진다는 것을 의미한다. 이로써 얼음의 9%만큼이 물에 뜨게 되며, 북극 등에서 볼 수 있는 빙산을 생각하면 된다.

정답 : ③

2019.2회-74

140 직경 200mm의 배관을 통하여 물이 1.5m/s의 속도로 흐를 때 유량은?

① 2.83m³/min ② 3.2m³/min
③ 3.83m³/min ④ 6.0m³/min

[해설]

$Q = A \cdot V = \dfrac{\pi \cdot D^2}{4} \cdot V$

여기서, Q : 유량(m³/sec), A : 배관의 단면적(m²)
V : 유속(m/s), D : 배관의 관경(m)

$\therefore Q = \dfrac{3.14 \times 0.2^2}{4} \times 1.5 = 0.0471 \text{(m/s)}$
$= (0.0471 \times 60)(\text{m}^3/\text{min}) = 2.83(\text{m}^3/\text{min})$

정답 : ①

2013.4회-79

141 다음 그림과 같이 A지점과 B지점의 관경이 각각 $d_A = 100$mm, $d_B = 200$mm이고, 유량이 3.0m³/min이라면 A, B지점에서의 유속(m/s)은 각각 얼마인가?

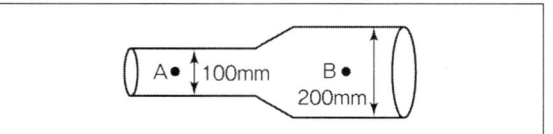

① A : 1.59m/s, B : 0.80m/s
② A : 1.59m/s, B : 6.37m/s
③ A : 6.37m/s, B : 3.19m/s
④ A : 6.37m/s, B : 1.59m/s

[해설]

유량을 구하는 공식을 활용하여 계산한다.

$Q = A \cdot V$

$V = \dfrac{Q}{A} = \dfrac{12}{\pi \cdot D^2 \cdot 60}$

여기서, Q : 유량(m³/s), A : 배관의 단면적(m²)
V : 유속(m/s), D : 배관의 관경(m)

• A지점 : $V = \dfrac{Q}{A} = \dfrac{12}{\pi \cdot D^2 \cdot 60}$
$= \dfrac{12}{3.14 \cdot (0.1)^2 \cdot 60} = 6.37 \text{(m/s)}$

• B지점 : $V = \dfrac{Q}{A} = \dfrac{12}{\pi \cdot D^2 \cdot 60}$
$= \dfrac{12}{3.14 \cdot (0.2)^2 \cdot 60} = 1.59 \text{(m/s)}$

정답 : ④

2020.3회-67

142 다음 설명에 알맞은 유체역학의 기본 원리는?

> 에너지 보존의 법칙을 유체의 흐름에 적용한 것으로서 유체가 갖고 있는 운동에너지, 중력에 의한 위치에너지 및 압력에너지의 총합은 흐름 내 어디에서나 일정하다.

① 사이펀 작용
② 파스칼의 원리
③ 뉴턴의 점성법칙
④ 베르누이의 정리

[해설]

베르누이(Bernoulli)의 정리
• 유체가 흐르는 속도와 압력, 높이의 관계를 수량적으로 나타낸 법칙
• 유체의 위치에너지와 운동에너지의 합은 항상 일정하다는 성질을 이용한 것
• 유체의 속력이 증가하면 유체 내부의 압력이 낮아지고, 반대로 속력이 감소하면 내부 압력이 높아진다. 압력이 높아지면 유리관 속의 물기둥은 높이가 낮아지고 압력이 낮아지면 유리관 속의 물기둥은 높아진다.
• 베르누이의 방정식 = 압력수두 + 속도수두 + 위치수두
$= \dfrac{P}{\rho} = \dfrac{V^2}{2} + Zg = $ 일정

정답 : ④

143 다음과 가장 관계가 깊은 것은?

> 에너지 보존의 법칙을 유체의 흐름에 적용한 것으로서 유체가 갖고 있는 운동에너지, 중력에 의한 위치에너지 및 압력에너지의 총합은 흐름 내 어디에서나 일정하다.

① 뉴턴의 점성법칙
② 베르누이의 정리
③ 보일-샤를의 법칙
④ 오일러의 상태방정식

해설

베르누이(Bernoulli)의 정리
- 유체가 흐르는 속도와 압력, 높이의 관계를 수량적으로 나타낸 법칙
- 유체의 위치에너지와 운동에너지의 합은 항상 일정하다는 성질을 이용한 것
- 유체의 속력이 증가하면 유체 내부의 압력이 낮아지고, 반대로 속력이 감소하면 내부 압력이 높아진다. 압력이 높아지면 유리관 속의 물기둥은 높이가 낮아지고 압력이 낮아지면 유리관 속의 물기둥은 높아진다.
- 베르누이의 방정식 = 압력수두 + 속도수두 + 위치수두
$$= \frac{P}{\rho} = \frac{V^2}{2} + Zg = 일정$$

정답 : ②

144 다음 그림과 같이 관경이 다른 관 내에 물이 흐를 경우에 관한 설명으로 옳은 것은?

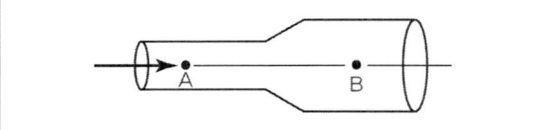

① 물의 속도는 A보다 B가 크며, 압력도 A보다 B가 크다.
② 물의 속도는 A보다 B가 크며, 압력은 B보다 A가 크다.
③ 물의 속도는 B보다 A가 크며, 압력은 A보다 B가 크다.
④ 물의 속도는 B보다 A가 크며, 압력도 B보다 A가 크다.

해설

물의 속도는 공식 $Q = A \cdot V$에서 동일 유량이 흐를 경우 단면적(A)이 작아지면 속도(V)는 커지게 되므로 B보다 A가 크며, 압력의 경우는 베르누이 방정식에 의해 동일 유선을 흐르는 임의의 점에서 위치수두 + 압력수두 + 속도수두의 합은 같으므로, 속도수두가 높아지면 상대적으로 압력수두는 낮아지게 되므로 압력은 베르누이 방정식에 의해 A보다 B가 크다.

정답 : ③

145 베르누이(Bernoulli)의 정리를 가장 올바르게 표현한 것은?

① 유체가 갖고 있는 운동에너지는 흐름 내 어디에서나 일정하다.
② 유체가 갖고 있는 운동에너지와 중력에 의한 위치에너지의 총합은 흐름 내 어디에서나 일정하다.
③ 유체가 갖고 있는 운동에너지, 중력에 의한 위치에너지의 총합은 흐름 내 어디에서나 압력에너지와 같다.
④ 유체가 갖고 있는 운동에너지, 중력에 의한 위치에너지 및 압력에너지의 총합은 흐름 내 어디에서나 일정하다.

해설

베르누이(Bernoulli)의 정리
- 유체가 흐르는 속도와 압력, 높이의 관계를 수량적으로 나타낸 법칙
- 유체의 위치에너지와 운동에너지의 합은 항상 일정하다는 성질을 이용한 것
- 유체의 속력이 증가하면 유체 내부의 압력이 낮아지고, 반대로 속력이 감소하면 내부 압력이 높아진다. 압력이 높아지면 유리관 속의 물기둥은 높이가 낮아지고 압력이 낮아지면 유리관 속의 물기둥은 높아진다.
- 베르누이의 방정식 = 압력수두 + 속도수두 + 위치수두
$$= \frac{P}{\rho} = \frac{V^2}{2} + Zg = 일정$$

정답 : ④

146 물의 경도에 관한 설명으로 옳지 않은 것은?

① 일반적으로 지표수는 연수, 지하수는 경수로 간주한다.
② 경도가 큰 물을 경수, 경도가 낮은 물을 연수라고 한다.
③ 경수를 보일러 용수로 사용하면 그 내면에 스케일이 생겨 전열효율이 감소된다.
④ 물의 경도는 물 속에 녹아 있는 칼슘, 마그네슘 등의 염류의 양을 탄산마그네슘의 농도로 환산하여 나타낸 것이다.

해설

물의 경도
탄산칼슘의 농도로 환산하여 물의 경도를 나타낼 때 적용한다.
$$\frac{CaCO_3 (탄산칼슘)}{Mg (마그네슘)} \times 1,000,000$$

정답 : ④

147 길이 1m, 구경 100mm의 관내를 유속 2.0m/s로 물이 흐르고 있을 때 직관부의 마찰손실은 얼마인가?(단, 물의 밀도는 1,000kg/m³, 관마찰 계수는 0.03이다.)

① 6Pa ② 60Pa
③ 600Pa ④ 6,000Pa

[해설]

$$\Delta P = f \times \frac{l}{d} \times \frac{v^2}{2} \times \rho$$

$$= 0.03 \times \frac{1}{0.1} \times \frac{2^2}{2} \times 1,000 = 600(\text{Pa})$$

여기서, f : 관마찰 계수, l : 관길이(m)
d : 관경(m), v : 유속(m/s)
ρ : 밀도(kg/m²)

정답 : ③

---

148 배관재료에 관한 설명으로 옳지 않은 것은?

① 주철관은 오배수관이나 지중 매설 배관에 사용된다.
② 경질염화비닐관은 내식성은 우수하나 충격에 약하다.
③ 연관은 내식성이 작아 배수용보다는 난방배관에 주로 사용된다.
④ 동관은 전기 및 열전도율이 좋고 전성, 연성이 풍부하며 가공도 용이하다.

[해설]
연관은 내식성이 우수하나 알칼리에는 약한 특성을 가지고 있어, 난방배관이 아닌 급수용 수도관에 주로 사용한다.

정답 : ③

---

149 유체의 흐름을 한 방향으로만 흐르게 하고 반대방향으로는 흐르지 못하게 하는 밸브는?

① 콕 ② 체크밸브
③ 게이트밸브 ④ 글로브밸브

[해설]
체크밸브
- 유체의 흐름을 한쪽 방향으로만 흐르게 하는 역류방지밸브이다.
- 스윙형(수직, 수평 배관에 사용)과 리프트형(수평배관에 사용)이 있다.
- 유량 조절은 불가능하다.

정답 : ②

---

150 강관의 배관 부속품에 관한 설명으로 옳지 않은 것은?

① 엘보는 배관을 굴곡할 때 사용된다.
② 티와 크로스는 분기관을 낼 때 사용된다.
③ 플러그는 구경이 다른 관을 접합할 때 사용된다.
④ 소켓, 유니온, 플랜지는 직관을 접합할 때 사용된다.

[해설]
플러그는 배관 말단을 막을 때 사용하는 배관 부속품이며, 이 외에도 캡이 있다. 구경이 다른 관을 접합할 때 사용하는 것은 이경소켓, 이경엘보 등이다.

정답 : ③

---

151 관 속의 유체가 섞여 있는 모래, 쇠부스러기 등의 이물질을 제거하여 기기의 성능을 보호하기 위해 배관에 설치하는 것은?

① 패킹 ② 볼 탭
③ 체크 밸브 ④ 스트레이너

[해설]
스트레이너(Strainer)
- 유체 중 이물질이 유량계로 침입해 문제를 일으키지 않도록 이를 제거하기 위한 부속품이다.
- 유량계의 직전 또는 유입측에 가능한 접근해서 설치한다.

정답 : ④

---

152 다음 중 급탕설비에서 온수 순환 펌프로 주로 이용되는 것은?

① 사류 펌프 ② 원심식 펌프
③ 왕복식 펌프 ④ 회전식 펌프

[해설]
원심식 펌프의 특징
- 급수, 급탕, 배수 등에 주로 사용한다.
- 고속도 운전에 적합하다.
- 진동이 적고, 장치가 간단하다.
- 전체의 형이 작고, 운전상의 성능이 우수하다.
- 양수량 조절이 쉽고 송수압 변동이 적다.

정답 : ②

153 급수가압 펌프에 관한 설명으로 옳지 않은 것은?

① 흡입관은 개별 배관으로 한다.
② 유량과 양정에 의해 동력이 정해진다.
③ 설치 위치나 장소 및 설치 조건 등에 따라 펌프의 형식이 결정된다.
④ 펌프의 흡입관에는 곡률 반경이 작은 엘보를 사용하며 직관부는 짧게 해준다.

[해설]
급수가압 펌프
- 흡입관은 개별 배관으로 한다.
- 유량과 양정에 의해 동력이 정해진다.
- 설치 위치나 장소 및 설치 조건에 따라 펌프의 형식이 결정
- 2대 이상으로 설치하고 자동 교대운전이 가능하도록 한다.
- 펌프의 흡입관은 펌프 흡입구에서의 편류(유체가 충전물의 층을 균일하게 분산하여 흐르지 않고 일부분 통로로 하여 불균일하게 흐르는 현상), 선회류(펌프의 흡입 부분에서 발생하는 회전유동을 말하며, 이러한 현상이 발생하면 펌프의 동력이 필요 없는 부분에 사용되어 성능 및 효율의 저하를 가져오게 된다)가 되지 않도록 곡률반경이 적은 엘보 사용을 피하고 직관부를 길게 해준다.

정답 : ④

154 양수 펌프의 회전수를 원래보다 20% 증가시켰을 경우 양수량의 변화로 옳은 것은?

① 20% 증가   ② 44% 증가
③ 73% 증가   ④ 100% 증가

[해설]
펌프의 양수량은 펌프의 회전수에 비례하므로 회전수를 20% 증가시켰다면 양수량도 비례적으로 20% 증가한다.

정답 : ①

155 양수량이 $1m^3/min$, 전양정이 50m인 펌프에서 회전수를 1.2배 증가시켰을 때 양수량은?

① 1.2배 증가   ② 1.44배 증가
③ 1.73배 증가   ④ 2.4배 증가

[해설]
펌프의 양수량은 임펠러의 회전수에 비례, 양정은 회전수의 제곱에 비례, 축동력은 회전수의 세제곱에 비례한다. 따라서, 회전수를 1.2배 증가시키면, 양수량은 1.2배 증가한다.

정답 : ①

156 펌프의 양수량 $10m^3/min$, 전양정 10m, 효율 80%일 때, 이 펌프의 소요동력은?(단, 여유율은 10%로 한다.)

① 22.5kW   ② 26.5kW
③ 30.6kW   ④ 32.4kW

[해설]
펌프의 축동력[kW] = $\dfrac{W \cdot Q \cdot H}{6,120E} \times \alpha$

여기서, W : 물의 단위용적중량[$1,000kg/m^3$]
Q : 양수량[m^3/min]
H : 펌프의 전양정[m]
E : 펌프의 효율[%], α : 여유율

∴ 펌프의 축동력[kW] = $\dfrac{1,000kg/m^3 \times 10m^3/min \times 10m}{6,120 \times 0.8} \times 1.1$
= 22.47[kW] ≒ 22.5[kW]

정답 : ①

157 양수량 $2m^3/min$, 전양정 50m, 효율이 60%인 펌프의 축동력은?(단, 유체의 밀도는 $1,000kg/m^3$이다.)

① 2.77kW   ② 9.82kW
③ 16.33kW   ④ 27.22kW

[해설]
펌프의 축동력[kW] = $\dfrac{W \cdot Q \cdot H}{6,120E}$

여기서, W : 물의 단위용적중량[$1,000kg/m^3$]
Q : 양수량[m^3/min]
H : 펌프의 전양정[m]
E : 펌프의 효율[%]

∴ 펌프의 축동력[kW] = $\dfrac{1,000kg/m^3 \times 2m^3/min \times 50m}{6,120 \times 0.6}$
= 27.23[kW] ≒ 27.22[kW]

(0.01 정도의 오차는 환산과정에서 일어날 수 있는 오차이므로 가장 근접한 것을 답으로 선택하면 된다.)

정답 : ④

158 펌프의 양수량이 $10m^3/min$, 전양정이 10m, 효율이 80%일 때, 이 펌프의 축동력은?

① 20.4kW   ② 22.5kW
③ 26.5kW   ④ 30.6kW

해설

펌프의 축동력[kW] = $\dfrac{W \cdot Q \cdot H}{6{,}120E}$

여기서, W : 물의 단위용적중량[1,000kg/m³]
Q : 양수량[m³/min]
H : 펌프의 전양정[m]
E : 펌프의 효율[%]

∴ 펌프의 축동력[kW] = $\dfrac{1{,}000\text{kg/m}^3 \times 10\text{m}^3/\text{min} \times 10\text{m}}{6{,}120 \times 0.8}$
= 20.42[kW] ≒ 20.4[kW]

정답 : ①

2013.2회-65, 2016.4회-64

159 전양정 24m, 양수량 13.8m³/h, 효율 60%일 때 펌프의 축동력은?

① 약 0.5kW   ② 약 1.0kW
③ 약 1.5kW   ④ 약 3.0kW

해설

펌프의 축동력[kW] = $\dfrac{W \cdot Q \cdot H}{6{,}120E}$

여기서, W : 물의 단위용적중량[1,000kg/m³]
Q : 양수량[m³/min]
H : 펌프의 전양정[m]
E : 펌프의 효율[%]

∴ 펌프의 축동력[kW] = $\dfrac{1{,}000\text{kg/m}^3 \times 0.23\text{m}^3/\text{min} \times 24\text{m}}{6{,}120 \times 0.6}$
= 1.503[kW] ≒ 1.5[kW]

★ 양수량의 단위환산(m³/h → m³/min)에 주의해야 한다.
13.8m³/h=13.8m³/60min=0.23m³/min

정답 : ③

2016.1회-70, 2020.1, 2회 통합-70

160 다음과 같은 조건에 있는 양수펌프의 축동력은?

- 양수량 : 490L/min
- 전양정 : 30m
- 펌프의 효율 : 60%

① 약 3kW   ② 약 4kW
③ 약 5kW   ④ 약 6kW

해설

펌프의 축동력[kW] = $\dfrac{W \cdot Q \cdot H}{6{,}120E}$

여기서, W : 물의 단위용적중량[1,000kg/m³]
Q : 양수량[m³/min]
H : 펌프의 전양정[m]
E : 펌프의 효율[%]

∴ 펌프의 축동력[kW] = $\dfrac{1{,}000\text{kg/m}^3 \times 0.49\text{m}^3/\text{min} \times 30\text{m}}{6{,}120 \times 0.6}$
= 4.003[kW] ≒ 4[kW]

*1L=10⁻³m³

정답 : ②

2020.4회-69

161 높이 30m의 고가수조에 매분 1m³의 물을 보내려고 할 때 필요한 펌프의 축동력은?(단, 마찰손실수두 6m, 흡입양정 1.5m, 펌프효율 50%인 경우)

① 약 2.5kW   ② 약 9.8kW
③ 약 12.3kW   ④ 약 16.7kW

해설

펌프의 축동력[kW] = $\dfrac{W \cdot Q \cdot H}{6{,}120E}$

여기서, W : 물의 단위용적중량[1,000kg/m³]
Q : 양수량[m³/min]
H : 펌프의 전양정[m]
E : 펌프의 효율[%]

∴ 펌프의 축동력[kW]
= $\dfrac{1{,}000\text{kg/m}^3 \times 1\text{m}^3/\text{min} \times (30+6+1.5)\text{m}}{6{,}120 \times 0.5}$
= 12.255[kW] ≒ 12.3[kW]

정답 : ③

2017.1회-73

162 수량 20m³/h를 양수하는 데 필요한 펌프의 구경은?(단, 양수펌프 내 유속은 2m/s로 한다.)

① 30mm   ② 40mm
③ 50mm   ④ 60mm

해설

펌프의 구경

$d = 1.13\sqrt{\dfrac{Q}{V}}$

여기서, Q : 수량, V : 유속

$d = 1.13 \times \sqrt{\dfrac{20\text{m}^3/\text{h}}{2\text{m/s}}} = 1.13 \times \sqrt{\dfrac{0.0056\text{m}^3/\text{s}}{2\text{m/s}}}$

= 59.5mm ≒ 60mm

★ 20m³/h=20m³/3,600s=0.0056m³/s

정답 : ④

163 볼류트 펌프의 토출구를 지나는 유체의 유속이 2.5m/s, 유량이 1m³/min일 경우, 토출구의 구경은?

① 75mm ② 82mm
③ 92mm ④ 105mm

[해설]

$$d = 1.13\sqrt{\frac{Q}{V}}$$

여기서, Q : 수량, V : 유속

$$d = 1.13 \times \sqrt{\frac{1m^3/min}{2.5m/s}} = 1.13 \times \sqrt{\frac{0.0167m^3/s}{2.5m/s}}$$

$$= 0.092m = 92mm$$

∗ $1m^3/min = 1m^3/60s = 0.0167m^3/s$

정답 : ③

164 수량 22.4m³/h를 양수하는 데 필요한 터빈 펌프의 구경으로 적당한 것은?(단, 터빈 펌프 내의 유속은 2m/s로 한다.)

① 65mm ② 75mm
③ 100mm ④ 125mm

[해설]

$$d = 1.13\sqrt{\frac{Q}{V}}$$

여기서, Q : 수량, V : 유속

$$d = 1.13 \times \sqrt{\frac{22.4m^3/min}{2m/s}} = 1.13 \times \sqrt{\frac{0.0062m^3/s}{2m/s}}$$

$$= 0.063m = 63mm$$

∗ $22.4m^3/h = 22.4m^3/3,600s = 0.0062m^3/s$

정답 : ①

165 급수설비에서 펌프의 실양정이 의미하는 것은? (단, 물을 높은 곳으로 보내는 경우)

① 배관계의 마찰손실에 해당하는 높이
② 흡수면에서 토출수면까지의 수직거리
③ 흡수면에서 펌프축 중심까지의 수직거리
④ 펌프축 중심에서 토출수면까지의 수직거리

[해설]

양정 중 실양정은 높이에 따라 발생하므로 흡수면에서부터 펌프가 물을 토출하는 토출수면까지의 높이, 즉 수직거리를 의미한다.

정답 : ②

166 펌프에서 발생하는 공동현상(Cavitation)의 방지대책으로 가장 알맞은 것은?

① 펌프의 설치위치를 높인다.
② 펌프의 흡입양정을 낮춘다.
③ 펌프의 토출양정을 높인다.
④ 펌프의 토출구경을 확대한다.

[해설]

공동현상(Cavitation)
1. 발생원인
   • 해발이 높은 지역에 대기압이 낮은 경우
   • 수온이 높아져 포화증기압 이하로 되었을 때
   • 배관이 좁아지는 부분(유속이 빨라지는 부분)
2. 방지대책
   • 흡입양정을 낮추고 수온상승을 방지한다.
   • 펌프 흡입 측의 공기유입을 방지한다.
   • 배관 내(흡입) 유속을 낮게 한다.

정답 : ②

2 | 급수 및 급탕설비

2018.1회-66

167 급수관의 관경 결정과 관계가 없는 것은?

① 관균등표 ② 동시사용률
③ 마찰저항선도 ④ 동적부하해석법

[해설] 동적부하해석법은 건축물의 열환경 분석 시뮬레이션 방법 중 하나이므로 관경 결정과는 관계가 없다.

급수관의 관경 결정 요소
관균등표, 동시사용률, 마찰저항선도가 있다.

정답 : ④

2015.1회-71

168 1일 급탕량이 12,000L/d일 때 급탕부하는 얼마인가?(단, 급탕온도는 80℃, 급수온도는 10℃, 물의 비열은 4.2kJ/kg·K이다.)

① 35.6kW ② 40.8kW
③ 44.6kW ④ 48.2kW

[해설]
급탕부하(kW) $= \dfrac{G \cdot c \cdot \Delta t}{3{,}600}$

여기서, G : 시간당 급탕량(kg/h), c : 물의 비열(kJ/kg·h)
Δt : 온도차(K)

$= \dfrac{500\text{kg/h} \times 4.2\text{kJ/kg·K} \times (80-10)\text{K}}{3{,}600}$

$= 40.83\text{kJ/s} ≒ 40.8\text{kW}$

★ 12,000L/d = 12,000kg/24h = 500kg/h

정답 : ②

2015.2회-74, 2022.2회-62

169 한 시간당 급탕량이 5m³일 때 급탕부하는 얼마인가?(단, 물의 비열 4.2kJ/kg·K, 급탕온도 70℃, 급수온도 10℃)

① 35kW ② 126kW
③ 350kW ④ 1,260kW

[해설]
급탕부하(kW) $= \dfrac{G \cdot c \cdot \Delta t}{3{,}600}$

여기서, G : 시간당 급탕량(kg/h), c : 물의 비열(kJ/kg·h)
Δt : 온도차(K)

$= \dfrac{(5 \times 10^3)\text{kg/h} \times 4.2\text{kJ/kg·K} \times (70-10)\text{K}}{3{,}600}$

$= 350\text{kJ/s} = 350\text{kW}$

정답 : ③

2014.4회-72

170 급탕배관 계통에서 총손실열량이 30,000W이고 급탕온도가 80℃, 반탕온도가 70℃라면 순환수량은?(단, 물의 비열은 4.2kJ/kg·K, 물의 밀도는 1kg/L이다.)

① 약 43L/min ② 약 56L/min
③ 약 66L/min ④ 약 72L/min

[해설]
$G = \dfrac{3{,}600 Q}{c \cdot \Delta t}$

여기서, G : 온수순환량(kg/h), Q : 발열량(kW)
c : 물의 비열(kJ/kg·h), Δt : 온도차(K)

$= \dfrac{3{,}600 \times 30\text{kW}}{4.2\text{kJ/kg·K} \times (80-70)\text{K}}$

$≒ 2{,}571.43\text{kg/h} ≒ 42.86\text{L/min} ≒ 43\text{L/min}$

★ 2,571.43kg/h = 2,571.43L/60min ≒ 42.86L/min

정답 : ①

2018.4회-65

171 다음 설명에 알맞은 급수 방식은?

- 위생성 측면에서 가장 바람직한 방식이다.
- 정전으로 인한 단수의 염려가 없다.

① 수도직결방식 ② 고가수조방식
③ 압력수조방식 ④ 펌프직송방식

[해설]
수도직결방식
- 급수오염이 가장 적다.
- 소규모 건물에 적합하며, 정전 시에도 급수가 가능하다.
- 단수 시에는 급수가 불가능하다.

정답 : ①

172 수도직결방식의 급수방식에서 수도 본관으로부터 8m 높이에 위치한 기구의 소요압이 70kPa이고 배관의 마찰손실이 20kPa인 경우 이 기구에 급수하기 위해 필요한 수도본관의 최소 압력은?

① 약 90kPa　　② 약 98kPa
③ 약 170kPa　　④ 약 210kPa

[해설]

수도본관의 최소 압력(P_0)
$P_0 \geq P_1 + P_2 + P_3$
　여기서, P_1 : 기구별 최저소요압력(kPa)
　　　　 P_2 : 관내 마찰손실수두(kPa)
　　　　 P_3 : 수전고(수도본관에서 최고층 급수기구까지의 높이)(m)
∴ $70\text{kPa} + 20\text{kPa} + 20 \times 80\text{m} = 170(\text{kPa})$

정답 : ③

173 급수방식 중 수도직결방식에서 수도 본관의 압력은 다음의 식을 만족하여야 한다. 다음 식의 P_1, P_2, P_3의 구성에 속하지 않는 것은?(단, P는 수도 본관의 압력이다.)

$$P \geq P_1 + P_2 + P_3$$

① 제일 높은 수도꼭지까지의 높이
② 제일 높은 수도꼭지까지의 배관길이
③ 제일 높은 수도꼭지까지의 관마찰손실
④ 제일 높은 수도꼭지에서 필요로 하는 압력

[해설]

수도직결방식에서 수도 본관의 압력(P)
$P \geq P_1 + P_2 + P_3$
　여기서, P_1 : 낙차압력(제일 높은 수도꼭지까지의 높이)
　　　　 P_2 : 배관, 밸브류 등의 마찰손실수두 압력(제일 높은 수도꼭지까지의 관마찰손실)
　　　　 P_3 : 기구의 최소 필요압력(제일 높은 수도꼭지에서 필요로 하는 압력)

정답 : ②

174 급수방식 중 고가수조방식에 관한 설명으로 옳은 것은?

① 급수압력이 일정하다.
② 2층 정도의 건물에만 적용이 가능하다.
③ 위생성 측면에서 가장 바람직한 방식이다.
④ 저수조가 없으므로 단수 시에 급수가 불가능하다.

[해설]

②, ③, ④는 수도직결방식에 대한 설명이다.

고가수조방식
지하수나 상수도 인입관으로부터 저수조에 저수한 후 양수펌프를 이용하여 옥상의 탱크에 양수해 그 수압을 이용하여 필요한 개소에 급수관을 통하여 하향공급하는 방식으로 중규모 이상의 건축물에 가장 일반적으로 적용되는 방식이다.
1. 장점
　● 일정한 높이까지 일정한 수압으로 급수할 수 있다.
　● 취급이 간단하며 대규모 급수설비에 적합하다.
　● 세정밸브를 사용하기에 적합하다.
　● 배관부속품의 파손이 적다.
　● 정전이나 단수 시에도 일정시간동안 급수가 가능하다.
2. 단점
　● 저수조에서의 급수오염 가능성이 높다.
　● 미관이 좋지 않고, 구조물 보강계획이 필요하다.
　● 설비비가 높다.
　● 고층부 수전과 저층부 수전의 토출압력이 다르다.

정답 : ①

175 급수방식 중 고가수조방식에 관한 설명으로 옳은 것은?

① 대규모의 급수 수요에 쉽게 대응할 수 있다.
② 저수조가 없으므로 단수 시에 급수할 수 없다.
③ 수도 본관의 영향을 그대로 받아 수압 변화가 심하다.
④ 위생 및 유지·관리 측면에서 가장 바람직한 방식이다.

[해설]

②, ③, ④는 수도직결방식에 대한 설명이다.

고가수조방식
지하수나 상수도 인입관으로부터 저수조에 저수한 후 양수펌프를 이용하여 옥상의 탱크에 양수해 그 수압을 이용하여 필요한 개소에 급수관을 통하여 하향공급하는 방식으로 중규모 이상의 건축물에 가장 일반적으로 적용되는 방식이다.

1. 장점
   - 일정한 높이까지 일정한 수압으로 급수할 수 있다.
   - 취급이 간단하며 대규모 급수설비에 적합하다.
   - 세정밸브를 사용하기에 적합하다.
   - 배관부속품의 파손이 적다.
   - 정전이나 단수 시에도 일정시간동안 급수가 가능하다.
2. 단점
   - 저수조에서의 급수오염 가능성이 높다.
   - 미관이 좋지 않고, 구조물 보강계획이 필요하다.
   - 설비비가 높다.
   - 고층부 수전과 저층부 수전의 토출압력이 다르다.

정답 : ①

2017.4회-71

176 급수방식 중 고가수조방식에 관한 설명으로 옳은 것은?

① 상향급수 배관방식이 주로 사용된다.
② 3층 이상의 고층으로의 급수가 어렵다.
③ 압력수조방식에 비해 급수압 변동이 크다.
④ 펌프직송방식에 비해 수질오염 가능성이 크다.

[해설]

고가수조방식
옥상탱크에 물을 저수한 후 건물에 하향급수하는 방식이므로 옥상탱크에 물 저수 시 수질이 오염될 가능성이 크다.

정답 : ④

2016.4회-72

177 고가수조 급수방식에서 물 공급순서로 옳은 것은?

① 상수도 → 저수조 → 펌프 → 고가수조 → 위생기구
② 상수도 → 고가수조 → 펌프 → 저수조 → 위생기구
③ 상수도 → 고가수조 → 저수조 → 펌프 → 위생기구
④ 상수도 → 저수조 → 고가수조 → 펌프 → 위생기구

[해설]

고가수조 급수방식의 물 공급순서
상수도 → 저수조 → 펌프 → 고가수조 → 위생기구

정답 : ①

2013.1회-70

178 다음 중 초고층 건물에서 중간층에 중간수조를 설치하는 가장 주된 이유는?

① 옥상층의 면적을 줄이기 위하여
② 저층부의 수압을 줄이기 위하여
③ 정전 등으로 인한 단수를 막기 위하여
④ 물탱크에서 물이 오염될 가능성을 낮추기 위하여

[해설]

초고층 건축물에서 중간층에 중간수조를 설치하는 이유는 위치에너지를 적절히 감소시킴으로써 저층부의 수압을 줄이기 위함이다. 이렇게 초고층 건축물에 수압 등의 이유로 수조 등 분산 배치 계획을 세우는 것을 급수조닝이라고 한다.

정답 : ②

2014.1회-68

179 다음 중 급수방식으로 압력탱크방식을 채택하는 경우와 가장 거리가 먼 것은?

① 설치환경의 제약으로 고가탱크방식의 적용이 어려운 경우
② 급수 공급 압력의 변화가 심하고 수질 오염의 우려가 큰 경우
③ 동일한 높이에 설치된 다른 장비에 적절한 수압을 얻을 수 없는 경우
④ 고가탱크방식으로는 제일 높은 층에서 필요로 하는 압력을 얻을 수 없는 경우

[해설]

급수 공급 압력의 변화가 심할 경우 고가수조방식을 사용하는 것이 좋으며, 수질 오염의 우려가 큰 경우에는 수도직결방식을 적용하는 것이 유리하다.

정답 : ②

2017.1회-67

180 압력수조 급수방식에 관한 설명으로 옳지 않은 것은?

① 정전 시 급수가 곤란하다.
② 고가수조가 필요 없어 미관상 좋다.
③ 고가수조방식에 비해 급수압의 변동이 크다.
④ 고가수조방식에 비해 수조의 설치위치에 제한이 많다.

해설
압력수조 급수방식은 급수압력의 변동이 심하고 급수높이에 제한이 없다.

정답 : ④

181 압력탱크 급수방식에 관한 설명으로 옳지 않은 것은?

① 정전 시 급수가 곤란하다.
② 급수 압력을 일정하게 유지할 수 있다.
③ 단수 시 저수조의 물을 사용할 수 있다.
④ 탱크를 높은 곳에 설치하지 않아도 된다.

해설
압력탱크 급수방식은 급수압력을 일정하게 유지할 수 없으므로 급수압이 일정하지 않아 대규모 고층건물의 급수부하에 대응이 어렵다.

정답 : ②

182 압력탱크식 급수설비에서 탱크 내의 최고압력이 350kPa, 흡입양정이 5m인 경우, 압력탱크에 급수하기 위해 사용되는 급수펌프의 양정은?

① 약 3.5m
② 약 8.5m
③ 약 35m
④ 약 40m

해설
급수펌프양정
$H = H_s + H_d = 35 + 5 = 40(m)$
여기서, H_s : 흡입양정
H_d : 토출양정
최고 압력은 350kPa이며 0.35MP에 해당하므로 수두는 35m이다.

정답 : ④

183 급수방식 중 펌프직송방식에 대한 설명으로 옳지 않은 것은?

① 상향공급방식이 일반적이다.
② 전력공급이 중단되면 급수가 불가능하다.
③ 자동제어에 필요한 설비비가 적고, 유지관리가 간단하다.
④ 적절한 대수분할, 압력제어 등에 의해 에너지절약을 꾀할 수 있다.

해설
펌프직송방식(탱크리스 부스터 펌프방식)
1. 장점
 • 급수펌프만으로 급수하므로 수질오염 가능성이 적다.
 • 최상층의 수압을 크게 할 수 있다.
 • 기계, 기구 점유면적을 작게 할 수 있다.
 • 자동제어시스템에 의해 급수하므로 주택단지, 넓은 공장, 대규모 건물에 유리하다.
2. 단점
 • 펌프의 가동과 정지 시 급수압력의 변동이 있어, 압력을 일정하게 유지하기 위한 제어장치가 필요하다.
 • 자동제어설비로 인한 비용이 많이 든다.
 • 비상전원 사용 시를 제외하고, 정전이나 고장 시 급수가 불가능하다.
 • 고장 시 대처가 쉽지 않다.

정답 : ③

184 급수방식 중 펌프직송방식에 관한 설명으로 옳지 않은 것은?

① 전력 차단 시 급수가 불가능하다.
② 고가수조방식에 비해 수질오염 가능성이 크다.
③ 건축적으로 건물의 외관 디자인이 용이해지고 구조적 부담이 경감된다.
④ 적정한 수압과 수량 확보를 위해서는 정교한 제어장치 및 내구성 있는 제품의 선정이 필요하다.

해설
수질오염 가능성이 가장 큰 방식은 고가수조방식이다.

정답 : ②

185 각종 급수방식에 관한 설명으로 옳지 않은 것은?

① 수도직결방식은 정전으로 인한 단수의 염려가 없다.
② 압력수조방식은 단수 시에 일정량의 급수가 가능하다.
③ 수도직결방식은 위생 및 유지·관리 측면에서 가장 바람직한 방식이다.
④ 고가수조방식은 수도 본관의 영향에 따라 급수압력의 변화가 심하다.

해설
④ 고가수조방식은 급수방식 중 급수공급압력의 변화가 가장 일정한 방식이다.

정답 : ④

2013.1회-67

186 급수방식에 관한 설명으로 옳은 것은?

① 수도직결방식은 수질오염의 가능성이 적다.
② 고가수조방식은 급수공급압력의 변화가 심하다.
③ 고가수조방식은 주로 상향급수 배관방식을 사용한다.
④ 압력수조방식은 압력을 항상 일정하게 유지할 수 있다.

[해설]
② 고가수조방식은 급수방식 중 급수공급압력의 변화가 가장 일정한 방식이다.
③ 고가수조방식은 일반적으로 건물 옥상에 고가수조를 두고 하향급수 배관방식을 사용한다.
④ 압력수조방식은 압력탱크를 이용한 상향급수방식으로 압력의 변화가 심하다는 단점이 있다.

정답 : ①

2015.4회-73

187 급수방식에 관한 설명으로 옳지 않은 것은?

① 상수도 직결방식은 위생성 측면에서 바람직한 방식이다.
② 고가탱크방식은 중력으로 필요한 곳에 급수하는 방식이다.
③ 펌프직송방식 중 변속방식은 토출압력을 감지하여 펌프의 회전수를 제어하는 방식이다.
④ 압력탱크방식은 대규모의 급수 수요에 쉽게 대응할 수 있어 고층건물에 주로 사용된다.

[해설]
압력탱크 급수방식은 급수압력을 일정하게 유지할 수 없으므로 급수압이 일정하지 않아 대규모 고층건물의 급수부하에 대응이 어렵다.

정답 : ④

2016.1회-76

188 급수설비에서 수격작용(워터 해머)에 관한 설명으로 옳지 않은 것은?

① 관경이 클수록 발생하기 쉽다.
② 굴곡 개소로 인해 발생하기 쉽다.
③ 유속이 빠를수록 발생하기 쉽다.
④ 플러시 밸브나 수전류를 급격히 열고 닫을 때 발생하기 쉽다.

[해설]
수격작용(=워터 해머 ; Water Hammer)
관속을 가득히 흐르는 물을 밸브로 갑작스레 차단하면 밸브 바로 앞의 관속 압력이 급상승하는 현상을 가리킨다. 이러한 현상은 장치의 파손과 고장의 원인이 된다.
관경이 클 경우에는 압력이 작아지므로 발생할 가능성이 낮다.

정답 : ①

2019.1회-66

189 다음 중 수격작용의 발생 원인과 가장 거리가 먼 것은?

① 밸브의 급폐쇄
② 감압밸브의 설치
③ 배관방법의 불량
④ 수도본관의 고수압(高水壓)

[해설]
감압밸브는 압력을 낮추어 일정하게 유지시키는 장치이기 때문에 수격작용의 발생 원인과는 거리가 멀다.

정답 : ②

2018.2회-65

190 급수관에 워터해머(Water Hammer)가 생기는 가장 주된 원인은?

① 배관의 부식
② 배관 지름의 확대
③ 수원(水原)의 고갈
④ 배관 내 유수(流水)의 급정지

[해설]
수격작용(=워터 해머 ; Water Hammer)
관 속을 충만하게 흐르는 액체(물)의 속도를 정지시키는 등 물의 운동상태를 급격히 변화시켰을 때 일어나는 압력파 현상이다. 따라서 배관 내의 압력 변화가 수격작용의 가장 주된 원인이다.

정답 : ④

2013.4회-68, 2019.2회-80

191 크로스 커넥션(Cross Connection)에 관한 설명으로 옳은 것은?

① 관로 내의 유체가 급격히 변화하여 압력 변화를 일으키는 것
② 상수로부터의 급수계통(배관)과 그 외의 계통이 직접 접속되어 있는 것
③ 겨울철 난방을 하고 있는 실내에서, 창을 타고 차가운 공기가 하부로 내려오는 현상
④ 급탕·반탕관의 순환거리를 각 계통에 있어서 거의 같게 하여 전 계통이 탕의 순환을 촉진하는 방식

[해설]
크로스 커넥션(Cross Connection)
- 다른 도관의 물이 유입되거나 수돗물에 이물질이 혼입되어 오염이 발생하는 현상이다.
- 배관의 잘못된 연결에 의해 발생하므로, 각 계통마다 배관을 색깔로 구분하여 방지한다.

정답 : ②

2021.4회-75

192 다음 중 급수계통의 오염 원인과 가장 거리가 먼 것은?

① 급수로의 배수 역류
② 저수탱크에 유해물질 침입
③ 수격작용(Water Hammering)
④ 크로스 커넥션(Cross Connection)

[해설]
수격작용(워터 해머)은 급수관 내 유속의 급격한 변화에 의해 일어나는 현상으로 급수계통의 오염 원인과는 거리가 멀다.

정답 : ③

2020.3회-69

193 급수 및 급탕설비에 사용되는 슬리브(Sleeve)에 관한 설명으로 옳은 것은?

① 사이펀 작용에 의한 트랩의 봉수 파괴 방지를 위해 사용한다.
② 스케일 부착 및 이물질 투입에 의한 관 폐쇄를 방지하기 위해 사용한다.
③ 가열장치 내의 압력이 설정압력을 넘는 경우에 압력을 도피시키기 위해 사용한다.
④ 배관 시 차후의 교체, 수리를 편리하게 하고 관의 신축에 무리가 생기지 않도록 하기 위해 사용한다.

[해설]
벽에 슬리브(Sleeve)를 설치하고 그 속으로 배관을 관통시킬 경우 구조체와 배관을 분리(이격)시켜 관의 설치 및 수리, 교체를 용이하게 할 수 있다.

정답 : ④

2022.1회-78

194 다음 중 급수배관계통에서 공기빼기밸브를 설치하는 가장 주된 이유는?

① 수격작용을 방지하기 위하여
② 배관 내면의 부식을 방지하기 위하여
③ 배관 내 유체의 흐름을 원활하게 하기 위하여
④ 배관 표면에 생기는 결로를 방지하기 위하여

[해설]
공기빼기밸브는 방열기나 배관 중에 있는 공기를 빼기 위한 밸브로 배관 내의 유체 흐름을 원활하게 하기 위해서 설치한다.

정답 : ③

2018.4회-69

195 급수배관의 설계 및 시공상의 주의점에 관한 설명으로 옳지 않은 것은?

① 급수관의 기울기는 1/100을 표준으로 한다.
② 수평배관에는 공기나 오물이 정체하지 않도록 한다.
③ 급수주관으로부터 분기하는 경우는 티(tee)를 사용한다.
④ 음료용 급수관과 다른 용도의 배관을 크로스 커넥션하지 않도록 한다.

[해설]
급수관의 기울기(적정 구배)는 1/250을 표준으로 상향 및 하향 기울기를 사용한다.

정답 : ①

196 급수설비에서 역류를 방지하여 오염으로부터 상수계통을 보호하기 위한 방법으로 옳지 않은 것은?

① 토수구 공간을 둔다.
② 각개통기관을 설치한다.
③ 역류방지밸브를 설치한다.
④ 가압식 진공브레이커를 설치한다.

[해설]
각개통기관은 배수를 원활히 하기 위해 설치하는 것이므로 급수설비의 역류방지와는 상관없다.

정답 : ②

197 다음 중 역류를 방지하여 오염으로부터 상수계통을 보호하기 위한 방법과 가장 거리가 먼 것은?

① 토수구 공간을 둔다.
② 역류방지밸브를 설치한다.
③ 대기압식 또는 가압식 진공브레이커를 설치한다.
④ 플렉시블 조인트를 설치하거나 스위블 이음으로 배관한다.

[해설]
플렉시블 조인트와 스위블 이음은 관의 신축에 대응하기 위한 방식으로 역류 방지와는 관계가 없다.

정답 : ④

198 급탕설비 중 개별식 급탕방식에 관한 설명으로 옳지 않은 것은?

① 배관길이가 길어 배관 중의 열손실이 크다.
② 건물 완공 후에도 급탕개소의 증설이 비교적 쉽다.
③ 급탕개소마다 가열기의 설치 스페이스가 필요하다.
④ 용도에 따라 필요한 개소에서 필요한 온도의 탕을 비교적 간단하게 얻을 수 있다.

[해설]
개별식 급탕방식은 배관길이가 짧아 배관 중의 열손실이 적은 특성을 가지고 있다.

개별식(국소식) 급탕방식
1. 장점
   • 배관길이가 짧아 배관 중의 열손실이 적게 일어난다.
   • 수시로 급탕하여 사용할 수 있고, 비교적 급탕개소의 증설이 용이하다.
   • 높은 온도의 온수를 쉽게 얻을 수 있다.
   • 급탕개소가 적을 경우 시설비가 적게 든다.
2. 단점
   • 급탕 규모가 커지면 가열기가 필요하므로 유지·관리가 어렵다.
   • 급탕개소마다 가열기의 설치공간이 필요하다.

정답 : ①

199 국소식 급탕방식에 관한 설명으로 옳지 않은 것은?

① 배관의 열손실이 적다.
② 급탕개소와 급탕량이 많은 경우에 유리하다.
③ 급탕개소마다 가열기의 설치 스페이스가 필요하다.
④ 건물 완공 후에도 급탕개소의 증설이 비교적 쉽다.

[해설]
급탕개소와 급탕량이 많은 경우에 유리한 급탕 방식은 중앙식이다.

개별식(국소식) 급탕방식
1. 장점
   • 배관길이가 짧아 배관 중의 열손실이 적게 일어난다.
   • 수시로 급탕하여 사용할 수 있고, 비교적 급탕개소의 증설이 용이하다.
   • 높은 온도의 온수를 쉽게 얻을 수 있다.
   • 급탕개소가 적을 경우 시설비가 적게 든다.
2. 단점
   • 급탕 규모가 커지면 가열기가 필요하므로 유지·관리가 어렵다.
   • 급탕개소마다 가열기의 설치공간이 필요하다.

정답 : ②

200 중앙식 급탕법에 관한 설명으로 옳지 않은 것은?

① 배관 및 기기로부터의 열손실이 많다.
② 급탕개소마다 가열기의 설치 스페이스가 필요하다.
③ 일반적으로 열원장치는 공조설비와 겸용하여 설치된다.
④ 급탕기구의 동시 사용률을 고려하기 때문에 가열장치의 전체 용량을 줄일 수 있다.

[해설]
온수를 사용하는 급탕개소마다 가열장치가 설치되는 것은 국소식(개별식) 급탕방식이다.

중앙식 급탕방식
- 상향 또는 하향 순환식 배관에 의해 필요개소에 온수를 공급한다.
- 국소식에 비해 기기가 집중되어 있으므로 설비의 유지·관리가 용이하다.
- 호텔이나 병원 등과 같이 급탕개소가 많고 사용량이 많은 건물 등에 채용된다.
- 급탕법으로는 직접가열식과 간접가열식, 순간가열식이 있다.

1. 장점
   - 연료비가 적게 들고, 효율이 좋아 관리상 유리하다.
   - 기구의 동시이용률을 고려하여 가열장치의 총열량을 적게 할 수 있다.
   - 대규모 급탕에 적합하다.
2. 단점
   - 초기 투자비용이 많이 든다.
   - 전문기술자가 필요하다.
   - 배관 도중 열손실이 크다.
   - 시공 후 증설에 따른 배관 변경이 어렵다.

정답 : ②

2015.4회-61

201 중앙식 급탕방식에 관한 설명으로 옳지 않은 것은?

① 주로 중규모 이상의 건물에 적용하는 방식이다.
② 온수를 사용하는 개소마다 가열장치가 설치된다.
③ 직접가열방식, 간접가열방식 및 순간가열방식이 있다.
④ 상향 또는 하향 순환식 배관에 의해 필요 개소에 온수를 공급한다.

[해설]
온수를 사용하는 개소마다 가열장치가 설치되는 것은 국소식(개별식) 급탕방식이다.

정답 : ②

2021.4회-63

202 중앙식 급탕방식에 관한 설명으로 옳지 않은 것은?

① 온수를 사용하는 개소마다 가열장치가 설치된다.
② 상향 또는 하향 순환식 배관에 의해 필요개소에 온수를 공급한다.
③ 국소식에 비해 기기가 집중되어 있으므로 설비의 유지 관리가 용이하다.
④ 호텔이나 병원 등과 같이 급탕개소가 많고 사용량이 많은 건물 등에 채용된다.

[해설]
온수를 사용하는 개소마다 가열장치가 설치되는 것은 국소식(개별식) 급탕방식이다.

정답 : ①

2017.2회-70, 2021.2회-68

203 간접가열식 급탕방식에 관한 설명으로 옳지 않은 것은?

① 저압보일러를 써도 되는 경우가 많다.
② 직접가열식에 비해 소규모 급탕설비에 적합하다.
③ 급탕용 보일러는 난방용 보일러와 겸용할 수 있다.
④ 직접가열식에 비해 보일러 내면에 스케일이 발생할 염려가 적다.

[해설]
간접가열방식의 특징
- 난방과 동시에 급탕이 가능하다.
- 대규모 설비에 적합하다.
- 스케일(물 때) 형성이 적고 보일러 수명이 길다.
- 건물높이에 따른 수압이 보일러에 작용하지 않으므로 저압보일러로도 가능하다.

정답 : ②

2019.1회-75

204 간접가열식 급탕설비에 관한 설명으로 옳지 않은 것은?

① 대규모 급탕설비에 적당하다.
② 비교적 안정된 급탕을 할 수 있다.
③ 보일러 내면에 스케일이 많이 생긴다.
④ 가열 보일러는 난방용 보일러와 겸용할 수 있다.

[해설]
간접가열식은 직접가열식에 비해 보일러 내부에 스케일(물 때)이 발생할 우려가 적어 보일러 수명이 길고 건물 높이에 따른 수압도 작용하지 않는다.

정답 : ③

205 간접가열식 급탕법에 관한 설명으로 옳지 않은 것은?

① 대규모 급탕설비에 적합하다.
② 보일러 내부에 스케일의 발생 가능성이 높다.
③ 가열코일에 순환하는 증기는 저압으로도 된다.
④ 난방용 증기를 사용하면 별도의 보일러가 필요 없다.

[해설]
간접가열식은 보일러 내부에 스케일(물 때)이 발생할 우려가 적어 보일러 수명이 길고 건물 높이에 따른 수압도 작용하지 않는다.

정답 : ②

206 급탕설비에 관한 설명으로 옳지 않은 것은?

① 냉수, 온수를 혼합 사용해도 압력차에 의한 온도변화가 없도록 한다.
② 배관은 적정한 압력손실 상태에서 피크시를 충족시킬 수 있어야 한다.
③ 도피관에는 압력을 도피시킬 수 있도록 밸브를 설치하고 배수는 직접배수로 한다.
④ 밀폐형 급탕시스템에는 온도상승에 의한 압력을 도피시킬 수 있는 팽창탱크 등의 장치를 설치한다.

[해설]
도피관(팽창관)에는 절대 밸브를 설치해서는 안 되며, 도피관의 배수는 간접배수로 한다.

팽창관(Expansion Pipe)
- 급탕계통 내의 체적 팽창을 도피시키고 배관 내에 분리된 공기나 증기를 배출시키는 관을 말한다.
- 온수탱크 또는 온수보일러에서 단독 배관으로 입상시켜 옥상탱크나 팽창탱크에 개방시킨다.
- 팽창관의 도중에는 절대로 밸브를 설치해서는 안 된다.
- 팽창관의 배수는 간접배수로 한다.
- 팽창관의 관경은 겨울철에 동결을 고려하여 20A 이상으로 한다.

정답 : ③

207 급탕배관에서 관의 신축을 고려한 조치사항으로 옳지 않은 것은?

① 수평관에 일정한 구배를 둔다.
② 배관 중간에 신축이음을 설치한다.
③ 배관의 굽힘 부분에는 스위블 이음으로 접합한다.
④ 건물의 벽 관통 부분의 배관에는 슬리브를 사용한다.

[해설]
배관의 구배는 온수의 순환을 원활하게 하고, 물빼기, 공기제거 등을 하기 위함이므로 현장 조건이 허용하는 한 급구배로 한다.
구배는 중력순환식인 경우 $\frac{1}{150}$, 기계식인 경우 $\frac{1}{200}$ 정도가 좋다.

정답 : ①

208 급탕배관에 관한 설명으로 옳지 않은 것은?

① 관의 신축을 고려하여 굽힘 부분에는 스위블 이음 등으로 접합한다.
② 관의 신축을 고려하여 건물의 벽 관통 부분의 배관에는 슬리브를 사용한다.
③ 역구배나 공기 정체가 일어나기 쉬운 배관 등 온수의 순환을 방해하는 것을 피한다.
④ 배관재로 동관을 사용하는 경우 관내 유속을 느리게 하면 부식되기 쉬우므로 2.5m/s 이상으로 하는 것이 바람직하다.

[해설]
급탕배관의 부식의 원인 중 대부분은 과대한 유속에 기인하는 것으로, 관내 유속은 동관에서 0.4~1.5m/s로 하는 것이 바람직하다.

정답 : ④

209 급탕설비에 관한 설명으로 옳은 것은?

① 팽창탱크는 반드시 개방식으로 해야 한다.
② 리버스 리턴(Reverse-return) 방식은 전 계통의 탕의 순환을 촉진하는 방식이다.
③ 직접가열식 중앙급탕법은 보일러 안에 스케일 부착이 없이 내부에 방식처리가 불필요하다.
④ 간접가열식 중앙급탕법은 저탕조와 보일러를 직결하여 순환가열하는 것으로 고압용 보일러가 주로 사용된다.

[해설]
① 보일러 용량이 클 경우 팽창탱크는 주로 밀폐식으로 한다.
③, ④는 간접가열식 중앙급탕법에 대한 설명이다.

리버스 리턴 방식(역순환 배관방식)
- 역순환 방식으로 냉·온수 배관법의 일종이다.
- 하나의 배관계에 다수의 열교환기를 취부할 때 배관의 길이가 다르기 때문에 환수관을 가장 먼 기기까지 가지고 간 다음, 반복하여 환수관을 원래 방향으로 되돌리면서 각 기기의 배관저항의 균형을 맞추어 기기의 수량 평균성을 보존하는 방식이다.

정답 : ②

2017.1회-80

210 급탕 배관의 신축이음의 종류에 속하지 않는 것은?

① 루프형 ② 칼라형
③ 슬리브형 ④ 벨로스형

[해설]
급탕배관의 신축이음 종류
- 루프형(신축곡관)
- 스위블 조인트
- 슬리브형
- 벨로즈(스)형

정답 : ②

2013.1회-71, 2016.2회-68

211 길이가 20m인 동관으로 된 급탕수평주관에 급탕이 공급되어 관의 온도가 10℃에서 60℃로 온도가 상승된 경우, 동관의 팽창량은?(단, 동관의 선팽창계수는 1.71×10^{-5})

① 0.86mm ② 8.6mm
③ 17.1mm ④ 171mm

[해설]
동관의 팽창량(l')
$l' = a \cdot \Delta t \cdot l$
$= (1.71 \times 10^{-5}) \times 50 \times 20 = 0.017\text{m} = 17.1\text{mm}$
여기서, 선팽창계수(a), 온도차(Δt), 관길이(l)

정답 : ③

3 배수 및 통기설비

2021.1회-67

212 플러시 밸브식 대변기에 관한 설명으로 옳은 것은?

① 대변기의 연속 사용이 가능하다.
② 급수관경과 급수압력에 제한이 없다.
③ 우리나라에서는 일반주택을 중심으로 널리 채용되고 있다.
④ 탱크에 저장된 물의 낙차에 의한 수압으로 대변기를 세척하는 방식이다.

[해설]
세정밸브(Flush Valve)
- 수압의 제한을 가장 많이 받는다.
- 한 번 밸브를 누르면 일정량의 물이 나온 후 잠기는 방식이다.
- 세정 시 소음이 가장 크고, 연속 사용이 가능하다.
- 최저 필요압력은 70kPa 이상, 급수관의 관경은 25mm[A] 이상이다.
- 설치공간이 거의 필요 없어 점유면적이 가장 작다.
- 고장 시 수리가 어렵다.
- 단시간에 다량의 물을 사용한다.
- 일반 주택에는 사용이 어렵고, 학교, 사무소 등에 사용된다.
- 크로스 커넥션(Cross Connection)을 방지하기 위해 진공방지기(Vacuum Breaker)를 설치한다.

정답 : ①

2017.4회-77

213 대변기에 설치한 세정밸브(Flush Valve)의 최저 필요 압력은?

① 10kPa 이상 ② 30kPa 이상
③ 50kPa 이상 ④ 70kPa 이상

[해설]
세정밸브식(Flush Valve) 대변기의 급수관 관경은 25mm[A] 이상이다.

정답 : ④

2017.1회-63

214 세정밸브식 대변기의 최소 급수관경은?

① 15A ② 20A
③ 25A ④ 32A

해설

세정밸브식(Flush Valve) 대변기의 급수관 관경은 25mm[A] 이상이다.

정답 : ③

2013.1회-80

215 다음 설명에 알맞은 대변기의 세정방식은?

- 대변기의 연속 사용이 가능하다.
- 소음이 크고, 단시간에 다량의 물이 필요하다.
- 일반 가정용으로는 사용이 곤란하다.

① 세락식　　② 로 탱크식
③ 하이 탱크식　　④ 플러시 밸브식

해설

대변기의 연속 사용이 가능하고, 단시간에 다량의 물이 필요한 방식은 플러시 밸브에 대한 특징이다.

정답 : ④

2015.2회-73

216 배수관에 트랩을 설치하는 가장 주된 이유는?

① 배수의 동결을 막기 위하여
② 배수의 소음을 감소하기 위하여
③ 배수관의 신축을 조절하기 위하여
④ 하수 가스, 악취 등이 실내로 침입하는 것을 막기 위하여

해설

배수관 트랩의 설치 목적
봉수를 채워 하수관의 가스나 악취 등이 실내로 역류하는 것을 방지하기 위함이다.

정답 : ④

2021.1회-73

217 배수트랩에서 봉수 깊이에 관한 설명으로 옳지 않은 것은?

① 봉수 깊이는 50~100mm로 하는 것이 보통이다.
② 봉수 깊이가 너무 낮으면 봉수를 손실하기 쉽다.
③ 봉수 깊이를 너무 깊게 하면 통수능력이 감소된다.
④ 봉수 깊이를 너무 깊게 하면 유수의 저항이 감소된다.

해설

봉수 깊이를 너무 깊게 하면 통수능력이 감소하고 유수의 저항이 증가한다.

정답 : ④

2015.4회-76

218 트랩의 필요조건으로 옳지 않은 것은?

① 가동 부분이 있을 것
② 자정작용이 가능할 것
③ 청소가 용이한 구조일 것
④ 봉수 깊이는 50mm 이상 100mm 이하일 것

해설

트랩에 가동 부분이 있는 경우는 봉수파괴의 원인이 된다.

트랩의 필요조건
- 자정작용이 가능할 것
- 청소가 용이한 구조일 것(나사식 플러그 및 적절한 개스킷을 이용한 구조)
- 봉수 파괴의 원인인 이물질 제거 등을 위하여 금속제 이음(나사이음)을 사용
- 봉수깊이는 50~100mm 이하일 것
- 설치가 간단한 구조일 것

정답 : ①

2013.2회-73

219 배수트랩의 필요조건으로 옳지 않은 것은?

① 봉수 깊이는 50mm 이상 100mm 이하일 것
② 봉수부에 이음을 사용하는 경우 금속제 이음은 사용하지 않을 것
③ 기구내장 트랩의 내벽 및 배수로의 단면형상에 급격한 변화가 없을 것
④ 봉수부의 소제구는 나사식 플러그 및 적절한 가스켓을 이용한 구조일 것

해설

트랩의 필요조건
- 자정작용이 가능할 것
- 청소가 용이한 구조일 것(나사식 플러그 및 적절한 개스킷을 이용한 구조)
- 봉수 파괴의 원인인 이물질 제거 등을 위하여 금속제 이음(나사이음)을 사용
- 봉수깊이는 50~100mm 이하일 것
- 설치가 간단한 구조일 것

정답 : ②

220 배수트랩의 구비조건으로 옳지 않은 것은?

① 가동 부분이 있을 것
② 자기세정 기능을 가지고 있을 것
③ 봉수 깊이는 50mm 이상 100mm 이하일 것
④ 오수에 포함된 오물 등이 부착 또는 침전하기 어려운 구조일 것

[해설]
배수트랩의 구비조건에서 가동을 위한 설비는 필요하지 않다.

정답 : ①

221 트랩의 구비 조건으로 옳지 않은 것은?

① 봉수 깊이는 50mm 이상 100mm 이하일 것
② 오수에 포함된 오물 등이 부착 또는 침전하기 어려운 구조일 것
③ 봉수부에 이음을 사용하는 경우에는 금속제 이음을 사용하지 않을 것
④ 봉수부의 소제구는 나사식 플러그 및 적절한 가스켓을 이용한 구조일 것

[해설]
봉수부에 이음을 사용하는 경우 금속제 이음을 사용한다.

정답 : ③

222 다음 중 사이펀식 트랩에 속하지 않는 것은?

① P트랩   ② S트랩
③ U트랩   ④ 드럼트랩

[해설]
사이펀식 트랩(관트랩)은 사이펀 작용을 이용하여 배수하는 트랩으로 S트랩, P트랩, U트랩 등이 있으며, 주로 세면기, 소변기, 대변기 등에 설치한다.
비사이펀식 트랩의 종류
드럼트랩, 벨트랩, 저집기류 트랩이 있다.

정답 : ④

223 구조가 간단하고 자기 사이펀 작용을 일으키면 자정 작용을 갖는 배수 트랩으로 사이펀 작용을 일으키기 쉽기 때문에 사이펀 트랩이라고도 불리는 것은?

① 벨트랩   ② 관트랩
③ 드럼트랩   ④ 버킷트랩

[해설]
사이펀식 트랩(관트랩)은 사이펀 작용을 이용하여 배수하는 트랩으로 S트랩, P트랩, U트랩 등이 있으며, 주로 세면기, 소변기, 대변기 등에 설치한다.

정답 : ②

224 다음 중 일반적으로 사용이 금지되는 트랩에 속하지 않는 것은?

① 2중 트랩   ② 격벽 트랩
③ 수봉식 트랩   ④ 가동 부분이 있는 트랩

[해설]
수봉식 트랩
하수도, 배수관, 오물 더미 등에서 발생하는 악취와 유독가스 또는 위생해충 등이 실내에 침입하는 것을 방지하기 위한 것으로, 일반적으로 기구(器具) 또는 배관(配管)의 일부에 U형 부분을 만들어, 그 U형 부분에 물을 항상 정류(精溜)시키도록 되어 있다. 이 물을 봉수(封水)라 하며 악취 등의 침입을 막는데, 이러한 구조의 트랩을 수봉식(水封式) 트랩이라고 한다.

정답 : ③

225 배수트랩에 관한 설명으로 옳지 않은 것은?

① 트랩은 이중으로 설치하면 효과적이다.
② 트랩의 봉수 깊이가 너무 깊으면 통수능력이 감소된다.
③ 트랩은 하수가스의 실내 침입을 방지하는 역할을 한다.
④ 트랩은 위생기구에 가능한 한 접근시켜 설치하는 것이 좋다.

[해설]
배수트랩
이중 트랩 설치 시 유속이 감소하고 배수가 원활하지 않게 된다. 트랩에서는 사이펀 현상이 나타나므로, 주의할 필요가 있다.

정답 : ①

2014.4회-75

226 배수트랩에 관한 설명으로 옳지 않은 것은?

① 내부 치수가 동일한 S트랩은 사용하지 않는 것이 좋다.
② 하나의 배수관에 직렬로 2개 이상의 트랩을 설치하지 않는다.
③ 수봉식 트랩은 중력식 배수방식에서 하수가스 침입 방지 장치로서 안전하고 신뢰성이 높다.
④ 유수의 힘으로 가동 부분이 열리고 유수가 끝나면 자동으로 닫히게 되는 구조의 것이 좋다.

[해설]
유수의 힘으로 가동 부분이 열리고 유수가 끝나면 자동으로 닫히게 되는 구조의 것은 막히기 쉽고 성능이 불완전하다.

정답 : ④

2014.2회-63

227 배수트랩의 봉수 파괴 원인으로 옳지 않은 것은?

① 서징 현상
② 증발 현상
③ 모세관 현상
④ 자기 사이펀 작용

[해설]
서징(Surging) 현상
유체의 유량변화에 의해 관로나 수조 등의 압력, 수위가 주기적으로 변동하여 펌프 입구 및 출구에 설치된 진공계·압력계의 지침이 흔들리는 현상이다. 터보 냉동기나 펌프·팬 등에서 특성 곡선에 부적당(소량일 때)할 때 불안정 영역에서 운전하게 되어 압력·풍속이 반복해서 변동하는 현상으로 이 범위에서의 운전은 피해야 한다.

정답 : ①

2022.2회-66

228 배수트랩의 봉수가 파손되는 것을 방지하기 위한 방법으로 옳지 않은 것은?

① 자기사이펀 작용에 의한 봉수파괴를 방지하기 위하여 S트랩을 설치한다.
② 유도사이펀 작용에 의한 봉수파괴를 방지하기 위하여 도피통기관을 설치한다.
③ 증발현상에 의한 봉수파괴를 방지하기 위하여 트랩 봉수 보급수 장치를 설치한다.
④ 역압에 의한 분출작용을 방지하기 위하여 배수 수직관의 하단부에 통기관을 설치한다.

[해설]
자기사이펀 작용에 의한 봉수파괴를 방지하기 위해서는 통기관을 설치한다.

정답 : ①

2018.4회-77, 2022.1회-79

229 배수트랩의 봉수파괴 원인 중 통기관을 설치함으로써 봉수파괴를 방지할 수 있는 것이 아닌 것은?

① 분출작용
② 모세관작용
③ 자기사이펀작용
④ 유도사이펀작용

[해설]
봉수 파괴 원인 및 방지방법

봉수 파괴 종류	방지방법
자기사이펀작용	통기관 설치
감압에 의한 흡입용(유도사이펀작용)	통기관 설치
역압에 의한 분출 작용	통기관 설치
모세혈관현상(작용)	관 청소 또는 거름망 설치

정답 : ②

2019.1회-70

230 통기관의 설치 목적으로 옳지 않은 것은?

① 트랩의 봉수를 보호한다.
② 오수와 잡배수가 서로 혼합되지 않게 한다.
③ 배수계통 내의 배수 및 공기의 흐름을 원활히 한다.
④ 배수관 내에 환기를 도모하여 관 내를 청결하게 유지한다.

[해설]
통기관의 설치 목적
• 배수의 흐름을 원활히 한다.
• 사이펀 작용에 의한 봉수파괴 방지
• 배수관 내의 환기를 도모

정답 : ②

231 다음 중 통기관의 설치 목적과 가장 거리가 먼 것은?

① 배수의 원활
② 배수관의 환기
③ 트랩의 봉수 보호
④ 사이펀 작용 촉진

[해설]
사이펀 작용을 촉진하면 봉수가 파괴될 수 있으므로 설치 목적과는 거리가 멀다.

정답 : ④

232 다음 설명에 알맞은 통기관의 종류는?

> 1개의 트랩을 위해 트랩 하류에서 취출하여, 그 기구보다 윗 부분에서 통기계통에 접속하거나 또는 대기 중에 개구하도록 설치한 통기관을 말한다.

① 루프통기관
② 신정통기관
③ 결합통기관
④ 각개통기관

[해설]
각개통기관
1개의 트랩봉수를 보호할 목적으로 트랩의 오버플로보다 높은 위치에서 통기계통으로 접속하거나 대기 중으로 개구하도록 설치한 통기관이다.

정답 : ④

233 다음 설명에 알맞은 통기방식은?

> • 회로통기방식이라고도 한다.
> • 2개 이상의 기구트랩에 공통으로 하나의 통기관을 설치하는 방식이다.

① 공용통기방식
② 루프통기방식
③ 신정통기방식
④ 결합통기방식

[해설]
루프(환상)통기방식
2개 이상의 기구트랩에 공통으로 하나의 통기관을 설치하는 방식이다. 루프통기 1개당 최대 담당 기구 수는 8개 이내(세면기 기준)이며, 통기수직관까지는 7.5m 이내로 한다.

정답 : ②

234 다음 설명에 알맞은 통기관의 종류는?

> 최상부의 배수수평관이 배수입상관에 접속한 지점보다도 더 상부 방향으로 그 배수입상관을 지붕 위까지 연장하여 이것을 통기관으로 사용하는 관을 말한다.

① 루프통기관
② 신정통기관
③ 결합통기관
④ 각개통기관

[해설]
최상부의 배수수평관이 배수입상관에 접속한 지점보다도 더 상부 방향으로 그 배수입상관을 지붕 위까지 연장하여 이것을 통기관으로 사용하는 관은 신정통기관이다.

정답 : ②

235 배수수직관 내의 압력 변화를 방지 또는 완화하기 위해 배수수직관으로부터 분기·입상하여 통기수직관에 접속하는 도피통기관은?

① 각개통기관
② 신정통기관
③ 결합통기관
④ 루프통기관

[해설]
결합통기관
고층 건물에서 배수수직주관으로부터 분기하여 통기수직주관에 세로 방향으로 접속하는 관으로, 5개 층마다 설치하여 통기수직관과 분기·입상하며 오·배수관에 연결된 통기관이다.

정답 : ③

236 다음과 같이 정의되는 통기관의 종류는?

> 오배수 수직관 내의 압력변동을 방지하기 위하여 오배수 수직관 상향으로 통기수직관에 연결하는 통기관

① 결합통기관
② 공용통기관
③ 각개통기관
④ 반송통기관

[해설]
결합통기관
고층 건물에서 배수수직주관으로부터 분기하여 통기수직주관에 세로 방향으로 접속하는 관으로, 5개 층마다 설치하여 통기수직관과 분기·입상하며 오·배수관에 연결된 통기관이다.

정답 : ①

237 다음 설명에 알맞은 통기관의 종류는?

> 기구가 반대방향(좌우분기) 또는 병렬로 설치된 기구배수관의 교점에 접속하여 입상하며, 그 양기구의 트랩 봉수를 보호하기 위한 1개의 통기관을 말한다.

① 공용통기관　　② 결합통기관
③ 각개통기관　　④ 신정통기관

[해설]
공용통기관에 관한 설명이다.

정답 : ①

238 통기방식에 관한 설명으로 옳지 않은 것은?

① 신정통기방식에서는 통기수직관을 설치하지 않는다.
② 루프통기방식은 각 기구의 트랩마다 통기관을 설치하고 각각을 통기수평지관에 연결하는 방식이다.
③ 신정통기방식은 배수수직관의 상부를 연장하여 신정통기관으로 사용하는 방식으로, 대기 중에 개구한다.
④ 각개통기방식은 트랩마다 통기되기 때문에 가장 안정도가 높은 방식으로, 자기사이펀 작용의 방지에도 효과가 있다.

[해설]
②는 각개통기방식에 해당한다.

루프통기방식
- 신정통기관에 접속한 것을 환상통기, 통기입관에 접속한 것을 회로통기라고 하며, 이 둘을 합쳐서 루프통기라 한다.
- 루프통기로 통기할 수 있는 기구 수는 2~8개이며, 통기수직주관과 최상류의 기구까지의 길이는 7.5m 이내로 한다.

정답 : ②

239 통기관의 관경에 관한 설명으로 옳지 않은 것은?

① 신정통기관의 관경은 배수수직관의 관경보다 작게 해서는 안 된다.
② 각개통기관의 관경은 그것이 접속되는 배수관 관경의 1/2 이상으로 한다.
③ 결합통기관의 관경은 통기수직관과 배수수직관 중 작은 쪽 관경 이상으로 한다.
④ 회로통기관의 관경은 배수수평지관과 통기수직관 중 큰 쪽 관경의 1/2 이상으로 한다.

[해설]
회로통기관은 배수수직관경의 **작은 쪽** 관경의 1/2로 설정하거나 최소 40mm[A] 이상의 배관 관경을 확보하여야 한다.

정답 : ④

240 통기배관에 관한 설명을 옳지 않은 것은?

① 간접배수계통의 통기관은 단독 배관한다.
② 통기수직관과 우수수직관은 겸용 배관한다.
③ 각개통기방식에서는 반드시 통기수직관을 설치한다.
④ 배수수직관의 상부는 연장하여 신정통기관으로 사용한다.

[해설]
② 통기수직관과 우수수직관은 겸용하며 배관해서는 안 된다.

통기관 배관 시 유의사항
- 오물 정화조의 배기관은 단독으로 대기 중에 개구해야 하며, 일반 통기관과 연결하지 않는다.
- 오수 피트 및 잡배수 피트 통기관은 모두 개별 통기관을 갖는다.
- 통기관은 실내 환기용 덕트와는 연결하지 않는다.
- 바닥 아래의 통기관은 금지
- 간접배수계통의 통기관은 단독 배관한다.
- 통기배관과 우수배관은 각각 단독 배관한다.

정답 : ②

2014.1회-70

241 통기관에 관한 설명으로 옳지 않은 것은?

① 2개 이상의 횡지관이 있는 배수입상관에는 통기입상관을 설치하여야 한다.
② 위생배관의 통기관은 위생배관의 통기 이외의 다른 목적으로 사용하지 않는다.
③ 통기관은 위생기구의 물 넘침선보다 150mm 이상 높게 배관하여 연결하는 것이 원칙이다.
④ 여러 개의 통기관을 입상관 상부 끝에서 공통 헤더로 연결하여 한 곳에서 대기에 개방할 수 있다.

[해설]
5개 이상의 횡지관이 있는 배수입상관에는 통기입상관을 설치하여야 한다.

정답 : ①

2013.4회-78, 2018.2회-61

242 배수관에 있어서 청소구(Clean Out)를 원칙적으로 설치해야 하는 곳이 아닌 것은?

① 배수수직관의 최상부
② 배수수평주관의 기점
③ 배수관이 45° 이상의 각도로 방향을 바꾸는 곳
④ 배수수평주관과 옥외배수관의 접속장소와 가까운 곳

[해설]
청소구의 설치 위치
- 각종 트랩 및 기타 배관상 특히 필요한 곳
- 가옥 배수관과 부지 하수관이 접속되는 곳
- 배수수직관의 최하단부
- 수평지관의 최상단부
- 배관이 45° 이상의 각도로 구부러지는 곳
- 수평관(관경 100mm 이하)은 직선거리 15m 이내마다, 100mm 이상의 관에서는 직선거리 30m 이내마다
- 청소구 설치위치에 Space를 확보하고 반드시 청소구 바로 아래층에 천장 점검구를 설치할 것
- 바닥에 매설할 경우 바닥 위 청소구로 할 것(FCO)
- 청소구는 배수관 옆에서 토출시켜 45° 곡관을 설치 후 배수관보다 높은 위치에 설치할 것
- 오물의 정체 및 막힐 우려가 많은 곳에는 투명 PVC 청소구 설치

정답 : ①

2015.1회-66

243 배수 배관에 관한 설명으로 옳지 않은 것은?

① 배수계통은 원칙적으로 중력에 의해 옥외로 배출하도록 한다.
② 고온의 배수는 원칙적으로 45℃ 미만으로 냉각한 후 배수한다.
③ 건물 내에서 피트 내 또는 가공배관은 피하고 지중배관을 한다.
④ 엘리베이터 샤프트, 수변전실에는 배수 배관을 설치하지 않는다.

[해설]
지중배관은 가능하면 피하도록 한다.

지중배관
지중에 배관·강관·주철관·콘크리트관 등의 보호형 외관을 직접 매설한 후 그 안에 배관하는 방법이다.

정답 : ③

2022.2회-61

244 배수관의 관경과 구배에 관한 설명으로 옳지 않은 것은?

① 배관구배를 완만하게 하면 세정력이 저하된다.
② 배수관경을 크게 하면 할수록 배수능력은 향상된다.
③ 배관구배를 너무 급하게 하면 흐름이 빨라 고형물이 남는다.
④ 배관구배를 너무 급하게 하면 관로의 수류에 의한 파손 우려가 높아진다.

[해설]
원활한 배수의 흐름과 자기세정작용에 의한 배수관 청결을 유지하기 위해서는 배수관경의 크기를 적당하게 해야 한다.

정답 : ②

245 사무소 건물에서 다음과 같이 위생기구를 배치하였을 때 이들 위생기구 전체로부터 배수를 받아들이는 배수수평지관의 관경으로 가장 알맞은 것은?

기구 종류	바닥배수	소변기	대변기
배수부하 단위	2	4	8
기구수	2	8	2

관경(mm)	배수수평지관의 배수부하단위
75	14
100	96
125	216
150	372

① 75mm ② 100mm
③ 125mm ④ 150mm

[해설]
기구의 총배수단위 계산을 이용한 관경 결정방법
- 기구의 배수단위(FU) 계산
  FU=(2×2)+(4×8)+(8×2)=52
- FU 52는 배수수평지관의 배수부하단위 도표에서 52 이상에 해당하는 96을 적용해야 한다. 따라서 96에 해당하는 관경 100mm를 택하여 배수를 원활하게 해야 한다.

정답 : ②

246 건물·시설 등에서 발생하는 오수를 다시 처리하여 생활용수·공업용수 등으로 재이용하는 시설로 정의되는 것은?

① 중수도 ② 하수관거
③ 배수설비 ④ 개인하수도

[해설]
중수도(Wastewater Reclamation and Reusing System)
한 번 사용한 수돗물을 생활용수나 공업용수 등으로 재활용할 수 있도록 처리하는 시설이다. 관련 법규에 의해 특정 용도 및 일정 규모 이상의 시설에 중수도 설비를 설치하게 되어 있다.

정답 : ①

4 오수정화설비

247 수질과 관련된 용어 중 부유물질로서 오수 중에 현탁되어 있는 물질을 의미하는 것은?

① BOD ② COD
③ SS ④ 염소이온

[해설]
수질에 관한 용어
① BOD(Biochemical Oxygen Demand ; 생물화학적 산소 요구량) : 오수 중의 유기물이 이와 공존하는 미생물에 의해 분해되어 안정화하는 과정에서 소비되는 수중에 녹아 있는 산소의 감소를 나타내는 값
② COD(Chemical Oxygen Demand ; 화학적 산소 요구량) : 용존 유기물을 화학적으로 산화시키는 데 필요한 산소량
③ SS(Suspended Solids ; 부유물질) : 탁도의 정도로 입경 2mm 이하의 불용성의 뜨는 물질을 ppm으로 표시한 것
④ 염소이온(Chlorine Ion) : 염소와 화합하여 얻어지는 염류로, 염화물이 물속에서 용해될 때의 염소분이다. 공장폐수 또는 분뇨를 가진 가정하수 등의 혼입으로 함유량이 증가하기 때문에 수질오염의 지표로 정해져 수질 판정 조건으로 사용된다.

정답 : ③

248 오수정화조로 유입되는 오수의 BOD농도가 150ppm이고, 방류수의 BOD 농도가 60ppm일 때 이 정화조의 BOD 제거율은?

① 40% ② 60%
③ 75% ④ 90%

[해설]
BOD제거율(%)
$$= \frac{\text{유입수 BOD} - \text{유출수 BOD}}{\text{유입수 BOD}} \times 100(\%)$$
$$= \frac{150-60}{150} \times 100(\%) = 60\%$$

정답 : ②

249 오수의 BOD 제거율이 95%인 정화조로 유입되는 오수의 BOD 농도가 300ppm일 경우, 방류수의 BOD 농도는?

① 15ppm ② 85ppm
③ 150ppm ④ 285ppm

해설

$$BOD\ 제거율(\%) = \frac{유입수\ BOD - 유출수\ BOD}{유입수\ BOD} \times 100 에서$$
유출수BOD = 유입수BOD − (BOD제거율 × 유입수BOD)
= 300 − (300 × 0.95) = 15ppm

정답 : ①

2020.3회-71

250 평균 BOD 150ppm인 가정오수 1,000m³/d가 유입되는 오수정화조의 1일 유입 BOD 양은?

① 150kg/d
② 300kg/d
③ 45,000kg/d
④ 150,000kg/d

해설

오수정화조의 1일 유입 BOD량 계산
1ppm=0.001kg/m³
⇒ 150ppm=0.15(kg/m³)
∴ 0.15(kg/m³) × 1,000(m³/d)=150(kg/d)
* 특별한 조건이 없으면 물의 비중은 1kg/L로 적용(1L = 1kg)

정답 : ①

2017.2회-73

251 주택의 1인 1일 오수량이 0.05/인 · 일이고 오수의 BOD 농도가 260g/m³일 때 1인 1일당 BOD 부하량은?

① 5g/인 · 일
② 13g/인 · 일
③ 26g/인 · 일
④ 50g/인 · 일

해설

BOD 부하량(g/인 · 일)
오수량 × 오수의 BOD농도
= 0.05 × 260 = 13g/인·일

정답 : ②

2013.2회-71

252 오수 처리방법 중 물리 및 화학적 처리방법에 속하지 않는 것은?

① 오존을 이용하는 방법
② 산화제를 이용하는 산화법
③ 미생물에 의한 호기성 분해 방법
④ 응집제를 이용하여 부유물질을 침전시키는 방법

해설

호기성 분해방법은 자연적인 공기 유입에 의한 분해방식으로 생물학적 처리방법에 속한다.

오수의 처리방법
• 물리적 처리방법 : 부유물을 침전하는 방식(응집제 등 이용)
• 화학적 처리방법 : 화학약품을 이용(오존, 산화제 등 이용)
• 생물학적 처리방법 : 미생물에 의한 하수 처리(미생물에 의한 호기성 분해 등)

정답 : ③

---

5 | 소방시설

2020.1, 2회 통합-65

253 다음 설명에 알맞은 화재의 종류는?

> 나무, 섬유, 종이, 고무, 플라스틱류와 같은 일반가연물이 타고 나서 재가 남는 화재

① A급 화재
② B급 화재
③ C급 화재
④ K급 화재

해설

화재의 종류

화재의 분류		소화기 표시색	소화 방법	특징	가연물
A급	일반 화재	백색	냉각 소화 (주수 소화)	백색 연기, 화재 후 재가 남음	목재, 종이, 섬유류, 합성수지, 특수가연물 등
B급	유류 화재 (제4류 위험물)	황색	질식 소화	흑색 연기, 화재 후 재가 없음	제4류 위험물 (등유, 휘발유 등)
C급	전기 화재	청색	질식 소화	전기시설물의 누전 등에 인한 화재	통전 중인 전기 시설물이나 장비
D급	금속 화재	−	건조사 피복	−	나트륨, 칼륨, 알루미늄, 마그네슘, 알킬알루미늄, 무기과산화물 등
E급	가스 화재	−	질식 소화	화재 후 재가 없음	LNG, LPG 등
K급	주방 화재	−	질식 소화	식용류, 동물성 지방에 의한 화재	동/식물유

정답 : ①

254 전류가 흐르고 있는 전자기기, 배선과 관련된 화재를 의미하는 것은?

① A급 화재 ② B급 화재
③ C급 화재 ④ K급 화재

해설

전기화재(C급 화재 : 청색)
전기에 의한 화재로서 질식에 의한 소화가 효과적이며, 물에 의한 소화는 금지한다.

화재의 종류

화재의 분류		소화기 표시색	소화 방법	특징	가연물
A급	일반 화재	백색	냉각 소화 (주수 소화)	백색 연기, 화재 후 재가 남음	목재, 종이, 섬유류, 합성수지, 특수가연물 등
B급	유류 화재 (제4류 위험물)	황색	질식 소화	흑색 연기, 화재 후 재가 없음	제4류 위험물 (등유, 휘발유 등)
C급	전기 화재	청색	질식 소화	전기시설물의 누전 등에 인한 화재	통전 중인 전기 시설물이나 장비
D급	금속 화재	–	건조사 피복	–	나트륨, 칼륨, 알루미늄, 마그네슘, 알킬알루미늄, 무기과산화물 등
E급	가스 화재	–	질식 소화	화재 후 재가 없음	LNG, LPG 등
K급	주방 화재	–	질식 소화	식용류, 동물성 지방에 의한 화재	동/식물유

정답 : ③

255 화재안전기준에 따라 소화기구를 설치하여야 하는 특정소방대상물의 연면적 기준은?

① 10m² 이상 ② 25m² 이상
③ 33m² 이상 ④ 50m² 이상

해설

화재안전기준에 따라 소화기구를 설치해야 하는 특정소방대상물의 연면적은 33m² 이상이다.

정답 : ③

256 옥내소화전설비에 관한 설명으로 옳지 않은 것은?

① 옥내소화전 방수구는 바닥으로부터의 높이가 1.5m 이하가 되도록 설치한다.
② 옥내소화전설비의 송수구는 소방차가 쉽게 접근할 수 있는 잘 보이는 장소에 설치한다.
③ 전동기에 따른 펌프를 이용하는 가압송수장치를 설치하는 경우, 펌프는 전용으로 하는 것이 원칙이다.
④ 당해 층의 옥내소화전을 동시에 사용할 경우 각 소화전의 노즐선단에서의 방수압력은 최소 0.7MPa 이상이 되어야 한다.

해설

옥내소화전설비에서 노즐의 소요 압력은 0.17~0.7MPa이다.

옥내소화전설비의 설치기준
1. 설치 간격 : 각 층마다 설치하되 유효반경 25m 이하
2. 표준 방수량 : 130L/min
3. 노즐의 구경 : 13mm, 호스의 구경 : 40mm, 호스의 길이 : 15m×2개
4. 소화전의 높이 : 바닥에서 1.5m 이내
5. 노즐의 방수 압력
   • 최소 0.17MPa 이상
   • 최대 0.7MPa 이하
6. 저수조 용량(Q)
   소화전 1개 표준방수량×20min×동시 사용 개수
   (여기서 동시 사용 개수는 각 층 소화전 수 중 가장 많은 수를 택한다. 단, 2개 이상일 때는 2개를 기준)

정답 : ④

257 옥내소화전설비에 관한 설명으로 옳지 않은 것은?

① 옥내소화전방수구는 바닥으로부터의 높이가 1.5m 이하가 되도록 설치한다.
② 옥내소화전설비의 송수구는 구경 65mm의 쌍구형 또는 단구형으로 한다.
③ 전동기에 따른 펌프를 이용하는 가압송수장치를 설치하는 경우, 펌프는 전용으로 하는 것이 원칙이다.
④ 어느 한 층의 옥내소화전을 동시에 사용할 경우 각 소화전의 노즐선단에서의 방수압력은 최소 0.7MPa 이상이 되어야 한다.

[해설]
옥내소화전설비에서 노즐의 소요 압력은 0.17~0.7MPa이다.

옥내소화전설비의 설치기준
1. 설치 간격 : 각 층마다 설치하되 유효반경 25m 이하
2. 표준 방수량 : 130L/min
3. 노즐의 구경 : 13mm, 호스의 구경 : 40mm, 호스의 길이 : 15m×2개
4. 소화전의 높이 : 바닥에서 1.5m 이내
5. 노즐의 방수 압력
   - 최소 0.17MPa 이상
   - 최대 0.7MPa 이하
6. 저수조 용량(Q)
   소화전 1개 표준방수량×20min×동시 사용 개수
   (여기서 동시 사용 개수는 각 층 소화전 수 중 가장 많은 수를 택한다. 단, 2개 이상일 때는 2개를 기준)

정답 : ④

2017.4회-66

258 옥내소화전설비의 설치기준으로 옳지 않은 것은?

① 방수구는 바닥으로부터의 높이가 1.5m 이하가 되도록 한다.
② 연결송수관설비의 배관과 겸용할 경우의 주배관은 구경 100mm 이상으로 한다.
③ 특정소방대상물의 각 부분으로부터 하나의 옥내소화전방수구까지의 수평거리가 30m 이하가 되도록 한다.
④ 수원은 그 저수량이 옥내소화전의 설치개수가 가장 많은 층의 설치개수(5개 이상 설치된 경우에는 5개)에 $2.6m^3$를 곱한 양 이상이 되도록 한다.

[해설]
옥내소화전설비의 각 층 각 부분에서 소화전까지의 수평거리는 25m 이내로 한다.

정답 : ③

2016.4회-76

259 다음의 옥내소화전설비에 관한 설명 중 ( ) 안에 알맞은 것은?

> 옥내소화전 방수구는 특정소방대상물의 층마다 설치하되, 해당 특정소방대상물의 각 부분으로부터 하나의 옥내소화전 방수구까지의 수평거리가 ( )m 이하가 되도록 할 것

① 25   ② 30
③ 35   ④ 40

[해설]
옥내소화전 방수구는 특정소방대상물의 각 부분으로부터 하나의 옥내소화전 방수구까지의 수평거리가 25m 이하가 되도록 한다.

정답 : ①

2014.1회-62

260 각 층마다 옥내소화전이 3개씩 설치되어 있는 건물에서 옥내소화전설비의 수원의 저수량은 최소 얼마 이상이 되도록 하여야 하는가?(2021년 4월 1일 개정된 규정 적용)

① $10.4m^3$ ② $7.8m^3$
③ $7.5m^3$ ④ $5.2m^3$

[해설]

옥내소화전설비의 화재안전기준(NFSC 102)
[2021년 4월 1일 개정된 규정]
제4조(수원)
① 옥내소화전설비의 수원은 그 저수량이 옥내소화전의 설치개수가 가장 많은 층의 설치개수(2개 이상 설치된 경우에는 2개)에 $2.6m^3$ (호스릴 옥내소화전설비를 포함한다)를 곱한 양 이상이 되도록 하여야 한다. 〈개정 2021. 4. 1.〉
옥내소화전설비는 분당 130L의 물을 20분 동안 분사하여 화재의 진압에 사용되는 소화설비이다.

옥내소화전설비 수원의 저수량(L) = 130L/min×20min×2개
                        = 5,200L = $5.2m^3$
옥내소화전설비의 개수는 옥내소화전이 가장 많이 설치된 층에서의 옥내소화전 개수를 적용하며, 산출 시 최대 옥내소화전 개수는 2개이다.

정답 : ④

2020.3회-71

261 각 층마다 옥내소화전이 3개씩 설치되어 있는 건물에서 옥내소화전설비의 수원의 저수량은 최소 얼마 이상이 되도록 하여야 하는가?(2021년 4월 1일 개정된 기준 적용)

① $1.3m^3$ ② $2.6m^3$
③ $5.2m^3$ ④ $7.8m^3$

해설

옥내소화전설비 수원의 저수량(L)[2021년 4월 1일 개정된 규정]
옥내소화전설비의 개수는 옥내소화전이 가장 많이 설치된 층에서의 옥내소화전 개수를 적용하며, 산출 시 최대 옥내소화전 개수는 2개이다.

$\therefore$ 130L/min × 20min × N개
= 130L/min × 20min × 2개
= 5,200L = $5.2m^3$

정답 : ③

2018.2회-68

262 옥내소화전설비의 설치 대상 건축물로서 옥내 소화전의 설치 개수가 가장 많은 층의 설치 개수가 6개인 경우, 옥내소화전설비 수원의 유효 저수량은 최소 얼마 이상이 되어야 하는가?(2021년 4월 1일 개정된 규정 적용)

① $1.0m^3$ ② $2.6m^3$
③ $5.2m^3$ ④ $10.4m^3$

해설

저수조 용량(Q)
소화전 1개 표준방수량(130L/min) × 20min × 동시사용개수
여기서의 동시사용개수는 각 층 소화전 수 중 가장 많은 수를 택한다.(단, 2개 이상일 때는 2개를 기준으로 한다.)
$Q = 130L/min × 20min × 2 = 5,200L = 5.2m^3$

정답 : ③

2014.2회-75

263 다음은 옥내소화전설비에서 전동기에 따른 펌프를 이용하는 가압송수장치에 관한 설명이다. ( ) 안에 알맞은 것은?

펌프의 토출량은 옥내소화전이 가장 많이 설치된 층의 설치개수(옥내소화전이 2개 이상 설치된 경우에는 2개)에 ( )를 곱한 양 이상이 되도록 하여야 한다.

① 70L/min   ② 130L/min
③ 260L/min ④ 350L/min

해설

옥내소화전 설비
펌프의 토출량은 옥내소화전이 가장 많이 설치된 층의 설치개수(옥내소화전이 2개 이상 설치된 경우에는 2개)에 130L/min를 곱한 양 이상이 되도록 할 것

정답 : ②

2018.1회-75

264 다음은 옥내소화전설비에서 전동기에 따른 펌프를 이용하는 가압송수장치에 관한 설명이다. ( ) 안에 알맞은 것은?

특정소방대상물의 어느 층에 있어서도 해당 층의 옥내소화전(2개 이상 설치된 경우에는 2개의 옥내소화전)을 동시에 사용할 경우 각 소화전의 노즐선단에서의 방수압력이 (㉠) 이상이고, 방수량이 (㉡) 이상이 되는 성능의 것으로 할 것

① ㉠ 0.17MPa, ㉡ 130L/min
② ㉠ 0.17MPa, ㉡ 250L/min
③ ㉠ 0.34MPa, ㉡ 130L/min
④ ㉠ 0.34MPa, ㉡ 250L/min

해설

옥내소화전설비의 설치기준
- 표준방수압력 : 0.17MPa 이상
- 표준방수량 : 130L/min
- 설치간격 : 각 층 각 부분에서 소화전까지 수평거리는 25m 이내

정답 : ①

2017.1회-65, 2021.4회-66

265 연결송수관설비의 방수구에 관한 설명으로 옳지 않은 것은?

① 방수구의 위치표시는 표시등 또는 축광식 표지로 한다.
② 호스 접결구는 바닥으로부터 0.5m 이상 1m 이하의 위치에 설치한다.
③ 개폐기능을 가진 것으로 설치하여야 하며, 평상시 닫힌 상태를 유지하도록 한다.
④ 연결송수관설비의 전용 방수구 또는 옥내소화전 방수구로서 구경 50mm의 것으로 설치한다.

해설

연결송수관설비의 전용방수구 또는 옥내소화전 방수구로서 구경은 65mm 이상이어야 한다.

연결송수관설비의 설치기준
- 방수구 방수압력 : 35MPa 이상
- 송수구, 방수구 구경 : 65mm
- 표준방수량 : 450L/min
- 수직주관 구경 : 100mm
- 설치높이 : 바닥으로부터 0.5~1m
- 방수구 설치 : 3층 이상의 계단실, 비상승강기의 로비 부근 등에 방수구를 중심으로 50m 이내
- 설치기준 : 7층 이상의 건축물 또는 5층 이상의 연면적 6,000m² 이상의 건물에 배치

정답 : ④

2018.4회-76, 2021.4회-80

266 개방형 헤드를 사용하는 연결살수설비에 있어서 하나의 송수구역에 설치하는 살수헤드의 수는 최대 얼마 이하가 되도록 하여야 하는가?

① 10개　　② 20개
③ 30개　　④ 40개

해설

개방형 헤드 연결살수설비
개방형 헤드를 사용하는 연결살수설비의 경우는 1개의 송수구역당 개방형 헤드 10개 이하가 되도록 설치한다.

정답 : ①

2017.2회-61, 2022.1회-72

267 다음의 스프링클러설비의 화재안전기준 내용 중 (　) 안에 알맞은 것은?

> 전동기에 따른 펌프를 이용하는 가압송수장치의 송수량은 0.1MPa의 방수압력 기준으로 (　) 이상의 방수성능을 가진 기준 개수의 모든 헤드로부터의 방수량을 충족시킬 수 있는 양 이상으로 할 것

① $80l/min$　　② $90l/min$
③ $110l/min$　　④ $130l/min$

해설

스프링클러 폐쇄형 헤더의 성능은 방수압력 0.1MPa에서 방수량 $80l/min$을 표준으로 한다.

정답 : ①

2014.4회-79, 2019.1회-80

268 스프링클러설비 설치장소가 아파트인 경우, 스프링클러헤드의 기준개수는?(단, 폐쇄형 스프링클러헤드를 사용하는 경우)

① 10개　　② 20개
③ 30개　　④ 40개

해설

아파트의 폐쇄형 스프링클러헤드의 기준 개수는 10개이다.

용도별 스프링클러헤드 설치 기준개수

용도	설치 개수
아파트	10개
판매시설, 복합상가 및 11층 이상인 소방대상물	30개

폐쇄형 스프링클러헤드
- 하나의 방호구역은 2개 층에 미치지 아니하도록 할 것. 다만, 1개 층에 설치되는 스프링클러헤드의 수가 10개 이하인 경우에는 3개 층 이내로 할 수 있다.
- 하나의 방호구역의 바닥면적은 3,000m²를 초과하지 아니할 것

정답 : ①

2013.1회-72

269 최대 방수구역에 설치된 스프링클러헤드의 개수가 10개인 경우, 스프링클러설비의 수원의 저수량은 최소 얼마 이상이 되도록 하여야 하는가?(단, 개방형 스프링클러헤드를 사용하는 스프링클러설비의 경우)

① $16m^3$　　② $32m^3$
③ $48m^3$　　④ $56m^3$

해설

스프링클러 수원의 저수량
초기 화재를 진화하기 위하여 사용되는 설비로 헤드마다 분당 80L의 물을 20분간 분사할 수 있는 수원을 확보하고 있어야 하므로 다음과 같이 계산한다.
80L/min × 20min × 10(헤드 수) = 16,000L = 16m³

정답 : ①

270 스프링클러설비를 설치하여야 하는 특정소방 대상물의 최대 방수구역에 설치된 개방형 스프링클러헤드의 개수가 30개일 경우 스프링클러 설비의 수원의 저수량은 최소 얼마 이상으로 하여야 하는가?

① $16m^3$ ② $32m^3$
③ $48m^3$ ④ $56m^3$

해설

스프링클러 수원의 저수량
초기 화재를 진화하기 위하여 사용되는 설비로 헤드마다 분당 80L의 물을 20분간 분사할 수 있는 수원을 확보하고 있어야 하므로 다음과 같이 계산한다.
$80L/min \times 20min \times 30(헤드 수) = 48,000L = 48m^3$

정답 : ③

271 아파트의 각 세대에 스프링클러헤드를 30개 설치한 경우, 스프링클러설비의 수원의 저수량은 최소 얼마 이상이 되도록 하여야 하는가?(단, 폐쇄형 스프링클러헤드를 사용한 경우)

① $12m^3$ ② $24m^3$
③ $36m^3$ ④ $48m^3$

해설

스프링클러 수원의 저수량
초기 화재를 진화하기 위하여 사용되는 설비로 헤드마다 분당 80L의 물을 20분간 분사할 수 있는 수원을 확보하고 있어야 하므로 다음과 같이 계산한다.
$80L/min \times 20min \times 30(헤드 수) = 48,000L = 48m^3$

정답 : ④

272 정상상태에서 방수구를 막고 있는 감열체가 일정 온도에서 자동적으로 파괴·용해 또는 이탈됨으로써 방수구가 개방되는 스프링클러헤드는?

① 건식 스프링클러헤드
② 개방형 스프링클러헤드
③ 폐쇄형 스프링클러헤드
④ 측벽형 스프링클러헤드

해설

스프링클러헤드의 종류
• 폐쇄형
정상 상태에서 방수구를 막고 있는 감열체가 일정 온도에서 자동으로 파괴·용해 또는 이탈됨으로써 방수구가 개방되는 방식이며 습식과 건식이 있다.

습식 (Wet System)	• 수원에서 헤드까지의 전 배관에 물이 채워져 있어 용융편이 녹자마자 곧바로 물이 방사된다. • 가장 일반적으로 사용되지만, 동파 및 누수의 우려가 있다.
건식 (Dry System)	수원에서 공기밸브까지만 물이 채워져 있고 공기밸브(경보 겸용)에서 헤드까지는 압축공기가 채워져 있다가 용융편이 녹으면 공기가 빠져나가면서 자동으로 공기밸브가 열려 급수된다.

• 개방형
폐쇄형 스프링클러로는 효과가 없거나 접근이 어려운 장소에 개방된 헤드를 설치하고 감지용 스프링클러헤드에 의해 작동시키거나 또는 소방차 송수구와 연결하여 소화하는 방식

정답 : ③

273 물과 오리피스가 분리되어 동파를 방지할 수 있는 스프링클러헤드로 정의되는 것은?

① 조기반응형 헤드
② 건식 스프링클러헤드
③ 폐쇄형 스프링클러헤드
④ 개방형 스프링클러헤드

해설

건식 스프링클러헤드의 특징
가압송수장치로부터 입상관로에 건식 밸브를 설치하고 밸브의 1차 측에는 가압송수장치로부터 공급된 가압수를 채우며 밸브 2차 측에는 공기압축장치로부터 유입되는 압축공기나 질소가스를 충전시켜 놓고, 화재로 인한 열 때문에 스프링클러헤드가 개방되면 압축공기나 질소가스가 배출되면서 밸브 1차 측에 있던 가압수가 방수된다. 배관 내의 압축공기나 질소가스를 신속히 배출시켜 주기 위한 가속장치로 액셀러레이터 또는 익저스터가 부속되는 것이 주요 특징이다.

정답 : ②

274 다음 중 열감지기의 종류에 속하지 않는 것은?

① 정온식 ② 광전식
③ 차동식 ④ 보상식

해설

감지기
- 열감지기
  - 차동식 : 스포트형, 분포형
  - 정온식 : 스포트형, 감지선형
  - 보상식 : 스포트형
- 연기감지기
  - 광전식
  - 이온화식

정답 : ②

2015.2회-75

275 자동화재탐지설비의 감지기 중 주위의 온도가 일정 온도 이상이 되었을 때 작동하는 것은?

① 차동식 감지기 ② 정온식 감지기
③ 광전식 감지기 ④ 이온화식 감지기

해설
- 차동식 : 주변 온도의 일정한 온도 상승에 의한 감지
- 정온식 : 주변 온도가 일정 온도 이상일 때 감지
- 광전식 : 연기에 의해 반응하는 것으로 광전효과를 이용하여 감지
- 이온화식 : 연기에 의해 이온농도가 변화하는 것으로 감지

정답 : ②

2017.4회-67, 2021.2회-69

276 자동화재탐지설비의 열감지기 중 주위 온도가 일정 온도 이상일 때 작동하는 것은?

① 차동식 ② 정온식
③ 광전식 ④ 이온화식

해설
정온식 감지기에 관한 설명이다.

정온식 감지기
- 정해진 온도 이상으로 올라갈 경우 감지가 시작되며, 내부에 바이메탈이 내장되어 있어 일정 온도에 도달하게 되면 바이메탈의 접점이 붙게 되어 감지하는 방식의 온도감지기이다.
- 화기 및 열원기기를 취급하는 보일러실, 주방 등에 이용되며 국부적인 온도가 일정한 온도를 넘으면 작동한다. (금속팽창형)

정답 : ②

2016.4회-70, 2022.1회-62

277 주위 온도가 일정 온도 이상으로 되면 동작하는 자동화재탐지설비의 감지기는?

① 이온화식 감지기 ② 차동식 스폿형 감지기
③ 정온식 스폿형 감지기 ④ 광전식 스폿형 감지기

해설
① 이온화식 감지기 : 연기에 의해 이온농도가 변화하는 것으로 감지
② 차동식 감지기 : 주변 온도의 일정한 온도 상승에 의한 감지
④ 광전식 감지기 : 연기에 의해 반응하는 것으로 광전효과를 이용하여 감지

정답 : ③

2018.4회-66

278 자동화재탐지설비의 감지기 중 주위의 온도상승률이 일정한 값을 초과하는 경우 동작하는 것은?

① 차동식 ② 정온식
③ 광전식 ④ 이온화식

해설
② 정온식 감지기 : 주변 온도가 일정 온도에 달하였을 때 감지
③ 광전식 감지기 : 연기에 의해 반응하는 것으로 광전효과를 이용하여 감지
④ 이온화식 감지기 : 연기에 의해 이온농도가 변화하는 것으로 감지

정답 : ①

2014.1회-64

279 다음의 자동화재 탐지설비의 감지기 중 설치 가능한 부착 높이가 가장 높은 것은?

① 연기감지기
② 정온식 감지기
③ 차동식 분포형 감지기
④ 차동식 스포트형 감지기

해설

감지기의 설치 높이

구분	설치 높이
정온식 감지기 차동식 스포트형 감지기	4m 이상~8m 미만
차동식 분포형 감지기	8m 이상~15m 미만
연기감지기	15m 이상~20m 미만

정답 : ①

280 자동화재탐지설비의 감지기에 관한 설명으로 옳지 않은 것은?

① 스포트형 감지기는 45° 이상 경사되지 않도록 부착한다.
② 감지기는 천장 또는 반자의 옥내에 면하는 부분에 설치한다.
③ 정온식 감지기는 주방·보일러실 등으로서 다량의 화기를 취급하는 장소에 설치한다.
④ 보상식 스포트형 감지기는 정온점이 감지기 주위의 평상시 최고온도보다 10℃ 이상 높은 것으로 설치한다.

[해설]
화재안전기준 제7조에 따르면, 보상식 스포트형 감지기는 정온점이 감지기 주위의 평상시 온도보다 20℃ 이상 높은 것으로 설치해야 한다.

정답 : ④

281 소방시설은 소화설비, 경보설비, 피난구조설비, 소화용수설비, 소화활동설비로 구분할 수 있다. 다음 중 소화활동설비에 속하는 것은?

① 제연설비
② 비상방송설비
③ 스프링클러설비
④ 자동화재탐지설비

[해설]
② 비상방송설비-경보설비
③ 스프링클러설비-소화설비
④ 자동화재탐지설비-경보설비

제연설비
제연설비는 화재로 인한 유독가스가 들어오지 못하도록 차단, 배출하고, 유입된 매연을 희석시켜 피난상의 안전을 도모하는 소방시설이다.

정답 : ①

282 소방시설은 소화설비, 경보설비, 피난설비, 소화활동설비 등으로 구분할 수 있다. 다음 중 소화활동설비에 속하지 않는 것은?

① 제연설비
② 연결살수설비
③ 비상방송설비
④ 연소방지설비

[해설]
비상방송설비는 경보설비에 해당한다.

소화활동설비
• 화재를 진압하거나 인명구조활동을 위하여 사용하는 설비
• 종류 : 제연설비, 연결송수관설비, 연결살수설비, 비상콘센트설비, 무선통신보조설비, 연소방지설비

정답 : ③

6 가스설비

283 가스설비에서 LPG에 관한 설명으로 옳지 않은 것은?

① 공기보다 무겁다.
② LNG에 비해 발열량이 작다.
③ 순수한 LPG는 무색, 무취이다.
④ 액화하면 체적이 1/250 정도가 된다.

[해설]
LPG는 공기보다 비중이 높아 누출 시 환기가 잘 되지 않고 바닥에 가라앉아 폭발 위험성이 높으며 LNG에 비해 발열량이 크다.

정답 : ②

284 LPG에 관한 설명으로 옳지 않은 것은?

① 비중이 공기보다 작다.
② 액화석유가스를 말한다.
③ 액화하면 그 체적은 약 1/250로 된다.
④ 상압에서는 기체이지만 압력을 가하면 액화된다.

[해설]
LPG는 공기보다 비중이 높아 공기보다 무겁다.

정답 : ①

285 액화천연가스(LNG)에 관한 설명으로 옳지 않은 것은?

① 공기보다 가볍다.
② 무공해, 무독성이다.
③ 프로필렌, 부탄, 에탄이 주성분이다.
④ 대규모의 저장시설을 필요로 하며, 공급은 배관을 통하여 이루어진다.

[해설]
액화천연가스(LNG)
LNG의 주성분은 메탄(CH_4)이다.

정답 : ③

286 액화천연가스(LNG)에 관한 설명으로 옳지 않은 것은?

① 메탄이 주성분이다.
② 무공해, 무독성이다.
③ 비중이 공기보다 크다.
④ 일반적으로 배관을 통해 공급한다.

[해설]
액화천연가스(LNG)는 공기보다 비중이 가볍고, 액화석유가스(LPG)는 공기보다 비중이 무겁다.

정답 : ③

287 압력에 따른 도시가스의 분류에서 고압의 기준으로 옳은 것은?(단, 게이지압력 기준)

① 0.1MPa 이상
② 1MPa 이상
③ 10MPa 이상
④ 100MPa 이상

[해설]
압력에 따른 도시가스의 분류

분류	공급압력
고압	1MPa 이상
중압	0.1MPa 이상 1.0MPa 미만
저압	0.1MPa 이하

정답 : ②

288 도시가스에서 중압의 가스압력은?(단, 액화가스가 기화되고 다른 물질과 혼합되지 아니한 경우 제외)

① 0.05MPa 이상, 0.1MPa 미만
② 0.01MPa 이상, 0.1MPa 미만
③ 0.1MPa 이상, 1MPa 미만
④ 1MPa 이상, 10MPa 미만

[해설]
공급압력에 따른 도시가스의 분류

분류	공급압력
고압	1MPa 이상
중압	0.1MPa 이상 1.0MPa 미만
저압	0.1MPa 이하

정답 : ③

289 도시가스 설비에서 도시가스 압력을 사용처에 맞게 낮추는 감압기능을 갖는 기기는?

① 기화기
② 정압기
③ 압송기
④ 가스홀더

[해설]
정압기(=압력조정기 ; Governor)
도시가스 압력을 사용처에 맞게 낮추는 감압장치를 정압기라고 한다.

정답 : ②

290 가스설비에 사용되는 거버너(Governor)에 관한 설명으로 옳은 것은?

① 실내에서 발생되는 배기가스를 외부로 배출시키는 장치
② 연소가 원활히 이루어지도록 외부로부터 공기를 받아들이는 장치
③ 가스가 누설되거나 지진이 발생했을 때 가스공급을 긴급히 차단하는 장치
④ 가스공급회사로부터 공급받은 가스를 건물에서 사용하기에 적합한 압력으로 조정하는 장치

[해설]
정압기(=압력조정기 ; Governor)
도시가스 압력을 사용처에 맞게 필요한 압력으로 낮추어 사용하는 데 사용하는 기기이다.

정답 : ④

2016. 2회-71

291 가스의 연소성을 나타내는 것은?

① 비열비 ② 거버너
③ 웨버지수 ④ 단열지수

[해설]
웨버지수(WI)
가스연료의 단위시간당 방출되는 에너지를 정의하기 위한 변수, 즉 가스의 연소성을 나타내는 변수이다.

정답 : ③

2018. 4회-80

292 일반적으로 가스사용시설의 지상배관 표면 색상은 어떤 색상으로 도색하는가?

① 백색 ② 황색
③ 청색 ④ 적색

[해설]
가스사용시설의 지상배관 표면 색상
지상배관은 황색, 매설배관은 최고 사용압력이 저압인 배관은 황색, 중압인 배관은 적색으로 한다.

정답 : ②

2014. 4회-63, 2019. 2회-64

293 가스사용시설의 가스계량기에 관한 설명으로 옳지 않은 것은?

① 공동주택의 경우 가스계량기는 일반적으로 대피공간이나 주방에 설치된다.
② 가스계량기와 전기계량기와의 거리는 60cm 이상 유지하여야 한다.
③ 가스계량기와 전기개폐기와의 거리는 60cm 이상 유지하여야 한다.
④ 가스계량기와 화기(그 시설 안에서 사용하는 자체화기는 제외) 사이에 유지하여야 하는 거리는 2m 이상이어야 한다.

[해설]
가스계량기의 설치기준
- 가스계량기와 전기계량기 및 전기개폐기와의 거리는 60cm 이상
- 전기점멸기(스위치) 및 전기접속기와의 거리는 30cm 이상
- 절연조치를 하지 아니한 전선과의 거리는 15cm 이상의 거리를 유지한다.
- 공동주택의 대피공간, 방·거실 및 주방 등으로서 사람이 거처하는 곳 및 가스계량기에 나쁜 영향을 미칠 우려가 있는 장소는 설치를 금한다.

정답 : ①

2017. 1회-61, 2020. 1, 2회 통합 -62

294 가스사용시설에서 가스계량기의 설치에 관한 설명으로 옳지 않은 것은?

① 전기접속기와의 거리가 최소 30cm 이상이 되도록 한다.
② 전기점멸기와의 거리가 최소 60cm 이상이 되도록 한다.
③ 전기개폐기와의 거리가 최소 60cm 이상이 되도록 한다.
④ 전기계량기와의 거리가 최소 60cm 이상이 되도록 한다.

[해설]
가스계량기의 설치기준
- 가스계량기와 전기계량기 및 전기개폐기와의 거리는 60cm 이상
- 전기점멸기(스위치) 및 전기접속기와의 거리는 30cm 이상
- 절연조치를 하지 아니한 전선과의 거리는 15cm 이상의 거리를 유지한다.
- 공동주택의 대피공간, 방·거실 및 주방 등으로서 사람이 거처하는 곳 및 가스계량기에 나쁜 영향을 미칠 우려가 있는 장소는 설치를 금한다.

정답 : ②

2018. 1회-80

295 도시가스 배관 시공에 관한 설명으로 옳지 않은 것은?

① 건물 내에서는 반드시 은폐배관으로 한다.
② 배관 도중에 신축 흡수를 위한 이음을 한다.
③ 건물의 주요구조부를 관통하지 않도록 한다.
④ 건물의 규모가 크고 배관 연장이 길 경우는 계통을 나누어 배관한다.

[해설]

도시가스 배관 시공
도시가스 배관을 건물 내에 설치할 경우에는 매립(埋立) 배관과 은폐(隱蔽) 배관을 겸해서 설치한다.
* 매립배관 : 건축물의 천장, 벽, 바닥 속에 설치되는 배관으로서, 배관주위에 콘크리트, 흙 등이 채워져 배관의 점검·교체가 불가능한 배관을 말한다. 다만, 천장, 벽체 등을 통과하기 위해 이음부 없이 설치되는 배관은 매립배관으로 보지 않는다.

정답 : ①

2015.1회-72, 2020.3회-77

296 가스배관 경로 선정 시 주의하여야 할 사항으로 옳지 않은 것은?

① 장래의 증설 및 이설 등을 고려한다.
② 주요구조부를 관통하지 않도록 한다.
③ 옥내배관은 매립하는 것을 원칙으로 한다.
④ 손상이나 부식 및 전식을 받지 않도록 한다.

[해설]
가스배관은 옥내설치 시, 건물 내의 배관 시 관리검사가 용이하도록 노출배관으로 한다.

정답 : ③

SECTION 04 공기조화설비

| 1 | 기초사항

2013.1회-76

297 어떤 습공기를 가열했을 때 습공기선도에서 변화하지 않는 것은?

① 엔탈피
② 습구온도
③ 절대습도
④ 상대습도

[해설]
절대습도는 공기가 가열 또는 냉각되어도 상태가 변하지 않는다.

습공기선도
1. 습공기선도의 구성요소
   습공기선도는 건구온도(t), 습구온도(t'), 절대습도(x), 상대습도(ϕ), 엔탈피(i), 수증기 분압(P_w), 비체적(v)을 알 수 있으며 이 값을 사용하여 노점온도, 포화곡선, 현열비, 열수분비를 알 수 있다.
2. 특징
   - 공기를 냉각·가열하여도 절대습도는 변하지 않는다.
   - 공기를 냉각하면 상대습도는 증가하고 공기를 가열하면 상대습도는 감소한다.
   - 절대습도의 변화 없이 건구 온도만 상승시키면, 엔탈피는 증가

정답 : ③

2020.3회-73, 2022.2회-71

298 습공기를 가열했을 때 상태값이 변화하지 않는 것은?

① 엔탈피
② 습구온도
③ 절대습도
④ 상대습도

[해설]
절대습도는 공기가 가열 또는 냉각되어도 상태가 변하지 않는다.

습공기선도
1. 습공기선도의 구성요소
   습공기선도는 건구온도(t), 습구온도(t'), 절대습도(x), 상대습도(ϕ), 엔탈피(i), 수증기 분압(P_w), 비체적(v)을 알 수 있으며 이 값을 사용하여 노점온도, 포화곡선, 현열비, 열수분비를 알 수 있다.
2. 특징
   - 공기를 냉각·가열하여도 절대습도는 변하지 않는다.
   - 공기를 냉각하면 상대습도는 증가하고 공기를 가열하면 상대습도는 감소한다.
   - 절대습도의 변화 없이 건구 온도만 상승시키면, 엔탈피는 증가

정답 : ③

2013.2회-69, 2018.4회-67

299 다음 중 습공기를 가열할 경우 상태값이 변하지 않는 것은?

① 엔탈피
② 절대습도
③ 상대습도
④ 습구온도

[해설]
절대습도는 공기가 가열 또는 냉각되어도 상태가 변하지 않는다.

정답 : ②

2022.1회-67

300 습공기가 냉각되어 포함되어 있던 수증기가 응축되기 시작하는 온도를 의미하는 것은?

① 노점온도
② 습구온도
③ 건구온도
④ 절대온도

[해설]
노점온도는 수증기가 응축되기 시작하는 온도로서 일상에서 볼 수 있는 결로가 시작되는 온도이다.

정답 : ①

2015.2회-65

301 공기의 건구온도와 상대습도를 알고 있을 때 습공기선도를 통해 구할 수 없는 것은?

① 엔탈피
② 절대습도
③ 습구온도
④ 탄산가스 함유량

[해설]

습공기선도의 구성 요소
습공기선도는 건구온도(t), 습구온도(t'), 절대습도(x), 상대습도(ϕ), 엔탈피(i), 수증기 분압(P_w), 비체적(v)을 알 수 있으며 이 값을 사용하여 노점온도, 포화곡선, 현열비, 열수분비를 알 수 있다.

정답 : ④

2016.2회-62, 2020.3회-79

302 습공기의 건구온도와 습구온도를 알 때 습공기선도를 사용하여 구할 수 있는 상태값이 아닌 것은?

① 엔탈피 ② 비체적
③ 기류속도 ④ 절대습도

[해설]

공기의 건구온도, 습구온도, 절대습도, 상대습도, 수증기압, 엔탈피 등의 상호 관계를 그림으로 나타낸 것으로 기류속도는 습공기선도 상에서 구할 수 없다.

정답 : ③

2020.3회-72

303 습공기를 가열할 경우 감소하는 상태값은?

① 엔탈피 ② 비체적
③ 상대습도 ④ 건구온도

[해설]

공기를 냉각하면 상대습도는 높아지고 공기를 가열하면 상대습도는 낮아진다.

정답 : ③

2019.2회-67

304 다음 중 습공기를 가열하였을 때 증가하지 않는 상태량은?

① 엔탈피 ② 비체적
③ 상대습도 ④ 습구온도

[해설]

습공기의 성질
- 공기를 냉각 · 가열하여도 절대습도는 변하지 않는다.
- 공기를 냉각하면 상대습도는 증가하고 공기를 가열하면 상대습도는 감소한다.
- 습구온도는 항상 건구온도보다 낮으며, 포화상태에서만 습구온도와 건구온도가 동일하다.
- 포화상태(상대습도 100%)일 때 건구온도, 습구온도, 노점온도가 모두 같다.

정답 : ③

2017.1회-77

305 다음 중 상대습도(R.H) 100%에서 그 값이 같지 않은 온도는?

① 건구온도 ② 효과온도
③ 습구온도 ④ 노점온도

[해설]

습공기선도

습공기선도상에서 상대습도가 100%인 포화공기일 때는 습구온도, 건구온도, 노점온도가 같아진다.

정답 : ②

2016.4회-73, 2019.2회-75

306 습공기의 상태변화에 관한 설명으로 옳지 않은 것은?

① 가열하면 엔탈피는 증가한다.
② 냉각하면 비체적은 감소한다.
③ 가열하면 절대습도는 증가한다.
④ 냉각하면 습구온도는 감소한다.

[해설]

공기를 냉각 · 가열하여도 절대습도는 변하지 않는다.

습공기의 상태변화

습공기	상태변화
냉각	엔탈피는 감소, 비체적 감소, 상대습도 증가
가열	엔탈피는 증가, 비체적 증가, 상대습도 감소

*절대습도는 공기를 냉각 · 가열하여도 변하지 않는다.

정답 : ③

2013.4회-74, 2022.1회-63

307 습공기의 엔탈피에 관한 설명으로 옳은 것은?

① 건구온도가 높을수록 커진다.
② 절대습도가 높을수록 작아진다.
③ 수증기의 엔탈피에서 건공기의 엔탈피를 뺀 값이다.
④ 습공기를 냉각 · 가습할 경우 엔탈피는 항상 감소한다.

[해설]

② 절대습도가 높을수록 커진다.
③ 수증기의 엔탈피는 수증기의 엔탈피와 건공기의 엔탈피를 더한 값이다.
④ 습공기를 냉각할 경우 엔탈피는 작아지고, 가습할 경우 엔탈피는 커지게 된다.

정답 : ①

2017.2회-69, 2021.4회-64

308 건구온도 30℃, 상대습도 60%인 공기를 냉수코일에 통과시켰을 때 공기의 상태변화로 옳은 것은?(단, 코일 입구수온 5℃, 코일 출구수온 10℃)

① 건구온도는 낮아지고 절대습도는 높아진다.
② 건구온도는 높아지고 절대습도는 낮아진다.
③ 건구온도는 높아지고 상대습도는 높아진다.
④ 건구온도는 낮아지고 상대습도는 높아진다.

[해설]
습공기가 냉수코일을 통과할 경우 냉각감습이 일어나며, 이 경우 건구온도는 낮아지고 상대습도는 높아진다.

정답 : ④

2015.1회-75, 2020.1, 2회 통합-75

309 어떤 상태의 습공기를 절대습도의 변화 없이 건구온도만 상승시킬 때, 습공기의 상태변화로 옳은 것은?

① 엔탈피는 증가한다.
② 비체적은 감소한다.
③ 노점온도는 낮아진다.
④ 상대습도는 증가한다.

[해설]
어떤 상태의 습공기를 절대습도의 변화 없이 건구온도만 상승시킬 때, 엔탈피는 증가하는 현상이 나타난다.
② 비체적은 증가한다.
③ 노점온도는 변화가 없다.
④ 상대습도는 감소한다.

정답 : ①

2016.1회-74

310 습공기의 엔탈피를 가장 올바르게 표현한 것은?

① 공기 $1m^3$의 중량
② 건공기에 포함된 수증기의 중량
③ 건공기와 수증기에 포함된 열량
④ 공기 중의 수분량과 포화수증기량의 비율

[해설]
습공기 엔탈피
건공기 엔탈피와 습공기 엔탈피의 합이다.
즉, 건공기에 포함된 열량 + 수증기에 포함된 열량

정답 : ③

2021.4회-67

311 엔탈피 변화량에 대한 현열 변화량의 비를 의미하는 것은?

① 현열비
② 잠열비
③ 유인비
④ 열수분비

[해설]
엔탈피 변화량에 대한 현열 변화량 비율을 현열비라고 한다.

정답 : ①

2014.4회-78, 2021.4회-71

312 공조부하 중 현열과 잠열이 동시에 발생하는 것은?

① 인체의 발생열량
② 벽체로부터의 취득열량
③ 유리로부터의 취득열량
④ 덕트로부터의 취득열량

[해설]
인체는 현열과 잠열이 복합적으로 발생한다.
②, ③, ④항은 현열만 발생한다.

공조부하 계산 시 현열과 잠열이 동시에 발생하는 것
• 틈새바람(극간풍)에 의한 부하
• 실내발열량(인체의 발생열량)
• 기타의 열원기기의 발생열량
• 환기부하(신선한 외기에 의한 부하)

정답 : ①

2020.3회-75

313 다음 중 냉방부하 계산 시 현열과 잠열 모두 고려하여야 하는 요소는?

① 덕트로부터의 취득열량
② 유리로부터의 취득열량
③ 벽체로부터의 취득열량
④ 극간풍에 의한 취득열량

[해설]
현열과 잠열을 모두 고려하여야 하는 요소
틈새바람(극간풍)에 의한 부하, 실내발열량(인체), 환기부하(신선한 외기에 의한 부하)

정답 : ④

314 다음 중 냉방부하 계산 시 현열만을 고려하는 것은?

① 인체의 발생열량
② 벽체로부터의 취득열량
③ 극간풍에 의한 취득열량
④ 외기의 도입으로 인한 취득열량

해설
냉방부하의 종류 중 현열부하만 발생시키는 종류
• 전열부하 : 외벽, 천장, 유리, 바닥 등을 통한 열 취득
• 일사에 의한 부하
• 장치부하 : 조명기구, 송풍 시 부하, 덕트의 열손실, 재열부하 등

정답 : ②

315 다음의 냉방부하 발생요인 중 현열부하만 발생시키는 것은?

① 인체의 발생열량
② 벽체로부터의 취득열량
③ 극간풍에 의한 취득열량
④ 외기의 도입으로 인한 취득열량

해설
냉방부하의 종류 중 현열부하만 발생시키는 종류
• 전열부하 : 외벽, 천장, 유리, 바닥 등을 통한 열 취득
• 일사에 의한 부하
• 장치부하 : 조명기구, 송풍 시 부하, 덕트의 열손실, 재열부하 등

정답 : ②

316 냉방부하의 종류 중 현열만을 포함하고 있는 것은?

① 인체의 발생열량
② 유리로부터의 취득열량
③ 극간풍에 의한 취득열량
④ 외기의 도입으로 인한 취득열량

해설
유리로부터의 취득열량은 관류 및 일사에 의한 것으로 현열만을 포함하고 있다.

정답 : ②

317 냉난방부하에 관한 설명으로 옳지 않은 것은?

① 틈새바람부하에는 현열부하 요소와 잠열부하 요소가 있다.
② 최대 부하를 계산하는 것은 장치의 용량을 구하기 위한 것이다.
③ 냉방부하 중 실부하란 전열부하, 일사에 의한 부하 등을 말한다.
④ 인체발생열과 조명기구발생열은 난방부하를 증가시키므로 난방부하 계산에 포함시킨다.

해설
난방부하 계산 시에는 인체발생열(재실자), 전열기구(조명기구 등) 등의 발생열은 무시한다.

정답 : ④

318 35℃의 공기 300m³와 27℃의 공기 700m³를 단열 혼합하였을 경우 혼합공기의 온도는?

① 28.2℃   ② 29.4℃
③ 30.6℃   ④ 32.6℃

해설
혼합공기의 온도계산(℃)
$$t_3 = \frac{(Q_1 \times t_1) + (Q_2 \times t_2)}{Q_1 + Q_2} = \frac{(300 \times 35) + (700 \times 27)}{300 + 700}$$
$$= 29.4℃$$
여기서, Q : 공기량
t_1, t_2 : 혼합 전 공기온도
t_3 : 혼합 후 공기온도

정답 : ②

319 건구온도 26℃인 실내공기 8,000m³/h와 건구온도 32℃인 외부공기 2,000m³/h를 단열혼합하였을 때 혼합공기의 건구온도는?

① 27.2℃   ② 27.6℃
③ 28.0℃   ④ 29.0℃

해설

혼합공기의 온도계산(℃)

$$t_3 = \frac{(Q_1 \times t_1) + (Q_2 \times t_2)}{Q_1 + Q_2} = \frac{(8,000 \times 26) + (2,000 \times 32)}{8,000 + 2,000}$$

$= 27.2℃$

여기서, Q : 공기량

t_1, t_2 : 혼합 전 공기온도

t_3 : 혼합 후 공기온도

정답 : ①

2017.1회-76

320 건구온도가 25℃인 실내공기 8,000m³/h와 건구온도 31℃인 외부공기 2,000m³/h를 단열혼합하였을 때 혼합공기의 건구온도는?

① 24.8℃　　② 26.2℃
③ 27.5℃　　④ 29.8℃

해설

혼합공기의 온도계산(℃)

$$t_3 = \frac{(Q_1 \times t_1) + (Q_2 \times t_2)}{Q_1 + Q_2} = \frac{(8,000 \times 25) + (2,000 \times 31)}{8,000 + 2,000}$$

$= 26.2℃$

여기서, Q : 공기량

t_1, t_2 : 혼합 전 공기온도

t_3 : 혼합 후 공기온도

정답 : ②

2014.1회-61, 2019.1회-74, 2022.2회-79

321 냉방부하 계산 결과 현열부하가 620W, 잠열부하가 155W일 경우 현열비는?

① 0.2　　② 0.25
③ 0.4　　④ 0.8

해설

현열비(SHF)

$= \dfrac{\text{현열}}{\text{전열(현열+잠열)}}$

$= \dfrac{620W}{620W + 155W} = 0.8$

정답 : ④

2021.2회-62

322 어떤 실의 취득열량이 현열 35,000W, 잠열 15,000W이었을 때, 현열비는?

① 0.3　　② 0.4
③ 0.7　　④ 2.3

해설

현열비(SHF)

$= \dfrac{\text{현열}}{\text{전열(현열+잠열)}}$

$= \dfrac{35,000W}{35,000W + 15,000W} = 0.7$

정답 : ③

2014.2회-70

323 다음 조건에 있는 실의 틈새바람에 의한 현열부하는?

- 실의 체적 : 400m³
- 환기횟수 : 0.5회/h
- 실내온도 : 20℃, 외기온도 : 0℃
- 공기의 밀도 : 1.2kg/m³
- 비열 : 1.01kJ/kg·K

① 약 654W　　② 약 972W
③ 약 1,347W　　④ 약 1,654W

해설

현열부하량(H_i, 환기에 의한 손실열량)

$H_i = 0.337 \times Q \times \Delta t = 0.337 \times n \times V \cdot \Delta t (W)$

여기서, Q : 환기량(m³/h)

n : 환기횟수(회/h)

V : 실의 체적(m³)

Δt : 실내외 온도차(℃)

$H_i = 0.337 \times 0.5 \times 400 \times (20-0) = 1,348(W)$

정답 : ③

2017.2회-64, 2018.4회-62, 2020.3회-80, 2021.2회-63

324 다음과 같은 조건에 있는 실의 틈새바람에 의한 현열 부하량은?

- 실의 체적 : 400m³
- 환기횟수 : 0.5회/h
- 실내공기 건구온도 : 20℃
- 외기 건구온도 : 0℃
- 공기의 밀도 : 1.2kg/m³
- 비열 : 1.01kJ/kg·K

① 986W ② 1,124W
③ 1,347W ④ 1,542W

[해설]

현열부하량(H_i, 환기에 의한 손실열량)
$H_i = 0.337 \cdot n \cdot V \cdot \Delta t (W)$
$= 0.337 \times 0.5 \times 400 \times 20 = 1,348(W)$
여기서, n : 환기횟수(회/h)
V : 실의 체적(m³)
Δt : 실내외 온도차(℃)

정답 : ③

2018.2회-73

325 다음과 같은 조건에서 바닥면적 300m², 천장고 2.7m인 실의 난방부하 산정 시 틈새바람에 의한 외기부하는?

- 실내 건구온도 : 20℃
- 외기온도 : -10℃
- 환기횟수 : 0.5회/h
- 공기의 비열 : 1.01kJ/kg·K
- 공기의 밀도 : 1.2kg/m³

① 3.4kW ② 4.1kW
③ 4.7kW ④ 5.2kW

[해설]

$H_i = 0.337 \cdot n \cdot V \cdot \Delta t (W)$
$= 0.337 \times 0.5 \times (300 \times 2.7) \times 30$
$= 4,094.55(W) = 4.1(kW)$
여기서, n : 환기횟수(회/h)
V : 실의 체적(m³)
Δt : 실내외 온도차(℃)

정답 : ②

2018.1회-64

326 다음과 같은 조건에서 실의 현열부하가 7,000W인 경우 실내 취출풍량은?

- 실내온도 : 22℃
- 취출공기온도 : 12℃
- 공기의 비열 : 1.01kJ/kg·K
- 공기의 밀도 : 1.2kg/m³

① 1,042m³/h ② 2,079m³/h
③ 3,472m³/h ④ 6,944m³/h

[해설]

실내 필요환기량(Q)
$H = 0.337 \times Q \times \Delta T$
$Q = \dfrac{H}{0.337 \times \Delta T} = \dfrac{7,000}{0.337 \times 10}$
$= 2,077(m^3/h)$
여기서, H : 발열량(W)
Q : 환기량(m³/h)
ΔT : 온도차(℃)

정답 : ②

2018.4회-73

327 어떤 사무실의 취득 현열량이 15,000W일 때 실내온도를 26℃로 유지하기 위하여 16℃의 외기를 도입할 경우, 실내에 공급하는 송풍량은 얼마로 해야 하는가?(단, 공기의 정압비열은 1.01kJ/kg·K, 밀도는 1.2kg/m³이다.)

① 2,455m³/h ② 4,455m³/h
③ 6,455m³/h ④ 8,455m³/h

[해설]

송풍량(m)
$Q = m \cdot c \cdot \Delta t$ 에서
$m = \dfrac{Q}{c \cdot \Delta t} = \dfrac{54,000}{1.01 \times 1.2 \times 10} = 4,455(m^3/h)$
여기서, m : 온수순환량(kg/h)
c : 물의 비열(kJ/kg·K)
Δt : 온도차(℃)
* $Q = 15,000W = 15kJ/s = (15 \times 3,600)kJ/h = 54,000kJ/h$

정답 : ②

328 공조시스템의 전열교환기에 관한 설명으로 옳지 않은 것은?

① 공기 대 공기의 열교환기로서 현열만 교환이 가능하다.
② 공조기는 물론 보일러나 냉동기의 용량을 줄일 수 있다.
③ 공기방식의 중앙공조시스템이나 공장 등에서 환기에서의 에너지 회수방식으로 사용된다.
④ 전열교환기를 사용한 공조시스템에서 중간기(봄, 가을)를 제외한 냉방기와 난방기의 열회수량은 실내·외의 온도차가 클수록 많다.

[해설]
전열교환기
공기 대 공기의 열교환기로서 현열은 물론 잠열까지도 교환되는 엔탈피 교환장치로서 공조시스템에서 배기와 도입되는 외기와의 전열교환으로 공조기는 물론 보일러나 냉동기의 용량을 줄일 수 있다. 연료비를 절약할 수 있는 에너지절약기기로 공기방식의 중앙공조시스템이나 공장 등에서 환기에서의 에너지 회수방식으로 많이 사용된다.

정답 : ①

2 | 환기 및 배연설비

329 일반적으로 실내 환기량의 기준이 되는 것은?

① 공기 온도
② O 농도
③ CO_2 농도
④ SO_2 농도

[해설]
실내 환기량의 기준
대부분의 오염물질 농도는 이산화탄소의 농도에 따라 증감하기 때문에 이산화탄소(CO_2) 농도를 기준으로 한다.

정답 : ③

330 실내공기오염의 종합적 지표로서 사용되는 오염 물질은?

① 부유분진
② 이산화탄소
③ 일산화탄소
④ 이산화질소

[해설]
이산화탄소
탄소나 그 화합물이 완전 연소하거나, 생물이 호흡 또는 발효(醱酵)할 때 생기는 기체이며, 대기의 약 0.04%를 차지하고 있으며 실내공기오염의 종합적인 지표로 사용된다.

정답 : ②

331 이산화탄소의 실내공기질 유지기준으로 옳은 것은?(단, 다중이용시설 중 실내주차장의 경우)

① 200ppm 이하
② 500ppm 이하
③ 1,000ppm 이하
④ 2,000ppm 이하

[해설]
다중이용시설 중 실내주차장의 경우, 이산화탄소 실내공기질 유지기준은 1,000ppm 이하이다.

정답 : ③

332 실내공기 중에 부유하는 직경 $10\mu m$ 이하의 미세먼지를 의미하는 것은?

① VOC10
② PMV10
③ PM10
④ SS10

[해설]
미세먼지
미세먼지에는 PM10(지름이 $10\mu m$ 이하)과 초미세먼지 PM2.5(지름이 $2.5\mu m$ 이하)가 있다.

정답 : ③

333 100명을 수용하고 있는 회의실에서 1인당 CO_2 배출량이 17L/h일 때 실내의 CO_2 농도를 1,000ppm 이하로 유지시키기 위한 필요환기량은?(단, 외기의 CO_2 농도는 300ppm이다.)

① 약 $1,120m^3/h$
② 약 $1,750m^3/h$
③ 약 $2,140m^3/h$
④ 약 $2,430m^3/h$

해설

CO_2 농도에 의한 환기량(Q)

$$= \frac{CO_2 \text{발생량}(m^3)}{C_i(\text{실내 허용 }CO_2\text{ 농도}) - C_o(\text{신선 외기 }CO_2\text{ 농도})}$$

$$= \frac{100 \times 17 \times 1,000}{1,000 - 300} ≒ 2,430 m^3/h$$

정답 : ④

---

334 900명을 수용하고 있는 극장에서 실내 CO_2 농도를 0.1%로 유지하기 위해 필요한 환기량은?(단, 외기 CO_2 농도는 0.04%, 1인당 CO_2 배출량은 18L/h이다.)

① 27,000 m^3/h ② 30,000 m^3/h
③ 60,000 m^3/h ④ 66,000 m^3/h

해설

CO_2 농도에 의한 환기량(Q)

$$= \frac{CO_2 \text{발생량}(m^3)}{C_i(\text{실내 허용 }CO_2\text{ 농도}) - C_o(\text{신선 외기 }CO_2\text{ 농도})}$$

$$= \frac{900 \times 0.018}{0.001 - 0.0004} = 27,000(m^3/h)$$

정답 : ①

---

335 실내공기의 탄산가스 함유량을 0.1%로 유지하는데 필요한 환기량은?(단, 실내발생 탄산가스량은 51L/h, 외기의 탄산가스 함유량은 0.03%이다.)

① 약 23 m^3/h ② 약 35 m^3/h
③ 약 43 m^3/h ④ 약 73 m^3/h

해설

필요환기량(Q, m^3/h) 계산

$$Q = \frac{K}{(C - C_o)}$$

$$= \frac{CO_2 \text{발생량}(m^3)}{C_i(\text{실내 허용 }CO_2\text{ 농도}) - C_o(\text{신선 외기 }CO_2\text{ 농도})}$$

$$= \frac{0.051}{0.001 - 0.0003} = 72.86 ≒ 73(m^3/h)$$

여기서, K : 실내의 CO_2 발생량(m^3/h)
C : CO_2의 허용농도(%)
C_o : 외기의 CO_2 농도(%)

정답 : ④

2019.4회-78

336 실내의 탄산가스 허용농도가 1,000ppm, 외기의 탄산가스 농도가 400ppm 일 때, 실내 1인당 필요한 환기량은?(단, 실내 1인당 탄산가스 배출량은 15L/h이다.)

① 15 m^3/h ② 20 m^3/h
③ 25 m^3/h ④ 30 m^3/h

해설

필요환기량(Q, m^3/h) 계산

$$Q = \frac{K}{(C - C_o)}$$

$$= \frac{CO_2 \text{발생량}(m^3)}{C_i(\text{실내 허용 }CO_2\text{ 농도}) - C_o(\text{신선 외기 }CO_2\text{ 농도})}$$

$$= \frac{0.015}{0.001 - 0.0004} = 25(m^3/h)$$

여기서, K : 실내의 CO_2 발생량(m^3/h)
C : CO_2의 허용농도(%)
C_o : 외기의 CO_2 농도(%)

정답 : ③

2020.1, 2회 통합-68

337 실내 CO_2 발생량이 17L/h, 실내 CO_2 허용농도가 0.1%, 외기의 CO_2 농도가 0.04%일 경우 필요환기량은?

① 약 28.3 m^3/h ② 약 35.0 m^3/h
③ 약 40.3 m^3/h ④ 약 42.5 m^3/h

해설

필요환기량(Q, m^3/h) 계산

$$Q = \frac{K}{(C - C_o)}$$

$$= \frac{CO_2 \text{발생량}(m^3)}{C_i(\text{실내 허용 }CO_2\text{ 농도}) - C_o(\text{신선 외기 }CO_2\text{ 농도})}$$

$$= \frac{17L/h \div 1,000}{0.001 - 0.0004} = 28.33 m^3/h ≒ 28.3 m^3$$

여기서, K : 실내의 CO_2 발생량(m^3/h)
C : CO_2의 허용농도(%)
C_o : 외기의 CO_2 농도(%)

★ 단위 통일 : $1m^3 = 1,000L$

정답 : ①

338 2,000명을 수용하는 극장에서 실온을 20℃로 유지하기 위한 필요환기량은?(단, 외기온도 10℃, 1인당 발열량(현열)=60W, 공기의 정압비열=1.01kJ/kg·K, 공기의 밀도=1.2kg/m³, 전등 및 기타 부하는 무시한다.)

① 11,110m³/h
② 21,222m³/h
③ 30,444m³/h
④ 35,644m³/h

[해설]

필요환기량(G) 계산

$$G = \frac{3,600Q}{\rho \cdot c \cdot \Delta t}$$

$$= \frac{3,600 \times 0.06\text{kW} \times 2,000}{1.2\text{kg/m}^3 \times 1.01\text{kJ/kg} \cdot \text{K} \times (20-10)\text{K}}$$

$$= 35.643\text{m}^3/\text{h}$$

여기서, G : 환기량(m³/h), Q : 발열량(kW)
ρ : 공기의 밀도(kg/m³), c : 공기의 비열(kJ/kg·K)
Δt : 온도차(K)

정답 : ④

---

339 다음과 같은 조건에서 2,000명을 수용하는 극장의 실온을 20℃로 유지하기 위한 필요환기량은?

[조건]
• 외기온도 : 10℃
• 1인당 발열량(현열) : 60W
• 공기의 정압비열 : 1.01kJ/kg·K
• 공기의 밀도 : 1.2kg/m³
• 전등 및 기타 부하는 무시한다.

① 11,110m³/h
② 21,222m³/h
③ 30,444m³/h
④ 35,644m³/h

[해설]

필요환기량(Q, m³/h) 계산

$$G = \frac{3,600Q}{\rho \cdot c \cdot \Delta t}$$

$$= \frac{3,600 \times 0.06\text{kW} \times 2,000}{1.2\text{kg/m}^3 \times 1.01\text{kJ/kg} \cdot \text{K} \times (20-10)\text{K}}$$

$$= 35.643\text{m}^3/\text{h}$$

여기서, G : 환기량(m³/h), Q : 발열량(kW)
ρ : 공기의 밀도(kg/m³), c : 공기의 비열(kJ/kg·K)
Δt : 온도차(K)

정답 : ④

---

340 다음과 같은 조건에서 실내에 500W의 열을 발산하는 기기가 있을 때, 이 열을 제거하기 위한 필요환기량은?

• 실내온도 : 20℃
• 환기온도 : 10℃
• 공기의 정압비열 : 1.01kJ/kg·K
• 공기의 밀도 : 1.2kg/m³

① 41.3m³/h
② 148.5m³/h
③ 413m³/h
④ 1,485m³/h

[해설]

필요환기량(Q, m³/h) 계산

$$G = \frac{3,600Q}{\rho \cdot c \cdot \Delta t}$$

$$= \frac{3,600 \times 0.5\text{kW}}{1.2\text{kg/m}^3 \times 1.01\text{kJ/kg} \cdot \text{K} \times (20-10)\text{K}}$$

$$= 148.5\text{m}^3/\text{h}$$

여기서, G : 환기량(m³/h), Q : 발열량(kW)
ρ : 공기의 밀도(kg/m³), c : 공기의 비열(kJ/kg·K)
Δt : 온도차(K)

정답 : ②

---

341 실내에 500W의 열을 발산하는 기기가 있을 때, 이 열을 제거하기 위한 필요환기량은?

• 실내온도 : 20℃
• 환기온도 : 10℃
• 공기의 정압비열 : 1.01kJ/kg·K
• 공기의 밀도 : 1.2kg/m³

① 41.3m³/h
② 148.5m³/h
③ 413m³/h
④ 1,485m³/h

[해설]

필요환기량(Q, m³/h) 계산

$$G = \frac{3,600Q}{\rho \cdot c \cdot \Delta t}$$

$$= \frac{3,600 \times 0.5\text{kW}}{1.2\text{kg/m}^3 \times 1.01\text{kJ/kg} \cdot \text{K} \times (20-10)\text{K}}$$

$$= 148.5\text{m}^3/\text{h}$$

여기서, G : 환기량(m³/h), Q : 발열량(kW)
ρ : 공기의 밀도(kg/m³), c : 공기의 비열(kJ/kg·K)
Δt : 온도차(K)

정답 : ②

2014.1회-76, 2022.1회-61

342 실내에 4,500W를 발열하고 있는 기기가 있다. 이 기기의 발열로 인해 실내온도 상승이 생기지 않도록 환기를 하려고 할 때, 필요한 최소 환기량은?(단, 공기의 밀도 1.2kg/m³, 비열 1.01kJ/kg·K, 실내온도 20℃, 외기온도 0℃이다.)

① 약 452m³/h ② 약 668m³/h
③ 약 856m³/h ④ 약 928m³/h

해설

필요환기량(Q, m³/h) 계산

$$G = \frac{3,600Q}{\rho \cdot c \cdot \Delta t}$$

$$= \frac{3,600 \times 4.5\text{kW}}{1.2\text{kg/m}^3 \times 1.01\text{kJ/kg}\cdot\text{K} \times (20-0)\text{K}}$$

$= 668\text{m}^3/\text{h}$

여기서, G : 환기량(m³/h)
Q : 발열량(kW)
ρ : 공기의 밀도(kg/m³)
c : 공기의 비열(kJ/kg·K)
Δt : 온도차(K)

정답 : ②

2013.2회-62

343 다중이용시설 등의 실내공기질관리법령에 따른 실내공간 오염물질에 속하지 않는 것은?

① 오존 ② 라돈
③ 일산화질소 ④ 폼알데하이드

해설

일산화질소는 질소 산화물로서 유독가스이지만, 실내공기질관리법령에 따른 실내공간의 오염물질에는 해당되지 않는다.

실내공기 오염물질
• 일산화탄소 • 라돈
• 폼알데하이드 • 벤젠
• 나프탈렌

정답 : ③

2020.1, 2회 통합-71

344 다음 중 실내를 부압으로 유지하며 실내의 냄새나 유해물질을 다른 실로 흘려보내지 않으므로 욕실, 화장실 등에 사용되는 환기방식은?

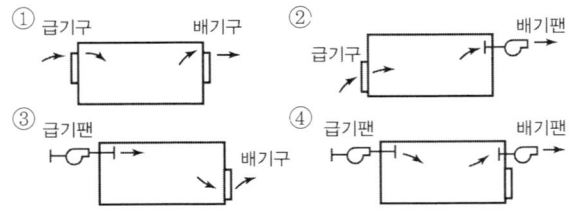

해설

기계환기방식

명칭	급기	배기	환기량	실내압	적용대상 건물
제1종 환기	기계	기계	임의, 일정	임의	병원의 수술실
제2종 환기	기계	자연	임의, 일정	정압	공장의 무균실, 반도체공장
제3종 환기	자연	기계	임의, 일정	부압	화장실, 욕실, 주방

정답 : ②

2014.2회-64

345 실내에서 발생하는 취기와 수증기 등이 다른 공간으로 유출되지 않도록 실내가 부압이 되도록 하는 환기방식은?

① 자연환기
② 급기팬과 배기팬의 조합
③ 급기팬과 자연배기의 조합
④ 자연급기와 배기팬의 조합

해설

제3종 환기방식(자연급기+강제배기)
• 송풍기로 실내공기를 강제적으로 배기하므로 실내는 부압(-)이 된다.
• 실내에서 발생된 취기나 수증기 등은 타실에 배출되지 않는다.
• 화장실, 욕실, 부엌 등의 환기에 적합하다.

정답 : ④

2020.1, 2회 통합 -72

346 자연환기에 관한 설명으로 옳지 않은 것은?

① 외부 풍속이 커지면 환기량은 많아진다.
② 실내외의 온도차가 크면 환기량은 작아진다.
③ 중력환기는 실내외의 온도차에 의한 공기의 밀도차가 원동력이 된다.
④ 자연환기량은 중성대로부터 공기유입구 또는 유출구까지의 높이가 클수록 많아진다.

[해설]

자연환기방식
- 자연환기에는 풍력을 이용한 풍력환기(風力換氣)와 실내외의 온도차를 이용한 중력환기(重力換氣)가 있다. 바람이 있을 때에는 건물의 바람이 불어오는 쪽의 창으로부터 외기가 들어와서 반대쪽 창으로 실내의 더러워진 공기를 배출하여 교환된다.
- 바람에 의하여 큰 영향을 받으며, 건물 내외의 온도차도 수시로 변하므로 언제나 일정한 환기량을 기대할 수 없다. 즉, 온도차가 크면 환기량이 커진다.

정답 : ②

2021.2회-65

347 자연환기에 관한 설명으로 옳지 않은 것은?

① 풍력환기량은 풍속이 높을수록 증가한다.
② 중력환기량은 개구부 면적이 클수록 증가한다.
③ 중력환기량은 실내외 온도차가 클수록 감소한다.
④ 중력환기는 실내외의 온도차에 의한 공기의 밀도차가 원동력이 된다.

[해설]

실내외 온도차가 커지면, 실내외 압력차도 커지므로 환기량은 증가한다.

정답 : ③

2017.4회-73, 2022.2회-75

348 자연환기에 관한 설명으로 옳은 것은?

① 풍력환기에 의한 환기량은 풍속에 반비례한다.
② 풍력환기에 의한 환기량은 유량계수에 비례한다.
③ 중력환기에 의한 환기량은 공기의 입구와 출구가 되는 두 개구부의 수직거리에 반비례한다.
④ 중력환기에서는 실내온도가 외기온도보다 높을 경우, 공기는 건물 상부의 개구부에서 들어와서 하부의 개구부로 나간다.

[해설]

자연환기는 공기의 물리적 변화를 응용하는 것이므로 만일 그 구동력이 없을 경우에는 환기효과를 기대하기 어렵다. 특히 구동력의 원천이 되는 유량계수(실내외 온도차나 외부 바람에 의한 풍압)에 비례하며, 유량계수는 시시각각으로 변화하므로 정확히 계획된 환기량을 유지하기가 어렵다.

정답 : ②

2017.1회-72

349 환기에 관한 설명으로 옳지 않은 것은?

① 외부 풍속이 커지면 환기량은 많아진다.
② 실내외의 온도차가 크면 환기량은 작아진다.
③ 중성대란 중력환기에서 실내외의 압력이 같아지는 위치이다.
④ 자연환기량은 중성대로부터 공기 유입구 또는 유출구까지의 높이가 클수록 많아진다.

[해설]

환기의 특징
- 실외의 풍속이 클수록 환기량은 크다.
- 실내외의 온도차가 클수록 환기량은 크다.
- 2개의 창을 나란히 두는 것보다 상하로 두는 것이 좋다.
- 같은 면적의 개구부일 때는 큰 것 하나보다 2개로 나누어 설치한다.

정답 : ②

2018.4회-70, 2021.1회-77

350 환기에 관한 설명으로 옳지 않은 것은?

① 화장실은 송풍기(급기팬)와 배풍기(배기팬)를 설치하는 것이 일반적이다.
② 기밀성이 높은 주택의 경우 잦은 기계환기를 통해 실내공기의 오염을 낮추는 것이 바람직하다.
③ 병원의 수술실은 오염공기가 실내로 들어오는 것을 방지하기 위해 실내 압력을 주변 공간보다 높게 설정한다.
④ 공기의 오염농도가 높은 도로에 면해 있는 건물의 경우, 공기조화설비 계통의 외기도입구를 가급적 높은 위치에 설치한다.

[해설]

화장실은 악취 등이 거주공간으로 들어가지 않도록 부압(-) 설계를 하게 된다. 부압(-) 설계는 제3종 환기에 해당하며, 급기는 자연적으로 실시하고, 배기 쪽에는 배풍기(배기팬)를 설치한다.

- 제1종 환기 : 급기팬＋배기팬(정압(＋) 또는 부압(－))
- 제2종 환기 : 급기팬＋자연배기(정압(＋))
- 제3종 환기 : 자연급기＋배기팬(부압(－))

정답 : ①

| 3 | 난방설비

2022.1회-70

351 증기난방에 관한 설명으로 옳지 않은 것은?

① 응축수 환수관 내에 부식이 발생하기 쉽다.
② 동일 방열량인 경우 온수난방에 비해 방열기의 방열면적이 작아도 된다.
③ 방열기를 바닥에 설치하므로 복사난방에 비해 실내바닥의 유효면적이 줄어든다.
④ 온수난방에 비해 예열시간이 길어서 충분한 난방감을 느끼는 데 시간이 걸린다.

[해설]

증기난방(Steam Heating System)
증기보일러에서 발생한 증기를 배관을 통해 각 실에 설치된 난방기기로 보내어 증기의 잠열로 난방하는 방식을 말한다.
1. 장점
   - 예열시간이 짧다.
   - 열의 운반능력이 크다.
   - 방열면적과 환수관경이 작다.
   - 설비비와 유지비가 적다.
   - 동파의 우려가 없다.
2. 단점
   - 부하변동에 따른 방열량 조절이 곤란하다.
   - 방열기 표면온도가 높아 쾌감도가 좋지 않다.
   - 환수관의 부식이 비교적 심하여 수명이 짧다.
   - 시스템 가동 초기 스팀해머(Steam Hammer)에 의한 소음 발생 우려가 높다.
   - 보일러 취급이 어렵다.

정답 : ④

2018.2회-70, 2019.4회-64, 2022.2회-72

352 증기난방에 관한 설명으로 옳지 않은 것은?

① 온수난방에 비해 예열시간이 짧다.
② 운전 중 증기해머로 인한 소음 발생의 우려가 있다.
③ 온수난방에 비해 한랭지에서 동결의 우려가 적다.
④ 온수난방에 비해 부하변동에 따른 실내 방열량 제어가 용이하다.

[해설]

증기난방(Steam Heating System)
증기보일러에서 발생한 증기를 배관을 통해 각 실에 설치된 난방기기로 보내어 증기의 잠열로 난방하는 방식을 말한다.
1. 장점
   - 예열시간이 짧다.
   - 열의 운반능력이 크다.
   - 방열면적과 환수관경이 작다.
   - 설비비와 유지비가 적다.
   - 동파의 우려가 없다.
2. 단점
   - 부하변동에 따른 방열량 조절이 곤란하다.
   - 방열기 표면온도가 높아 쾌감도가 좋지 않다.
   - 환수관의 부식이 비교적 심하여 수명이 짧다.
   - 시스템 가동 초기 스팀해머(Steam Hammer)에 의한 소음 발생 우려가 높다.
   - 보일러 취급이 어렵다.

정답 : ④

2014.1회-7, 2017.2회-71

353 증기난방에 관한 설명으로 옳지 않은 것은?

① 계통별 용량제어가 곤란하다.
② 한랭지에서 동결의 우려가 적다.
③ 예열시간이 온수난방에 비하여 짧다.
④ 부하변동에 따른 실내방열량의 제어가 용이하다.

[해설]

증기난방은 증기보일러에서 발생한 증기를 배관을 통해 각 실에 설치된 난방기기로 보내어 증기의 잠열로 난방을 하므로 방열량 제어가 어렵다.

정답 : ④

354 증기난방에 관한 설명으로 옳지 않은 것은?

① 계통별 용량제어가 곤란하다.
② 응축수 환수관 내에 부식이 발생하기 쉽다.
③ 방열기를 바닥에 설치하므로 복사난방에 비해 실내바닥의 유효면적이 줄어든다.
④ 온수난방에 비해 예열시간이 길어서 충분한 난방감을 느끼는 데 시간이 걸린다.

[해설]
증기난방은 예열시간이 짧은 장점이 있다.

정답 : ④

355 증기난방에 관한 설명으로 옳지 않은 것은?

① 예열시간이 짧다.
② 계통별 용량제어가 곤란하다.
③ 온수난방에 비해 한랭지에서 동결의 우려가 적다.
④ 온수난방에 비해 부하변동에 따른 실내방열량의 제어가 용이하다.

[해설]
증기난방은 부하변동에 따른 방열량 조절이 불리하다.

정답 : ④

356 증기난방에 관한 설명으로 옳지 않은 것은?

① 스팀 해머가 발생할 수 있다.
② 예열시간이 길고, 간헐 운전에 사용할 수 없다.
③ 온수난방에 비하여 배관경이나 방열기가 작아진다.
④ 증기의 유량 제어가 어려우므로 실온 조절이 곤란하다.

[해설]
증기난방은 예열시간이 짧은 장점이 있다.

정답 : ②

357 온수난방의 일반적인 특징에 관한 설명으로 옳지 않은 것은?

① 한랭지에서는 운전 정지 중에 동결의 위험이 있다.
② 난방을 정지하여도 난방효과가 어느 정도 지속된다.
③ 증기난방에 비하여 난방부하 변동에 따른 온도조절이 용이하다.
④ 증기난방에 비하여 소요방열면적과 배관경이 작게 되므로 설비비가 적게 든다.

[해설]
온수난방은 증기난방에 비하여 소요방열면적과 배관경이 커서 초기 설비비가 많이 든다.

온수난방
1. 장점
   - 난방부하의 변동에 대한 온도조절이 용이하다.
   - 열용량이 커서 보일러를 정지시켜도 실온은 급변하지 않는다.
   - 실내의 쾌감도는 실내공기의 상하온도차가 작아 증기난방보다 좋다.
   - 환수배관의 부식이 적고, 수명이 길고, 소음이 적다.
2. 단점
   - 열용량이 커서 온수의 순환시간과 예열에 장시간이 필요하고, 연료소비량도 많아진다.
   - 증기난방에 비해 방열면적과 관경이 커진다.
   - 증기난방과 비교해서 설비비가 높아진다.
   - 한랭지에서는 난방정지 시 동결의 우려가 있다.
   - 일반 저온수용 보일러는 사용압력에 제한이 있으므로 고층건물에는 부적당하다.

정답 : ④

358 온수난방에 관한 설명으로 옳지 않은 것은?

① 증기난방에 비해 예열시간이 길다.
② 온수의 잠열을 이용하여 난방하는 방식이다.
③ 한랭지에서 운전 정지 중에 동결의 우려가 있다.
④ 증기난방에 비해 난방부하 변동에 따른 온도조절이 비교적 용이하다.

[해설]
온수난방은 온수의 현열(온도 변화)을 이용하며, 증기의 잠열(상태 변화)을 이용하는 것은 증기난방이다.

정답 : ②

359 온수난방에 관한 설명으로 옳지 않은 것은?

① 증기난방에 비해 보일러의 취급이 비교적 쉽고 안전하다.
② 동일 방열량인 경우 증기난방보다 관지름을 작게 할 수 있다.
③ 증기난방에 비해 난방부하의 변동에 따른 온도 조절이 용이하다.
④ 보일러 정지 후에도 여열이 남아 있어 실내 난방이 어느 정도 지속된다.

[해설]

온수난방은 소요방열면적과 관경이 크다.

온수난방
1. 장점
   - 난방부하의 변동에 대한 온도조절이 용이하다.
   - 열용량이 커서 보일러를 정지시켜도 실온은 급변하지 않는다.
   - 실내의 쾌감도는 실내공기의 상하온도차가 작아 증기난방보다 좋다.
   - 환수배관의 부식이 적고, 수명이 길고, 소음이 적다.
2. 단점
   - 열용량이 크므로 온수의 순환시간과 예열에 장시간이 필요하고, 연료소비량도 많아진다.
   - 증기난방에 비해 방열면적과 관경이 커진다.
   - 증기난방과 비교해서 설비비가 높아진다.
   - 한랭지에서는 난방정지 시 동결의 우려가 있다.
   - 일반 저온수용 보일러는 사용압력에 제한이 있으므로 고층건물에는 부적당하다.

정답 : ②

360 온수난방에 관한 설명으로 옳지 않은 것은?

① 증기난방에 비하여 예열시간이 짧다.
② 온수의 현열을 이용하여 난방하는 방식이다.
③ 한랭지에서 운전 정지 중에 동결의 우려가 있다.
④ 온수의 순환방식에 따라 중력식과 강제식으로 구분할 수 있다.

[해설]

증기난방에 비해 예열시간이 길다.

정답 : ①

361 온수난방방식에 관한 설명으로 옳지 않은 것은?

① 예열시간이 짧아 간헐운전에 주로 이용된다.
② 한랭지에서 운전 정지 중에 동결의 위험이 있다.
③ 증기난방방식에 의해 난방부하 변동에 따른 온도조절이 용이하다.
④ 보일러 정지 후에도 여열이 남아 있어 실내 난방이 어느 정도 지속된다.

[해설]

온수난방방식은 예열시간이 길어 지속운전에 주로 이용한다.

정답 : ①

362 온수난방과 비교한 증기난방의 설명으로 옳은 것은?

① 예열시간이 길다.
② 한랭지에서 동결의 우려가 있다.
③ 부하변동에 따른 방열량 제어가 용이하다.
④ 열매온도가 높으므로 방열기의 방열면적이 작아진다.

[해설]

증기난방(Steam Heating System)은 열매온도가 높으므로 방열기의 방열면적이 작아진다.
① 예열시간이 **짧다**.
② 한랭지에서 동결의 우려가 **적다**.
③ 부하변동에 따른 방열량 제어가 **어렵다**.

정답 : ④

363 증기난방과 비교한 온수난방의 특징으로 옳지 않은 것은?

① 열용량이 크다.
② 예열부하가 적다.
③ 용량제어가 용이하다.
④ 배관 부식의 우려가 적다.

[해설]

증기난방에 비해 방열면적과 관경이 커서 설비비가 비싸며 예열부하가 크다.

정답 : ②

364 증기난방방식과 비교한 온수난방방식의 특징으로 옳지 않은 것은?

① 예열시간이 짧다.
② 난방의 쾌감도가 높다.
③ 난방부하 변동에 따른 온도조절이 용이하다.
④ 한랭지에서 운전정지 중에 동결의 위험이 있다.

[해설]
증기난방에 비해 예열시간이 길다.

정답 : ①

365 난방방식에 관한 설명으로 옳지 않은 것은?

① 증기난방은 잠열을 이용한 난방이다.
② 온수난방은 온수의 현열을 이용한 난방이다.
③ 온풍난방은 온습도 조절이 가능한 난방이다.
④ 복사난방은 열용량이 작으므로 간헐난방에 적합하다.

[해설]
복사난방은 바닥의 열용량이 크므로 지속난방에 적합하다.

정답 : ④

366 복사난방에 대한 설명으로 옳지 않은 것은?

① 열용량이 커서 예열시간이 짧다.
② 대류난방에 비하여 설비비가 비싸다.
③ 방을 개방상태로 하여도 난방효과가 있다.
④ 수직온도분포가 균일하고 실내가 쾌적하다.

[해설]
복사난방방식은 열용량이 크므로 예열시간이 길어진다.

정답 : ①

367 바닥복사난방에 관한 설명으로 옳지 않은 것은?

① 천장이 높은 실의 난방에는 사용할 수 없다.
② 실내의 온도분포가 비교적 균등하고 쾌감도가 높다.
③ 예열시간이 길어 일시적인 난방에는 바람직하지 않다.
④ 방열기를 설치하지 않아 실내 바닥면의 이용도가 높다.

[해설]
복사난방(온수온돌난방)
방을 구성하는 바닥, 벽체, 천장에 배관을 매설하고 온수를 공급하여 난방하는 방식을 말한다.
1. 장점
   • 방열기가 필요치 않아 바닥의 이용도가 높다.
   • 실내의 수직적 온도 분포가 균등하여 천장고가 높은 방의 난방에 유리(쾌감은 양호)하다.
   • 동일 방열량에 대하여 손실열량이 적다.
   • 방을 개방상태로 놓아도 난방열의 손실이 적다.
   • 대류가 적으므로 바닥의 먼지가 상승하지 않는 특성이 있다.
2. 단점
   • 유지, 보수가 어렵다.
   • 배관매설에 따른 시공 시 주의가 요망된다.
   • 외기온도 급변에 따른 방열량 조절이 어렵다.
   • 열손실을 막기 위한 단열층이 필요하다.
   • 설비비가 비싸다.

정답 : ①

368 바닥복사 난방방식에 관한 설명으로 옳지 않은 것은?

① 열용량이 커서 예열시간이 짧다.
② 방을 개방상태로 하여도 난방효과가 있다.
③ 다른 난방방식에 비교하여 쾌적감이 높다.
④ 실내에 방열기를 설치하지 않으므로 바닥이나 벽면을 유용하게 이용할 수 있다.

[해설]
바닥복사 난방방식은 열용량이 크므로 예열시간이 길어진다.

정답 : ①

369 구조체를 가열하는 복사난방에 관한 설명으로 옳지 않은 것은?

① 복사열에 의하므로 쾌적성이 좋다.
② 바닥, 벽체, 천장 등을 방열면으로 할 수 있다.
③ 예열시간이 길고 일시적인 난방에는 바람직하지 않다.
④ 방열기의 설치로 인해 실의 바닥면적의 이용도가 낮다.

[해설]
방열기 설치로 인해 실의 바닥면적의 이용도가 낮아지는 것은 증기난방이다.

정답 : ④

2018.4회-75

370 지역난방 방식에 관한 설명으로 옳지 않은 것은?

① 열원설비의 집중화로 관리가 용이하다.
② 설비의 고도화로 대기오염 등 공해를 방지할 수 있다.
③ 각 건물의 이용시간차를 이용하면 보일러의 용량을 줄일 수 있다.
④ 고온수난방을 채용할 경우 감압장치가 필요하며 응축수 트랩이나 환수관이 복잡해진다.

[해설]
도시 혹은 일정 지역 내에 대규모 고효율 열원 플랜트를 설치하여 생산된 열매를 지역 내의 주택, 상가, 사무실, 병원 등에 공급하여 에너지 사용량을 도모하는 난방방식을 지역난방이라고 하며 고온수난방을 채용할 경우 증기난방에 필요한 응축수 트랩 등의 설비가 최소화되어, 증기난방방식에 비해 배관의 설계가 비교적 간단하다.

정답 : ④

2020.1, 2회 통합-73

371 고온수 난방방식에 관한 설명으로 옳지 않은 것은?

① 장치의 열용량이 크므로 예열시간이 길게 된다.
② 공급과 환수의 온도차를 크게 할 수 있으므로 열수송량이 크다.
③ 공업용과 같이 고압증기를 다량으로 필요로 할 경우에는 부적당하다.
④ 지역난방에는 이용할 수 없으며 높이가 높고 건축면적이 넓은 단일 건물에 주로 이용된다.

[해설]
100℃ 이상의 온수를 이용한 고온수 난방방식은 지역난방의 대표적 난방방식이다.

정답 : ④

2017.4회-74

372 보일러 하부의 물드럼과 상부의 기수드럼을 연결하는 다수의 관을 연소실 주위에 배치한 구조로 상부 기수드럼 내의 증기를 사용하는 보일러는?

① 수관보일러   ② 관류보일러
③ 주철제보일러   ④ 노통연관보일러

[해설]
수관보일러의 특징
• 전열면적이 크고 효율이 높다.
• 부하변동에 따른 압력 변화가 심하다.
• 보유수량이 적어 증기 발생이 빠르다.
• 고압, 대용량에 적합하다.
• 수처리가 복잡하다.
• 가동시간이 짧지만, 가격이 비싸다.
• 대규모 건축물, 상업용, 지역난방 등에 적합하다.

정답 : ①

2019.1회-76

373 수관식 보일러에 관한 설명으로 옳지 않은 것은?

① 사용압력이 연관식보다 낮다.
② 설치면적이 연관식보다 넓다.
③ 부하변동에 대한 추종성이 높다.
④ 대형건물과 같이 고압증기를 다량 사용하는 곳이나 지역난방 등에 사용된다.

[해설]
수관식 보일러는 사용압력이 연관식보다 높다.

연관식 보일러
횡형의 원통 내부에 파형 노통의 연소실과 다수의 연관을 연결한 보일러이다.
• 열손실이 적고 설치면적이 적다.
• 보유수량이 많아 부하변동에 안전하다.
• 수면이 넓어 급수조절이 용이하다.
• 수처리가 비교적 간단하고, 설치가 간단하다.
• 수명이 짧고 가격이 비싸다.
• 스케일 생성이 빠르다.

정답 : ①

2021.1회-79

374 다음 중 지역난방에 적용하기에 가장 적합한 보일러는?

① 수관보일러   ② 관류보일러
③ 입형보일러   ④ 주철제보일러

[해설]
수관보일러는 보유수량이 적어 증기 발생이 빠르고 대용량의 열량을 처리할 수 있어 대규모 건축물, 상업용, 지역난방 등에 적합하다.

정답 : ①

375 주철제 보일러에 관한 설명으로 옳지 않은 것은?

① 재질이 약하여 고압으로는 사용이 곤란하다.
② 섹션(section)으로 분할되므로 반입이 용이하다.
③ 재질이 주철이므로 내식성이 약하여 수명이 짧다.
④ 규모가 비교적 작은 건물의 난방용으로 사용된다.

[해설]
내식성이 우수하고 수명이 길다.

정답 : ③

376 각종 보일러에 관한 설명으로 옳은 것은?

① 관류보일러는 보유수량이 많아 예열시간이 길다.
② 주철제보일러는 사용 내압이 높아 고압용으로 주로 사용되며 용량도 크다.
③ 수관보일러는 소용량으로 소규모 건물에 적합하며 지역난방으로는 사용이 불가능하다.
④ 노통연관보일러는 부하 변동에 잘 적응되며, 보유수면이 넓어서 급수용량 제어가 쉽다.

[해설]
① 관류보일러는 보유수량이 적어, 예열시간이 **짧다**.
② 주철제보일러는 내압, 충격에 약해 대용량, **고압에 부적합**하다.
③ 수관보일러는 보유 수량이 적어 증기 발생이 빠르고 대용량이며, 대규모 건물, 상업용, **지역난방에 주로 사용**된다.

정답 : ④

377 다음의 보일러 출력 표시 방법 중 그 값이 가장 큰 것은?

① 정미출력   ② 정격출력
③ 상용출력   ④ 과부하출력

[해설]
• 정미출력 = 난방부하 + 급탕부하
• 정격출력 = 난방부하 + 급탕부하 + 배관부하 + 예열부하
• 상용출력 = 난방부하 + 급탕부하 + 배관부하
• 과부하출력 = 운전 초기나 과부하가 발생하여 정격출력의 10~20% 정도를 증가하여 운전할 때의 출력

정답 : ④

378 다음과 같은 조건에서 난방부하가 3,500W인 실을 온수난방으로 할 때 방열기의 온수순환수량은?

- 방열기의 입구 수온 : 90℃
- 방열기의 출구 수온 : 85℃
- 물의 비열 : 4.2kJ/kg·K

① 300kg/h   ② 600kg/h
③ 900kg/h   ④ 1,200kg/h

[해설]
$Q = m \cdot c \cdot \Delta t$

$m = \dfrac{Q}{c \cdot \Delta t} = \dfrac{12,600}{4.2\text{kJ/kg·K} \times (90-85)} = 600(\text{kg/h})$

✽ $Q = 3,500\text{W} = 3.5\text{kJ/s} = (3.5 \times 3,600)\text{kJ/h} = 12,600\text{kJ/h}$

여기서, Q : 발열량(kW)
m : 온수순환량(kg/h)
c : 물의 비열(4.2kJ/kg·K)
Δt : 온도차(K)

정답 : ②

379 방열기의 입구 수온이 90℃이고 출구 수온이 80℃이다. 난방부하가 3,000W인 방을 온수난방할 경우 방열기의 온수순환량은?(단, 물의 비열은 4.2kJ/kg·K로 한다.)

① 143kg/h   ② 257kg/h
③ 368kg/h   ④ 455kg/h

[해설]
$Q = m \cdot c \cdot \Delta t$

$m = \dfrac{Q}{c \cdot \Delta t} = \dfrac{10,800}{4.2\text{kJ/kg·K} \times (90-80)} = 257(\text{kg/h})$

✽ $Q = 3,000\text{W} = 3\text{kJ/s} = (3 \times 3,600)\text{kJ/h} = 10,800\text{kJ/h}$

여기서, Q : 발열량(kW)
m : 온수순환량(kg/h)
c : 물의 비열(4.2kJ/kg·K)
Δt : 온도차(K)

정답 : ②

| 4 | 공기조화용 기기

2013.4회-62, 2016.2회-73, 2021.4회-77

380 덕트의 분기부에 설치하여 풍량조절용으로 사용되는 댐퍼는?

① 스플릿 댐퍼
② 평행익형 댐퍼
③ 대향익형 댐퍼
④ 버터플라이 댐퍼

[해설]
스플릿(Spit Damper) 댐퍼
덕트의 분기부에 설치하여 풍량(분기량)을 조절하는 댐퍼이다.

정답 : ①

2017.4회-68

381 덕트의 치수 결정방법에 속하지 않는 것은?

① 균등법
② 등속법
③ 등마찰법
④ 정압재취득법

[해설]
덕트의 치수 결정방법에는 등속법(정속법), 등압법(등마찰법), 정압재취득법, 개선등압법 등이 있다.

정답 : ①

2020.3회-65

382 덕트설비에 관한 설명으로 옳은 것은?

① 고속덕트에는 소음상자를 사용하지 않는 것이 원칙이다.
② 고속덕트는 관마찰저항을 줄이기 위하여 일반적으로 장방형 덕트를 사용한다.
③ 등마찰손실법은 덕트 내의 풍속을 일정하게 유지할 수 있도록 덕트 치수를 결정하는 방법이다.
④ 같은 양의 공기가 덕트를 통해 송풍될 때 풍속을 높게 하면 덕트의 단면치수를 작게 할 수 있다.

[해설]
① 고속덕트에는 소음을 줄이기 위한 소음상자를 사용할 수 있다.
② 고속덕트는 관마찰저항을 줄이기 위하여 일반적으로 원형 덕트를 사용한다.
③ 등속법에 대한 설명이다.
* 마찰손실법은 덕트 내 마찰손실이 구간별로 일정하게 하는 덕트 설계법이다.

덕트설비의 특징
• 풍속에 의한 분류법 중 저속덕트는 주덕트 속의 풍속이 15m/s 이하(10~15m/s), 정압이 50mmAq 미만인 것을, 고속덕트는 풍속이 15m/s 이상(20~25m/s), 정압이 50mmAq 이상인 것을 말한다. 대체로 송풍용 덕트로 고속 혹은 저속덕트를, 환기용으로는 저속용 덕트를 사용한다.
• 형상에 따라 분류한 장방형 덕트는 주로 저속용으로, 원형덕트는 고속용으로 사용한다.
• 동일한 풍량이 덕트를 통해 송풍될 때 풍속을 높게 하면 덕트의 단면치수가 작아도 되므로 설치 면적을 적게 차지한다.

정답 : ④

2013.4회-73, 2019.1회-77

383 고속덕트에 관한 설명으로 옳지 않은 것은?

① 원형 덕트의 사용이 불가능하다.
② 동일한 풍량을 송풍할 경우 저속덕트에 비해 송풍기 동력이 많이 든다.
③ 공장이나 창고 등과 같이 소음이 별로 문제가 되지 않는 곳에 사용된다.
④ 동일한 풍량을 송풍할 경우 저속덕트에 비해 덕트의 단면치수가 작아도 된다.

[해설]
• 고속덕트(풍속 20~25m/s) : 원형 덕트 사용
• 저속덕트(풍속 10~15m/s) : 각형(장방형) 덕트 사용

정답 : ①

2016.4회-80

384 공기조화설비에서 사용되는 고속덕트에 관한 설명으로 옳은 것은?

① 소음 및 진동이 발생하지 않는다.
② 공기혼합상자를 설치하여야 한다.
③ 덕트 설치공간을 작게 할 수 있다.
④ 공장이나 창고에는 적용할 수 없다.

[해설]
동일한 풍량이 덕트를 통해 송풍될 때 풍속을 높게 하면 덕트의 단면치수가 작아도 되므로 설치 면적을 작게 할 수 있다.
고속덕트는 덕트 내 풍속이 20~25m/s이므로 풍속이 빠르면 덕트 저항이 커지고 압력이 높아지므로 소음 및 진동이 발생하게 되며 이를 감소시키기 위한 장치가 필요하다.

정답 : ③

385 공기조화기 설계에서 사용되는 바이패스 팩터(Bypass Factor)의 의미로 옳은 것은?

① 급기팬을 통과하는 공기 중 건공기의 비율
② 공기조화기의 도입외기와 환기(return air)의 비율
③ 실내로부터의 환기(return air) 중 공기조화기로 도입되는 공기의 비율
④ 냉온수코일의 통과 공기 중 냉온수코일과 접촉하지 않고 통과하는 공기의 비율

바이패스 팩터(Bypass Factor)
공기조화기에서 냉온수코일의 통과 공기 중 냉온수코일과 접촉하지 않고 통과하는 공기의 비율을 의미하며 이와는 반대로 냉온수코일과 접촉하고 통과하는 비율을 콘택트 팩터(CF ; Contect Factor)라고 한다. 바이패스 팩터와 콘택트 팩터의 합은 1이다.

정답 : ④

386 길이 20m, 지름 400mm인 덕트에 평균속도 12m/s로 공기가 흐를 때 발생하는 마찰저항은?(단, 덕트의 마찰저항계수는 0.02, 공기의 밀도는 1.2kg/m³이다.)

① 7.3Pa
② 8.6Pa
③ 73.2Pa
④ 86.4Pa

마찰손실수두(H_f)

$$H_f = f \times \frac{l}{d} \times \gamma \frac{v^2}{2g}$$

$$= \left(0.02 \cdot \frac{20}{0.4} \cdot \frac{1.2 \times 12^2}{2 \times 9.8}\right) \times 9.8 \text{(단위통일)}$$

$$= 86.4\text{Pa}$$

여기서, f : 덕트의 마찰저항계수
d : 관의 지름(m)
l : 관의 길이(m)
v : 공기의 이동속도(m/s)
γ : 공기의 밀도(kg/m³)
g : 중력가속도

정답 : ④

387 공조시스템의 소음 방지대책으로 옳지 않은 것은?

① 덕트의 도중에 댐퍼를 설치한다.
② 덕트의 내부에 흡음재를 부착한다.
③ 송풍기의 출구 부근에 플리넘 챔버를 장치한다.
④ 덕트의 적당한 장소에 셀형이나 플레이트형의 흡음장치를 설치한다.

댐퍼는 덕트 내에 설치하여 송풍량을 조절하는 공기조절판으로 댐퍼를 설치하게 되면 공기 흐름 유동에 대한 댐퍼 제어로 인해 소음 등이 증가하게 된다.

정답 : ①

388 터보식 냉동기에 관한 설명으로 옳지 않은 것은?

① 임펠러의 원심력에 의해 냉매가스를 압축한다.
② 대용량에서는 압축효율이 좋고 비례 제어가 가능하다.
③ 대·중형 규모의 중앙식 공조에서 냉방용으로 사용된다.
④ 기계적 에너지가 아닌 열에너지에 의해 냉동효과를 얻는다.

기계적 에너지가 아닌 열에너지에 의해 냉동효과를 얻는 방식은 흡수식 냉동기이다.

터보식 냉동기
터보 송풍기(날개차에 8~24개의 뒤로 굽은 날개를 가진 송풍기를 말하며, 고속 회전하므로 소음이 높은 단점이 있으나 효율이 60~80% 정도로 높아 보일러 등에 가장 많이 사용)를 사용하여 냉매가스를 압축하는 형식의 냉동기로서 주로 대규모의 공기 조절용으로 많이 사용되고, 대용량에서는 압축효율이 좋으며 동력비가 싸다. 또한 저압 운전으로 기계적 고장이 적으며, 특히 왕복동식에 비하여 진동이 적다. 흡수식에 비해서는 소음 및 진동이 크다.

정답 : ④

389 터보식 냉동기에 관한 설명으로 옳지 않은 것은?

① 흡수식에 비해 소음 및 진동이 적다.
② 임펠러의 원심력에 의해 냉매가스를 압축한다.
③ 대용량에서는 압축효율이 좋고 비례 제어가 가능하다.
④ 중·대형 규모의 중앙식 공조에서 냉방용으로 사용된다.

[해설]
터보식 냉동기는 압축식 냉동기의 일종으로, 흡수식에 비해 소음 및 진동이 크다.

정답 : ①

2020.3회-76
390 터보 냉동기에 관한 설명으로 옳지 않은 것은?

① 왕복동식에 비하여 진동이 적다.
② 흡수식에 비해 소음 및 진동이 심하다.
③ 임펠러 회전에 의한 원심력으로 냉매가스를 압축한다.
④ 일반적으로 대용량에는 부적합하며 비례제어가 불가능하다.

[해설]
터보 냉동기는 대용량에서 압축효율이 좋고, 비례제어가 가능하다.

정답 : ④

2017.4회-75, 2021.1회-70, 2022.1회-77
391 압축식 냉동기의 냉동사이클로 옳은 것은?

① 압축 → 응축 → 팽창 → 증발
② 압축 → 팽창 → 응축 → 증발
③ 응축 → 증발 → 팽창 → 압축
④ 팽창 → 증발 → 응축 → 압축

[해설]
- 압축식 냉동기 : 압축기 → 응축기 → 팽창밸브 → 증발기
- 흡수식 냉동기 : 발생기(재생기) → 응축기 → 증발기 → 흡수기

정답 : ①

2018.2회-67
392 압축식 냉동기의 주요 구성요소가 아닌 것은?

① 재생기　　　② 압축기
③ 증발기　　　④ 응축기

[해설]
재생기는 흡수식 냉동기의 구성요소이다.

냉동기의 주요 구성요소
- 압축식 냉동기 : 압축기, 응축기, 팽창밸브, 증발기
- 흡수식 냉동기 : 발생기(재생기), 응축기, 증발기, 흡수기

정답 : ①

2021.2회-74
393 흡수식 냉동기의 주요 구성부분에 속하지 않는 것은?

① 응축기　　　② 압축기
③ 증발기　　　④ 재생기

[해설]
흡수식 냉동기는 발생기(재생기), 응축기, 증발기, 흡수기로 구성된다.

정답 : ②

2015.2회-62
394 다음 중 압축기가 필요 없는 냉동기는?

① 흡수식 냉동기　　　② 원심식 냉동기
③ 회전식 냉동기　　　④ 왕복동식 냉동기

[해설]
- 압축기가 필요한 냉동기 : 원심식, 회전식, 왕복동식
- 압축기가 필요 없는 냉동기 : 흡수식 냉동기

정답 : ①

2015.4회-69, 2013.2회-75, 2022.2회-80
395 다음의 냉동기 중 기계적 에너지가 아닌 열에너지에 의해 냉동효과를 얻는 것은?

① 원심식 냉동기
② 흡수식 냉동기
③ 스크류식 냉동기
④ 왕복동식 냉동기

[해설]
원심식, 스크류식, 왕복동식은 압축식 냉동기로서 전기에너지를 압축기에서의 기계적 에너지로의 전환을 통한 냉동효과를 얻는 방식이다.
흡수식 냉동기는 기계적인 일을 하지 않고 고온의 열을 직접 적용시켜 냉동하는 방법으로 서로 잘 용해하는 두 가지 물질을 사용한다. 즉, 저온상태에서는 두 물질이 강하게 용해되나, 고온에서는 두 물질이 분리되어 그 중의 한 물질이 냉매작용을 하여 냉동하는 방식이다. 이때 열을 운반하는 물질을 냉매라 하고, 이 가스를 용해하는 물질을 흡수제라 한다.

정답 : ②

396 흡수식 냉동기에 관한 설명으로 옳지 않은 것은?

① 열에너지가 아닌 기계적 에너지에 의해 냉동효과를 얻는다.
② 증발기, 흡수기, 재생기(발생기), 응축기 등으로 구성되어 있다.
③ 냉방용의 흡수식 냉동기는 물과 브롬화리튬의 혼합 용액을 사용한다.
④ 2중효용 흡수식 냉동기는 단효용 흡수식 냉동기보다 에너지 절약적이다.

[해설]
흡수식 냉동기 팽창코일 안에서 냉매로 사용된 액체가 증발할 때 많은 열을 흡수하는 성질을 이용하여 냉동효과를 얻는 방식이다.

정답 : ①

397 다음 설명에 알맞은 냉동기는?

- 기계적 에너지가 아닌 열에너지에 의해 냉동효과를 얻는다.
- 구조는 증발기, 흡수기, 재생기(발생기), 응축기 등으로 구성되어 있다.

① 터보식 냉동기 ② 흡수식 냉동기
③ 스크류식 냉동기 ④ 왕복동식 냉동기

[해설]
흡수식 냉동기에 대한 설명이다.

정답 : ②

398 2중효용 흡수식 냉동기에 관한 설명으로 옳은 것은?

① 냉매로서 LiBr 수용액을 사용한다.
② LiBr 수용액의 농축을 위하여 증발기를 사용한다.
③ 발생기, 압축기, 흡수기, 증발기로 구성되어 있다.
④ 발생기는 저온발생기와 고온발생기로 구성되어 있다.

[해설]
① 냉매는 **물**을 사용한다.
② LiBr 수용액의 농축을 위하여 **발생기**를 사용한다.
③ 흡수식 냉동기는 **발생기(재생기), 흡수기, 증발기, 응축기, 열교환기**로 구성되어 있다.

정답 : ④

399 응축기용의 냉각수를 재사용하기 위하여 대기와 접촉시켜서 물을 냉각하는 장치는?

① 냉동기 ② 냉각기
③ 냉각탑 ④ 냉각코일

[해설]
냉각탑(Cooling Tower)
냉동기의 냉각수를 재활용하기 위해 실외공기와 직접 접촉시켜 이 물을 냉각하는 일종의 열교환 장치이다. 냉각탑은 열교환 방식에 의해 향류형과 직교류형으로 크게 나뉘며 통풍방식에 따라 자연통풍식과 강제통풍식으로 나뉜다.

정답 : ③

400 냉방설비의 냉각탑에 관한 설명으로 옳은 것은?

① 열에너지에 의해 냉동효과를 얻는 장치
② 냉동기의 냉각수를 재활용하기 위한 장치
③ 임펠러의 원심력에 의해 냉매가스를 압축하는 장치
④ 물과 브롬화리튬 혼합용액으로부터 냉매인 수증기와 흡수제인 LiBr로 분리시키는 장치

[해설]
냉각탑(Cooling Tower)
냉동기의 냉각수를 재활용하기 위해 실외공기와 직접 접촉시켜 이 물을 냉각하는 일종의 열교환 장치이다. 냉각탑은 열교환 방식에 의해 향류형과 직교류형으로 크게 나뉘며 통풍방식에 따라 자연통풍식과 강제통풍식으로 나뉜다.

정답 : ②

401 냉각탑에 대한 설명으로 옳은 것은?

① 고압의 액체냉매를 증발시켜 냉동효과를 얻게 하는 설비이다.
② 증발기에서 나온 수증기를 냉각시켜 물이 되도록 하는 설비이다.
③ 대기 중에서 기체냉매를 냉각시켜 액체냉매로 응축하기 위한 설비이다.
④ 냉매를 응축시키는 데 사용된 냉각수를 재사용하기 위하여 냉각시키는 설비이다.

[해설]
냉각탑
냉동기의 냉각수를 재활용하기 위해 응축기의 응축열을 대기 중에 방출하여 냉각시키는 장치이다.

정답 : ④

2015.1회-64
402 송풍기의 적용에 관한 설명으로 옳지 않은 것은?

① 지붕형의 경우 후익형으로 한다.
② 원심송풍기의 설치는 바닥설치를 원칙으로 한다.
③ 정압이 3,000Pa을 초과하는 경우에는 다익형으로 한다.
④ 화장실, 욕실의 배기는 습기나 가스에 강한 내식성 재질의 축류송풍기로 한다.

[해설]
다익형 송풍기의 최대 사용정압은 1,500Pa 이하이다.

정답 : ③

|5| 공기조화방식

2016.1회-65
403 공기조화방식 중 전공기방식에 속하지 않는 것은?

① 2중덕트방식
② 팬코일 유닛방식
③ 멀티존 유닛방식
④ 변풍량 단일덕트방식

[해설]
팬코일 유닛방식은 공기조화방식에 속한다.
전공기방식
단일덕트방식, 이중덕트방식, 각층 유닛방식, 멀티존 유닛방식

정답 : ②

2018.2회-72
404 다음 공기조화방식 중 전공기방식에 속하지 않는 것은?

① 단일덕트방식
② 이중덕트방식
③ 멀티존 유닛방식
④ 팬코일 유닛방식

[해설]
팬코일 유닛방식은 공기조화방식에 속한다.
전공기방식
단일덕트방식, 이중덕트방식, 각층 유닛방식, 멀티존 유닛방식

정답 : ④

2017.2회-66
405 공기조화방식 중 전공기방식에 속하는 것은?

① 패키지방식
② 이중덕트방식
③ 유인 유닛방식
④ 팬코일 유닛방식

[해설]
1. 전공기방식(공기식) : 단일덕트방식, 이중덕트방식, 멀티존방식
2. 수공기방식 : 각층유닛방식, 유인유닛방식
3. 전수방식 : 팬코일유닛방식, 복사냉난방방식
4. 냉매방식 : 패키지방식

정답 : ②

2015.2회-76
406 공기조화방식 중 전공기방식에 관한 설명으로 옳지 않은 것은?

① 중간기에 외기냉방이 가능하다.
② 실의 유효 스페이스가 증대된다.
③ 실내공기의 질을 높일 수 있는 가능성이 크다.
④ 수방식에 비해 열의 운송동력이 적게 소요된다.

[해설]
전공기방식은 풍량이 많아 외기 냉방이 가능하고 실내 공기가 깨끗하지만 덕트 스페이스가 많이 필요하고 동력비가 크고, 수방식에 비해 열의 운송동력이 크게 소요된다.

정답 : ④

2015.4회-75
407 공기조화방식 중 단일덕트방식에 관한 설명으로 옳지 않은 것은?

① 전공기방식의 특성이 있다.
② 냉·온풍의 혼합손실이 없다.
③ 각 실이나 존의 부하변동에 즉시 대응할 수 있다.
④ 2중덕트방식에 비해 덕트 스페이스를 적게 차지한다.

> [해설]

단일덕트방식은 온풍과 냉풍을 하나의 덕트를 통해 공급하므로 각 실이나 존의 부하변동에 즉각 대응하는 개별제어 능력이 떨어진다.

정답 : ③

2014.4회-76

408 공기조화방식 중 단일덕트 변풍량방식에 관한 설명으로 옳지 않은 것은?

① 전공기방식의 특성이 있다.
② 각 실이나 존의 온도를 개별제어할 수 있다.
③ 단일덕트 정풍량방식보다 설비비가 적게 든다.
④ 실내부하가 적어지면 송풍량을 줄일 수 있으므로 에너지 절감효과가 크다.

> [해설]

단일덕트 변풍량방식은 말단에서의 풍량 변화에 대한 제어설비 등이 별도로 필요하기 때문에 정풍량방식에 비해 초기 설비비가 많이 들지만, 유지관리 시 에너지 절감 측면에서는 유리하다.

정답 : ③

2021.2회-66

409 단일덕트 변풍량방식에 관한 설명으로 옳지 않은 것은?

① 전공기방식의 특성이 있다.
② 각 실이나 존의 온도를 개별 제어할 수 있다.
③ 일사량 변화가 심한 페리미터 존에 적합하다.
④ 정풍량방식에 비해 설비비는 낮아지나 운전비가 증가한다.

> [해설]

단일덕트 변풍량방식은 풍량 변화에 대한 제어설비 등으로 인해 정풍량 방식에 비해 초기 설비비가 많이 들어간다. 단, 유지관리 시 에너지 절감 측면에서는 변풍량 방식이 유리하다.

정답 : ④

2017.4회-64

410 급기온도를 일정하게 하고 송풍량을 변화시켜서 실내온도를 조절하는 공기조화방식은?

① FCU 방식
② 이중덕트방식
③ 정풍량 단일덕트방식
④ 변풍량 단일덕트방식

> [해설]

덕트의 관말에 VAV 유닛을 설치하여 송풍온도를 일정하게 하고 송풍량을 실내부하의 변동에 따라 변화시키는 방식으로 에너지 절약형이다.

단일덕트방식
• 정풍량(CAV)방식 : 풍량을 고정하고, 온도를 가변하는 방식
• 변풍량(VAV)방식 : 풍량을 가변하고, 온도를 고정하는 방식

정답 : ④

2018.2회-69, 2020.3회-80

411 변풍량 단일덕트방식에서 송풍량 조절의 기준이 되는 것은?

① 실내 청정도
② 실내 기류속도
③ 실내 현열부하
④ 실내 잠열부하

> [해설]

변풍량 단일덕트방식은 전공기방식(All Air System)으로서 송풍량 조절의 기준은 실내 현열부하의 관계에 의해 표시된다.

정답 : ③

2018.4회-74

412 공기조화방식 중 냉풍과 온풍을 공급받아 각 실 또는 각 존의 혼합유닛에서 혼합하여 공급하는 방식은?

① 단일덕트방식
② 이중덕트방식
③ 유인 유닛방식
④ 팬코일 유닛방식

> [해설]

이중덕트방식(Double Duct System)
• 중앙식 공조기에서 냉풍과 온풍을 각각의 덕트로 보낸 후 말단의 혼합상자에서 혼합하여 각 실에 송풍하는 방식이다.
• 설비비가 많이 든다.
• 덕트 설치 공간이 많이 들고 고속덕트방식이 사용된다.
• 냉온풍 혼합에 따른 에너지 손실이 크고, 운전비가 많이 든다.
• 혼합상자에서 소음과 진동이 생긴다.
• 덕트스페이스가 크다.
• 고층건축물, 회의실, 병원, 식당 등 냉난방부하 분포가 복잡한 건물에 사용

정답 : ②

413 공기조화방식 중 2중덕트방식에 관한 설명으로 옳지 않은 것은?

① 전공기 방식에 속한다.
② 덕트가 2개의 계통이므로 설비비가 많이 든다.
③ 부하특성이 다른 다수의 실이나 존에도 적용할 수 있다.
④ 냉풍과 온풍을 혼합하는 혼합상자가 필요없으므로 소음과 진동도 적다.

[해설]
2중덕트방식은 중앙식 공조기에서 냉풍과 온풍을 각각의 덕트로 보낸 후 말단의 혼합상자에서 혼합하여 각 실에 송풍한다.
정답 : ④

414 공기조화방식 중 2중덕트방식에 관한 설명으로 옳지 않은 것은?

① 전공기방식에 속한다.
② 냉·온풍의 혼합으로 인한 혼합손실이 있어 에너지 소비량이 많다.
③ 단일덕트방식에 비해 덕트 샤프트 및 덕트 스페이스를 크게 차지한다.
④ 부하특성이 다른 여러 개의 실이나 존이 있는 건물에는 적용할 수 없다.

[해설]
2중덕트방식은 고층건축물, 회의실, 병원, 식당 등 냉난방부하 분포가 복잡한 건물에 사용한다.
정답 : ④

415 이중덕트방식에 관한 설명으로 옳은 것은?

① 부하감소에 따라 송풍량이 감소된다.
② 부하변동에 따른 적응속도가 느리다.
③ 혼합손실로 인한 에너지 소비량이 크다.
④ 부하특성이 다른 여러 실에 적용하기 곤란하다.

[해설]
2중덕트방식은 중앙식 공조기에서 냉풍과 온풍을 각각의 덕트로 보낸 후 말단의 혼합상자에서 혼합하여 각 실에 송풍하므로 혼합손실로 인한 에너지 소비량이 크다.
정답 : ③

416 다음 중 서로 상이한 실에 냉난방을 동시에 해야 하는 경우 가장 적절한 공조방식은?

① VAV 방식   ② CAV 방식
③ 유인 유닛방식   ④ 멀티존 유닛방식

[해설]
멀티존 유닛방식
1대의 공조기로 취출구를 구획마다 분할하고 공조기 내에서 구획마다 온도를 조절한 뒤에 덕트 송풍을 하는 방식이다. 서로 상이한 실에 냉난방 시 가장 적합한 공조방식이다.
정답 : ④

417 각종 공기조화방식에 관한 설명으로 옳지 않은 것은?

① 단일덕트방식은 전공기방식이다.
② 2중덕트방식은 냉·온풍의 혼합으로 인한 혼합 손실이 있다.
③ 팬코일 유닛방식은 전공기방식으로 수배관으로 인한 누수의 우려가 없다.
④ 단일덕트방식은 부하특성이 다른 여러 개의 실이나 존이 있는 건물에는 적용하기가 곤란하다.

[해설]
팬코일 유닛은 적용 방법에 따라 수·공기 방식 또는 전수방식에 해당하는 공기조화방식으로 배관을 사용하므로 수배관으로 인한 누수의 우려가 있다.
정답 : ③

418 다음의 공기조화방식 중 전수방식에 속하는 것은?

① 단일덕트방식   ② 2중덕트방식
③ 멀티존 유닛방식   ④ 팬코일 유닛방식

[해설]
①, ②, ③은 전공기방식(All Air System)에 해당하며, 전수방식에는 팬코일 유닛방식과 복사냉난방방식이 있다.
정답 : ④

419 공기조화방식 중 전수방식에 관한 설명으로 틀린 것은?

① 덕트 스페이스가 필요 없다.
② 실내의 배관에 의해 누수의 우려가 있다.
③ 송풍공기가 없어 실내공기의 오염이 적다.
④ 열매체가 증기 또는 냉·온수로 열의 운송동력이 공기에 비해 적게 소요된다.

[해설]

전수방식(All Water System)의 특징
- 보일러로부터 증기 및 온수를 공급하고 냉동기로부터 냉수를 각 실에 있는 팬코일 유닛으로 공급하여 냉난방하는 방식이다.
- 덕트 스페이스가 필요 없다.
- 열의 운송동력이 공기에 비해 적게 소요된다.
- 각 실의 제어가 용이하다.
- 극간풍이 비교적 많은 주택, 여관 등에 적당하다. 따라서 극장의 관객석과 같이 많은 풍량을 필요로 하는 곳에는 부적합하다.

정답 : ③

420 공기조화방식 중 전수방식에 관한 설명으로 옳지 않은 것은?

① 각 실의 제어가 용이하다.
② 실내 배관에 의한 누수의 우려가 있다.
③ 극장의 관객석과 같이 많은 풍량을 필요로 하는 곳에 주로 사용된다.
④ 열매체가 증기 또는 냉·온수이므로 열의 운송동력이 공기에 비해 적게 소요된다.

[해설]

일반적으로 실내공기의 순환방식을 쓰는 전수방식은 극장의 관객석과 같이 많은 풍량을 필요로 하는 공간에는 부적합하다.

정답 : ③

421 공기조화방식 중 팬코일 유닛방식에 관한 설명으로 옳지 않은 것은?

① 덕트 방식에 비해 유닛의 위치 변경이 용이하다.
② 유닛을 창문 밑에 설치하면 콜드 드래프트를 줄일 수 있다.
③ 전공기방식으로 각 실에 수배관으로 인한 누수의 염려가 없다.
④ 각 실의 유닛은 수동으로도 제어할 수 있고, 개별 제어가 용이하다.

[해설]

팬코일 유닛방식은 **전수방식**이다.

팬코일 유닛방식
- 공기 공급을 할 수 없어 덕트가 불필요하며, 실내 각 유닛마다 개별조절이 용이하다.
- 송풍량이 적고 고도의 공기처리를 할 수 없기 때문에 각 실의 공기정화능력이 떨어진다.
- 전수방식으로 각 실에 수배관으로 인해 누수의 염려가 있다.
- 외주부의 창문 밑에 설치하면 콜드 드래프트를 방지할 수 있다.

정답 : ③

422 공기조화방식 중 팬코일 유닛방식에 관한 설명으로 옳지 않은 것은?

① 덕트 방식에 비해 유닛의 위치 변경이 쉽다.
② 각 실에 수배관으로 인한 누수의 우려가 있다.
③ 덕트 샤프트나 스페이스가 필요 없거나 작아도 된다.
④ 유닛을 수동으로 제어할 수 없어 개별 제어가 불가능하다.

[해설]

팬코일 유닛방식은 수동으로 개별 제어가 가능하다.

정답 : ④

423 공조방식 중 팬코일 유닛방식에 관한 설명으로 옳지 않은 것은?

① 유닛의 개별제어가 용이하다.
② 수배관이 없어 누수의 우려가 없다.
③ 덕트 샤프트나 스페이스가 필요 없다.
④ 덕트방식에 비해 유닛의 위치변경이 용이하다.

[해설]
팬코일 유닛방식은 전수방식으로 각 실에 수배관으로 인해 누수의 염려가 있다.

팬코일 유닛방식
- 공기 공급을 할 수 없어 덕트가 불필요하며, 실내 각 유닛마다 개별조절이 용이하다.
- 송풍량이 적고 고도의 공기처리를 할 수 없기 때문에 각 실의 공기 정화능력이 떨어진다.
- 전수방식으로 각 실에 수배관으로 인해 누수의 염려가 있다.
- 외주부의 창문 밑에 설치하면 콜드 드래프트를 방지할 수 있다.

정답 : ②

2019.4회-76

424 공기조화방식 중 팬코일 유닛방식에 관한 설명으로 옳지 않은 것은?

① 각 실에 수배관으로 인한 누수의 우려가 있다.
② 덕트 샤프트나 스페이스가 필요 없거나 작아도 된다.
③ 각 실의 유닛은 수동으로도 제어할 수 있고, 개별제어가 쉽다.
④ 유닛을 창문 밑에 설치하면 콜드 드래프트(Cold Draft)가 발생할 우려가 높다.

[해설]
팬코일 유닛을 창문 밑에 설치하면 콜드 드래프트 현상을 방지할 수 있다.

정답 : ④

2016.4회-67

425 공기조화방식 중 팬코일 유닛방식에 관한 설명으로 옳지 않은 것은?

① 전수방식에 속한다.
② 덕트샤프트와 스페이스가 반드시 필요하다.
③ 각 실에 수배관으로 인한 누수의 우려가 있다.
④ 각 실의 유닛은 수동으로도 제어할 수 있고, 개별제어가 쉽다.

[해설]
덕트샤프트와 스페이스는 전공기방식에서 필요한 것으로 팬코일 유닛방식에서는 반드시 필요하지는 않다.

정답 : ②

2015.1회-62

426 공기조화계획에서 내부존의 조닝 방법에 속하지 않는 것은?

① 방위별 조닝
② 부하 특성별 조닝
③ 온·습도 설정별 조닝
④ 용도에 따른 시간별 조닝

[해설]
방위별 조닝은 방위에 따른 열적 특성을 반영한 조닝으로 내부가 아닌 외부 존의 조닝에 속한다.

공기조화계획에서 외부존의 조닝 방법
방위별 조닝, 층별조닝

정답 : ①

2017.1회-69

427 공기조화설비의 에너지 절약방법 중 배열을 회수하여 이용하는 방식은?

① 변유량 방식
② 외기냉방 방식
③ 전열교환 방식
④ 전력수요제어 방식

[해설]
전열교환 방식
- 공조부하 중 외기부하가 차지하는 비중은 약 30% 정도인데, 전열교환기는 이러한 외기부하를 저감시키기 위해 공조배기와 급기가 직접 공기-공기로 열교환하여, 70% 전후의 열량(현열+잠열)을 회수한다.
- 전열교환기에 의한 외기부하의 감소는 냉동기, 보일러, 기타 부속기기의 용량 감소를 초래하고, 이로 인해 연간 운전비를 절약할 수 있다.

정답 : ③

SECTION 05 승강설비

|1| 엘리베이터 설비

2015.2회-72

428 다음 중 운행속도가 가장 높은 엘리베이터 방식은?

① 교류 1단
② 교류 2단
③ 직류 기어드
④ 직류 기어레스

해설

엘리베이터 운행속도
직류 기어리스 > 직류 기어드 > 교류 2단 > 교류 1단

정답 : ④

2018.1회-70

429 직류 엘리베이터에 관한 설명으로 옳지 않은 것은?

① 임의의 기동토크를 얻을 수 있다.
② 고속 엘리베이터용으로 사용이 가능하다.
③ 원활한 가감속이 가능하여 승차감이 좋다.
④ 교류 엘리베이터에 비하여 가격이 저렴하다.

해설

직류 엘리베이터는 가격을 제외한 모든 면에서 교류 엘리베이터보다 우수하다.

직류 엘리베이터
- 승강 시 쾌적하다.
- 운행속도 : 90m/min 이상
- 고가이다.(1.5~2배 정도)
- 기동토크가 크다.
- 속도를 임의적으로 선택, 제어가 가능하다.

정답 : ④

2015.4회-64, 2019.1회-72

430 승객 스스로 운전하는 전자동 엘리베이터로 카 버튼이나 승강장의 호출신호로 기동, 정지를 이루는 엘리베이터 조작방식은?

① 승합 전자동방식
② 카 스위치 방식
③ 시그널 컨트롤 방식
④ 레코드 컨트롤 식

해설

① 승합 전자동 방식 : 승객 스스로 운전하는 전자동 엘리베이터로, 승강장으로부터의 호출신호로 기동·정지를 이루는 조작방식이며, 누른 순서에 상관없이 각 호출에 응하여 자동 정지한다.
② 카 스위치 방식 : 시동·정지는 운전원의 조작으로 이루어지며 정지 시 운전원의 판단으로써 이루어지는 수동착상방식과 정지층 앞에서 핸들을 조작하여 자동적으로 착상하는 자동착상방식이 있다.
③ 시그널 컨트롤 방식 : 시동은 운전원의 버튼 조작으로 하며, 정지는 목적층 단추를 누르는 것과 승강장의 호출신호로 층의 순서대로 자동 정지한다. 반전은 어느 층에서도 할 수 있는 최고 호출 자동반전 장치가 붙어 있다. 또한 여러 대의 엘리베이터를 1뱅크로 한 뱅크운전의 경우, 엘리베이터 상호 간을 효율적으로 운전시키기 위한 운전간격 등이 자동적으로 조정된다.
④ 레코드 컨트롤 방식 : 시동은 운전원이 조작하고 운전원이 목적층 단추 누름으로써 목적층 순서로 자동으로 정지한다. 시동은 운전원의 스타트용 버튼으로 하며, 반전은 최단층에서 자동적으로 이루어진다.

정답 : ①

2016.1회-64, 2022.2회-63

431 엘리베이터의 조작방식 중 무운전원방식으로 다음과 같은 특징을 갖는 것은?

> 승객 스스로 운전하는 전자동 엘리베이터로, 승강장으로부터의 호출신호로 기동·정지를 이루는 조작방식이며, 누른 순서에 상관없이 각 호출에 응하여 자동적으로 정지한다.

① 단식 자동방식
② 카 스위치방식
③ 승합 전자동방식
④ 시그널 컨트롤 방식

해설

승합 전자동방식
승객이 직접 운전하는 전자동 엘리베이터로서 목적층 버튼이나 승강장의 호출 신호로 기동·정지하며, 누른 순서와 관계없이 각 호출에 반응하여 자동적으로 정지한다.

정답 : ③

432 다음 설명에 알맞은 요운전원 엘리베이터 조작방식은?

> 기동은 운전원의 버튼 조작으로 하며, 정지는 목적층 단추를 누르는 것과 승강장의 호출신호로 층의 순서대로 자동 정지한다.

① 카 스위치 방식 ② 전자동 군관리 방식
③ 레코드 컨트롤 방식 ④ 시그널 컨트롤 방식

[해설]
시그널 컨트롤 방식에 관한 내용이다.
정답 : ④

433 로프식 엘리베이터와 비교한 유압식 엘리베이터의 특징 설명으로 옳은 것은?

① 전동기의 출력이 작다.
② 속도의 범위가 자유롭다.
③ 기계실의 발열량이 작다.
④ 기계실의 위치가 자유롭다.

[해설]
유압식 엘리베이터의 특징
1. 장점
 • 기계실의 위치가 자유롭다.
 • 건물 최상부에 하중이 걸리지 않는다.
 • 승강로 꼭대기 틈새가 작아도 무방하다.
2. 단점
 • 행정거리와 속도에 한계가 있다.
 • 전동기의 소요동력이 커진다(균형추가 설치되어 있지 않음).
정답 : ④

434 유압식 엘리베이터에 관한 설명으로 옳지 않은 것은?

① 오버헤드가 작다.
② 기계실의 위치가 자유롭다.
③ 큰 적재량으로 승강행정이 짧은 경우에는 적용할 수 없다.
④ 지하주차장 엘리베이터와 같이 지하층에만 운전하는 경우 적용할 수 있다.

[해설]
유압식 엘리베이터는 행정거리와 속도에 한계가 있으므로 행정이 긴 경우에는 적용이 곤란하다.(행정이 긴 경우는 로프식 엘리베이터가 적합하다.)
정답 : ③

435 엘리베이터의 일주시간 구성 요소에 속하지 않는 것은?

① 주행시간 ② 도어개폐시간
③ 승객출입시간 ④ 승객대기시간

[해설]
일주시간
엘리베이터가 출발 기준층에서 승객을 싣고 출발하여 각 층에 서비스한 후 출발 기준층으로 되돌아와 다음 서비스를 위해 대기하는 데까지의 총 시간을 말한다.
일주시간(초) = 주행시간(초)+일주 중 도어 개폐시간(초)+일주 중 승객출입시간(초)+일주 중 손실시간(도어 개폐시간+승객출입시간의 10%) (초)
정답 : ④

436 엘리베이터의 주요 기기의 설치 위치는 기계실, 승강로, 승강장 등으로 나눌 수 있다. 다음 중 기계실에 설치하는 것은?

① 가이드 레일 ② 완충기
③ 균형추 ④ 권상기

[해설]
엘리베이터 기계실의 설치 기기
권상기, 전동기, 제동기, 감속기, 견인구차, 로프(Rope)
정답 : ④

437 엘리베이터의 기계실에 있는 주요설비에 속하지 않는 것은?

① 조속기 ② 권상기
③ 완충기 ④ 전자 브레이크

해설
완충기(Buffer)
오일댐퍼라고도 한다. 진동하는 외력·충격이 물체에 가해질 때 스프링·방진고무·유압장치 등을 사용해서 운동에너지를 흡수하여 물체에 가해지는 진동·충격을 완화시키는 안전장치로서 카가 미끄러질 때 승강로 저부에서 충돌을 방지한다.

정답 : ③

2014.2회-62, 2021.2회-77

438 엘리베이터의 안전장치에 속하지 않는 것은?
① 균형추
② 완충기
③ 조속기
④ 전자브레이크

해설
엘리베이터의 안전장치
완충기, 조속기, 비상정지장치, 전자브레이크, 리미트 스위치, 종점 스위치, 도어스위치, 리타이어링캠 등

균형추(Counter Weight)
- 기계실의 권상기 부하를 줄이고, 전기의 절약을 위해서 사용되는 장치이며 카의 반대 측에 설치한다.
- 보통 1개에 200kg 정도의 주철편을 사용한다.
- 균형추의 중량=카의 중량+최대 적재량×(0.4~0.6)

정답 : ①

2017.4회-78, 2020.1, 2회 통합-63

439 엘리베이터의 안전장치로 일정 이상의 속도가 되었을 때 브레이크 등을 작동시키는 기능을 하는 것은?
① 조속기
② 권상기
③ 완충기
④ 가이드 슈

해설
조속기는 엘리베이터의 안전장치 중 하나로서 속도가 일정 이상의 속도가 되었을 때 브레이크나 안전장치를 작동시키는 기능을 한다.
✱ 권상기(Traction Machine)는 전동기의 회전력을 로프에 전달하는 기기이다.

정답 : ①

2019.4회-73

440 다음 중 엘리베이터의 안전장치와 가장 관계가 먼 것은?
① 조속기
② 핸드 레일
③ 종점 스위치
④ 전자 브레이크

해설
핸드 레일은 에스컬레이터의 구성요소이다.

정답 : ②

2017.2회-77, 2020.4회-62

441 엘리베이터의 안전장치 중에서 카가 최상층이나 최하층에서 정상 운행위치를 벗어나 그 이상으로 운행하는 것을 방지하는 것은?
① 완충기(Buffer)
② 조속기(Governor)
③ 리미트 스위치(Limit Switch)
④ 카운터 웨이트(Counter Weight)

해설
리미트 스위치(과승강 방지장치)
카(Car)가 최상층이나 최하층에서 정상 운행 위치를 벗어나 그 이상으로 운행하는 것을 방지하기 위한 안전장치로 제한 스위치라고도 한다.

정답 : ③

2014.4회-70, 2021.1회-74

442 카(Car)가 최상층이나 최하층에서 정상 운행위치를 벗어나 그 이상으로 운행하는 것을 방지하는 엘리베이터 안전장치는?
① 완충기
② 가이드 레일
③ 리미트 스위치
④ 카운터 웨이트

해설
리미트 스위치는 카(Car)가 최상층이나 최하층에서 정상 운행 위치를 벗어나 그 이상으로 운행하는 것을 방지하기 위한 안전장치이다.

정답 : ③

2016.4회-61

443 엘리베이터 카(Car)가 최상층이나 최하층에서 정상 운행위치를 벗어나 그 이상으로 운행하는 것을 방지하기 위해 설치하는 전기적 안전장치는?
① 조속기
② 가이드 레일
③ 전자 브레이크
④ 최종 리밋 스위치

해설
리미트 스위치(Limit Swich)에 관한 내용이다.

정답 : ④

444 엘리베이터의 파이널 리미트 스위치에 관한 설명으로 옳지 않은 것은?

① 파이널 리미트 스위치와 일반 종단정지장치는 독립적으로 작동되어야 한다.
② 파이널 리미트 스위치의 작동은 완충기가 압축되어 있는 동안 유지되어야 한다.
③ 우발적인 작동의 위험 없이 가능한 최상층 및 최하층에 근접하여 작동하도록 설치되어야 한다.
④ 파이널 리미트 스위치의 작동 후에는 엘리베이터의 정상 운행을 위해 자동으로 복귀되어야 한다.

[해설]
파이널 리미트 스위치의 작동 후에는 엘리베이터의 정상 운행을 위해 **수동**으로 복귀되어야 한다.

정답 : ④

445 전기식 엘리베이터의 정원 산정식으로 옳은 것은? (관련 규정 개정 전 문제)

① $\dfrac{정격하중(kg)}{55}$
② $\dfrac{정격하중(kg)}{60}$
③ $\dfrac{정격하중(kg)}{75}$
④ $\dfrac{정격하중(kg)}{70}$

[해설]
엘리베이터의 정원 산정식
$= \dfrac{정격하중(kg)}{75}$

정답 : ③

2 | 에스컬레이터 설비

446 에스컬레이터의 경사도는 최대 얼마를 초과하지 않도록 하여야 하는가?(단, 공칭속도가 0.5m/s를 초과하는 경우이며, 기타 조건은 무시한다.)

① 25°
② 30°
③ 35°
④ 40°

[해설]
에스컬레이터의 설치 규정
• 경사도는 30° 이하로 설치할 것(단, 높이가 6m 이하이고 공칭속도가 0.5m/s 이하인 경우에는 경사도를 35°까지 증가시킬 수 있다.)
• 디딤바닥 양측에 난간을 설치하고, 난간 상부가 디딤바닥과 동일한 속도로 움직일 수 있는 구조일 것
• 에스컬레이터의 디딤바닥의 정격 속도는 30m/min 이하로 할 것
• 전동기는 10~15HP의 권선형 또는 농형 3상 유도전동기를 사용한다.

정답 : ②

447 에스컬레이터의 경사도는 최대 얼마 이하로 하여야 하는가?(단, 공칭속도가 0.5m/s를 초과하는 경우이며, 기타 조건은 무시)

① 25°
② 30°
③ 35°
④ 40°

[해설]
경사도는 30° 이하로 설치할 것(단, 높이가 6m 이하이고 공칭속도가 0.5m/s 이하인 경우에는 경사도를 35°까지 증가시킬 수 있다.)

정답 : ②

448 다음의 에스컬레이터의 경사도에 관한 설명 중 ( ) 안에 알맞은 것은?

> 에스컬레이터의 경사도는 (①)를 초과하지 않아야 한다. 다만, 높이가 6m 이하이고 공칭속도가 0.5m/s 이하인 경우에는 경사도를 (②)까지 증가시킬 수 있다.

① ① 25°, ② 30°
② ① 25°, ② 35°
③ ① 30°, ② 35°
④ ① 30°, ② 40°

[해설]
에스컬레이터의 경사도는 30°를 초과하지 않아야 한다. 다만, 높이가 6m 이하이고 공칭속도가 0.5m/s 이하인 경우에는 경사도를 35°까지 증가시킬 수 있다.

정답 : ③

2015.4회-65, 2016.2회-64

449 1,200형 에스컬레이터의 공칭 수송능력은?

① 4,800인/h ② 6,000인/h
③ 7,200인/h ④ 9,000인/h

[해설]
에스컬레이터 1,200형은 난간 유효너비가 1.2m이며, 설계 수송능력은 7,200인/h, 공칭 수송능력은 9,000인/h이다.
*해당 규정은 삭제되었으나 CBT 문제은행에서 출제될 가능성이 있으므로 수록하였음

정답 : ④

2014.1회-67

450 에스컬레이터에 관한 설명으로 옳지 않은 것은?

① 장거리 대량수송을 할 때 효과적이다.
② 800형 에스컬레이터의 공칭 수송능력은 6,000인/h이다.
③ 경사도가 30° 이하인 에스컬레이터의 공칭속도는 0.75m/s 이하이어야 한다.
④ 수송량에 비해 점유면적이 적으며, 연속 운전되므로 전원 설비에 부담이 적다.

[해설]
에스컬레이터는 **단거리** 대량수송에 효과적이다.

정답 : ①

2015.1회-80

451 에스컬레이터에 관한 설명으로 옳지 않은 것은?

① 엘리베이터에 비해 수송능력이 크다.
② 대기시간이 없고 연속적인 수송설비이다.
③ 건축적으로 점유면적이 크고, 건물에 걸리는 하중이 집중된다는 단점이 있다.
④ 에스컬레이터의 수량은 공칭 수송능력의 80% 정도를 설계 수송능력으로 하여 계산한다.

[해설]
에스컬레이터는 점유면적이 작고, 기계실이 필요 없으며, 피트가 간단하여 건물에 걸리는 하중이 분산된다.

정답 : ③

2016.4회-79

452 에스컬레이터에 관한 설명으로 옳지 않은 것은?

① 수송량에 비해 점유면적이 작다.
② 수송능력이 엘리베이터보다 작다.
③ 대기시간이 없고 연속적인 수송설비이다.
④ 연속 운전되므로 전원설비에 부담이 적다.

[해설]
에스컬레이터는 단시간에 많은 인원을 수송한다.(엘리베이터보다 수송능력이 10배 정도 크다.)

정답 : ②

2014.2회-69

453 다음과 같은 특징을 갖는 에스컬레이터 배열방법은?

- 설치면적이 작다.
- 일반적으로 대형 백화점에서 채용된다.
- 승강, 하강 모두 연속적으로 갈아탈 수 있다.

① 복렬형 ② 교차형
③ 병렬형 ④ 단열중복형

[해설]
에스컬레이터 배열방법과 장단점

구분	장점	단점
직렬형	• 승객의 시야가 가장 넓다.	• 점유면적이 넓다.
복렬형 (병렬 연속형)	• 교통이 연속된다. • 타고 내리는 교통이 명백히 분할될 수 있다. • 승객의 시야가 넓어진다.	• 점유면적이 넓다. • 시선이 마주친다.
교차형	• 교통 혼잡이 적다. • 설치면적이 작다. • 대형 백화점에서 채용한다.	• 승객의 시야가 좁다. • 에스컬레이터의 위치를 표시하기 힘들다.

정답 : ②

454 에스컬레이터의 안전장치에 속하지 않는 것은?

① 리타이어링 캠
② 비상정지스위치
③ 구동체인 안전장치
④ 핸드레일 인입안전장치

[해설]
리타이어링 캠은 기계적 안전장치에 속하는 설비로서 카 문과 승강장의 문을 동시에 개폐시키는 장치이다.

정답 : ①

---

455 에스컬레이터의 구성 요소에 관한 설명으로 옳지 않은 것은?

① 외부 패널은 에스컬레이터를 둘러싸고 있는 외부측 부분이다.
② 스커트는 스텝, 팔레트 또는 벨트와 연결되는 난간의 수직 부분이다.
③ 스커트 디플렉터는 스텝과 스커트 사이에 끼임의 위험을 최소화하기 위한 장치이다.
④ 내부 패널은 핸드레일 가이드 측면과 만나고 난간의 상부 커버를 형성하는 난간의 가로 요소이다.

[해설]
에스컬레이터 내측 패널
에스컬레이터 또는 수평보행기의 난간 구성부분 중 스커트와 난간의 높은 데크 또는 핸드레일의 스탠드 사이에 위치한 패널이다.

정답 : ④

---

456 에스컬레이터의 좌우에 설치되어 있으며, 스텝을 주행시키는 역할을 하는 것은?

① 스텝체인   ② 핸드레일
③ 스커트가드   ④ 가이드레일

[해설]
에스컬레이터의 좌우에 설치되어 있으며, 스텝이 이동하는 속도를 제어하고, 이동 중에도 안정성을 유지하기 위해 사용한다.

정답 : ①

---

457 수송설비에 사용되는 밀도율에 관한 설명으로 옳지 않은 것은?

① 건물 내 수송설비에 의한 서비스 등급을 판정하는 데 사용된다.
② 밀도율이 높을수록 서비스 수준이 양호하다는 것을 나타낸다.
③ 백화점과 같이 승객의 서비스를 주목적으로 하는 건축물에 사용된다.
④ 1시간의 수송능력에 대한 2층 이상의 유효바닥면적의 비율로 산정한다.

[해설]

$$밀도율(R) = \frac{2층\ 이상\ 바닥면적합계(m^2) \times 11}{1시간당\ 수송능력}$$

여기서, R의 값이 20~25이면 양호, 그 이상이면 불량하다고 판정한다. 따라서 밀도율이 높을수록 서비스 수준이 불리함을 의미하고 밀도율이 낮을수록 서비스가 양호하다.

정답 : ②

---

3 기타 수송설비

458 이동식 보도에 관한 설명으로 옳지 않은 것은?

① 속도는 60~70m/min이다.
② 주로 역이나 공항 등에 이용된다.
③ 승객을 수평으로 수송하는 데 사용된다.
④ 수평으로부터 10° 이내의 경사로 되어 있다.

[해설]
수평보행기(이동보도)
보행이동이 많으며 이동거리가 긴 수평을 연결하여 보행자를 수평으로 이동시키는 반송설비이다.
• 수평으로부터 10° 이내의 경사로 속도는 40~50m/min이다.
• 수송능력은 최고 1,500명/h이며, 주로 역, 공항에 설치한다.

정답 : ①

Engineer Architecture

3과목
건축법규

회독 CHECK!

1회독 ☐ 　월　　일
2회독 ☐ 　월　　일
3회독 ☐ 　월　　일

3과목 건축법규

SECTION 01 건축법·시행령·시행규칙

2021.2회-94

1 하나 이상의 필지의 일부를 하나의 대지로 할 수 있는 토지 기준에 해당하지 않는 것은?

① 도시·군계획시설이 결정·고시된 경우 그 결정·고시된 부분의 토지
② 농지법에 따른 농지전용허가를 받은 경우 그 허가받은 부분의 토지
③ 국토의 계획 및 이용에 관한 법률에 따른 지목변경 허가를 받은 경우 그 허가받은 부분의 토지
④ 산지관리법에 따른 산지전용허가를 받은 경우 그 허가받은 부분의 토지

[해설]

하나 이상의 필지의 일부분을 하나의 대지로 보는 경우

도시·군계획시설이 결정·고시된 경우	그 결정·고시된 부분의 토지
「농지법」에 따른 농지전용허가를 받은 경우	그 허가받은 부분의 토지
「산지관리법」에 따른 산지전용허가를 받은 경우	그 허가받은 부분의 토지
「국토의 계획 및 이용에 관한 법률」에 따른 개발행위허가를 받은 경우	그 허가받은 부분의 토지
법에 따라 사용승인을 신청할 때 필지를 나눌 것을 조건으로 건축허가를 하는 경우	그 필지가 나누어지는 토지

정답 : ③

2015.2회-83

2 기존 건축물의 내력벽, 기둥, 보를 철거하고 그 대지에 종전과 같은 규모의 범위에서 건축물을 다시 축조하는 건축 행위는?

① 신축   ② 증축
③ 재축   ④ 개축

[해설]

기존 건축물의 내력벽, 기둥, 보를 철거하고 그 대지에 종전과 같은 규모의 범위에서 건축물을 다시 축조하는 건축 행위를 개축이라 한다.

정답 : ④

2014.4회-89

3 다음은 건축법령상 증축의 정의이다. ( ) 안에 포함되지 않는 것은?

"증축"이란 기존 건축물이 있는 대지에서 건축물의 ( )을/를 늘리는 것을 말한다.

① 층수   ② 높이
③ 연면적   ④ 대지면적

[해설]

증축이란 기존 건축물이 있는 대지에서 건축물의 대지면적을 늘리는 것을 말한다.

신축과 증축의 차이점
- 신축 : 건축물이 없는 대지에 건축물을 축조하는 것(부속건축물이 있는 경우도 포함)
- 증축 : 기존 건축물이 있는 대지에 건축물의 건축면적·연면적·층수·높이를 증가시키는 행위

정답 : ④

4 건축법령상 용어의 정의가 옳지 않은 것은?

① 증축이란 기존 건축물이 있는 대지에서 건축물의 건축면적, 연면적, 층수 또는 높이를 늘리는 것을 말한다.
② 재축이란 기존 건축물의 전부 또는 일부를 철거하고 그 대지에 종전과 같은 규모의 범위에서 건축물을 다시 축조하는 것을 말한다.
③ 지하층이란 건축물의 바닥이 지표면 아래에 있는 층으로서 바닥에서 지표면까지 평균높이가 해당 층 높이의 2분의 1 이상인 것을 말한다.
④ 한옥이란 기둥 및 보가 목구조방식이고 한식지붕틀로 된 구조로서 한식기와, 볏짚, 목재, 흙 등 자연재료로 마감된 우리나라 전통양식이 반영된 건축물 및 그 부속 건축물을 말한다.

[해설]
②는 개축에 해당한다.
- 신축 : 건축물이 없는 대지에 건축물을 축조하는 것(부속건축물이 있는 경우도 포함)
- 증축 : 기존 건축물이 있는 대지에 건축물의 건축면적·연면적·층수·높이를 증가시키는 행위
- 개축 : 기존 건축물의 전부 또는 일부를 철거하고 그 대지에 종전과 같은 규모의 범위에서 건축물을 다시 축조하는 것
- 재축 : 천재지변으로 멸실되어 다시 축조하는 것
  단, 규모를 초과하면 신축행위로 본다.

정답 : ②

5 건축법령상 용어의 정의가 옳지 않은 것은?

① 초고층건축물이란 층수가 50층 이상이거나 높이가 200미터 이상인 건축물을 말한다.
② 증축이란 기존 건축물이 있는 대지에서 건축물의 건축면적, 연면적, 층수 또는 높이를 늘리는 것을 말한다.
③ 개축이란 건축물이 천재지변이나 그 밖의 재해로 멸실된 경우 그 대지에 종전과 같은 규모의 범위에서 다시 축조하는 것을 말한다.
④ 부속건축물이란 같은 대지에서 주된 건축물과 분리된 부속용도의 건축물로서 주된 건축물을 이용 또는 관리하는 데에 필요한 건축물을 말한다.

[해설]
건축물이 천재지변이나 그 밖의 재해로 멸실된 경우 그 대지에 종전과 같은 규모의 범위에서 다시 축조하는 것은 재축을 의미한다.

정답 : ③

6 다음 중 건축에 속하지 않는 것은?

① 이전   ② 증축
③ 개축   ④ 대수선

[해설]
건축에 속하는 것은 신축, 증축, 개축, 재축, 이전이다.
대수선은 건축에 해당되지 않는다.

대수선의 범위
대수선은 다음의 사항 중 하나에 해당하는 경우로서, 증축·개축·재축에 해당하지 않는 것을 말한다.
1. 내력벽을 증설 또는 해체하거나 그 벽면적을 $30m^2$ 이상 수선 또는 변경하는 것
2. 기둥을 증설 또는 해체하거나 세 개 이상 수선 또는 변경하는 것
3. 보를 증설 또는 해체하거나 세 개 이상 수선 또는 변경하는 것
4. 지붕틀(한옥의 경우 지붕틀의 범위에서 서까래는 제외)을 증설 또는 해체하거나 세 개 이상 수선 또는 변경하는 것
5. 방화벽 또는 방화구획을 위한 바닥 또는 벽을 증설 또는 해체하거나 수선 또는 변경하는 것
6. 주계단·피난계단 또는 특별피난계단을 증설 또는 해체하거나 수선 또는 변경하는 것
7. 다가구주택의 가구 간 경계벽 또는 다세대주택의 세대 간 경계벽을 증설 또는 해체하거나 수선 또는 변경하는 것
8. 건축물의 외벽에 사용하는 마감재료를 증설 또는 해체하거나 벽면적을 $30m^2$ 이상 수선 또는 변경하는 것

정답 : ④

7 다음 중 대수선의 범위에 속하지 않는 것은?

① 피난계단을 증설 또는 해체하는 것
② 기둥을 3개 이상 수선 또는 변경하는 것
③ 내력벽을 $30m^2$ 이상 수선 또는 변경하는 것
④ 아파트의 세대 간 경계벽을 수선 또는 변경하는 것

[해설]
④ 아파트의 세대 간 경계벽을 수선 또는 변경하는 것이 아니라 다가구주택 및 다세대주택의 가구 및 세대 간 경계벽을 수선 또는 변경하는 것이 대수선의 범위이다.

대수선의 범위
대수선은 다음의 사항 중 하나에 해당하는 경우로서, 증축·개축·재축에 해당하지 않는 것을 말한다.
1. 내력벽을 증설 또는 해체하거나 그 벽면적을 $30m^2$ 이상 수선 또는 변경하는 것
2. 기둥을 증설 또는 해체하거나 세 개 이상 수선 또는 변경하는 것
3. 보를 증설 또는 해체하거나 세 개 이상 수선 또는 변경하는 것
4. 지붕틀(한옥의 경우 지붕틀의 범위에서 서까래는 제외)을 증설 또는 해체하거나 세 개 이상 수선 또는 변경하는 것

5. 방화벽 또는 방화구획을 위한 바닥 또는 벽을 증설 또는 해체하거나 수선 또는 변경하는 것
6. 주계단·피난계단 또는 특별피난계단을 증설 또는 해체하거나 수선 또는 변경하는 것
7. 다가구주택의 가구 간 경계벽 또는 다세대주택의 세대 간 경계벽을 증설 또는 해체하거나 수선 또는 변경하는 것
8. 건축물의 외벽에 사용하는 마감재료를 증설 또는 해체하거나 벽면적을 30m² 이상 수선 또는 변경하는 것

정답 : ④

2016.4회-84, 2020.3회-91

8 다음은 건축법령상 지하층의 정의 내용이다. ( ) 안에 알맞은 것은?

> "지하층"이란 건축물의 바닥이 지표면 아래에 있는 층으로서 바닥에서 지표면까지의 평균높이가 해당 층 높이의 ( ) 이상인 것을 말한다.

① 2분의 1
② 3분의 1
③ 3분의 2
④ 4분의 1

해설

지하층
건축물의 바닥이 지표면 아래에 있는 층으로서 바닥에서 지표면까지의 평균높이가 해당 층 높이의 1/2 이상인 것을 말한다.

지하층 기준

$h \geq \dfrac{1}{2} H$

여기서, h : 바닥으로부터 지표면까지의 높이
H : 해당 층 높이

정답 : ①

2017.2회-87

9 다음 중 건축법령에 따른 용어의 정의가 옳지 않은 것은?

① 고층건축물이란 층수가 30층 이상이거나 높이가 120m 이상인 건축물을 말한다.
② 리빌딩이란 건축물의 노후화를 억제하거나 기능향상 등을 위하여 대수선하거나 일부 증축하는 행위를 말한다.
③ 지하층이란 건축물의 바닥이 지표면 아래에 있는 층으로서 바닥에서 지표면까지 평균높이가 해당 층 높이의 2분의 1 이상인 것을 말한다.
④ 발코니란 건축물의 내부와 외부를 연결하는 완충공간으로서 전망이나 휴식 등의 목적으로 건축물 외벽에 접하여 부가적으로 설치되는 공간을 말한다.

해설

건축물의 노후화를 억제 또는 기능향상 등을 위하여 대수선하거나 일부 증축 또는 개축하는 행위는 리모델링이다.

정답 : ②

2017.4회-85, 2019.4회-91, 2022.1회-100

10 막다른 도로의 길이가 15m일 때 이 도로가 건축법령상 도로이기 위한 최소 폭은?

① 2m
② 3m
③ 4m
④ 6m

해설

막다른 도로의 길이와 너비

막다른 도로의 길이	도로의 너비
10m 미만	2m
10m 이상 35m 미만	3m
35m 이상	6m(도시지역이 아닌 읍·면지역 4m)

정답 : ②

2022.2회-81

11 막다른 도로의 길이가 30m인 경우, 이 도로가 건축법상 도로이기 위한 최소 너비는?

① 2m
② 3m
③ 4m
④ 6m

해설

막다른 도로의 길이와 너비

막다른 도로의 길이	도로의 너비
10m 미만	2m
10m 이상 35m 미만	3m
35m 이상	6m(도시지역이 아닌 읍·면지역 4m)

정답 : ②

2018.1회-81

12 다음 중 두께에 관계없이 방화구조에 해당되는 것은?

① 심벽에 흙으로 맞벽치기한 것
② 석고판 위에 회반죽을 바른 것
③ 시멘트모르타르 위에 타일을 붙인 것
④ 석고판 위에 시멘트모르타르를 바른 것

[해설]

방화구조
- 철망모르타르로서 그 바름두께가 2cm 이상인 것
- 석고판 위에 시멘트모르타르 또는 회반죽을 바른 것으로서 그 두께의 합계가 2.5cm 이상인 것
- 시멘트모르타르 위에 타일을 붙인 것으로서 그 두께의 합계가 2.5cm 이상인 것
- 심벽에 흙으로 맞벽치기 한 것
- 한국산업표준이 정하는 바에 따라 시험한 결과 방화 2급 이상에 해당하는 것

정답 : ①

2020.3회-89

13 다음 중 방화구조의 기준으로 틀린 것은?

① 시멘트모르타르 위에 타일을 붙인 것으로서 그 두께의 합계가 2.5cm 이상인 것
② 석고판 위에 회반죽을 바른 것으로서 그 두께의 합계가 2.5cm 이상인 것
③ 철망모르타르로서 그 바름두께가 1.5cm 이상인 것
④ 심벽에 흙으로 맞벽치기 한 것

[해설]

철망모르타르로서 그 바름두께가 2cm 이상인 것

정답 : ③

2014.1회-86

14 철근콘크리트조인 경우 두께에 관계없이 내화구조로 인정되는 것은?

① 바닥   ② 지붕
③ 내력벽   ④ 외벽 중 비내력벽

[해설]

철근콘크리트조인 경우의 내화구조 인정기준
- 바닥, 내력벽 : 10cm 이상
- 외벽 중 비내력벽 : 7cm 이상
- 지붕 : 두께 무관

정답 : ②

2015.1회-88

15 다음 중 철골조로 하였을 경우, 피복과 관계없이 그 자체만으로 내화구조에 속하는 것은?

① 벽   ② 기둥
③ 지붕   ④ 계단

[해설]

계단을 철골구조로 할 경우는 피복두께와 관계없이 내화구조에 해당된다.

정답 : ④

2021.2회-84

16 다음 중 내화구조에 해당하지 않는 것은?

① 벽의 경우 철재로 보강된 콘크리트블록조·벽돌조 또는 석조로서 철재에 덮은 콘크리트블록 등의 두께가 3cm 이상인 것
② 기둥의 경우 철근콘크리트조로서 그 작은 지름이 25cm 이상인 것
③ 바닥의 경우 철근콘크리트조로서 두께가 10cm 이상인 것
④ 철근콘크리트조로 된 보

[해설]

벽의 경우 철재로 보강된 콘크리트블록조·벽돌조 또는 석조로서 철재에 덮은 콘크리트블록 등의 두께가 5cm 이상인 것

구분	철근콘크리트조/철골철근콘크리트조	철골조	무근콘크리트조/콘크리트블록조/벽돌조/석조	철재로 보강된 콘크리트블록조/벽돌조/석조
벽 ( ) 속은 외벽 중 비내력벽의 경우	두께 10cm(7cm) 이상일 것	양쪽을 두께 4cm(3cm) 이상의 철망모르타르 또는 두께 5cm(4cm) 이상의 콘크리트블록, 벽돌, 석재로 덮은 것		철재에 덮은 두께 5cm(4cm) 이상인 것
기둥 (작은 지름 25cm 이상인 것) ( ) 속은 경량골재 사용의 경우	모든 것	• 두께 6cm(5cm) 이상의 철망모르타르 또는 두께 7cm 이상의 콘크리트블록, 벽돌, 석재로 덮은 것 • 두께 5cm 이상의 콘크리트로 덮은 것	×	×
바닥	두께 10cm 이상인 것	×	×	철재의 덮은 두께가 5cm 이상인 것
보 ( ) 속은 경량골재 사용의 경우	모든 것	• 두께 6cm(5cm) 이상의 철망모르타르로 덮은 것 • 두께 5cm 이상의 콘크리트로 덮은 것	×	×
지붕	모든 것	×	×	모든 것
계단	모든 것	모든 것	모든 것	모든 것

정답 : ①

17 다음 중 내화구조에 해당하지 않는 것은?(단, 외벽 중 비내력벽인 경우)

① 철근콘크리트조로서 두께가 7cm인 것
② 무근콘크리트조로서 두께가 7cm인 것
③ 골구를 철골조로 하고 그 양면을 두께 3cm의 철망모르타르로 덮은 것
④ 철재로 보강된 콘크리트블록조로서 철재에 덮은 콘크리트블록의 두께가 3cm인 것

[해설]

내화구조(외벽 중 비내력벽인 경우)
- 철근콘크리트조 또는 철골철근콘크리트조로서 두께가 7cm 이상인 것
- 골구를 철골조로 하고 그 양면을 두께 3cm 이상의 철망모르타르 또는 두께 7cm 이상의 콘크리트블록, 벽돌, 석재로 덮은 것
- 철재로 보강된 콘크리트블록조, 벽돌조 또는 석조로서 철재에 덮은 콘크리트블록 등의 두께가 4cm 이상인 것
- 무근콘크리트조, 콘크리트블록조, 벽돌조 또는 석조로서 그 두께가 7cm 이상인 것

정답 : ④

18 밑줄 친 요건 내용으로 옳지 않은 것은?

> 공동주택 중 아파트로서 4층 이상의 층의 각 세대가 2개 이상의 직통계단을 사용할 수 없는 경우에는 발코니에 인접 세대와 공동으로 또는 각 세대별로 다음 각 호의 요건을 모두 갖춘 대피공간을 하나 이상 설치하여야 한다.

① 대피공간은 바깥의 공기와 접하지 않을 것
② 대피공간은 실내의 다른 부분과 방화구획으로 구획될 것
③ 대피공간의 바닥면적은 각 세대별로 설치하는 경우에는 $2m^2$ 이상일 것
④ 대피공간의 바닥면적은 인접 세대와 공동으로 설치하는 경우에는 $3m^2$ 이상일 것

[해설]

발코니 대피공간의 설치
공동주택 중 아파트로서 4층 이상의 층의 각 세대가 2개 이상의 직통계단을 사용할 수 없는 경우에는 발코니에 인접 세대와 공동으로 또는 각 세대별로 다음 요건(인접 세대와 공동으로 설치하는 대피공간은 인접 세대를 통하여 2개 이상의 직통계단을 사용할 수 있는 위치)을 갖춘 대피공간을 하나 이상 설치하여야 한다.

① 대피공간은 바깥의 공기와 접할 것
② 대피공간은 실내의 다른 부분과 방화구획으로 구획될 것
③ 대피공간의 바닥면적 기준
  - 인접 세대와 공동으로 설치하는 경우 : $3m^2$ 이상
  - 각 세대별로 설치하는 경우 : $2m^2$ 이상

정답 : ①

19 공동주택 중 아파트로서 대피공간을 설치하여야 하는 경우, 대피공간의 바닥면적은 최소 얼마 이상이어야 하는가?(단, 인접 세대와 공동으로 설치하는 경우)

① $1m^2$ ② $2m^2$
③ $3m^2$ ④ $4m^2$

[해설]

공동주택 중 아파트의 대피공간 설치기준
공동주택 중 아파트로서 대피공간을 설치하는 경우 바닥면적은 인접세대와 공동으로 설치하는 경우에는 $3m^2$ 이상, 각 세대별로 설치하는 경우에는 $2m^2$ 이상으로 한다.

정답 : ③

20 건축법령상 고층건축물의 정의로 옳은 것은?

① 층수가 30층 이상이거나 높이가 90m 이상인 건축물
② 층수가 30층 이상이거나 높이가 120m 이상인 건축물
③ 층수가 50층 이상이거나 높이가 150m 이상인 건축물
④ 층수가 50층 이상이거나 높이가 200m 이상인 건축물

[해설]

고층건축물의 정의
- 고층건축물 : 층수가 30층 이상이거나 높이가 120m 이상인 건축물
- 초고층건축물 : 층수가 50층 이상이거나 높이가 200m 이상인 건축물
- 준초고층건축물 : 고층건축물 중 초고층건축물이 아닌 것

정답 : ②

21 건축법령상 초고층건축물의 정의로 옳은 것은?

① 층수가 30층 이상이거나 높이가 90미터 이상인 건축물
② 층수가 30층 이상이거나 높이가 120미터 이상인 건축물
③ 층수가 50층 이상이거나 높이가 150미터 이상인 건축물
④ 층수가 50층 이상이거나 높이가 200미터 이상인 건축물

해설

초고층건축물 : 층수가 50층 이상이거나 높이가 200m 이상인 건축물

정답 : ④

---

22 건축법령상 다중이용건축물에 속하지 않는 것은?

① 층수가 16층인 판매시설
② 층수가 20층인 관광숙박시설
③ 종합병원으로 쓰는 바닥면적의 합계가 3,000m²인 건축물
④ 종교시설로 쓰는 바닥면적의 합계가 5,000m²인 건축물

해설

다중이용건축물
1. 다음의 어느 하나에 해당하는 용도로 쓰는 바닥면적의 합계가 5천 제곱미터 이상인 건축물
  - 문화 및 집회시설(동·식물원은 제외)
  - 종교시설
  - 판매시설
  - 운수시설 중 여객용 시설
  - 의료시설 중 종합병원
  - 숙박시설 중 관광숙박시설
2. 16층 이상인 건축물

정답 : ③

---

23 건축법령상 다중이용건축물에 해당되지 않는 것은? (단, 해당하는 용도로 쓰는 바닥면적의 합계가 5,000m²인 건축물인 경우)

① 종교시설   ② 판매시설
③ 업무시설   ④ 의료시설 중 종합병원

해설

다중이용건축물
1. 다음의 어느 하나에 해당하는 용도로 쓰는 바닥면적의 합계가 5천 제곱미터 이상인 건축물
  - 문화 및 집회시설(동·식물원은 제외)
  - 종교시설
  - 판매시설
  - 운수시설 중 여객용 시설
  - 의료시설 중 종합병원
  - 숙박시설 중 관광숙박시설
2. 16층 이상인 건축물

정답 : ③

---

24 다중이용건축물에 속하지 않는 것은?(단, 층수가 10층이며, 해당 용도로 쓰는 바닥면적의 합계가 5,000m²인 건축물의 경우)

① 업무시설
② 종교시설
③ 판매시설
④ 숙박시설 중 관광숙박시설

해설

다중이용건축물
1. 바닥면적의 합계가 5,000m² 이상인 문화 및 집회시설(전시장 및 동·식물원 제외), 판매시설, 종교시설, 운수시설, 의료시설 중 종합병원, 숙박시설 중 관광숙박시설
2. 16층 이상 건축물

정답 : ①

---

25 건축법령상 아파트의 정의로 옳은 것은?

① 주택으로 쓰는 층수가 3개 층 이상인 주택
② 주택으로 쓰는 층수가 4개 층 이상인 주택
③ 주택으로 쓰는 층수가 5개 층 이상인 주택
④ 주택으로 쓰는 층수가 6개 층 이상인 주택

해설

주택으로 쓰이는 층수가 5개 층 이상인 주택을 말한다.

정답 : ③

---

26 건축법령상 아파트의 정의로 가장 알맞은 것은?

① 주택으로 쓰는 층수가 3개 층 이상인 주택
② 주택으로 쓰는 층수가 5개 층 이상인 주택
③ 주택으로 쓰는 층수가 7개 층 이상인 주택
④ 주택으로 쓰는 층수가 10개 층 이상인 주택

해설

주택으로 쓰이는 층수가 5개 이상인 주택을 말한다.

정답 : ②

2016.1회-82

27 다음은 건축법령상 다세대주택의 정의이다. ( ) 안에 알맞은 것은?

> 주택으로 쓰는 1개 동의 바닥면적의 합계가 (㉠) 이하이고, 층수가 (㉡) 이하인 주택(2개 이상의 동을 지하주차장으로 연결하는 경우에는 각각의 동으로 본다.)

① ㉠ 330m², ㉡ 3개층
② ㉠ 330m², ㉡ 4개층
③ ㉠ 660m², ㉡ 3개층
④ ㉠ 660m², ㉡ 4개층

[해설]
다세대주택
주택으로 쓰는 1개 동의 바닥면적의 합계가 660m² 이하이고 층수가 4개층 이하인 주택(2개 이상의 동을 지하주차장으로 연결하는 경우에는 각각의 동으로 보며, 지하주차장 면적은 바닥면적에서 제외)

정답 : ④

2013.4회-88

28 건축법령상 공동주택에 속하지 않는 것은?

① 기숙사 ② 연립주택
③ 다중주택 ④ 다세대주택

[해설]
공동주택

가. 아파트	주택으로 쓰이는 층수가 5개층 이상인 주택
나. 연립주택	주택으로 쓰이는 1개 동 바닥면적의 합계가 660m²를 초과하고, 층수가 4개층 이하인 주택
다. 다세대주택	주택으로 쓰이는 1개 동 바닥면적의 합계가 660m² 이하이고, 층수가 4개층 이하인 주택(2개 이상의 동을 지하주차장으로 연결하는 경우에는 각각의 동으로 보며, 지하주차장 면적은 바닥면적에서 제외함)
라. 기숙사	학교 또는 공장 등의 학생 또는 종업원 등을 위하여 쓰는 것으로서 1개 동의 공동취사시설을 이용하는 세대수가 전체의 50퍼센트 이상인 것(교육기본법 제27조제2항에 따른 학생 복지주택을 포함)

정답 : ③

2016.2회-99, 2021.4회-94

29 건축법령상 공동주택에 속하지 않는 것은?

① 기숙사 ② 연립주택
③ 다가구주택 ④ 다세대주택

[해설]
공동주택

가. 아파트	주택으로 쓰이는 층수가 5개층 이상인 주택
나. 연립주택	주택으로 쓰이는 1개 동 바닥면적의 합계가 660m²를 초과하고, 층수가 4개층 이하인 주택
다. 다세대주택	주택으로 쓰이는 1개 동 바닥면적의 합계가 660m² 이하이고, 층수가 4개층 이하인 주택(2개 이상의 동을 지하주차장으로 연결하는 경우에는 각각의 동으로 보며, 지하주차장 면적은 바닥면적에서 제외함)
라. 기숙사	학교 또는 공장 등의 학생 또는 종업원 등을 위하여 쓰는 것으로서 1개 동의 공동취사시설을 이용하는 세대수가 전체의 50퍼센트 이상인 것(교육기본법 제27조제2항에 따른 학생 복지주택을 포함)

정답 : ③

2018.1회-90

30 건축법령상 연립주택의 정의로 알맞은 것은?

① 주택으로 쓰는 층수가 5개 층 이상인 주택
② 주택으로 쓰는 1개 동의 바닥면적 합계가 660m² 이하이고, 층수가 4개 층 이하인 주택
③ 주택으로 쓰는 1개 동의 바닥면적 합계가 660m²를 초과하고, 층수가 4개 층 이하인 주택
④ 1개 동의 주택으로 쓰이는 바닥면적의 합계가 330m² 이하이고 주택으로 쓰는 층수가 3개 층 이하인 주택

[해설]
주택으로 쓰는 1개 동의 바닥면적 합계가 660m²를 초과하고, 층수가 4개 층 이하인 주택을 말한다.

선지 중 ①은 아파트, ②는 다세대주택, ④는 다중주택

정답 : ③

2015.4회-93

31 다음과 같은 직사각형 대지의 대지면적은?

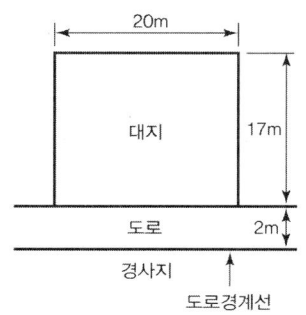

① 280m²　　　　② 300m²
③ 320m²　　　　④ 340m²

[해설]
보행과 자동차 통행이 가능하도록 도로의 소요너비 4m를 확보하여야 한다. 도로의 중심선으로부터 양쪽 소요너비의 1/2의 수평거리(2m)만큼 물러난 선이 건축선이지만 그 도로의 반대쪽에 경사지, 하천, 철도, 선로부지, 그 밖에 이와 유사한 것이 있는 경우에는 그 경사지 등이 있는 쪽의 도로 경계선에서 소요 너비에 해당하는 수평거리의 선을 건축선으로 하며, 도로의 모퉁이에서는 대통령령으로 정하는 선으로 한다.
그러므로 도로폭이 2m이므로 반대쪽의 도로 경계선에서부터 4m를 확보하여야 하므로 2m를 후퇴한 선이 건축선이 된다. (도로 경계선에서 4m 후퇴한 선)
그러므로 20m×(17m-2m)=300m²

정답 : ②

2016.2회-96

33 면적의 산정방법 중 건축물의 외벽(외벽이 없는 경우에는 외곽 부분의 기둥)의 중심선으로 둘러싸인 부분의 수평투영면적으로 하는 것은?

① 연면적　　　　② 대지면적
③ 건축면적　　　④ 거실면적

[해설]
건축면적
건축물의 외벽(외벽이 없는 경우 외곽부분의 기둥)의 중심선으로 둘러싸인 부분의 수평투영면적으로 한다.
• 연면적 : 하나의 건축물의 각 층 바닥면적의 합계
• 대지면적 : 대지의 수평투영면적

정답 : ③

2019.4회-82

32 그림과 같은 일반 건축물의 건축면적은?(단, 평면도 건물 치수는 두께 300mm인 외벽의 중심치수이고, 지붕선 치수는 지붕외곽선 치수임)

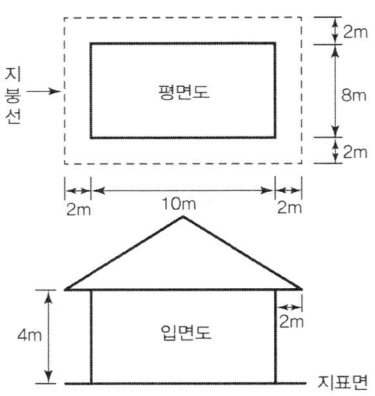

① 80m²　　　　② 100m²
③ 120m²　　　　④ 168m²

[해설]
건축면적 산정
처마, 차양, 부연, 그 밖에 이와 비슷한 것으로서 그 외벽의 중심선으로부터 수평거리 1m 이상 돌출된 부분의 경우 그 돌출된 끝부분으로부터 1m의 수평거리를 후퇴한 선으로 둘러싸인 부분의 수평투영면적으로 산정한다.
∴ 12m×10m=120m²

정답 : ③

2014.1회-93, 2020.4회-85

34 다음 중 건축면적에 산입하지 않는 대상 기준으로 옳지 않은 것은?

① 지하주차장의 경사로
② 지표면으로부터 1.8m 이하에 있는 부분
③ 건축물 지상층에 일반인이 통행할 수 있도록 설치한 보행통로
④ 건축물 지상층에 차량이 통행할 수 있도록 설치한 차량통로

[해설]
② 지표면으로부터 1m 이하에 있는 부분
건축면적에 산입하지 아니하는 경우
지표면으로부터 1m 이하에 있는 부분(창고 중 물품을 입출고하기 위하여 차량을 접안시키는 부분의 경우에는 지표면으로부터 1.5m 이하에 있는 부분)

정답 : ②

2016.1회-89

35 다음은 건축면적에 산입하지 아니하는 경우에 관한 기준 내용이다. ( ) 안에 알맞은 것은?

> 다음의 경우에는 건축면적에 산입하지 아니한다.
> 지표면으로부터 (㉠) 이하에 있는 부분(창고 중 물품을 입출고하기 위하여 차량을 접안시키는 부분의 경우에는 지표면으로부터 (㉡) 이하에 있는 부분)

① ㉠ 1m, ㉡ 1.5m   ② ㉠ 1m, ㉡ 2m
③ ㉠ 1.2m, ㉡ 1.5m   ④ ㉠ 1.2m, ㉡ 2m

[해설]

건축면적에 산입하지 아니하는 경우
지표면으로부터 1m 이하에 있는 부분(창고 중 물품을 입출고하기 위하여 차량을 접안시키는 부분의 경우에는 지표면으로부터 1.5m 이하에 있는 부분)

정답 : ①

2015.1회-98, 2015.4회-89

36 다음은 바닥면적의 산정방법에 관한 기준 내용이다. ( ) 안에 알맞은 것은?

> 벽·기둥의 구획이 없는 건축물은 그 지붕 끝부분으로부터 수평거리 ( )를 후퇴한 선으로 둘러싸인 수평투영면적으로 한다.

① 0.5m   ② 1m
③ 1.5m   ④ 2m

[해설]

바닥면적의 산정과 관련된 기준
벽·기둥의 구획이 없는 건축물은 그 지붕 끝부분으로부터 수평거리 1m를 후퇴한 선으로 둘러싸인 수평투영면적으로 한다.

정답 : ②

2017.2회-98

37 다음은 건축법령상 바닥면적 산정에 관한 기준 내용이다. ( ) 안에 포함되지 않는 것은?

> 공동주택으로서 지상층에 설치한 ( )의 면적은 바닥면적에 산입하지 아니한다.

① 기계실   ② 탁아소
③ 조경시설   ④ 어린이놀이터

[해설]

바닥면적 산정 기준
건축물의 각 층 또는 그 일부로서 벽, 기둥, 그 밖에 이와 비슷한 구획의 중심선으로 둘러싸인 부분의 수평투영면적을 말한다. 다만, 다음의 어느 하나에 해당하는 경우에는 다음에서 정하는 바에 따른다.

① 벽·기둥의 구획이 없는 건축물은 그 지붕 끝부분으로부터 수평거리 1m를 후퇴한 선으로 둘러싸인 수평투영면적으로 한다.
② 주택의 발코니 등 건축물의 노대나 그 밖에 이와 비슷한 것(노대 등)의 바닥은 난간 등의 설치 여부에 관계없이 노대등의 면적(외벽의 중심선으로부터 노대 등의 끝부분까지의 면적)에서 노대 등이 접한 가장 긴 외벽에 접한 길이에 1.5m를 곱한 값을 뺀 면적을 바닥면적에 산입(算入)한다.
③ 필로티나 그 밖에 이와 비슷한 구조(벽면적의 1/2 이상이 그 층의 바닥에서 위층 바닥 아래면까지 공간으로 된 것만 해당)의 부분은 그 부분이 공중의 통행이나 차량의 통행 또는 주차에 전용되는 경우와 공동주택의 경우에는 바닥면적에 산입하지 아니한다.
④ 승강기탑, 계단탑, 장식탑, 다락[층고가 1.5m(경사진 형태의 지붕인 경우에는 1.8m) 이하인 것만 해당], 건축물의 외부 또는 내부에 설치하는 굴뚝, 더스트슈트, 설비덕트, 그 밖에 이와 비슷한 것과 옥상·옥외 또는 지하에 설치하는 물탱크, 기름탱크, 냉각탑, 정화조, 도시가스 정압기, 그 밖에 이와 비슷한 것을 설치하기 위한 구조물은 바닥면적에 산입하지 아니한다.
⑤ 공동주택으로서 지상층에 설치한 기계실, 전기실, 어린이놀이터, 조경시설 및 생활폐기물 보관함의 면적은 바닥면적에 산입하지 아니한다.
⑥ 기존의 다중이용업소(2004년 5월 29일 이전의 것만 해당)의 비상구에 연결하여 설치하는 폭 1.5m 이하의 옥외 피난계단(기존 건축물에 옥외 피난계단을 설치함으로써 용적률에 적합하지 아니하게 된 경우만 해당)은 바닥면적에 산입하지 아니한다.
⑦ 사용승인을 받은 후 15년 이상이 되어 건축물을 리모델링하는 경우로서 미관 향상, 열의 손실 방지 등을 위하여 외벽에 부가하여 마감재 등을 설치하는 부분은 바닥면적에 산입하지 아니한다.

정답 : ②

2013.2회-90, 2017.1회-92

38 건축물의 필로티 부분을 건축법상의 바닥면적에 산입하는 경우에 해당하는 것은?

① 공중의 통행에 전용되는 경우
② 차량의 주차에 전용되는 경우
③ 업무시설의 휴식공간으로 전용되는 경우
④ 공동주택의 놀이공간으로 전용되는 경우

[해설]

필로티나 그 밖에 이와 비슷한 구조의 부분은 그 부분이 공중의 통행이나 차량의 통행 또는 주차에 전용되는 경우와 공동주택의 경우에는 바닥면적에 산입하지 아니한다.

바닥면적에 산입되지 않는 필로티 부분
• 공중의 통행에 전용되는 경우
• 차량의 주차에 전용되는 경우
• 공동주택

정답 : ③

39 다음 중 바닥면적에 산입되는 것은?

① 층고가 1.5m인 다락방
② 다세대주택의 편복도
③ 공동주택의 필로티 부분
④ 공동주택의 지상층에 설치한 기계실

[해설]

바닥면적 산정 기준
① 벽·기둥의 구획이 없는 건축물은 그 지붕 끝부분으로부터 수평거리 1m를 후퇴한 선으로 둘러싸인 수평투영면적으로 한다.
② 주택의 발코니 등 건축물의 노대나 그 밖에 이와 비슷한 것(노대 등)의 바닥은 난간 등의 설치 여부에 관계없이 노대등의 면적(외벽의 중심선으로부터 노대 등의 끝부분까지의 면적)에서 노대 등이 접한 가장 긴 외벽에 접한 길이에 1.5m를 곱한 값을 뺀 면적을 바닥면적에 산입(算入)한다.
③ **필로티나 그 밖에 이와 비슷한 구조(벽면적의 1/2 이상이 그 층의 바닥면에서 위층 바닥 아래면까지 공간으로 된 것만 해당)의 부분은 그 부분이 공중의 통행이나 차량의 통행 또는 주차에 전용되는 경우와 공동주택의 경우에는 바닥면적에 산입하지 아니한다.**
④ 승강기탑, 계단탑, 장식탑, 다락[층고가 1.5m(경사진 형태의 지붕인 경우에는 1.8m) 이하인 것만 해당], 건축물의 외부 또는 내부에 설치하는 굴뚝, 더스트슈트, 설비덕트, 그 밖에 이와 비슷한 것과 옥상·옥외 또는 지하에 설치하는 물탱크, 기름탱크, 냉각탑, 정화조, 도시가스 정압기, 그 밖에 이와 비슷한 것을 설치하기 위한 구조물은 바닥면적에 산입하지 아니한다.
⑤ **공동주택으로서 지상층에 설치한 기계실**, 전기실, 어린이놀이터, 조경시설 및 생활폐기물 보관함의 면적은 바닥면적에 산입하지 아니한다.
⑥ 기존의 다중이용업소(2004년 5월 29일 이전의 것만 해당)의 비상구에 연결하여 설치하는 폭 1.5m 이하의 옥외 피난계단(기존 건축물에 옥외 피난계단을 설치함으로써 용적률에 적합하지 아니하게 된 경우만 해당)은 바닥면적에 산입하지 아니한다.
⑦ 사용승인을 받은 후 15년 이상이 되어 건축물을 리모델링하는 경우로서 미관 향상, 열의 손실 방지 등을 위하여 외벽에 부가하여 마감재 등을 설치하는 부분은 바닥면적에 산입하지 아니한다.

정답 : ②

40 건축물의 바닥면적 산정 기준에 대한 설명으로 옳지 않은 것은?

① 공동주택으로서 지상층에 설치한 어린이놀이터의 면적은 바닥면적에 산입하지 않는다.
② 필로티는 그 부분이 공중의 통행이나 차량의 통행 또는 주차에 전용되는 경우에는 바닥면적에 산입하지 아니한다.
③ 벽·기둥의 구획이 없는 건축물은 그 지붕 끝부분으로부터 수평거리 1.5m를 후퇴한 선으로 둘러싸인 수평투영면적을 바닥면적으로 한다.
④ 단열재를 구조체의 외기측에 설치하는 단열공법으로 건축된 건축물의 경우에는 단열재가 설치된 외벽 중 내측 내벽의 중심선을 기준으로 산정한 면적을 바닥면적으로 한다.

[해설]

바닥면적 산정 기준
벽·기둥의 구획이 없는 건축물은 그 지붕 끝부분으로부터 수평거리 1m를 후퇴한 선으로 둘러싸인 수평투영면적으로 한다.

정답 : ③

41 태양열을 주된 에너지원으로 이용하는 주택의 건축면적 산정의 기준이 되는 것은?

① 외벽 중 내측 내력벽의 중심선
② 외벽 중 외측 내력벽의 중심선
③ 외벽 중 내측 내력벽의 외측 외곽선
④ 외벽 중 외측 내력벽의 외측 외곽선

[해설]

태양열을 주된 에너지원으로 이용하는 주택의 건축면적 산정기준
태양열을 주된 에너지원으로 이용하는 주택의 건축면적과 단열재를 구조체의 외기측에 설치하는 단열공법으로 건축된 건축물의 건축면적은 건축물의 외벽 중 내측 내력벽의 중심선을 기준으로 한다.

정답 : ①

2014.4회-99

42 태양열을 주된 에너지원으로 이용하는 주택의 건축면적 산정 시 기준이 되는 것은?

① 건축물 외벽의 외곽선
② 전체 외벽두께의 중심선
③ 건축물의 외벽 중 내측 내력벽의 중심선
④ 건축물의 외벽 중 외측 내력벽의 중심선

[해설]
태양열을 주된 에너지원으로 이용하는 주택의 건축면적과 단열재를 구조체의 외기측에 설치하는 단열공법으로 건축된 건축물의 건축면적은 건축물의 외벽 중 내측 내력벽의 중심선을 기준으로 한다.

정답 : ③

2015.1회-84

43 태양열을 주된 에너지원으로 이용하는 주택의 건축면적 산정 시 기준이 되는 것은?

① 건축물 외벽의 외곽선
② 건축물의 외벽 중 내측 내력벽의 중심선
③ 건축물의 외벽 중 외측 비내력벽의 중심선
④ 건축물 외벽의 내력벽과 비내력벽의 경계선

[해설]
태양열을 주된 에너지원으로 이용하는 주택의 건축면적과 단열재를 구조체의 외기측에 설치하는 단열공법으로 건축된 건축물의 건축면적은 건축물의 외벽 중 내측 내력벽의 중심선을 기준으로 한다.

정답 : ②

2015.4회-97, 4회-100

44 태양열을 주된 에너지원으로 이용하는 주택의 건축면적 산정 시 기준이 되는 것은?

① 외벽의 외곽선
② 외벽의 내측 벽면선
③ 외벽 중 내측 내력벽의 중심선
④ 외벽 중 외측 비내력벽의 중심선

[해설]
태양열을 주된 에너지원으로 이용하는 주택의 건축면적과 단열재를 구조체의 외기측에 설치하는 단열공법으로 건축된 건축물의 건축면적은 건축물의 외벽 중 내측 내력벽의 중심선을 기준으로 한다.

정답 : ③

2018.2회-94, 2020.2회-91

45 태양열을 주된 에너지원으로 이용하는 주택의 건축면적 산정의 기준이 되는 것은?

① 외벽 중 내측 내력벽의 중심선
② 외벽 중 외측 비내력벽의 중심선
③ 외벽 중 내측 내력벽의 외측 외곽선
④ 외벽 중 외측 비내력벽의 외측 외곽선

[해설]
태양열을 주된 에너지원으로 이용하는 주택의 건축면적과 단열재를 구조체의 외기측에 설치하는 단열공법으로 건축된 건축물의 건축면적은 건축물의 외벽 중 내측 내력벽의 중심선을 기준으로 한다.

정답 : ①

2020.3회-96

46 태양열을 주된 에너지원으로 이용하는 주택의 건축면적 산정 시 이용하는 중심선의 기준으로 옳은 것은?

① 건축물의 외벽 경계선
② 건축물 기둥 사이의 중심선
③ 건축물의 외벽 중 내측 내력벽의 중심선
④ 건축물의 외벽 중 외측 내력벽의 중심선

[해설]
태양열을 주된 에너지원으로 이용하는 주택의 건축면적과 단열재를 구조체의 외기측에 설치하는 단열공법으로 건축된 건축물의 건축면적은 건축물의 외벽 중 내측 내력벽의 중심선을 기준으로 한다.

정답 : ③

2017.1회-85

47 건축법령상 다음과 같은 건축물의 높이는?(단, 가로구역에서의 건축물의 높이 제한과 관련된 건축물의 높이)

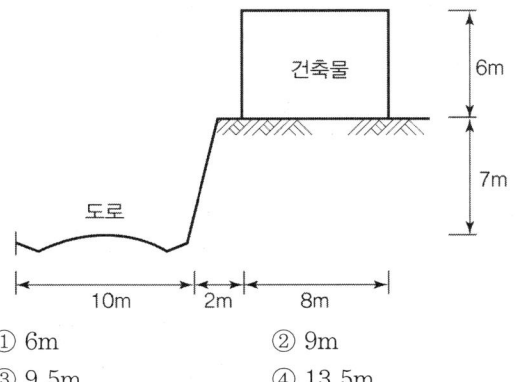

① 6m
② 9m
③ 9.5m
④ 13.5m

[해설]

건축물의 대지 지표면이 전면도로면보다 높을 경우의 높이 산정
건축물이 대지의 지표면이 전면도로면보다 높은 경우 그 고저차가 1/2의 높이만큼 올라온 위치에 전면도로가 있는 것으로 본다.
∴ 6m+3.5m(7m/2) =9.5m

정답 : ③

2019.1회-82

48 건축법 제61조 제2항에 따른 높이를 산정할 때, 공동주택을 다른 용도와 복합하여 건축하는 경우 건축물의 높이 산정을 위한 지표면 기준은?

> 건축법 제61조(일조 등의 확보를 위한 건축물의 높이 제한)
> ② 다음 각 호의 어느 하나에 해당하는 공동주택(일반상업지역과 중심상업지역에 건축하는 것은 제외한다)은 채광(採光) 등의 확보를 위하여 대통령령으로 정하는 높이 이하로 하여야 한다.
> 1. 인접 대지경계선 등의 방향으로 채광을 위한 창문 등을 두는 경우
> 2. 하나의 대지에 두 동(棟) 이상을 건축하는 경우

① 전면도로의 중심선
② 인접 대지의 지표면
③ 공동주택의 가장 낮은 부분
④ 다른 용도의 가장 낮은 부분

[해설]

일조 등의 확보를 위한 건축물의 높이 제한
일조 확보를 위한 건축물의 높이제한에서 전용주거지역, 일반주거지역이 아닌 지역의 공동주택을 다른 용도와 복합하여 건축하는 경우 건축물 지표면 산정은 공동주택의 가장 낮은 부분을 지표면으로 본다.

정답 : ③

2015.2회-81, 2018.2회-9

49 건축물의 면적, 높이 및 층수 산정의 기본원칙으로 옳지 않은 것은?

① 대지면적은 대지의 수평투영면적으로 한다.
② 연면적은 하나의 건축물 각 층의 거실면적의 합계로 한다.
③ 건축면적은 건축물의 외벽(외벽이 없는 경우에는 외곽 부분의 기둥)의 중심선으로 둘러싸인 부분의 수평투영면적으로 한다.
④ 바닥면적은 건축물의 각 층 또는 그 일부로서 벽, 기둥 기타 이와 유사한 구획의 중심선으로 둘러싸인 부분의 수평투영면적으로 한다.

[해설]

연면적은 하나의 건축물의 각 층의 바닥면적의 합계로 한다. 다만, 다음에 해당하는 면적은 용적률 산정 시 제외된다.
① 지하층 면적
② 지상층의 주차용(해당 건축물의 부속용도에 한함)으로 사용되는 면적
③ 초고층건축물과 준초고층건축물에 설치하는 피난안전구역의 면적
④ 건축물의 경사지붕 아래에 설치하는 대피공간의 면적

정답 : ②

2020.2회-93

50 건축물의 면적·높이 및 층수 등의 산정 기준으로 틀린 것은?

① 대지면적은 대지의 수평투영면적으로 한다.
② 건축면적은 건축물의 외벽의 중심선으로 둘러싸인 부분의 수평투영면적으로 한다.
③ 바닥면적은 건축물의 각 층 또는 그 일부로서 벽, 기둥, 그 밖에 이와 비슷한 구획의 중심선으로 둘러싸인 부분의 수평투영면적으로 한다.
④ 연면적은 하나의 건축물 각 층의 거실 면적의 합계로 한다.

[해설]

연면적은 하나의 건축물 각 층의 바닥면적 합계이다.

정답 : ④

2020.3회-84

51 건축물의 면적, 높이 및 층수 등의 산정 방법에 관한 설명으로 옳은 것은?

① 건축물의 높이 산정 시 건축물의 대지에 접하는 전면도로의 노면에 고저차가 있는 경우에는 그 건축물이 접하는 범위의 전면 도로부분의 수평거리에 따라 가중평균한 높이의 수평면을 전면도로면으로 본다.
② 용적률 산정 시 연면적에는 지하층의 면적과 지상층의 주차용으로 쓰는 면적을 포함시킨다.
③ 건축면적은 건축물의 내벽의 중심선으로 둘러싸인 부분의 수평투영면적으로 한다.
④ 건축물의 층수는 지하층을 포함하여 산정하는 것이 원칙이다.

[해설]
② 용적률 산정 시 연면적에는 지하층의 면적과 지상층의 주차용으로 쓰는 면적을 제외시킨다.
③ 건축면적은 건축물의 외벽의 중심선으로 둘러싸인 부분의 수평투영면적으로 한다.
④ 건축물의 층수는 지하층을 제외하여 산정하는 것이 원칙이다.

정답 : ①

2018.1회-87, 2022.1회-91

52 건축물의 층수 산정에 관한 기준 내용으로 옳지 않은 것은?

① 지하층은 건축물의 층수에 산입하지 아니한다.
② 층의 구분이 명확하지 아니한 건축물은 그 건축물의 높이 4m마다 하나의 층으로 보고 그 층수를 산정한다.
③ 건축물이 부분에 따라 그 층수가 다른 경우에는 바닥면적에 따라 가중평균한 층수를 그 건축물의 층수로 본다.
④ 계단탑으로서 그 수평투영면적의 합계가 해당 건축물 건축면적의 8분의 1 이하인 것은 건축물의 층수에 산입하지 아니한다.

[해설]
건축물의 층수 산정에 관한 기준
건축물의 부분에 따라 그 층수가 다른 경우에는 그 중 가장 많은 층수를 그 건축물의 층수로 본다.

정답 : ③

2013.2회-89

53 다음과 같은 조건에 있는 지하 1층, 지상 2층 건축물의 용적률은?

- 대지면적 : 200m²
- 바닥면적 : 1층 – 70m², 2층 – 50m², 지하층 – 30m²

① 60% ② 75%
③ 133% ④ 167%

[해설]
용적률 산정

$$\frac{지상층\ 바닥면적(지하층\ 면적\ 제외)}{대지면적} \times 100\%$$

$$= \frac{70m^2 + 50m^2}{200m^2} \times 100\% = 60\%$$

정답 : ①

2014.2회-90, 2019.2회-88

54 용적률 산정에 사용되는 연면적에 포함되는 것은?

① 지하층의 면적
② 층고가 2.1m인 다락의 면적
③ 준초고층건축물에 설치하는 피난안전구역의 면적
④ 건축물의 경사지붕 아래에 설치하는 대피공간의 면적

[해설]
용적률 산정 시 연면적에서 제외되는 부분
- 지하층 면적
- 지상층의 주차용(해당 건축물의 부속용도에 한함)으로 사용되는 면적
- 초고층건축물과 준초고층건축물에 설치하는 피난안전구역의 면적
- 건축물의 경사지붕 아래에 설치하는 대피공간의 면적

정답 : ②

2013.4회-97

55 다음과 같은 조건에 있는 건축물의 연면적은?(단, 용적률을 산정하는 경우의 연면적)

- 지하층의 바닥면적 : 120m²
- 1층 바닥면적 : 100m²
- 2층 바닥면적 : 70m²
- 3층 바닥면적 : 50m²
- 옥상 물탱크실 : 10m²
- 옥상 냉각탑 : 10m²

① 220m² ② 240m²
③ 340m² ④ 360m²

[해설]
건축물의 연면적 산정
하나의 건축물 각 층의 바닥면적 합계로 한다.
∴ 1층(100m²)+2층(70m²)+3층(50m²)=220m²이다.
지하층 면적과 옥상 물탱크실, 옥상 냉각탑은 연면적 산정에서 제외한다.

용적률 산정 시 연면적에서 제외되는 부분
- 지하층 면적
- 지상층의 주차용(해당 건축물의 부속용도에 한함)으로 사용되는 면적
- 초고층건축물과 준초고층건축물에 설치하는 피난안전구역의 면적
- 건축물의 경사지붕 아래에 설치하는 대피공간의 면적

정답 : ①

56 면적 등의 산정방법과 관련한 용어의 설명 중 틀린 것은?

① 대지면적은 대지의 수평투영면적으로 한다.
② 건축면적은 건축물의 외벽의 중심선으로 둘러싸인 부분의 수평투영면적으로 한다.
③ 용적률을 산정할 때에는 지하층의 면적을 포함하여 연면적을 계산한다.
④ 건축물의 높이는 지표면으로부터 그 건축물의 상단까지의 높이로 한다.

[해설]
용적률을 산정할 때에는 지하층의 면적을 제외하고 연면적을 계산한다.

정답 : ③

58 한 방에서 층의 높이가 다른 부분이 있는 경우 층고 산정방법으로 옳은 것은?

① 가장 낮은 높이로 한다.
② 가장 높은 높이로 한다.
③ 각 부분 높이에 따른 면적에 따라 가중평균한 높이로 한다.
④ 가장 낮은 높이와 가장 높은 높이의 산술평균한 높이로 한다.

[해설]
층고 산정
바닥구조체 윗면으로부터 위층 바닥구조체 윗면까지의 높이로 하나, 높이가 다를 경우 그 각 부분의 높이에 따른 면적에 따라 가중평균한 높이로 한다.

정답 : ③

57 그림과 같은 거실의 평균 반자높이는?(단, 단위는 m)

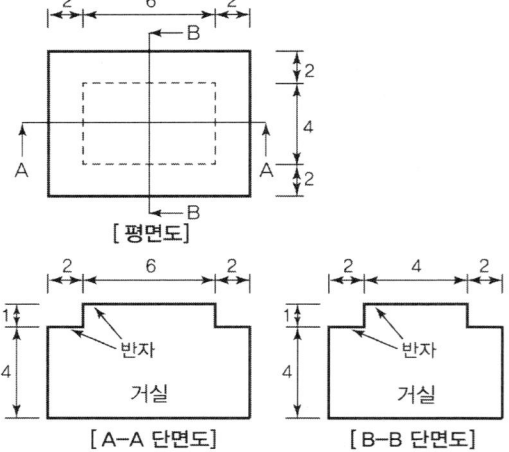

① 4.3m ② 4.6m
③ 4.9m ④ 5.2m

[해설]
반자높이

가중평균 반자높이 = $\dfrac{\text{실의 부피}}{\text{실의 단면적}}$

= $\dfrac{[(2+4+2)\times(2+6+2)\times 4]+(6\times 4\times 1)}{(2+4+2)\times(2+6+2)}$ = 4.3m

정답 : ①

59 다음 중 건축법이 적용되는 건축물은?

① 역사(驛舍)
② 고속도로 통행료 징수시설
③ 철도의 선로 부지에 있는 플랫폼
④ 「문화재보호법」에 따른 가지정(假指定)문화재

[해설]
건축법이 적용되지 않는 건축물
1. 지정문화재나 가지정문화재
2. 철도나 궤도에 선로 부지에 있는 다음의 시설
   • 운전보안시설
   • 철도 선로 위나 아래를 가로지르는 보행시설
   • 플랫폼
   • 해당 철도 또는 궤도사업용 급수·급탄 및 급유시설
3. 고속도로 통행료 징수시설
4. 컨테이너를 이용한 간이창고
5. 하천법에 따른 하천구역 내의 수문조작실

정답 : ①

60 지방건축위원회의 심의사항에 속하지 않는 것은?

① 건축선의 지정에 관한 사항
② 다중이용건축물의 구조안전에 관한 사항
③ 특수구조건축물의 구조안전에 관한 사항
④ 경관지구 내의 건축물의 건축에 관한 사항

[해설]

지방건축위원회 심의사항
- 건축선의 지정에 관한 사항
- 법 또는 이 영에 따른 조례의 제정·개정 및 시행에 관한 중요 사항
- 다중이용건축물 및 특수구조건축물의 구조안전에 관한 사항

정답 : ④

---

61 지방건축위원회의 심의사항에 속하지 않는 것은?

① 건축선의 지정에 관한 사항
② 층수가 16층인 건축물의 건축에 관한 사항
③ 건축법에 따른 표준설계도서의 인정에 관한 사항
④ 판매시설의 용도로 쓰는 바닥면적의 합계가 5,000m²인 건축물의 건축에 관한 사항

[해설]

건축법에 따른 표준설계도서의 인정에 관한 사항은 중앙건축위원회의 심의사항에 해당된다.

정답 : ③

---

62 지방건축위원회의 심의사항에 속하지 않는 것은?

① 건축선의 지정에 관한 사항
② 층수가 16층인 건축물의 건축에 관한 사항
③ 종교시설의 용도로 쓰는 바닥면적의 합계가 3,000m²인 건축물의 건축에 관한 사항
④ 분양을 목적으로 하는 건축물로서 건축조례로 정하는 용도 및 규모에 해당하는 건축물의 건축에 관한 사항

[해설]

지방건축위원회의 심의사항인 다중이용건축물
종교시설의 용도로 쓰이는 바닥면적의 합계가 5,000m²인 건축물의 건축에 관한 사항이 심의대상이다.

정답 : ③

---

63 건축법령에 따른 리모델링이 쉬운 구조에 속하지 않는 것은?

① 구조체가 철골구조로 구성되어 있을 것
② 구조체에서 건축설비, 내부 마감재료 및 외부 마감재료를 분리할 수 있을 것
③ 개별 세대 안에서 구획된 실의 크기, 개수 또는 위치 등을 변경할 수 있을 것
④ 각 세대는 인접한 세대와 수직 또는 수평방향으로 통합하거나 분할할 수 있을 것

[해설]

리모델링
1. 리모델링이 용이한 주택
   - 각 세대는 인접한 세대와 수직 또는 수평방향으로 통합하거나 분할할 수 있을 것
   - 구조체에서 건축설비, 내부 마감재료 및 외부 마감재료를 분리할 수 있을 것
   - 개별 세대 안에서 구획된 실의 크기, 개수 또는 위치 등을 변경할 수 있을 것
2. 완화적용 범위

완화규정	완화기준
㉠ 건축물의 용적률 ㉡ 건축물의 높이 제한 ㉢ 일조 등의 확보를 위한 건축물의 높이 제한	㉠~㉢ 기준의 120/100을 적용함

정답 : ①

---

64 건축법령상 리모델링이 쉬운 구조에 속하지 않는 것은?

① 각 층마다 하나의 방화구획으로 구획되어 있을 것
② 각 세대는 인접한 세대와 수직방향으로 통합하거나 분할할 수 있을 것
③ 구조체에서 건축설비, 내부 마감재료 및 외부 마감재료를 분리할 수 있을 것
④ 개별 세대 안에서 구획된 실의 크기, 개수 또는 위치 등을 변경할 수 있을 것

[해설]

①과는 무관하다.

리모델링이 쉬운 구조
- 각 세대는 인접한 세대와 수직 또는 수평방향으로 통합하거나 분할할 수 있을 것

- 구조체에서 건축설비, 내부 마감재료 및 외부 마감재료를 분리할 수 있을 것
- 개별 세대 안에서 구획된 실의 크기, 개수 또는 위치 등을 변경할 수 있을 것

정답 : ①

65 다음은 건축법상 리모델링에 대비한 특례 등에 관한 내용이다. 밑줄 친 기준 내용에 속하지 않는 것은?

> 리모델링이 쉬운 구조의 공동주택의 건축을 촉진하기 위하여 공동주택을 대통령령으로 정하는 구조로 하여 건축허가를 신청하면 제56조 2, 제60조 및 제61조에 따른 기준을 100분의 120의 범위에서 대통령령으로 정하는 비율로 완화하여 적용할 수 있다.

① 건축물의 건폐율
② 건축물의 용적률
③ 건축물의 높이 제한
④ 일조 등의 확보를 위한 건축물의 높이 제한

[해설]
- 제56조 2 : 건축물의 용적률
- 제60조 : 건축물의 높이제한, 일조권
- 제61조 : 일조 등의 확보를 위한 건축물의 높이 제한

정답 : ①

66 다음은 건축법령상 리모델링에 대비한 특례 등에 관한 내용이다. ( ) 안에 알맞은 것은?

> 리모델링이 쉬운 구조의 공동주택의 건축을 촉진하기 위하여 공동주택을 대통령령으로 정하는 구조로 하여 건축허가를 신청하면 제56조(건축물의 용적률), 제60조(건축물의 높이 제한) 및 제61조(일조 등의 확보를 위한 건축물의 높이 제한)에 따른 기준을 ( )의 범위에서 대통령령으로 정하는 비율로 완화하여 적용할 수 있다.

① 100분의 110
② 100분의 120
③ 100분의 130
④ 100분의 140

[해설]
리모델링이 쉬운 구조의 공동주택에 대한 완화기준
- 완화대상 : 용적률, 높이제한, 일조권
- 완화기준 : 100분의 120의 범위

정답 : ②

67 공동주택을 리모델링이 쉬운 구조로 하여 건축허가를 신청할 경우 100분의 120의 범위에서 완화하여 적용받을 수 없는 것은?

① 대지의 분할 제한
② 건축물의 용적률
③ 건축물의 높이제한
④ 일조 등의 확보를 위한 건축물의 높이 제한

[해설]
리모델링이 쉬운 구조의 공동주택에 대한 완화기준
- 완화대상 : 용적률, 높이제한, 일조권
- 완화기준 : 100분의 120의 범위

정답 : ①

68 도시지역에 지정된 지구단위계획구역 내에서 건축물을 건축하려는 자가 그 대지의 일부를 공공시설 부지로 제공하는 경우 그 건축물에 대하여 완화하여 적용할 수 있는 항목이 아닌 것은?

① 건축선
② 건폐율
③ 용적률
④ 건축물의 높이

[해설]
대지의 일부를 공공시설 부지로 제공하는 경우 그 건축물에 대하여 완화하여 적용할 수 있는 항목
건폐율·용적률 및 높이를 완화하여 적용할 수 있다.

정답 : ①

69 건축물을 특별시나 광역시에 건축하는 경우 특별시장이나 광역시장의 허가를 받아야 하는 대상 건축물의 층수 기준은?

① 7층 이상
② 15층 이상
③ 21층 이상
④ 25층 이상

해설

특별시장·광역시장의 허가대상(특별시·광역시에 건축하는 경우)

대상지역	허가권자	규모	예외
• 특별시 • 광역시	• 특별시장 • 광역시장	• **21층 이상 건축물** • 연면적의 합계가 100,000m² 이상인 건축물 • 연면적의 3/10 이상의 증축으로 인하여 층수가 21층 이상으로 되거나 연면적의 합계가 100,000m² 이상으로 되는 건축물의 증축을 포함	• 공장 • 창고 • 지방건축위원회의 심의를 거친 건축물(초고층 건축물은 제외)

정답 : ③

2017.1회-81

70 다음 중 특별시나 광역시에 건축할 경우, 특별시장이나 광역시장의 허가를 받아야 하는 대상 건축물은?

① 층수가 20층인 호텔
② 층수가 25층인 사무소
③ 연면적이 150,000m²인 공장
④ 연면적이 50,000m²인 공동주택

해설

특별시장·광역시장의 허가대상 건축물은 층수가 21층 이상이거나 연면적의 합계가 연면적의 합계가 100,000m² 이상인 건축물이며 단, 공장, 창고, 지방건축위원회의 심의를 거친 건축물은 제외한다.

정답 : ②

2017.2회-93

71 건축허가신청에 필요한 설계도서의 종류 중 건축계획서에 표시하여야 할 사항이 아닌 것은?

① 주차장 규모
② 대지의 종·횡 단면도
③ 건축물의 용도별 면적
④ 지역·지구 및 도시계획사항

해설

건축계획서에 표시하여야 할 사항
1. 개요(위치, 대지면적)
2. 지역 지구 및 도시계획사항
3. 건축물의 규모(건축면적·연면적·높이·층수 등)
4. 건축물의 용도별 면적

5. 주차장 규모
6. 에너지절약계획서(해당 건축물에 한함)
7. 노인 및 장애인 등을 위한 편의시설 설치계획서

정답 : ②

2020.4회-82

72 건축허가신청에 필요한 설계도서에 해당하지 않는 것은?

① 배치도
② 투시도
③ 건축계획서
④ 실내마감도

해설

투시도는 건축허가신청에 필요한 설계도서에 속하지 않는다.

건축허가신청에 필요한 설계도서
건축계획서, 배치도, 입면도, 단면도, 평면도, 구조도, 구조계산서, 시방서, 실내마감도, 소방설비도, 건축설비도, 토지굴착 및 옹벽도

건축계획서	1. 개요(위치·대지면적 등) 2. 지역·지구 및 도시·군계획사항 3. 건축물의 규모(건축면적·연면적·높이·층수 등) 4. 건축물의 용도별 면적 5. 주차장 규모 6. 에너지절약계획서(해당 건축물에 한한다) 7. 노인 및 장애인 등을 위한 편의시설 설치 계획서(관계법령에 의하여 설치의무가 있는 경우에 한한다)
배치도	1. 축척 및 방위 2. 대지에 접한 도로의 길이 및 너비 3. 대지의 종·횡단면도 4. 건축선 및 대지경계선으로부터 건축물까지의 거리 5. 주차동선 및 옥외주차계획 6. 공개공지 및 조경계획
평면도	1. 1층 및 기준층 평면도 2. 기둥·벽·창문 등의 위치 3. 방화구획 및 방화문의 위치 4. 복도 및 계단의 위치 5. 승강기의 위치
입면도	1. 2면 이상의 입면계획 2. 외부마감재료 3. 간판의 설치계획(크기·위치)
단면도	1. 종·횡단면도 2. 건축물의 높이, 각 층의 높이 및 반자높이

정답 : ②

2019.4회-88

73 건축법령상 건축허가신청에 필요한 설계도서에 속하지 않는 것은?

① 조감도
② 배치도
③ 건축계획서
④ 실내마감도

[해설]

건축허가신청에 필요한 설계도서
건축계획서, 배치도, 평면도, 입면도, 단면도, 구조도, 구조계산서, 시방서, 실내마감도, 소방설비도, 건축설비도, 토지굴착 및 옹벽도

정답 : ①

2015.4회-83

74 건축허가신청에 필요한 설계도서 중 평면도에 표시하여야 할 사항에 속하지 않는 것은?

① 주차장 규모
② 승강기의 위치
③ 기둥·벽·창문 등의 위치
④ 방화구획 및 방화문의 위치

[해설]

주차장 규모는 건축계획서에 표시해야 하는 내용이다.

건축허가신청에 필요한 설계도서(평면도)

평면도	1. 1층 및 기준층 평면도 2. 기둥·벽·창문 등의 위치 3. 방화구획 및 방화문의 위치 4. 복도 및 계단의 위치 5. 승강기의 위치

정답 : ①

2016.1회-92

75 건축허가신청에 필요한 설계도서에 속하지 않는 것은?

① 조감도
② 건축계획서
③ 실내마감도
④ 건축설비도

[해설]

건축허가신청에 필요한 설계도서
건축계획서, 배치도, 평면도, 입면도, 단면도, 구조도, 구조계산서, 시방서, 실내마감도, 소방설비도, 건축설비도, 토지굴착 및 옹벽도

정답 : ①

2021.4회-86

76 건축허가신청에 필요한 설계도서 중 건축계획서에 표시하여야 할 사항으로 옳지 않은 것은?

① 주차장 규모
② 토지형질변경계획
③ 건축물의 용도별 면적
④ 지역·지구 및 도시계획사항

[해설]

토지형질변경계획은 건축허가신청에 필요한 설계도서에 속하지 않는다.

건축계획서	1. 개요(위치·대지면적 등) 2. 지역·지구 및 도시·군계획사항 3. 건축물의 규모(건축면적·연면적·높이·층수 등) 4. 건축물의 용도별 면적 5. 주차장 규모 6. 에너지절약계획서(해당 건축물에 한한다) 7. 노인 및 장애인 등을 위한 편의시설 설치 계획서(관계법령에 의하여 설치의무가 있는 경우에 한한다)

정답 : ②

2015.2회-86

77 건축허가신청에 필요한 설계도서 중 건축계획서에 표시하여야 할 사항에 속하지 않는 것은?

① 주차장 규모
② 건축물의 층수
③ 건축물의 용도별 면적
④ 공개공지 및 조경계획

[해설]

건축계획서에 표시하여야 할 사항

건축계획서	1. 개요(위치·대지면적 등) 2. 지역·지구 및 도시·군계획사항 3. 건축물의 규모(건축면적·연면적·높이·층수 등) 4. 건축물의 용도별 면적 5. 주차장 규모 6. 에너지절약계획서(해당 건축물에 한한다) 7. 노인 및 장애인 등을 위한 편의시설 설치 계획서(관계법령에 의하여 설치의무가 있는 경우에 한한다)

정답 : ④

78 건축허가신청에 필요한 기본설계도서 중 건축계획서에 표시하여야 할 사항으로 옳지 않은 것은?

① 주차장 규모
② 공개공지 및 조경계획
③ 건축물의 용도별 면적
④ 지역·지구 및 도시계획사항

[해설]
건축계획서에 표시하여야 할 사항

건축계획서	1. 개요(위치·대지면적 등) 2. 지역·지구 및 도시·군계획사항 3. 건축물의 규모(건축면적·연면적·높이·층수 등) 4. 건축물의 용도별 면적 5. 주차장 규모 6. 에너지절약계획서(해당 건축물에 한한다) 7. 노인 및 장애인 등을 위한 편의시설 설치 계획서(관계법령에 의하여 설치의무가 있는 경우에 한한다)

정답 : ②

79 대형건축물의 건축허가 사전승인신청 시 제출도서의 종류 중 설계설명서에 표시하여야 할 사항으로 옳지 않은 것은?

① 공사금액
② 개략공정계획
③ 교통처리계획
④ 각부 구조계획

[해설]
구조계획은 구조계획서에 작성한다.

대형건축물의 건축허가 사전승인신청 시 제출도서(설계설명서)
• 공사개요 : 위치, 대지면적, 공사기간, 공사금액 등
• 사전조사 사항 : 지반고, 기후, 동결심도, 수용인원, 상하수와 주변지역을 포함한 지질 및 지형, 인구, 교통, 지역, 지구, 토지이용현황, 시설물 현황 등
• 건축계획 : 배치, 평면, 입면계획, 동선계획, 개략조경계획, 주차계획 및 교통처리계획 등
• 시공방법
• 개략공정계획
• 주요설비계획
• 주요자재 사용계획
• 그 밖의 필요한 사항

정답 : ④

80 대형건축물의 건축허가 사전승인신청 시 제출도서 중 설계설명서에 표시하여야 할 사항에 속하지 않는 것은?

① 시공방법
② 동선계획
③ 개략공정계획
④ 각부 구조계획

[해설]
대형건축물의 건축허가 사전승인신청 시 제출도서(설계설명서)
• 공사개요 : 위치, 대지면적, 공사기간, 공사금액 등
• 사전조사 사항 : 지반고, 기후, 동결심도, 수용인원, 상하수와 주변지역을 포함한 지질 및 지형, 인구, 교통, 지역, 지구, 토지이용현황, 시설물 현황 등
• 건축계획 : 배치, 평면, 입면계획, 동선계획, 개략조경계획, 주차계획 및 교통처리계획 등
• 시공방법
• 개략공정계획
• 주요설비계획
• 주요자재 사용계획
• 그 밖의 필요한 사항

정답 : ④

81 허가대상 건축물이라 하더라도 미리 특별자치시장·특별자치도지사 또는 시장·군수·구청장에게 국토교통부령으로 정하는 바에 따라 신고를 하면 건축허가를 받은 것으로 보는 경우에 속하지 않는 것은?(단, 층수가 2층인 건축물의 경우)

① 바닥면적의 합계가 85m² 이내의 신축
② 바닥면적의 합계가 85m² 이내의 증축
③ 바닥면적의 합계가 85m² 이내의 개축
④ 연면적이 200m² 미만인 건축물의 대수선

[해설]
건축신고로 허가를 받은 것으로 보는 경우
① 바닥면적의 합계가 85m² 이내의 증축·개축·재축. 다만, 3층 이상 건축물인 경우에는 증축·개축 또는 재축하려는 부분의 바닥면적의 합계가 건축물의 연면적의 10분의 1 이내인 경우로 한정한다.
② 국토의 계획 및 이용에 관한 법률에 따른 관리지역·농림지역·자연환경보전지역 안에서 연면적 200m² 미만이고 3층 미만인 건축물의 건축
   단, 지구단위계획, 국토의 계획 및 이용에 관한 법률에 따라 지정된 방재지구, 급경사지 재해예방에 관한 법률에 따라 지정된 붕괴위험지역은 제외
③ 연면적이 200m² 미만이고 3층 미만인 건축물의 대수선

④ 주요구조부의 해체가 없는 다음의 어느 하나에 해당하는 대수선
  ㉠ 내력벽의 면적을 $30m^2$ 이상 수선하는 것
  ㉡ 기둥을 세 개 이상 수선하는 것
  ㉢ 보를 세 개 이상 수선하는 것
  ㉣ 지붕틀을 세 개 이상 수선하는 것
⑤ 그 밖에 소규모 건축물로서 다음에 해당하는 건축물의 건축
  ㉠ 연면적의 합계가 $100m^2$ 이하인 건축물
  ㉡ 건축물의 높이를 3m 이하의 범위에서 증축하는 건축물
  ㉢ 표준설계도서에 따라 건축하는 건축물로서 주위 환경이나 미관에 지장이 없다고 인정하여 건축조례로 정하는 건축물
  ㉣ 공업지역, 같은 법에 따른 지구단위계획구역 및 산업입지 및 개발에 관한 법률에 따른 산업단지에서 건축하는 2층 이하인 건축물로서 연면적 합계 $500m^2$ 이하인 공장
  ㉤ 농업이나 수산업을 경영하기 위하여 읍, 면지역에서 건축하는 연면적 $200m^2$ 이하의 창고 및 연면적 $400m^2$ 이하의 축사, 작물재배사, 종묘배양시설, 화초 및 분재 등의 온실

정답 : ①

2017.2회-83, 2022.1회-96

82 건축허가대상 건축물이라 하더라도 건축신고를 하면 건축허가를 받은 것으로 보는 경우에 속하지 않는 것은? (단, 층수가 2층인 건축물의 경우)

① 바닥면적의 합계가 $75m^2$의 증축
② 바닥면적의 합계가 $75m^2$의 재축
③ 바닥면적의 합계가 $75m^2$의 개축
④ 연면적의 합계가 $250m^2$인 건축물의 대수선

[해설]
연면적이 $200m^2$ 미만이고 3층 미만인 건축물의 대수선

정답 : ④

2014.2회-85

83 허가대상 건축물이라 하더라도 미리 특별자치시장·특별자치도지사 또는 시장·군수·구청장에게 신고를 하면 건축허가를 받은 것으로 보는 경우에 속하지 않는 것은?

① 바닥면적의 합계가 $85m^2$ 이내의 신축
② 바닥면적의 합계가 $85m^2$ 이내의 증축
③ 바닥면적의 합계가 $85m^2$ 이내의 재축
④ 연면적이 $200m^2$ 미만이고 3층 미만인 건축물의 대수선

[해설]
바닥면적 합계가 $85m^2$ 이내인 건물의 증축·개축·재축을 말하며 신축은 해당되지 않는다.

정답 : ①

2018.4회-87

84 다음 중 허가대상 건축물이라 하더라도 건축신고를 하면 건축허가를 받은 것으로 보는 경우에 속하지 않는 것은?

① 건축물의 높이를 4m 증축하는 건축물
② 연면적의 합계가 $80m^2$인 건축물의 건축
③ 연면적이 $150m^2$이고 2층인 건물의 대수선
④ 2층 건축물로서 바닥면적의 합계 $80m^2$를 증축하는 건축물

[해설]

건축물의 높이를 3m 이하의 범위 안에서 증축하는 건축물은 건축신고를 하면 건축허가를 받은 것으로 본다.

건축신고로 허가를 받은 것으로 보는 경우
① 바닥면적의 합계가 $85m^2$ 이내의 증축·개축·재축. 다만, 3층 이상 건축물인 경우에는 증축·개축 또는 재축하려는 부분의 바닥면적의 합계가 건축물의 연면적의 10분의 1 이내인 경우로 한정한다.
② 국토의 계획 및 이용에 관한 법률에 따른 관리지역·농림지역·자연환경보전지역 안에서 연면적 $200m^2$ 미만이고 3층 미만인 건축물의 건축
  단, 지구단위계획, 국토의 계획 및 이용에 관한 법률에 따라 지정된 방재지구, 급경사지 재해예방에 관한 법률에 따라 지정된 붕괴위험지역은 제외
③ 연면적이 $200m^2$ 미만이고 3층 미만인 건축물의 대수선
④ 주요구조부의 해체가 없는 다음의 어느 하나에 해당하는 대수선
  ㉠ 내력벽의 면적을 $30m^2$ 이상 수선하는 것
  ㉡ 기둥을 세 개 이상 수선하는 것
  ㉢ 보를 세 개 이상 수선하는 것
  ㉣ 지붕틀을 세 개 이상 수선하는 것
⑤ 그 밖에 소규모 건축물로서 다음에 해당하는 건축물의 건축
  ㉠ 연면적의 합계가 $100m^2$ 이하인 건축물
  ㉡ 건축물의 높이를 3m 이하의 범위에서 증축하는 건축물
  ㉢ 표준설계도서에 따라 건축하는 건축물로서 주위 환경이나 미관에 지장이 없다고 인정하여 건축조례로 정하는 건축물
  ㉣ 공업지역, 같은 법에 따른 지구단위계획구역 및 산업입지 및 개발에 관한 법률에 따른 산업단지에서 건축하는 2층 이하인 건축물로서 연면적 합계 $500m^2$ 이하인 공장
  ㉤ 농업이나 수산업을 경영하기 위하여 읍, 면지역에서 건축하는 연면적 $200m^2$ 이하의 창고 및 연면적 $400m^2$ 이하의 축사, 작물재배사, 종묘배양시설, 화초 및 분재 등의 온실

정답 : ①

85 건축물의 건축 시 허가대상 건축물이라 하더라도 미리 특별자치시장·특별자치도지사 또는 시장·군수·구청장에게 국토교통부령으로 정하는 바에 따라 신고를 하면 건축허가를 받은 것으로 보는 소규모 건축물의 연면적 기준은?

① 연면적의 합계가 100m² 이하인 건축물
② 연면적의 합계가 150m² 이하인 건축물
③ 연면적의 합계가 200m² 이하인 건축물
④ 연면적의 합계가 300m² 이하인 건축물

[해설]
건축신고대상 소규모 건축물의 연면적 기준
연면적의 합계가 100m² 이하인 건축물

정답 : ①

86 용도변경과 관련된 시설군 중 산업 등 시설군에 속하는 건축물의 용도가 아닌 것은?

① 운수시설　　② 창고시설
③ 장례식장　　④ 발전시설

[해설]
발전시설은 전기통신시설군에 속한다.

용도변경 시설군의 분류

시설군	건축물의 세부용도
1. 자동차관련시설군	자동차관련시설
2. 산업 등 시설군	• 운수시설　• 창고시설 • 공장　• 장례시설 • 위험물저장 및 처리시설 • 자원순환 관련시설 • 묘지관련시설
3. 전기통신시설군	• 방송통신시설　• 발전시설
4. 문화 및 집회시설군	• 문화 및 집회시설 • 종교시설　• 위락시설 • 관광휴게시설
5. 영업시설군	• 판매시설　• 운동시설 • 숙박시설 • 제2종 근린생활시설 중 다중생활시설
6. 교육 및 복지시설군	• 의료시설　• 교육연구시설 • 야영장시설　• 수련시설 • 노유자시설
7. 근린생활시설군	• 제1종 근린생활시설 • 제2종 근린생활시설(다중생활시설 제외)
8. 주거업무시설군	• 단독주택　• 공동주택 • 업무시설　• 교정 및 군사시설
9. 그 밖의 시설군	동물 및 식물관련시설

정답 : ④

87 용도변경과 관련된 시설군 중 교육 및 복지시설군에 속하지 않는 것은?

① 의료시설　　② 수련시설
③ 종교시설　　④ 노유자시설

[해설]
용도변경 시설군의 분류

시설군	건축물의 세부용도
6. 교육 및 복지시설군	• 의료시설　• 교육연구시설 • 야영장시설　• 수련시설 • 노유자시설

정답 : ③

88 다음 중 건축법상 건축물의 용도 구분에 속하지 않는 것은?(단, 대통령령으로 정하는 세부 용도는 제외)

① 공장　　② 교육시설
③ 묘지관련시설　　④ 자원순환 관련시설

[해설]
교육시설이 아니라 교육연구시설이다.
공장, 묘지관련시설, 자원순환 관련시설은 산업등 시설군이다.

정답 : ②

89 건축법령상 제2종 근린생활시설에 속하지 않는 것은?

① 독서실　　② 유치원
③ 동물병원　　④ 노래연습장

[해설]
근린생활시설이란 일반적으로 주택가와 인접해 주민들의 생활 편의를 도울 수 있는 시설이며, 제1종 근린생활시설은 소매점, 출판사 등 생활에 꼭 필요한 필수 시설, 제2종 근린생활시설은 공연장, 노래연습장 등 생활하는 데 유용한 시설이다.
유치원은 교육연구시설에 해당된다.

정답 : ②

90 건축물의 용도변경과 관련된 시설군 중 산업 등 시설군에 속하는 건축물의 용도가 아닌 것은?

① 장례식장 ② 발전시설
③ 창고시설 ④ 자원순환 관련시설

해설
용도변경 시설군의 분류

시설군	건축물의 세부용도
2. 산업등 시설군	• 운수시설 • 창고시설 • 공장 • 장례시설 • 위험물저장 및 처리시설 • 자원순환 관련시설 • 묘지관련시설

정답 : ②

---

91 용도변경과 관련된 시설군 중 산업 등 시설군에 속하지 않는 것은?

① 운수시설 ② 창고시설
③ 발전시설 ④ 묘지관련시설

해설
산업 등 시설군
운수시설, 창고시설, 공장시설, 위험물 저장 및 처리시설, 자원순환 관련시설, 묘지관련시설, 장례시설

정답 : ③

---

92 다음 중 용도별 건축물의 종류가 옳지 않게 연결된 것은?

① 단독주택 – 공관
② 공동주택 – 기숙사
③ 의료시설 – 치과병원
④ 제1종 근린생활시설 – 일반음식점

해설
일반음식점은 제2종 근린생활시설에 해당한다.

정답 : ④

---

93 건축법령상 제2종 근린생활시설에 속하는 것은?

① 도서관 ② 미술관
③ 한의원 ④ 일반음식점

해설
일반음식점은 제2종 근린생활시설에 해당한다.

정답 : ④

---

94 용도별 건축물의 종류가 옳지 않은 것은?

① 판매시설 : 소매시장
② 의료시설 : 치과병원
③ 문화 및 집회시설 : 수족관
④ 제1종 근린생활시설 : 동물병원

해설
동물병원은 제2종 근린생활시설에 해당한다.

정답 : ④

---

95 다음 중 해당 용도로 사용되는 바닥면적의 합계에 의해 건축물의 용도 분류가 다르게 되지 않는 것은?

① 오피스텔 ② 종교집회장
③ 골프연습장 ④ 휴게음식점

해설
건축물의 용도 분류에서 바닥면적의 합계에 따른 구분

종교집회장	제2종 근린생활시설	바닥면적 합계 500m² 미만
	종교집회장	바닥면적 합계 500m² 이상
골프연습장	제2종 근린생활시설	바닥면적 합계 500m² 미만
	운동시설	바닥면적 합계 500m² 이상
휴게음식점	제1종 근린생활시설	바닥면적 합계 500m² 미만
	제2종 근린생활시설	바닥면적 합계 500m² 이상

정답 : ①

2018.1회-95

96 다음 중 건축물의 용도분류상 문화 및 집회시설에 속하는 것은?

① 야외극장 ② 산업전시장
③ 어린이회관 ④ 청소년 수련원

[해설]

문화 및 집회시설의 용도

문화 및 집회시설	가. 공연장	제2종 근린생활시설에 해당하지 아니하는 것
	나. 집회장	예식장, 회의장, 공회당, 마권장외발매소, 마권전화투표소, 그 밖에 이와 유사한 것으로서 제2종 근린생활시설에 해당하지 아니하는 것
	다. 관람장	경마장, 경륜장, 경정장, 자동차경기장, 그 밖에 이와 유사한 것 및 체육관·운동장으로서 관람석의 바닥면적 합계가 1,000m² 이상인 것
	라. 전시장	박물관, 미술관, 과학관, 문화관, 체험관, 기념관, 산업전시장, 박람회장 등
	마. 동·식물원	동물원·식물원·수족관 등

정답 : ②

2019.2회-92, 2022.2회-95

97 건축물과 해당 건축물의 용도의 연결이 옳지 않은 것은?

① 주유소 : 자동차 관련시설
② 야외음악당 : 관광 휴게시설
③ 치과의원 : 제1종 근린생활시설
④ 일반음식점 : 제2종 근린생활시설

[해설]

주유소 : 위험물저장 및 처리시설이다.

정답 : ①

2020.3회-94

98 다음 중 건축물의 용도 분류가 옳은 것은?

① 식물원 - 동물 및 식물관련시설
② 동물병원 - 의료시설
③ 유스호스텔 - 수련시설
④ 장례식장 - 묘지관련시설

[해설]

① 식물원 - 문화 및 집회시설
② 동물병원 - 제2종 근린생활시설
④ 장례식장 - 장례시설

정답 : ③

2015.1회-97

99 건축법령상 건축물과 해당 건축물의 용도가 옳게 연결된 것은?

① 의원 - 의료시설
② 도매시장 - 판매시설
③ 유스호스텔 - 숙박시설
④ 장례식장 - 묘지관련시설

[해설]

① 의원 - 제1종 근린생활시설
② 도매시장 - 판매시설
③ 유스호스텔 - 수련시설
④ 장례식장(의료시설의 부수시설에 해당하는 것은 제외), 동물전용의 장례식장 - 장례시설

묘지관련 시설	가. 화장시설 나. 봉안당(종교시설에 해당하는 것 제외) 다. 묘지와 자연장지에 부수되는 건축물

정답 : ②

2017.4회-93

100 다음 중 건축법령상 용도에 따른 건축물의 종류가 옳지 않은 것은?

① 교육연구시설 - 유치원
② 묘지관련시설 - 장례식장
③ 관광휴게시설 - 어린이회관
④ 문화 및 집회시설 - 수족관

[해설]

묘지관련 시설	가. 화장시설 나. 봉안당(종교시설에 해당하는 것 제외) 다. 묘지와 자연장지에 부수되는 건축물

정답 : ②

101 건축물의 용도변경 시 분류된 시설군에 속하지 않는 것은?

① 영업시설군
② 공업시설군
③ 주거업무시설군
④ 문화 및 집회시설군

[해설]

용도변경 시설군
1. 자동차관련시설군
2. 산업등시설군
3. 전기통신시설군
4. 문화 및 집회시설군
5. 영업시설군
6. 교육 및 복지시설군
7. 근린생활시설군
8. 주거업무시설군
9. 그 밖의 시설군

정답 : ②

102 다음 중 용도변경의 허가를 받아야 하는 경우는?

① 판매시설에서 문화 및 집회시설로의 용도변경
② 방송통신시설에서 교육연구시설로의 용도변경
③ 문화 및 집회시설에서 업무시설로의 용도변경
④ 자동차관련시설에서 문화 및 집회시설로의 용도변경

[해설]

판매시설은 5. 영업시설군, 문화 및 집회시설은 4. 문화 및 집회시설군이므로 허가를 받아야 한다.

허가대상과 신고대상의 구분

허가대상	건축물의 용도를 하위시설군 9에서 1의 상위시설군 방향으로 용도를 변경하는 경우
신고대상	건축물의 용도를 상위시설군 9에서 1의 하위시설군 방향으로 용도를 변경하는 경우

용도변경 시설군		
건축허가 ↑ (상위군으로 용도변경 시 건축허가)	1. 자동차관련시설군 2. 산업등시설군 3. 전기통신시설군 4. 문화 및 집회시설군 5. 영업시설군 6. 교육 및 복지시설군 7. 근린생활시설군 8. 주거업무시설군 9. 그 밖의 시설군	건축신고 ↓ (하위군으로 용도변경 시 건축신고)

정답 : ①

103 다음의 용도변경 중 허가대상에 속하는 것은?

① 주거업무시설군에서 근린생활시설군으로의 용도변경
② 문화 및 집회시설군에서 영업시설군으로의 용도변경
③ 자동차관련시설군에서 산업 등의 시설군으로의 용도변경
④ 문화 및 집회시설군에서 교육 및 복지시설군으로의 용도변경

[해설]

8. 주거업무시설군에서 7. 근린생활시설군으로의 용도변경은 건축허가대상이다.

용도변경 시설군		
건축허가 ↑ (상위군으로 용도변경 시 건축허가)	1. 자동차관련시설군 2. 산업등시설군 3. 전기통신시설군 4. 문화 및 집회시설군 5. 영업시설군 6. 교육 및 복지시설군 7. 근린생활시설군 8. 주거업무시설군 9. 그 밖의 시설군	건축신고 ↓ (하위군으로 용도변경 시 건축신고)

정답 : ①

104 다음 중 허가대상에 속하는 용도변경은?

① 숙박시설에서 의료시설로의 용도변경
② 판매시설에서 문화 및 집회시설로의 용도변경
③ 제1종 근린생활시설에서 업무시설로의 용도변경
④ 제1종 근린생활시설에서 공동주택으로의 용도변경

[해설]

판매시설은 5. 영업시설군, 문화 및 집회시설은 4. 문화 및 집회시설군으로 용도변경은 허가대상이다.

용도변경 시설군		
건축허가 ↑ (상위군으로 용도변경 시 건축허가)	1. 자동차관련시설군 2. 산업등시설군 3. 전기통신시설군 4. 문화 및 집회시설군 5. 영업시설군 6. 교육 및 복지시설군 7. 근린생활시설군 8. 주거업무시설군 9. 그 밖의 시설군	건축신고 ↓ (하위군으로 용도변경 시 건축신고)

정답 : ②

105 다음의 용도변경 중 허가대상에 속하지 않는 것은?

① 영업시설군에서 주거업무시설군으로 용도변경
② 교육 및 복지시설군에서 영업시설군으로 용도변경
③ 주거업무시설군에서 문화 및 집회시설군으로 용도변경
④ 교육 및 복지시설군에서 문화 및 집회시설군으로 용도

[해설]

5. 영업시설군에서 8. 주거업무시설군으로 용도변경은 건축신고대상이다.

용도변경 시설군		
건축허가 ↑ (상위군으로 용도변경 시 건축허가)	1. 자동차관련시설군 2. 산업등시설군 3. 전기통신시설군 4. 문화 및 집회시설군 5. 영업시설군 6. 교육 및 복지시설군 7. 근린생활시설군 8. 주거업무시설군 9. 그 밖의 시설군	건축신고 ↓ (하위군으로 용도변경 시 건축신고)

정답 : ①

107 다음 중 허가대상에 속하는 용도변경은?

① 영업시설군에서 근린생활시설군으로의 용도변경
② 교육 및 복지시설군에서 영업시설군으로의 용도변경
③ 근린생활시설군에서 주거업무시설군으로의 용도변경
④ 산업 등의 시설군에서 전기통신시설군으로의 용도변경

[해설]

6. 교육 및 복지시설군에서 5. 영업시설군으로의 용도변경이므로 건축허가대상이다.

용도변경 시설군		
건축허가 ↑ (상위군으로 용도변경 시 건축허가)	1. 자동차관련시설군 2. 산업등시설군 3. 전기통신시설군 4. 문화 및 집회시설군 5. 영업시설군 6. 교육 및 복지시설군 7. 근린생활시설군 8. 주거업무시설군 9. 그 밖의 시설군	건축신고 ↓ (하위군으로 용도변경 시 건축신고)

정답 : ②

106 다음 중 신고대상에 속하는 용도변경은?

① 영업시설군에서 문화 및 집회시설군으로 용도변경
② 근린생활시설군에서 주거업무시설군으로 용도변경
③ 산업 등의 시설군에서 자동차관련시설군으로 용도변경
④ 교육 및 복지시설군에서 전기통신시설군으로 용도변경

[해설]

7. 근린생활시설군에서 8. 주거업무시설군으로 용도변경이므로 건축신고대상이다.

용도변경 시설군		
건축허가 ↑ (상위군으로 용도변경 시 건축허가)	1. 자동차관련시설군 2. 산업등시설군 3. 전기통신시설군 4. 문화 및 집회시설군 5. 영업시설군 6. 교육 및 복지시설군 7. 근린생활시설군 8. 주거업무시설군 9. 그 밖의 시설군	건축신고 ↓ (하위군으로 용도변경 시 건축신고)

정답 : ②

108 다음 중 건축물의 용도변경 시 허가를 받아야 하는 경우에 해당하지 않는 것은?

① 주거업무시설군에 속하는 건축물의 용도를 근린생활시설군에 해당하는 용도로 변경하는 경우
② 문화 및 집회시설군에 속하는 건축물의 용도를 영업시설군에 해당하는 용도로 변경하는 경우
③ 전기통신시설군에 속하는 건축물의 용도를 산업 등의 시설군에 해당하는 용도로 변경하는 경우
④ 교육 및 복지시설군에 속하는 건축물의 용도를 문화 및 집회시설군에 해당하는 용도로 변경하는 경우

[해설]

4. 문화 및 집회시설군에 속하는 건축물의 용도를 5. 영업시설군에 해당하는 용도로 변경하는 경우는 건축신고대상이다.

정답 : ②

109
다음의 가설건축물과 관련된 기준 내용 중 밑줄 친 대통령령으로 정하는 용도의 가설건축물에 속하지 않는 것은?

> 재해복구, 흥행, 전람회, 공사용 가설건축물 등 <u>대통령령으로 정하는 용도의 가설건축물</u>을 축조하려는 자는 대통령령으로 정하는 존치기간, 설치기준 및 절차에 따라 특별자치시장·특별자치도지사 또는 시장·군수·구청장에게 신고한 후 착공하여야 한다.

① 전시를 위한 견본 주택
② 연면적이 50m²인 간이축사용 비닐하우스
③ 공사에 필요한 규모의 공사용 가설건축물
④ 조립식 경량구조로 된 외벽이 없는 임시 자동차 차고

[해설]
② 연면적이 100m²인 간이축사용 비닐하우스

정답 : ②

110
건축신고 대상건축물로서 착공신고를 할 때 토지굴착 및 옹벽도 중 흙막이 구조도면을 첨부하여야 하는 건축물은?

① 층수가 6층 이상인 건축물
② 지하 2층 이상의 지하층을 설치하는 건축물
③ 너비 12m 이상인 도로변에 지하층을 설치하는 건축물
④ 인접 대지경계선으로부터 2m 이내에 지하층을 설치하는 건축물

[해설]
지하 2층 이상의 지하층을 설치하는 경우 착공신고서에 흙막이 구조도면을 첨부하여야 한다.

정답 : ②

111
건축허가를 하기 전에 건축물의 구조안전과 인접 대지의 안전에 미치는 영향 등을 평가하는 건축물 안전영향평가를 실시하여야 하는 대상 건축물 기준으로 옳은 것은?

① 층수가 6층 이상으로 연면적 1만 제곱미터 이상인 건축물
② 층수가 6층 이상으로 연면적 10만 제곱미터 이상인 건축물
③ 층수가 16층 이상으로 연면적 1만 제곱미터 이상인 건축물
④ 층수가 16층 이상으로 연면적 10만 제곱미터 이상인 건축물

[해설]
건축물 안전영향평가 대상
- 초고층건축물
- 연면적(한 대지에 둘 이상의 건물을 건축하는 경우, 각각 건물의 연면적을 말함)이 10만 제곱미터 이상일 것
- 16층 이상일 것

정답 : ④

112
다음은 건축물의 사용승인에 관한 기준 내용이다. ( ) 안에 알맞은 것은?

> 건축주가 허가를 받았거나 신고를 한 건축물의 건축공사를 완료한 후 그 건축물을 사용하려면 공사감리자가 작성한 (㉠)와 국토교통부령으로 정하는 (㉡)를 첨부하여 허가권자에게 사용승인을 신청하여야 한다.

① ㉠ 설계도서, ㉡ 시방서
② ㉠ 시방서, ㉡ 설계도서
③ ㉠ 감리완료보고서, ㉡ 공사완료도서
④ ㉠ 공사완료도서, ㉡ 감리완료보고서

[해설]
건축물의 사용승인 신청
건축주가 허가를 받았거나 신고를 한 건축물의 건축공사를 완료한 후 그 건축물을 사용하려면 공사감리자가 작성한 감리완료보고서와 공사완료도서를 첨부하여 허가권자에게 사용승인을 신청하여야 한다.

정답 : ③

2016.4회-95, 2019.2회-82

113 건축법령상 다음과 같이 정의되는 용어는?

> 건축물의 건축·대수선·용도변경, 건축설비의 설치 또는 공작물의 축조에 관한 공사를 발주하거나 현장관리인을 두어 스스로 그 공사를 하는 자

① 건축주　　② 건축사
③ 설계자　　④ 공사시공자

[해설]
건축법령상 건축주의 정의이다.

정답 : ①

2014.4회-97

114 건축 분야의 건축사보 한 명 이상을 공사기간 동안 공사현장에서 감리업무를 수행하게 하여야 하는 건축공사의 바닥면적 기준은?(단, 축사 또는 작물 재배사의 건축공사는 제외)

① 바닥면적의 합계가 1,000m² 이상인 건축공사
② 바닥면적의 합계가 2,000m² 이상인 건축공사
③ 바닥면적의 합계가 5,000m² 이상인 건축공사
④ 바닥면적의 합계가 10,000m² 이상인 건축공사

[해설]

상주 공사감리대상 건축물	감리인원	감리기간
• 바닥면적의 합계가 5,000m² 이상인 건축공사(축사 또는 작물재배사의 건축공사는 제외)	건축분야 건축사보 1인 이상	전체공사기간 동안 상주
• 연속된 5개층 이상으로서 바닥면적의 합계가 3,000m² 이상인 건축공사 • 아파트의 건축공사 • 준다중이용건축물 건축공사	토목, 전기, 기계 분야의 건축사보 1인 이상	각 분야별 해당 공사기간 동안 상주

정답 : ③

2014.1회-85

115 공사감리자가 필요하다고 인정하는 경우 공사시공자로 하여금 상세시공도면을 작성하도록 요청할 수 있는 건축공사의 규모 기준으로 옳은 것은?

① 연면적 합계가 3,000m² 이상인 건축공사
② 연면적 합계가 5,000m² 이상인 건축공사
③ 연면적 합계가 10,000m² 이상인 건축공사
④ 연면적 합계가 15,000m² 이상인 건축공사

[해설]
상세시공도면을 작성을 요청할 수 있는 건축공사 규모 기준
연면적 합계가 5,000m² 이상인 건축공사 시 공사감리자가 필요하다고 인정하는 경우 공사시공자로 하여금 상세시공도면을 작성하도록 요청 가능

정답 : ②

2013.4회-94

116 밑줄 친 대통령령으로 정하는 용도 또는 규모의 공사 기준으로 옳은 것은?

> 대통령령으로 정하는 용도 또는 규모의 공사의 공사감리자는 필요하다고 인정하면 공사시공자에게 상세시공 도면을 작성하도록 요청할 수 있다.

① 연면적의 합계가 3,000m² 이상인 건축공사
② 연면적의 합계가 5,000m² 이상인 건축공사
③ 연면적의 합계가 10,000m² 이상인 건축공사
④ 연면적의 합계가 15,000m² 이상인 건축공사

[해설]
연면적 합계가 5,000m² 이상인 건축공사 시 공사감리자가 필요하다고 인정하는 경우 공사시공자로 하여금 상세시공도면을 작성하도록 요청할 수 있다.

정답 : ②

2017.2회-99

117 건축법령상 공사감리자가 수행하여야 하는 감리업무에 속하지 않는 것은?

① 공정표의 검토
② 상세시공도면의 작성 및 확인
③ 공사현장에서의 안전관리의 지도
④ 설계변경의 적정여부의 검토 및 확인

[해설]
상세시공도면의 작성은 감리업무에 속하지 않는다.

공사감리자의 감리업무 내용
• 공사시공자가 설계도서에 따라 적합하게 시공하는지 여부 확인
• 공사시공자가 사용하는 건축자재가 관계법령에 의한 기준에 적합한 건축자재인지 여부 확인

- 건축물 및 대지에 관계법령에 적합하도록 공사시공자 및 건축주 지도
- 시공계획 및 공사관리의 적정 여부 확인
- 공사현장에서의 안전관리 지도
- 공정표의 검토
- 상세시공도면의 검토·확인
- 구조물의 위치와 규격의 적정 여부의 검토·확인
- 품질시험의 실시 여부 및 시험성과의 검토·확인
- 설계변경의 적정 여부의 검토·확인
- 기타 공사감리계약으로 정하는 사항

정답 : ②

2018.4회-81

118 건축법령상 공사감리자가 수행하여야 하는 감리업무에 속하지 않는 것은?

① 공정표의 작성
② 상세시공도면의 검토·확인
③ 공사현장에서의 안전관리의 지도
④ 설계변경의 적정여부의 검토·확인

[해설]

공정표의 작성은 감리업무에 해당되지 않고 검토업무만 해당된다.

공사감리자의 감리업무 내용
- 공사시공자가 설계도서에 따라 적합하게 시공하는지 여부 확인
- 공사시공자가 사용하는 건축자재가 관계법령에 의한 기준에 적합한 건축자재인지 여부 확인
- 건축물 및 대지에 관계법령에 적합하도록 공사시공자 및 건축주 지도
- 시공계획 및 공사관리의 적정여부 확인
- 공사현장에서의 안전관리 지도
- 공정표의 검토
- 상세시공도면의 검토·확인
- 구조물의 위치와 규격의 적정여부의 검토·확인
- 품질시험의 실시여부 및 시험성과의 검토·확인
- 설계변경의 적정여부의 검토·확인
- 기타 공사감리계약으로 정하는 사항

정답 : ①

2020.4회-94

119 공사감리자의 업무에 속하지 않는 것은?

① 시공계획 및 공사관리의 적정여부의 확인
② 상세 시공도면의 검토·확인
③ 설계변경의 적정여부의 검토·확인
④ 공정표 및 현장설계도면 작성

[해설]

공정표 작성이 아니라 공정표의 검토이다.

정답 : ④

2018.1회-83

120 밑줄 친 "공사의 공정이 대통령령으로 정하는 진도에 다다른 경우"에 속하지 않는 것은?(단, 건축물의 구조가 철근콘크리트조인 경우)

> 공사감리자는 국토교통부령으로 정하는 바에 따라 감리일지를 기록·유지하여야 하고, <u>공사의 공정(工程)이 대통령령으로 정하는 진도에 다다른 경우</u>에는 감리중간보고서를 작성하여 건축주에게 제출하여야 한다.

① 지붕슬래브배근을 완료한 경우
② 기초공사 시 철근배치를 완료한 경우
③ 기초공사에서 주춧돌의 설치를 완료한 경우
④ 지상 5개 층마다 상부 슬래브배근을 완료한 경우

[해설]

건축물의 구조가 철근콘크리트조인 경우가 아니라 그밖의 구조(목구조) 공사 시 기초공사에서 주춧돌의 설치를 완료한 경우 감리중간보고서를 작성하여 건축주에게 제출하여야 한다.

중간감리보고서 작성 제출 대상

건축물의 구조	공사의 공정	진행 과정
• 철근콘크리트조 • 철골철근 콘크리트조 • 조적조 • 보강콘크리트 블록조	기초공사 시	철근 배치를 완료한 경우
	지붕공사 시	지붕슬래브 배근을 완료한 경우
	상부 슬래브 배근 완료	지상 5개 층마다 상부 슬래브 배근을 완료한 경우
철골조	기초공사 시	철근 배치를 완료한 경우
	지붕공사 시	지붕철골조립을 완료한 경우
	주요구조부의 조립	지상 3개 층마다 또는 높이 20m 마다 완료한 경우
그밖의 구조	기초공사 시	거푸집 또는 주춧돌의 설치를 완료한 경우
건축물이 3층 이상의 필로티형식		• 위의 공사공정 진행과정에 해당하는 경우 • 건축물 상층부의 하중이 상층부와 다른 구조형식의 하층부로 전달되는 다음의 어느 하나에 해당하는 부재의 철근배치를 완료한 경우 - 기둥 또는 벽체 중 하나 - 보 또는 슬래브 중 하나

정답 : ③

121 다음 중 건축물 관련 건축기준의 허용되는 오차의 범위(%)가 가장 큰 것은?

① 평면길이   ② 출구너비
③ 반자높이   ④ 바닥판두께

해설

건축기준 허용오차

항목	허용되는 오차의 범위	
건축물 높이		1m를 초과할 수 없다.
출구너비	2% 이내	–
반자높이		–
평면길이		• 건축물 전체길이는 1m를 초과할 수 없다. • 벽으로 구획된 각 실은 10cm를 초과할 수 없다.
벽체두께	3% 이내	–
바닥판두께		–

정답 : ④

122 건축물 관련 건축기준의 허용오차 범위 기준이 2% 이내가 아닌 것은?

① 출구너비   ② 반자높이
③ 평면길이   ④ 벽체두께

해설

건축물 관련 건축기준의 허용오차

항목	허용되는 오차의 범위	
건축물 높이		1m를 초과할 수 없다.
출구너비	2% 이내	–
반자높이		–
평면길이		• 건축물 전체길이는 1m를 초과할 수 없다. • 벽으로 구획된 각 실은 10cm를 초과할 수 없다.
벽체두께	3% 이내	–
바닥판두께		–

정답 : ④

123 특별자치도 또는 시·군·구에 설치하는 건축종합민원실의 처리 업무에 해당하지 않는 것은?

① 건축관계자 사이의 분쟁에 대한 상담
② 건축물대장의 작성 및 관리에 관한 업무
③ 정기점검 및 수시점검의 항목별 점검 업무
④ 건축허가·건축신고 또는 용도변경에 관한 상담업무

해설

건축종합민원실 업무 내용
• 사용승인에 관한 업무
• 건축사가 현장조사·검사 및 확인업무를 대행하는 건축물의 건축허가·사용승인 및 임시사용승인에 관한 업무
• 건축물대장의 작성 및 관리에 관한 업무
• 복합민원의 처리에 관한 업무
• 건축허가, 건축신고 또는 용도변경에 관한 상담업무
• 건축관계자 사이의 분쟁에 관한 업무

정답 : ③

124 건축지도원에 관한 설명으로 틀린 것은?

① 허가를 받지 아니하고 건축하거나 용도변경한 건축물의 단속 업무를 수행한다.
② 건축지도원은 시장, 군수, 구청장이 지정할 수 있다.
③ 건축지도원의 자격과 업무범위는 국토교통부령으로 정한다.
④ 건축신고를 하고 건축 중에 있는 건축물의 시공 지도와 위법 시공 여부의 확인·지도 및 단속 업무를 수행한다.

해설

건축지도원의 자격과 업무범위는 국토교통부령으로 정하는 것이 아니라 대통령령으로 정한다.

정답 : ③

125 건축지도원에 관한 내용으로 틀린 것은?

① 건축지도원은 특별자치시 · 특별자치도 또는 시 · 군 · 구에 근무하는 건축직렬의 공무원과 건축에 관한 학식이 풍부한 자 중에서 지정한다.
② 건축지도원의 자격과 업무 범위는 건축조례로 정한다.
③ 건축설비가 법령 등에 적합하게 유지 · 관리되고 있는지 확인 · 지도 및 단속한다.
④ 허가를 받지 아니하거나 신고를 하지 아니하고 건축하거나 용도 변경한 건축물을 단속한다.

[해설]
건축지도원의 자격과 업무 범위는 대통령령으로 정한다.

정답 : ②

126 손궤의 우려가 있는 토지에 대지를 조성하는 경우 설치하는 옹벽에 관한 기준 내용으로 옳지 않은 것은?

① 옹벽에는 $3m^2$마다 하나 이상의 배수구멍을 설치하여야 한다.
② 옹벽의 높이가 2m 이상인 경우에는 이를 콘크리트 구조로 하는 것이 원칙이다.
③ 옹벽의 외벽면에 설치하는 배수를 위한 시설은 밖으로 튀어 나오지 않도록 하여야 한다.
④ 옹벽의 윗가장자리로부터 안쪽으로 2m 이내에 묻는 배수관은 주철관, 강관 또는 흡관으로 하고, 이음부분은 물이 새지 않도록 하여야 한다.

[해설]
옹벽에 관한 기준

옹벽의 설치	성토 또는 절토하는 부분의 경사도가 1:1.5 이상으로서 높이 1m 이상인 부분
옹벽의 구조	옹벽의 높이가 2m 이상인 경우에는 콘크리트구조로 할 것 예외) 국토교통부장관이 정하는 기술적 기준에 적합한 석축인 경우
옹벽의 외벽면	외벽면의 지지 또는 배수를 위한 시설 외의 구조물이 밖으로 튀어나오지 않게 할 것

정답 : ③

127 대지면적이 $600m^2$인 건축물의 옥상에 조경면적을 $60m^2$ 설치한 경우, 대지에 설치하여야 하는 최소 조경면적은?(단, 조경설치기준은 대지면적의 10%)

① $10m^2$
② $20m^2$
③ $30m^2$
④ $40m^2$

[해설]
옥상조경면적
- 대지면적은 $600m^2$, 조경설치기준은 대지면적의 10% 이상이므로 전체 조경면적은 $60m^2$이다.
- 옥상 조경면적의 2/3에 해당하는 면적을 대지 안에 조경면적으로 산정할 수 있으며 이 경우 조경면적의 50/100을 초과할 수 없다.
  $60m^2 \times 2/3 = 40m^2$, $60m^2 \times 50/100 = 30m^2$
∴ 전체조경면적($60m^2$) − 대지 안의 조경면적($30m^2$) = $30m^2$

정답 : ③

128 건축물의 옥상에 $60m^2$의 옥상조경을 설치하고 대지에 $100m^2$의 조경을 설치한 경우 조경면적으로 산정 받을 수 있는 전체 조경면적은?(단, 이 건축물에 설치하여야 하는 조경면적은 $100m^2$이다.)

① $130m^2$
② $140m^2$
③ $150m^2$
④ $160m^2$

[해설]
옥상조경면적
- 옥상 조경면적의 2/3에 해당하는 면적을 대지 안에 조경면적으로 산정할 수 있다.
  $60m^2 \times 2/3 = 40m^2$
- 대지에 설치한 조경면적 $100m^2$
∴ 전체조경면적 $40m^2 + 100m^2 = 140m^2$이다.

정답 : ②

129 건축물을 신축하는 경우 옥상에 조경을 $150m^2$ 시공했다. 이 경우 대지의 조경면적은 최소 얼마 이상으로 하여야 하는가?(단, 대지면적은 $1,500m^2$이고, 조경설치 기준은 대지면적의 10%이다.)

① $25m^2$
② $50m^2$
③ $75m^2$
④ $100m^2$

> [해설]

옥상조경면적

건축물의 옥상에 조경을 한 경우	옥상 조경면적의 2/3를 대지 안의 조경면적으로 산정할 수 있다.
대지의 조경면적으로 산정하는 옥상 조경면적	전체 조경면적의 50%를 초과할 수 없다.

- 대지면적 $1,500m^2$에 대한 조경면적 10%는 $150m^2$이다.
- 최대 옥상조경면적 기준은 $150m^2 \times 50/100 = 75m^2$
∴ $150m^2 - 75m^2 = 75m^2$이다.

정답 : ③

2018.2회-83

130 대지면적이 $1,000m^2$인 건축물의 옥상에 조경 면적을 $90m^2$ 설치한 경우, 대지에 설치하여야 하는 최소 조경면적은?(단, 조경설치기준은 대지면적의 10%)

① $10m^2$ ② $40m^2$
③ $50m^2$ ④ $100m^2$

> [해설]

조경설치기준

- 조경설치기준이 대지면적의 10%이므로 대지면적 $1,000m^2$에 대한 조경면적 10%는 $100m^2$이다.
- 최대 옥상조경면적기준은 $100m^2 \times 50/100 = 50m^2$
∴ $100m^2 - 50m^2 = 50m^2$이다.

정답 : ③

2020.2회-82

131 $200m^2$인 대지에 $10m^2$의 조경을 설치하고 나머지는 건축물의 옥상에 설치하고자 할 때 옥상에 설치하여야 하는 최소 조경면적은?

① $10m^2$ ② $15m^2$
③ $20m^2$ ④ $30m^2$

> [해설]

옥상조경면적

- 대지면적은 $200m^2$, 조경설치기준은 대지면적의 10% 이상이므로 전체 조경면적은 $20m^2$이다.
- 대지조경면적이 $10m^2$이므로 옥상조경면적의 2/3에 해당하는 면적이 $10m^2$이다.

∴ $x \times \dfrac{2}{3} = 10m^2$, $x = 15m^2$

정답 : ②

2016.4회-92

132 건축법령상 건축을 하는 경우 조경 등의 조치를 하지 아니할 수 있는 건축물 기준으로 옳지 않은 것은?(단, 면적이 $200m^2$ 이상인 대지에 건축을 하는 경우)

① 축사
② 녹지지역에 건축하는 건축물
③ 연면적의 합계가 $2,000m^2$ 미만인 공장
④ 면적 $5,000m^2$ 미만인 대지에 건축하는 공장

> [해설]

연면적의 합계가 $1,500m^2$ 미만인 공장

조경적용 기준

구분		기준
원칙	적용면적	대지면적이 $200m^2$ 이상인 경우
	적용기준	• 용도지역 및 건축물의 규모에 따라 해당 지방자치단체의 조례가 정하는 기준에 의함 • 국토교통부장관은 식재기준·조경시설물의 종류·설치 방법·옥상조경 등 필요한 사항을 정하여 고시할 수 있다.

조경 제외 대상		• 녹지지역에 건축하는 건축물
		• 면적 $5,000m^2$ 미만인 대지에 건축하는 공장
		• 연면적의 합계가 $1,500m^2$ 미만인 공장
		• 산업단지 안에 건축하는 공장
		• 대지에 염분이 함유되어 있는 경우
		• 건축물용도의 특성상 조경 등의 조치를 하기가 곤란하거나 불합리한 경우로서 해당 지방자치단체의 조례가 정하는 건축물
		• 축사
		• 가설건축물(「건축법」)
		• 연면적의 합계가 $1,500m^2$ 미만인 물류시설 예외) 주거지역 또는 상업지역에 건축하는 것
		• 자연환경보전지역·농림지역·관리지역(지구단위계획구역으로 지정된 지역을 제외) 안의 건축물
		• 다음의 어느 하나에 해당하는 건축물 중 건축조례로 정하는 건축물
		  –「관광진흥법」에 따른 관광지 또는 관광단지에 설치하는 관광시설
		  –「관광진흥법 시행령」에 따른 전문휴양업의 시설 또는 종합휴양업의 시설
		  –「국토의 계획 및 이용에 관한 법률 시행령」에 따른 관광·휴양형 지구단위계획구역에 설치하는 관광시설
		  –「체육시설의 설치·이용에 관한 법률 시행령」에 따른 골프장

정답 : ③

2021.4회-85

133 대지의 조경에 있어 조경 등의 조치를 하지 아니할 수 있는 건축물 기준으로 옳지 않은 것은?

① 면적 5천 제곱미터 미만인 대지에 건축하는 공장
② 연면적의 합계가 1천500 제곱미터 미만인 공장
③ 연면적의 합계가 2천 제곱미터 미만인 물류시설
④ 녹지지역에 건축하는 건축물

[해설]

연면적의 합계가 1천500 제곱미터 미만인 물류시설이다.

정답 : ③

2022.1회-88

134 건축법령상 건축을 하는 경우 조경 등의 조치를 하지 아니할 수 있는 건축물 기준으로 틀린 것은?(단, 옥상 조경 등 대통령령으로 따로 기준을 정하는 경우는 고려하지 않는다.)

① 축사
② 녹지지역에 건축하는 건축물
③ 연면적의 합계가 2,000m² 미만인 공장
④ 면적 5,000m² 미만인 대지에 건축하는 공장

[해설]

조경적용 기준

구분		기준
원칙	적용면적	대지면적이 200m² 이상인 경우
	적용기준	• 용도지역 및 건축물의 규모에 따라 해당 지방자치단체의 조례가 정하는 기준에 의함 • 국토교통부장관은 식재기준·조경시설물의 종류·설치 방법·옥상조경 등 필요한 사항을 정하여 고시할 수 있다.
조경 제외 대상		• 녹지지역에 건축하는 건축물 • 면적 5,000m² 미만인 대지에 건축하는 공장 • 연면적의 합계가 1,500m² 미만인 공장 • 산업단지 안에 건축하는 공장 • 대지에 염분이 함유되어 있는 경우 • 건축물용도의 특성상 조경 등의 조치를 하기가 곤란하거나 불합리한 경우로서 해당 지방자치단체의 조례가 정하는 건축물 • 축사 • 가설건축물(「건축법」) • 연면적의 합계가 1,500m² 미만인 물류시설 예외) 주거지역 또는 상업지역에 건축하는 것 • 자연환경보전지역·농림지역·관리지역(지구단위계획구역으로 지정된 지역을 제외) 안의 건축물

조경 제외 대상	• 다음의 어느 하나에 해당하는 건축물 중 건축조례로 정하는 건축물 - 「관광진흥법」에 따른 관광지 또는 관광단지에 설치하는 관광시설 - 「관광진흥법 시행령」에 따른 전문휴양업의 시설 또는 종합휴양업의 시설 - 「국토의 계획 및 이용에 관한 법률 시행령」에 따른 관광·휴양형 지구단위계획구역에 설치하는 관광시설 - 「체육시설의 설치·이용에 관한 법률 시행령」에 따른 골프장

정답 : ③

2022.2회-87

135 다음 중 대지에 조경 등의 조치를 아니할 수 있는 대상 건축물에 속하지 않는 것은?

① 축사
② 녹지지역에 건축하는 건축물
③ 연면적의 합계가 1,000m²인 공장
④ 면적이 5,000m²인 대지에 건축하는 공장

[해설]

면적 5,000m² 미만인 대지에 건축하는 공장

정답 : ④

2017.4회-92

136 다음은 대지의 조경에 관한 기준 내용이다. ( )안에 알맞은 것은?

> 면적이 ( ) 이상인 대지에 건축을 하는 건축주는 용도지역 및 건축물의 규모에 따라 해당 지방자치단체의 조례로 정하는 기준에 따라 대지에 조경이나 그 밖에 필요한 조치를 하여야 한다.

① 100m²
② 200m²
③ 300m²
④ 500m²

[해설]

대지의 조경에 관한 기준

면적이 200m² 이상인 대지에 건축을 하는 건축주는 용도지역 및 건축물의 규모에 따라 해당 지방자치단체의 조례로 정하는 기준에 따라 대지 조경이나 그 밖에 필요한 조치를 하여야 한다.

정답 : ②

137 다음은 대지의 조경에 관한 기준 내용이다. ( ) 안에 알맞은 것은?

> 면적이 ( ) 이상인 대지에 건축을 하는 건축주는 용도지역 및 건축물의 규모에 따라 해당 지방자치단체의 조례로 정하는 기준에 따라 대지 조경이나 그 밖에 필요한 조치를 하여야 한다.

① 100m²
② 150m²
③ 200m²
④ 300m²

[해설]
대지의 조경에 관한 기준
면적이 200m² 이상인 대지에 건축을 하는 건축주는 용도지역 및 건축물의 규모에 따라 해당 지방자치단체의 조례로 정하는 기준에 따라 대지 조경이나 그 밖에 필요한 조치를 하여야 한다.

정답 : ③

138 건축물의 대지 및 도로에 관한 설명으로 틀린 것은?

① 손궤의 우려가 있는 토지에 대지를 조성하고자 할 때 옹벽의 높이가 2m 이상인 경우에는 이를 콘크리트구조로 하여야 한다.
② 면적이 100m² 이상인 대지에 건축을 하는 건축주는 대지에 조경이나 그 밖에 필요한 조치를 하여야 한다.
③ 연면적의 합계가 2천m²(공장인 경우 3천m²) 이상인 건축물(축사, 작물 재배사, 그 밖에 이와 비슷한 건축물로서 건축조례로 정하는 규모의 건축물은 제외)의 대지는 너비 6m 이상의 도로에 4m 이상 접하여야 한다.
④ 도로면으로부터 높이 4.5m 이하에 있는 창문은 열고 닫을 때 건축선의 수직면을 넘지 아니하는 구조로 하여야 한다.

[해설]
대지의 조경에 관한 기준
면적이 200m² 이상인 대지에 건축을 하는 건축주는 용도지역 및 건축물의 규모에 따라 해당 지방자치단체의 조례로 정하는 기준에 따라 대지 조경이나 그 밖에 필요한 조치를 하여야 한다.

정답 : ②

139 건축법상 일반이 사용할 수 있도록 대통령령으로 정하는 기준에 따라 소규모 휴식시설 등의 공개공지 또는 공개공간을 설치하여야 하는 대상지역에 속하지 않는 것은? (단, 특별자치시장·군수·구청장이 도시화의 가능성이 크다고 인정하여 지정·공고하는 지역 제외)

① 준주거지역
② 준공업지역
③ 전용주거지역
④ 일반주거지역

[해설]
전용주거지역, 전용공업지역, 일반공업지역, 녹지지역은 공개공지 대상지역이 아니다.

공개공지 또는 공개공간을 확보하여야 하는 대상지역

대상지역	용도	규모
• 일반주거지역 • 준주거지역 • 상업지역 • 준공업지역 • 특별자치도지사 또는 시장·군수·구청장이 도시화의 가능성이 크거나 노후산업단지의 정비가 필요하다고 인정하여 지정·공고하는 지역	• 문화 및 집회시설 • 종교시설 • 판매시설(농·수산물의 유통시설은 제외) • 운수시설(여객용 시설만 해당) • 업무시설 • 숙박시설	해당 용도로 쓰는 바닥면적의 합계가 5,000m² 이상
	다중이 이용하는 시설로서 건축조례가 정하는 건축물	

정답 : ③

140 대통령령으로 정하는 용도와 규모의 건축물에 대해 일반이 사용할 수 있도록 소규모 휴식시설 등의 공개공지 또는 공개공간을 설치하여야 하는 대상지역에 속하지 않는 것은?

① 준주거지역
② 준공업지역
③ 일반주거지역
④ 전용주거지역

[해설]
공개공지 또는 공개공간 설치 대상지역
• 일반주거지역   • 준주거지역
• 상업지역   • 준공업지역

정답 : ④

141 건축법령상 건축물의 대지에 공개공지 또는 공개공간을 확보하여야 하는 대상 건축물에 해당하지 않는 것은?(단, 해당 용도로 쓰는 바닥면적의 합계가 5,000㎡인 건축물의 경우로, 건축조례로 정하는 다중이 이용하는 시설의 경우는 고려하지 않는다.)

① 종교시설 ② 업무시설
③ 숙박시설 ④ 교육연구시설

[해설]

공개공지 또는 공개공간을 확보하여야 하는 대상지역

대상지역	용도	규모
• 일반주거지역 • 준주거지역 • 상업지역 • 준공업지역 • 특별자치지사 또는 시장·군수·구청장이 도시화의 가능성이 크거나 노후산업단지의 정비가 필요하다고 인정하여 지정·공고하는 지역	• 문화 및 집회시설 • 종교시설 • 판매시설(농·수산물의 유통시설은 제외) • 운수시설(여객용 시설만 해당) • 업무시설 • 숙박시설	해당 용도로 쓰는 바닥면적의 합계가 5,000㎡ 이상
	다중이 이용하는 시설로서 건축조례가 정하는 건축물	

＊ 전용주거지역, 전용공업지역, 일반공업지역, 녹지지역은 공개공지 대상지역이 아니다.

정답 : ④

142 지역의 환경을 쾌적하게 조성하기 위하여 대통령령으로 정하는 용도와 규모의 건축물에 대해 일반이 사용할 수 있도록 대통령령으로 정하는 기준에 따라 공개공지 등을 설치하여야 하는 대상 지역에 속하지 않는 것은?(단, 특별자치시장·특별자치도지사 또는 시장·군수·구청장이 따로 지정·공고하는 지역의 경우는 고려하지 않는다.)

① 준공업지역 ② 준주거지역
③ 일반주거지역 ④ 전용주거지역

[해설]
전용주거지역, 전용공업지역, 일반공업지역, 녹지지역은 공개공지 대상지역이 아니다.

정답 : ④

143 건축법령상 건축물의 대지에 공개공지 또는 공개공간을 확보하여야 하는 대상 건축물에 속하지 않은 것은?(단, 해당 용도로 쓰는 바닥면적의 합계가 5,000㎡인 건축물의 경우)

① 종교시설 ② 업무시설
③ 숙박시설 ④ 교육연구시설

[해설]

공개공지 또는 공개공간을 확보하여야 하는 대상지역

대상지역	용도	규모
• 일반주거지역 • 준주거지역 • 상업지역 • 준공업지역 • 특별자치지사 또는 시장·군수·구청장이 도시화의 가능성이 크거나 노후산업단지의 정비가 필요하다고 인정하여 지정·공고하는 지역	• 문화 및 집회시설 • 종교시설 • 판매시설(농·수산물의 유통시설은 제외) • 운수시설(여객용 시설만 해당) • 업무시설 • 숙박시설	해당 용도로 쓰는 바닥면적의 합계가 5,000㎡ 이상
	다중이 이용하는 시설로서 건축조례가 정하는 건축물	

정답 : ④

144 건축법령상 일반주거지역, 준주거지역, 상업지역 또는 준공업지역의 환경을 쾌적하게 조성하기 위하여 대지에 공개공지 또는 공개공간을 확보하여야 하는 대상 건축물에 속하지 않는 것은?(단, 건축 조례로 정하는 건축물 제외)

① 숙박시설로서 해당 용도로 쓰는 바닥면적의 합계가 5,000㎡ 이상인 건축물
② 의료시설로서 해당 용도로 쓰는 바닥면적의 합계가 5,000㎡ 이상인 건축물
③ 업무시설로서 해당 용도로 쓰는 바닥면적의 합계가 5,000㎡ 이상인 건축물
④ 종교시설로서 해당 용도로 쓰는 바닥면적의 합계가 5,000㎡ 이상인 건축물

[해설]

공개공지 또는 공개공간을 확보하여야 하는 대상지역

대상지역	용도	규모
• 일반주거지역 • 준주거지역 • 상업지역 • 준공업지역 • 특별자치도지사 또는 시장·군수·구청장이 도시화의 가능성이 크거나 노후산업단지의 정비가 필요하다고 인정하여 지정·공고하는 지역	• 문화 및 집회시설 • 종교시설 • 판매시설(농·수산물의 유통시설은 제외) • 운수시설(여객용 시설만 해당) • 업무시설 • 숙박시설	해당 용도로 쓰는 바닥면적의 합계가 5,000m² 이상
	다중이 이용하는 시설로서 건축조례가 정하는 건축물	

정답 : ②

2018.2회-88

145 건축법령상 건축물의 대지에 공개공지 또는 공개공간을 확보하여야 하는 대상 건축물에 속하지 않는 것은? (단, 해당 용도로 쓰는 바닥면적의 합계가 5,000m²인 건축물의 경우)

① 종교시설 ② 의료시설
③ 업무시설 ④ 숙박시설

[해설]
의료시설은 해당되지 않는다.

정답 : ②

2019.1회-97

146 다음 중 건축물의 대지에 공개공지 또는 공개공간을 확보하여야 하는 대상 건축물에 속하는 것은?(단, 일반주거지역의 경우)

① 업무시설로서 해당 용도로 쓰는 바닥면적의 합계가 3,000m²인 건축물
② 숙박시설로서 해당 용도로 쓰는 바닥면적의 합계가 4,000m²인 건축물
③ 종교시설로서 해당 용도로 쓰는 바닥면적의 합계가 5,000m²인 건축물
④ 문화 및 집회시설로서 해당 용도로 쓰는 바닥면적의 합계가 4,000m²인 건축물

[해설]

공개공지 또는 공개공간을 확보하여야 하는 대상지역

대상지역	용도	규모
• 일반주거지역 • 준주거지역 • 상업지역 • 준공업지역 • 특별자치도지사 또는 시장·군수·구청장이 도시화의 가능성이 크거나 노후산업단지의 정비가 필요하다고 인정하여 지정·공고하는 지역	• 문화 및 집회시설 • 종교시설 • 판매시설(농·수산물의 유통시설은 제외) • 운수시설(여객용 시설만 해당) • 업무시설 • 숙박시설	해당 용도로 쓰는 바닥면적의 합계가 5,000m² 이상
	다중이 이용하는 시설로서 건축조례가 정하는 건축물	

정답 : ③

2020.4회-99

147 대통령령으로 정하는 용도와 규모의 건축물이 소규모 휴식시설 등의 공개공지 또는 공개공간을 설치하여야 하는 대상 지역에 해당되지 않는 곳은?

① 준공업지역 ② 일반공업지역
③ 일반주거지역 ④ 준주거지역

[해설]
전용주거지역, 전용공업지역, 일반공업지역, 녹지지역은 공개공지 대상지역이 아니다.

공개공지(공개공간) 설치 의무 대상지역

대상지역	용도	규모
• 일반주거지역 • 준주거지역 • 상업지역 • 준공업지역 • 특별자치도지사 또는 시장·군수·구청장이 도시화의 가능성이 크거나 노후산업단지의 정비가 필요하다고 인정하여 지정·공고하는 지역	• 문화 및 집회시설 • 종교시설 • 판매시설(농·수산물의 유통시설은 제외) • 운수시설(여객용 시설만 해당) • 업무시설 • 숙박시설	해당 용도로 쓰는 바닥면적의 합계가 5,000m² 이상
	다중이 이용하는 시설로서 건축조례가 정하는 건축물	

정답 : ②

2015.2회-99, 2016.4회-86, 2021.2회-91

148 건축물의 대지는 원칙적으로 최소 얼마 이상이 도로에 접하여야 하는가?(단, 자동차만의 통행에 사용되는 도로는 제외)

① 1.5m
② 2m
③ 3m
④ 4m

[해설]

건축물의 대지가 도로에 접하는 길이
건축물의 대지는 도로(자동차만의 통행에 사용되는 것 제외)에 2m 이상 접해야 한다.

대지가 도로에 접하지 않아도 되는 경우(예외)
- 해당 건축물의 출입에 지장이 없다고 인정되는 경우
- 건축물 주변에 광장·공원·유원지, 그 밖에 관계법령에 따라 건축이 금지되고 공중의 통행에 지장이 없는 공지로서 허가권자가 인정한 경우
- 농막을 건축하는 경우

정답 : ②

2017.1회-83, 2020.3회-97

149 다음의 대지와 도로의 관계에 관한 기준 내용 중 ( ) 안에 알맞은 것은?

연면적의 합계가 2,000m²(공장인 경우에는 3,000m²) 이상인 건축물(축사, 작물재배사, 그 밖에 이와 비슷한 건축물로서 건축조례로 정하는 규모의 건축물은 제외한다)의 대지는 너비 (㉠) 이상의 도로에 (㉡) 이상 접하여야 한다.

① ㉠ 4m, ㉡ 2m
② ㉠ 6m, ㉡ 4m
③ ㉠ 8m, ㉡ 6m
④ ㉠ 8m, ㉡ 4m

[해설]

대지와 도로의 관계
연면적의 합계가 2,000m²(공장인 경우에는 3,000m²) 이상인 건축물(축사, 작물재배사, 그 밖에 이와 비슷한 건축물로서 건축조례로 정하는 규모의 건축물은 제외)의 대지는 너비 6m 이상의 도로에 4m 이상 접하여야 한다.

정답 : ②

2014.1회-83

150 다음의 대지와 도로의 관계에 관한 기준 내용 중 ( ) 안에 알맞은 것은?

연면적의 합계가 2천제곱미터 이상인 건축물의 대지는 너비 (㉠) 이상의 도로에 (㉡) 이상 접하여야 한다.

① ㉠ 8m, ㉡ 6m
② ㉠ 8m, ㉡ 4m
③ ㉠ 6m, ㉡ 4m
④ ㉠ 4m, ㉡ 2m

[해설]

대지와 도로의 관계에 관한 기준
연면적의 합계가 2,000m²(공장인 경우에는 3,000m²) 이상인 건축물의 대지는 너비 6m 이상의 도로에 4m 이상 접하여야 한다.

정답 : ③

2018.4회-82

151 다음은 대지와 도로의 관계에 관한 기준 내용이다. ( ) 안에 알맞은 것은?(단, 축사, 작물 재배사, 그 밖에 이와 비슷한 건축물로서 건축조례로 정하는 규모의 건축물은 제외)

연면적의 합계가 2,000m²(공장인 경우에는 3,000m²) 이상인 건축물의 대지는 너비 (㉠) 이상의 도로에 (㉡) 이상 접하여야 한다.

① ㉠ 2m, ㉡ 4m
② ㉠ 4m, ㉡ 2m
③ ㉠ 4m, ㉡ 6m
④ ㉠ 6m, ㉡ 4m

[해설]

대지와 도로의 관계에 관한 기준
연면적의 합계가 2,000m²(공장인 경우에는 3,000m²) 이상인 건축물의 대지는 너비 6m 이상의 도로에 4m 이상 접하여야 한다.

정답 : ④

2020.3회-82

152 시장·군수·구청장이 국토의 계획 및 이용에 관한 법률에 따른 도시지역에서 건축선을 따로 지정할 수 있는 최대 범위는?

① 2m
② 3m
③ 4m
④ 6m

[해설]

특별자치시장, 특별자치도지사 또는 시장·군수·구청장은 도시지역 내에 4m 이내의 범위에서 건축선을 따로 지정할 수 있다.

정답 : ③

2013.4회-90, 2014.2회-98, 2019.2회-99, 2021.4회-95

153 다음은 건축선에 따른 건축제한에 관한 기준 내용이다. ( ) 안에 알맞은 것은?

> 도로면으로부터 높이 ( ) 이하에 있는 출입구, 창문, 그 밖에 이와 유사한 구조물은 열고 닫을 때 건축선의 수직면을 넘지 아니하는 구조로 한다.

① 1.5m   ② 2.5m
③ 3.5m   ④ 4.5m

[해설]
도로면으로부터 높이 4.5m 이하에 있는 출입구, 창문, 그 밖에 이와 유사한 구조물은 열고 닫을 때 건축선의 수직면을 넘지 아니하는 구조로 한다.

정답 : ④

2013.1회-88

154 두 도로의 교차각이 90° 미만이고, 교차되는 도로의 너비가 각각 4미터와 6미터인 도로 모퉁이에 있는 대지의 건축선은 도로 경계선의 교차점에서 도로 경계선을 따라 각각 얼마를 후퇴하여 두 점을 연결한 선으로 하는가?

① 1미터   ② 2미터
③ 3미터   ④ 4미터

[해설]
도로의 모퉁이에 위치한 건축선 지정

도로의 교차각	해당 도로의 너비		교차되는 도로의 너비
	6m 이상 8m 미만	4m 이상 6m 미만	
90° 미만	4	3	6m 이상 8m 미만
	3	2	4m 이상 6m 미만
90° 이상 120° 미만	3	2	6m 이상 8m 미만
	2	2	4m 이상 6m 미만

그러므로 90° 미만의 교차도로 너비가 4m와 6m인 경우 도로 경계선의 교차점에서 도로 경계선을 따라 각각 3m를 후퇴한다.

정답 : ③

2016.4회-97

155 너비 8m 미만인 도로의 모퉁이에 위치한 대지의 도로 모퉁이 부분의 건축선은 그 대지에 접한 도로 경계선의 교차점으로부터 도로 경계선에 따라 다음의 표에 따른 거리를 각각 후퇴한 두 점을 연결한 선으로 한다. ( ) 안의 숫자로 옳은 것은?(단, 도로의 교차각 90° 미만인 경우)

해당 도로의 너비	교차되는 도로의 너비
6m 이상 8m 미만	
(㉠)m	6m 이상 8m 미만
(㉡)m	4m 이상 6m 미만

① ㉠ 2, ㉡ 2   ② ㉠ 3, ㉡ 2
③ ㉠ 3, ㉡ 3   ④ ㉠ 4, ㉡ 3

[해설]
도로의 모퉁이에 위치한 건축선 지정

도로의 교차각	해당 도로의 너비		교차되는 도로의 너비
	6m 이상 8m 미만	4m 이상 6m 미만	
90° 미만	4	3	6m 이상 8m 미만
	3	2	4m 이상 6m 미만
90° 이상 120° 미만	3	2	6m 이상 8m 미만
	2	2	4m 이상 6m 미만

정답 : ④

2019.1회-94

156 그림과 같은 대지의 도로 모퉁이 부분의 건축선으로서 도로 경계선의 교차점에서의 거리 "A"로 옳은 것은?

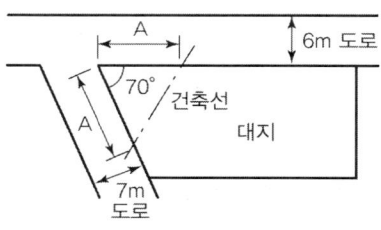

① 1m   ② 2m
③ 3m   ④ 4m

해설

도로의 모퉁이에 위치한 건축선 지정

도로의 교차각	해당 도로의 너비		교차되는 도로의 너비
	6m 이상 8m 미만	4m 이상 6m 미만	
90° 미만	4	3	6m 이상 8m 미만
	3	2	4m 이상 6m 미만
90° 이상 120° 미만	3	2	6m 이상 8m 미만
	2	2	4m 이상 6m 미만

그러므로 90° 미만의 교차도로 너비가 6m와 7m인 경우 각각 4m를 후퇴한다.

정답 : ④

2020.2회–86

157 두 도로의 너비가 각각 6m이고 교차각이 90°인 도로의 모퉁이에 위치한 대지의 도로 모퉁이 부분의 건축선은 그 대지에 접한 도로 경계선의 교차점으로부터 도로 경계선에 따라 각각 얼마를 후퇴한 두 점을 연결한 선으로 하는가?

① 후퇴하지 아니한다. ② 2m
③ 3m ④ 4m

해설

도로의 모퉁이에 위치한 건축선 지정

도로의 교차각	해당 도로의 너비		교차되는 도로의 너비
	6m 이상 8m 미만	4m 이상 6m 미만	
90° 미만	4	3	6m 이상 8m 미만
	3	2	4m 이상 6m 미만

정답 : ③

2016.2회–87

158 건축물의 건축주가 착공신고를 할 때, 해당 건축물의 설계자로부터 받은 구조안전의 확인서류를 허가권자에게 제출하여야 하는 대상 건축물 기준으로 옳지 않은 것은?(단, 허가대상 건축물인 경우)

① 높이가 11m 이상인 건축물
② 처마높이가 9m 이상인 건축물
③ 국토교통부령으로 정하는 지진구역 안의 건축물
④ 기둥과 기둥 사이의 거리가 10m 이상인 건축물

해설

① 높이가 13m 이상인 건축물이다.

구조안전의 확인 건축물 중 착공신고 시 구조안전 확인서류 제출 대상

구분	대상 규모
층수	2층 이상(주요구조부인 기둥과 보를 설치하는 건축물로서 그 기둥과 보가 목재인 목구조 건축물의 경우에는 3층)
연면적	200m² (목구조 건축물의 경우에는 500m²) 이상(창고, 축사, 작물재배사 및 표준설계도서에 따라 건축하는 건축물은 제외)인 건축물
높이	높이 13m 이상, 처마높이 9m 이상
경간	10m 이상
기타	• 건축물의 용도 및 규모를 고려한 중요도가 높은 건축물로서 국토교통부령으로 정하는 건축물 • 국가적 문화유산으로 보존할 가치가 있는 건축물로서 국토교통부령으로 정하는 것 • 제2조제18호(특수구조건축물)의 가목 및 다목의 건축물 • 별표 1 제1호의 단독주택 및 같은 표 제2호의 공동주택

정답 : ①

2022.1회–94

159 사용승인을 받는 즉시 건축물의 내진능력을 공개하여야 하는 대상 건축물의 층수 기준은?(단, 목구조 건축물의 경우이며 기타의 경우는 고려하지 않는다.)

① 2층 이상 ② 3층 이상
③ 6층 이상 ④ 16층 이상

해설

사용승인을 받는 즉시 건축물의 내진능력을 공개하여야 하는 대상 건축물

구분	대상 규모
층수	2층 이상(목구조 건축물의 경우에는 3층)인 건축물
연면적	200m² (목구조 건축물의 경우에는 500m²) 이상 건축물
기타	건축물의 용도 및 규모를 고려한 중요도가 높은 건축물로서 국토교통부령으로 정하는 건축물

정답 : ②

160 피난층 외의 층으로서 피난층 또는 지상으로 통하는 직통계단을 2개소 이상 설치하여야 하는 대상 기준으로 옳지 않은 것은?

① 지하층으로서 그 층 거실의 바닥면적의 합계가 200m² 이상인 것
② 위락시설의 용도로 쓰는 층으로서 그 층에서 해당 용도로 쓰는 바닥면적의 합계가 200m² 이상인 것
③ 판매시설의 용도로 쓰는 3층 이상의 층으로서 그 층의 해당 용도로 쓰는 거실의 바닥면적의 합계가 200m² 이상인 것
④ 업무시설 중 오피스텔의 용도로 쓰는 층으로서 그 층의 해당 용도로 쓰는 거실의 바닥면적의 합계가 200m² 이상인 것

[해설]
업무시설 중 오피스텔의 용도로 쓰는 층으로서 그 층의 해당 용도로 쓰는 거실의 바닥면적의 합계가 300m² 이상인 것

정답 : ④

161 주요구조부가 내화구조 또는 불연재료로 된 층수가 16층 이상인 공동주택의 경우, 피난층 외의 층에서는 피난층 또는 지상으로 통하는 직통계단을 거실의 각 부분으로부터 계단에 이르는 보행 거리가 최대 얼마 이하가 되도록 설치하여야 하는가?(단, 계단은 거실로부터 가장 가까운 거리에 있는 1개소의 계단을 말한다.)

① 30m ② 40m
③ 50m ④ 75m

[해설]
주요구조부가 내화구조 또는 불연재료로 된 16층 이상인 공동주택의 경우 보행거리는 최대 40m까지 가능하다.

구분	보행거리
일반건축물	30m 이하
주요구조부가 내화구조 또는 불연재료로 된 건축물	50m 이하 (16층 이상 공동주택 : **40m 이하**)
공장	자동화 생산시설에 스프링클러 등 자동식 소화설비를 설치한 공장으로서 국토교통부령으로 정하는 공장인 경우에는 그 보행거리가 75m(무인화 공장인 경우에는 100m) 이하

정답 : ②

162 건축물의 피난층 외의 층에서 피난층 또는 지상으로 통하는 직통계단을 거실의 각 부분으로부터 계단에 이르는 보행거리가 최대 얼마 이내가 되도록 설치하여야 하는가? (단, 건축물의 주요구조부는 내화구조이고 층수는 15층으로 공동주택이 아닌 경우)

① 30m ② 40m
③ 50m ④ 60m

[해설]
직통계단까지의 보행거리
건축물의 피난층 이외의 층에서 거실 각 부분으로부터 피난층 또는 지상으로 통하는 직통계단(경사로 포함)에 이르는 보행거리

구분	보행거리
일반건축물	30m 이하
주요구조부가 내화구조 또는 불연재료로 된 건축물	**50m 이하** (16층 이상 공동주택 : 40m 이하)
공장	자동화 생산시설에 스프링클러 등 자동식 소화설비를 설치한 공장으로서 국토교통부령으로 정하는 공장인 경우에는 그 보행거리가 75m(무인화 공장인 경우에는 100m) 이하

정답 : ③

163 다음의 직통계단의 설치에 관한 기준 내용 중 밑줄 친 "다음 각 호의 어느 하나에 해당하는 용도 및 규모의 건축물"의 기준 내용으로 옳지 않은 것은?

> 법 49조 제1항에 따라 피난층 외의 층이 다음 각 호의 어느 하나에 해당하는 용도 및 규모의 건축물에는 국토교통부령으로 정하는 기준에 따라 피난층 또는 지상으로 통하는 직통계단을 2개소 이상 설치하여야 한다.

① 지하층으로서 그 층 거실의 바닥면적의 합계가 200m² 이상인 것
② 종교시설의 용도로 쓰는 층으로서 그 층에서 해당 용도로 쓰는 바닥면적의 합계가 200m² 이상인 것
③ 숙박시설의 용도로 쓰는 3층 이상의 층으로서 그 층의 해당 용도로 쓰는 거실의 바닥면적의 합계가 200m² 이상인 것
④ 업무시설 중 오피스텔의 용도로 쓰는 층으로서 그 층의 해당 용도로 쓰는 거실의 바닥면적의 합계가 200m² 이상인 것

해설
1. 제2종 근린생활시설 중 공연장·종교집회장, 문화 및 집회시설(전시장 및 동·식물원은 제외한다), 종교시설, 위락시설 중 주점영업 또는 장례시설의 용도로 쓰는 층으로서 그 층에서 해당 용도로 쓰는 바닥면적의 합계가 200제곱미터(제2종 근린생활시설 중 공연장·종교집회장은 각각 300제곱미터) 이상인 것
2. 단독주택 중 다중주택·다가구주택, 제1종 근린생활시설 중 정신과의원(입원실이 있는 경우로 한정한다), 제2종 근린생활시설 중 인터넷컴퓨터게임시설제공업소(해당 용도로 쓰는 바닥면적의 합계가 300제곱미터 이상인 경우만 해당한다), 학원·독서실, 판매시설, 운수시설(여객용 시설만 해당한다), 의료시설(입원실이 없는 치과병원은 제외한다), 교육연구시설 중 학원, 노유자시설 중 아동관련시설·노인복지시설·장애인 거주시설(「장애인복지법」 제58조제1항제1호에 따른 장애인 거주시설 중 국토교통부령으로 정하는 시설을 말한다. 이하 같다) 및 「장애인복지법」 제58조제1항제4호에 따른 장애인 의료재활시설(이하 "장애인 의료재활시설"이라 한다), 수련시설 중 유스호스텔 또는 숙박시설의 용도로 쓰는 3층 이상의 층으로서 그 층의 해당 용도로 쓰는 거실의 바닥면적의 합계가 200제곱미터 이상인 것
3. 공동주택(층당 4세대 이하인 것은 제외한다) 또는 **업무시설 중 오피스텔의 용도로 쓰이는 층으로서 그 층의 해당 용도로 쓰는 거실의 바닥면적의 합계가 300제곱미터 이상인 것**
4. 제1호부터 제3호까지의 용도로 쓰지 아니하는 3층 이상의 층으로서 그 층 거실의 바닥면적의 합계가 400제곱미터 이상인 것
5. 지하층으로서 그 층 거실의 바닥면적의 합계가 200제곱미터 이상인 것

정답 : ④

2018.4회-84

164 피난층 이외 층으로서 피난층 또는 지상으로 통하는 직통계단을 2개소 이상 설치하여야 하는 대상기준으로 옳지 않은 것은?

① 지하층으로서 그 층 거실의 바닥면적의 합계가 200m² 이상인 것
② 종교시설의 용도로 쓰는 층으로서 그 층에서 해당 용도로 쓰는 바닥면적의 합계가 200m² 이상인 것
③ 판매시설의 용도로 쓰는 3층 이상의 층으로서 그 층의 해당 용도로 쓰는 거실의 바닥면적의 합계가 200m² 이상인 것
④ 업무시설 중 오피스텔의 용도로 쓰는 층으로서 그 층의 해당 용도로 쓰는 거실의 바닥면적의 합계가 200m² 이상인 것

해설
업무시설 중 오피스텔의 용도로 쓰는 층으로서 그 층의 해당 용도로 쓰는 거실의 바닥면적의 합계가 300m² 이상인 것

정답 : ④

2021.4회-96

165 다음 중 옥내계단의 너비의 최소 설치기준으로 적합하지 않은 것은?

① 관람장의 용도에 쓰이는 건축물의 계단의 너비 120센티미터 이상
② 중학교 용도에 쓰이는 건축물의 계단의 너비 150센티미터 이상
③ 거실의 바닥면적의 합계가 100제곱미터 이상인 지하층의 계단의 너비 120센티미터 이상
④ 바로 위층의 거실의 바닥면적의 합계가 200제곱미터 이상인 층의 계단의 너비 150센티미터 이상

해설
옥내계단의 너비 (단위 : cm)

계단의 용도		계단 및 계단참 너비	단높이	단너비
초등학교 학생용 계단		150 이상	16 이하	26 이상
중·고등학교의 학생용 계단		150 이상	18 이하	26 이상
문화 및 집회시설 (공연장·집회장·관람장)		120 이상	–	–
판매시설				
바로 위층 거실의 바닥면적 합계가 200m² 이상인 계단				
거실의 바닥면적 합계가 100m² 이상인 지하층의 계단				
그밖의 계단		60 이상	–	–
준초고층건축물 직통계단	공동주택	120 이상	–	–
	공동주택이 아닌 건축물	150 이상	–	–

정답 : ④

2014.4회-83, 2019.2회-91

166 건축물에 설치하는 피난안전구역의 구조 및 설비에 관한 기준 내용으로 옳지 않은 것은?

① 피난안전구역의 높이는 1.8m 이상일 것
② 피난안전구역의 내부마감재료는 불연재료로 설치할 것
③ 비상용승강기는 피난안전구역에서 승하차 할 수 있는 구조로 설치할 것
④ 건축물의 내부에서 피난안전구역으로 통하는 계단은 특별피난계단의 구조로 설치할 것

[해설]
피난안전구역의 높이는 2.1m 이상일 것

피난안전구역의 구조 및 설비기준
1. 피난안전구역의 바로 아래층 및 위층은 「건축물의 설비기준 등에 관한 규칙」 제21조제1항제1호에 적합한 단열재를 설치할 것. 이 경우 아래층은 최상층에 있는 거실의 반자 또는 지붕 기준을 준용하고, 위층은 최하층에 있는 거실의 바닥기준을 준용할 것
2. 피난안전구역의 내부마감재료는 불연재료로 설치할 것
3. 건축물의 내부에서 피난안전구역으로 통하는 계단은 특별피난계단의 구조로 설치할 것
4. 비상용승강기는 피난안전구역에서 승하차할 수 있는 구조로 설치할 것
5. 피난안전구역에는 식수공급을 위한 급수전을 1개소 이상 설치하고 예비전원에 의한 조명설비를 설치할 것
6. 관리사무소 또는 방재센터 등과 긴급연락이 가능한 경보 및 통신시설을 설치할 것
7. 피난안전구역의 높이는 2.1m 이상일 것

정답 : ①

2018.1회-98

167 피난안전구역(건축물의 피난·안전을 위하여 건축물 중간층에 설치하는 대피공간)의 구조 및 설비에 관한 기준 내용으로 옳지 않은 것은?

① 피난안전구역의 높이는 2.1m 이상일 것
② 비상용승강기는 피난안전구역에서 승하차할 수 있는 구조로 설치할 것
③ 건축물의 내부에서 피난안전구역으로 통하는 계단은 피난계단의 구조로 설치할 것
④ 피난안전구역에는 식수공급을 위한 급수전을 1개소 이상 설치하고 예비전원에 의한 조명설비를 설치할 것

[해설]
피난안전구역의 구조 및 설비에 관한 기준
건축물의 내부에서 피난안전구역으로 통하는 계단은 피난계단의 구조가 아니라 특별피난계단의 구조로 설치할 것

정답 : ③

2017.4회-84

168 피난안전구역의 구조 및 설비에 관한 기준 내용으로 옳지 않은 것은?

① 피난안전구역의 높이는 1.8m 이상일 것
② 피난안전구역의 내부마감재료는 불연재료로 설치할 것
③ 건축물의 내부에서 피난안전구역으로 통하는 계단은 특별피난계단의 구조로 설치할 것
④ 피난안전구역에는 식수공급을 위한 급수전을 1개소 이상 설치하고 예비전원에 의한 조명설비를 설치할 것

[해설]
피난안전구역의 높이는 2.1m 이상일 것

정답 : ①

2015.2회-90

169 피난안전구역의 구조 및 설비에 관한 기준 내용으로 옳지 않은 것은?

① 피난안전구역의 높이는 2.1m 이상일 것
② 피난안전구역의 내부마감재료는 불연재료로 설치할 것
③ 비상용승강기는 피난안전구역에서 승하차 할 수 있는 구조로 설치할 것
④ 건축물의 내부에서 피난안전구역으로 통하는 계단은 피난계단의 구조로 설치할 것

[해설]
건축물의 내부에서 피난안전구역으로 통하는 계단은 피난계단이 아니라 특별피난계단의 구조로 설치할 것

정답 : ④

2018.1회-94, 2022.1회-85

170 다음은 건축법령상 직통계단의 설치에 관한 기준 내용이다. ( ) 안에 알맞은 것은?

> 초고층건축물에는 피난층 또는 지상으로 통하는 직통계단과 직접 연결되는 피난안전구역(건축물의 피난·안전을 위하여 건축물 중간층에 설치하는 대피공간)을 지상층으로부터 최대 ( ) 층마다 1개소 이상 설치하여야 한다.

① 10개 ② 20개
③ 30개 ④ 40개

[해설]
초고층건축물에는 피난층 또는 지상으로 통하는 직통계단과 직접 연결되는 피난안전구역(건축물의 피난·안전을 위하여 건축물 중간층에 설치하는 대피공간을 말한다. 이하 같다)을 지상층으로부터 최대 30개 층마다 1개소 이상 설치하여야 한다.

정답 : ③

2017.2회-96, 2020.2회-81

171 다음의 피난계단의 설치에 관한 기준 내용 중 ( ) 안에 알맞은 것은?

> 5층 이상 또는 지하 2층 이하인 층에 설치하는 직통계단은 피난계단 또는 특별피난계단으로 설치하여야 하는데, ( )의 용도로 쓰는 층으로부터 직통계단은 그 중 1개소 이상을 특별피난계단으로 설치하여야 한다.

① 의료시설 ② 숙박시설
③ 판매시설 ④ 교육연구시설

피난계단·특별피난계단의 설치 대상

층의 위치	직통계단의 구조	예외
• 5층 이상 • 지하 2층 이하	피난계단 또는 특별피난계단	주요구조부가 내화구조, 불연재료로 된 건축물로서 5층 이상인 층의 바닥면적합계가 200m² 이하이거나 매 200m² 이내마다 방화구획이 된 경우
	판매시설의 용도로 쓰이는 층으로부터의 직통계단은 1개소 이상 특별피난계단을 설치	
• 11층 이상 (공동주택은 16층 이상) • 지하 3층 이하	특별피난계단	• 갓복도식 공동주택 • 바닥면적 400m² 미만인 층

정답 : ③

2017.1회-87, 2022.1회-95

172 특별피난계단의 구조에 관한 기준 내용으로 옳지 않은 것은?

① 계단은 내화구조로 하되, 피난층 또는 지상까지 직접 연결되도록 한다.
② 계단실 및 부속실의 실내에 접하는 부분의 마감은 불연재료로 한다.
③ 출입구의 유효너비는 0.9m 이상으로 하고 피난의 방향으로 열 수 있도록 한다.
④ 건축물의 내부에서 노대 또는 부속실로 통하는 출입구에는 30분방화문을 설치하고, 노대 또는 부속실로부터 계단실로 통하는 출입구에는 60분방화문을 설치하도록 한다.

건축물의 내부에서 노대 또는 부속실로 통하는 출입구에는 60+방화문 또는 60분방화문을 설치하고, 노대 또는 부속실로부터 계단실로 통하는 출입구에는 60+방화문 또는 60분방화문 또는 30분방화문을 설치하도록 한다.

구분		설치 규정
건축물의 내부와 계단실과의 연결방법		• 노대를 통하여 연결하는 경우 • 외부를 향하여 열 수 있는 창문(1m² 이상, 바닥에서 높이 1m 이상에 설치) 또는 배연설비가 있는 부속실(전실)을 통하여 연결하는 경우
계단실·노대·부속실(비상용 승강장을 겸용하는 부속실을 포함)		창문 등을 제외하고는 내화구조의 벽으로 각각 구획할 것
계단실 및 부속실의 벽 및 반자가 실내에 접하는 부분의 마감(마감을 위한 바탕을 포함)		불연재료로 할 것
계단실·노대·부속실에 설치하는 건축물의 바깥쪽에 접하는 창문 등(망이 들어 있는 유리의 붙박이창으로서 그 면적이 각각 1m² 이하인 것을 제외)		계단실·노대·부속실 이외의 해당 건축물의 다른 부분에 설치하는 창문 등으로부터 2m 이상의 거리에 설치할 것
계단실의 노대 또는 부속실에 접하는 창문 등(출입구를 제외)		망이 들어 있는 유리의 붙박이창으로서 그 면적을 각각 1m² 이하로 할 것
노대·부속실의 창문용		계단실 외의 건축물의 내부와 접하는 창문 등(출입구 제외)을 설치하지 아니할 것
출입구	건축물의 안쪽으로부터 노대 또는 부속실로 통하는 출입구	60+방화문 또는 60분방화문
	노대 또는 부속실로부터 계단실로 통하는 출입구	60+방화문 또는 60분방화문 또는 30분방화문
계단의 구조		내화구조로 하고, 피난층 또는 지상까지 직접 연결되도록 할 것 주의) 돌음계단 금지
출입구의 유효너비		0.9m 이상으로 하고 피난의 방향으로 열 수 있는 것

정답 : ④

2020.2회-88

173 건축물의 바깥쪽에 설치하는 피난계단의 구조에서 피난층으로 통하는 직통계단의 최소 유효너비 기준이 옳은 것은?

① 0.7m 이상 ② 0.8m 이상
③ 0.9m 이상 ④ 1.0m 이상

[해설]
건축물의 바깥쪽에 설치하는 피난계단의 구조
계단의 유효너비는 0.9m 이상으로 할 것

정답 : ③

2017.4회-89

174 건축법령에 따라 건축물의 경사지붕 아래에 설치하는 대피공간에 관한 기준 내용으로 옳지 않은 것은?

① 특별피난계단 또는 피난계단과 연결되도록 할 것
② 관리사무소 등과 긴급 연락이 가능한 통신시설을 설치할 것
③ 대피공간의 면적은 지붕 수평투영면적의 20분의 1 이상일 것
④ 출입구는 유효너비 0.9m 이상으로 하고, 그 출입구에는 60+방화문 또는 60분방화문을 설치할 것

[해설]
경사지붕 아래에 설치하는 대피공간
• 대피공간의 면적은 지붕 수평투영면적의 1/10 이상일 것
• 특별피난계단 또는 피난계단과 연결되도록 할 것
• 출입구·창문을 제외한 부분은 해당 건축물의 다른 부분과 내화구조의 바닥 및 벽으로 구획할 것
• 출입구는 유효너비 0.9m 이상으로 하고, 그 출입구에는 60+방화문 또는 60분방화문을 설치할 것
• 내부마감재료는 불연재료로 할 것
• 예비전원으로 작동하는 조명설비를 할 것
• 관리사무소 등과 긴급연락이 가능한 통신시설을 설치할 것
• 방화문에 비상문 자동개폐장치를 설치할 것

정답 : ③

2019.1회-93, 2014.4회-86

175 건축물의 내부에 설치하는 피난계단의 구조에 관한 기준 내용으로 옳지 않은 것은?

① 계단의 유효너비는 0.9m 이상으로 할 것
② 계단실의 실내에 접하는 부분의 마감은 불연재료로 할 것
③ 계단은 내화구조로 하고 피난층 또는 지상까지 직접 연결되도록 할 것
④ 건축물의 내부에서 계단실로 통하는 출입구의 유효너비는 0.9m 이상으로 할 것

[해설]
①의 내용은 옥외피난계단의 기준이다.
피난계단의 구조에 관한 기준 중 계단의 유효너비에 관한 기준 규정은 없다.

정답 : ①

2016.4회-98

176 건축물의 내부에 설치하는 피난계단의 구조에 관한 기준 내용으로 옳지 않은 것은?

① 계단은 내화구조로 하고 피난층 또는 지상까지 직접 연결되도록 할 것
② 계단실의 실내에 접하는 부분의 마감은 불연재료 또는 준불연재료로 할 것
③ 건축물의 내부에서 계단실로 통하는 출입구의 유효너비는 0.9m 이상으로 할 것
④ 계단실은 창문·출입구 기타 개구부를 제외한 당해 건축물의 다른 부분과 내화구조의 벽으로 구획할 것

[해설]
계단실의 실내에 접하는 부분(바닥 및 반자 등 실내에 면한 모든 부분)의 마감은 불연재료로 할 것

정답 : ②

177 특별피난계단의 구조에 관한 기준 내용으로 옳지 않은 것은?

① 계단실에는 예비전원에 의한 조명설비를 할 것
② 계단은 내화구조로 하되, 피난층 또는 지상까지 직접 연결되도록 할 것
③ 출입구의 유효너비는 0.9m 이상으로 하고 피난의 방향으로 열 수 있을 것
④ 계단실의 노대 또는 부속실에 접하는 창문은 그 면적을 각각 3m² 이하로 할 것

[해설]
계단실의 노대 또는 부속실에 접하는 창문은 그 면적을 각각 1m² 이하로 할 것

정답 : ④

178 다음은 지하층과 피난층 사이의 개방공간 설치와 관련된 기준 내용이다. ( ) 안에 알맞은 것은?

바닥면적의 합계가 ( ) 이상인 공연장·집회장·관람장 또는 전시장을 지하층에 설치하는 경우에는 각 실에 있는 자가 지하층 각 층에서 건축물 밖으로 피난하여 옥외계단 또는 경사로 등을 이용하여 피난층으로 대피할 수 있도록 천장이 개방된 외부공간을 설치하여야 한다.

① 5백 제곱미터
② 1천 제곱미터
③ 2천 제곱미터
④ 3천 제곱미터

[해설]
지하층과 피난층 사이의 개방공간 설치와 관련된 기준
지하층과 피난층 사이 개방공간은 바닥면적의 합계가 3,000m² 이상인 공연장·집회장·관람장 또는 전시장을 지하층에 설치하는 경우 천장이 개방된 외부공간을 설치하여야 한다.

정답 : ④

179 건축물의 관람석 또는 집회실로부터 바깥쪽으로의 출구로 쓰이는 문을 안여닫이로 하여서는 안 되는 건축물은?

① 위락시설
② 수련시설
③ 문화 및 집회시설 중 전시장
④ 문화 및 집회시설 중 동·식물원

[해설]
관람석 등으로부터의 출구 설치
1. 관람석 등으로부터의 출구 설치

대상 건축물	해당 층의 용도	출구 방향
• 문화 및 집회시설(전시장 및 동·식물원은 제외) • 종교시설 • 위락시설 • 장례시설	관람실·집회실	바깥쪽으로 나가는 출구로 쓰이는 문은 안여닫이로 할 수 없다.

2. 출구의 설치기준
문화 및 집회시설 중 관람실의 바닥면적이 300m² 이상인 공연장의 개별관람석에 설치하는 출구는 다음의 기준에 적합하도록 설치한다.
① 관람실별로 2개소 이상 설치할 것
② 각 출구의 유효너비는 1.5m 이상일 것
③ 개별관람실 출구의 유효너비 합계는 개별관람실의 바닥면적 100m²마다 0.6m의 비율로 산정한 너비 이상으로 할 것

정답 : ①

180 문화 및 집회시설 중 공연장의 개별관람석의 출구에 관한 기준 내용으로 옳지 않은 것은?(단, 개별관람석의 바닥면적이 300m² 이상인 경우)

① 관람석별로 2개소 이상 설치하여야 한다.
② 각 출구의 유효너비는 1.2m 이상이어야 한다.
③ 바깥쪽으로의 출구로 쓰이는 문은 안여닫이로 하여서는 아니 된다.
④ 개별관람석 출구의 유효너비의 합계는 개별관람석의 바닥면적 100m²마다 0.6m의 비율로 산정한 너비 이상으로 하여야 한다.

[해설]
각 출구의 유효너비는 1.5m 이상이어야 한다.

공연장 개별관람실의 출구 설치기준(바닥면적 300m² 이상인 것에 한함)
- 바깥쪽으로는 출구로 쓰이는 문은 안여닫이로 하여서는 아니된다.
- 관람실별로 2개소 이상 설치할 것
- 각 출구의 유효너비는 1.5m 이상일 것
- 개별관람실 출구의 유효너비의 합계 : 개별관람실의 면적 100m² 마다 0.6m의 비율로 산정한 너비 이상으로 할 것

정답 : ②

2014.1회-91

181 문화 및 집회시설 중 공연장의 개별관람석의 출구에 관한 설명으로 옳지 않은 것은?(단, 개별관람석의 바닥면적은 500m²이다.)

① 관람석별로 2개소 이상 설치하여야 한다.
② 각 출구의 유효너비는 1.2m 이상으로 하여야 한다.
③ 바깥쪽으로의 출구로 쓰이는 문은 안여닫이로 하여서는 아니 된다.
④ 개별관람석 출구의 유효너비의 합계는 3m 이상으로 하여야 한다.

[해설]
각 출구의 유효너비는 1.5m 이상으로 하여야 한다.

정답 : ②

2015.2회-95

182 문화 및 집회시설 중 공연장의 개별관람석의 출구에 관한 설명으로 옳지 않은 것은?(단, 개별관람석의 바닥면적은 500m²인 경우)

① 각 출구의 유효너비는 0.9m 이상으로 한다.
② 출구는 관람석별로 2개소 이상 설치하여야 한다.
③ 개별관람석 출구의 유효너비의 합계는 3.0m 이상이어야 한다.
④ 바깥쪽으로의 출구로 쓰이는 문은 안여닫이로 하여서는 아니 된다.

[해설]
개별관람실 출구의 유효너비의 합계 : 개별관람실의 면적 100m²마다 0.6m의 비율로 산정한 너비 이상으로 할 것
∴ (500m²/100m²)×0.6m=3.0m 이상으로 하여야 한다.

정답 : ①

2016.2회-88

183 문화 및 집회시설 중 공연장의 개별관람석에 다음과 같이 출구를 설치하였을 경우, 옳은 것은?(단, 개별관람석의 바닥면적은 900m²이다.)

① 출구를 1개소 설치하였다.
② 각 출구의 유효너비를 2.4m로 하였다.
③ 출구로 쓰이는 문을 안여닫이로 하였다.
④ 출구의 유효너비의 합계를 5.0m로 하였다.

[해설]
개별관람실 출구의 유효너비의 합계 : 개별관람실의 면적 100m²마다 0.6m의 비율로 산정한 너비 이상으로 할 것
∴ (900m²/100m²)×0.6m 이상=5.4m 이상으로 하여야 한다.

정답 : ②

2016.4회-82

184 문화 및 집회시설 중 공연장의 개별관람석의 출구를 다음과 같이 설치하였을 경우, 옳지 않은 것은?(단, 개별관람석의 바닥면적이 800m²인 경우)

① 출구는 모두 바깥여닫이로 하였다.
② 관람석별로 2개소 이상 설치하였다.
③ 각 출구의 유효너비를 1.6m로 하였다.
④ 각 출구의 유효너비의 합계를 4.5m로 하였다.

[해설]
개별관람실 출구의 유효너비의 합계 : 개별관람실의 면적 100m²마다 0.6m의 비율로 산정한 너비 이상으로 할 것
∴ (800m²/100m²)×0.6m=4.8m 이상으로 하여야 한다.

정답 : ④

2019.4회-96

185 문화 및 집회시설 중 공연장의 개별관람실을 다음과 같이 계획하였을 경우, 옳지 않은 것은?(단, 개별관람실의 바닥면적은 1,000m²이다.)

① 각 출구의 유효너비는 1.5m 이상으로 하였다.
② 관람실로부터 바깥쪽으로의 출구로 쓰이는 문을 밖여닫이로 하였다.
③ 개별관람실의 바깥쪽에는 그 양쪽 및 뒤쪽에 각각 복도를 설치하였다.
④ 개별관림실의 출구는 3개소 설치하였으며 출구의 유효너비의 합계는 4.5m로 하였다.

> [해설]

개별관람실의 바닥면적은 1,000m²이므로
(1,000m²/100m²)×0.6m=6m(출구 유효너비) 이상으로 한다.

정답 : ④

2017.4회-86

186 문화 및 집회시설 중 공연장의 개별관람석 바닥면적이 2,000m²일 경우 개별관람석의 출구는 최소 몇 개소 이상 설치하여야 하는가?(단, 각 출구의 유효너비를 2m로 하는 경우)

① 3개소   ② 4개소
③ 5개소   ④ 6개소

> [해설]

문화 및 집회시설 중 관람실의 바닥면적이 300m² 이상인 공연장 개별관람실의 출구설치 기준은 다음의 기준에 적합하도록 설치한다.
- 관람실별로 2개소 이상 설치할 것
- 각 출구의 유효너비는 1.5m 이상일 것
- 개별관람실 출구의 유효너비의 합계 : 개별관람실의 면적 100m²마다 0.6m의 비율로 산정한 너비 이상으로 할 것

문제에서 출구의 유효너비가 2m로 주어졌음에 주의한다.
(2,000m²×100m²)×0.6m=12m/2m=6개소

정답 : ④

2016.1회-91

187 건축물로부터 바깥쪽으로 나가는 출구를 국토교통부령으로 정하는 기준에 따라 설치하여야 하는 대상 건축물에 속하지 않는 것은?

① 종교시설
② 의료시설 중 종합병원
③ 교육연구시설 중 학교
④ 문화 및 집회시설 중 관람장

> [해설]

바깥쪽으로 나가는 출구의 기준
① 제2종 근린생활시설 중 공연장, 종교집회장, 인터넷컴퓨터게임시설제공업소(바닥면적 합계가 각각 300m² 이상인 경우)
② 문화 및 집회시설(전시장 및 동·식물원은 제외)
③ 판매시설
④ 종교시설
⑤ 장례시설
⑥ 업무시설 중 국가 또는 지방자치단체의 청사
⑦ 위락시설
⑧ 연면적이 5,000m² 이상인 창고시설
⑨ 교육연구시설 중 학교

⑩ 승강기를 설치하여야 하는 건축물

정답 : ②

2014.2회-84

188 피난층 또는 피난층의 승강장으로부터 건축물의 바깥쪽에 이르는 통로에 경사로를 설치하여야 하는 대상 건축물에 속하지 않는 것은?

① 교육연구시설 중 학교
② 연면적이 5,000m²인 의료시설
③ 연면적이 5,000m²인 판매시설
④ 제1종 근린생활시설 중 공중화장실

> [해설]

연면적이 5,000m²인 의료시설은 설치대상이 아니다.

경사로의 설치
다음에 해당하는 건축물의 피난층 또는 피난층의 승강장으로부터 건축물의 바깥쪽에 이르는 통로에는 경사로를 설치하여야 한다.
① 바닥면적의 합계가 1,000m² 미만인 제1종 근린생활시설 중 지역자치센터·파출소·지구대·소방서·우체국·방송국·보건소·공공도서관·지역건강보험조합
② 제1종 근린생활시설 중 마을회관·마을공동작업소·마을공동구판장·변전소·양수장·정수장·대피소·공중화장실 등
③ 연면적 합계가 5,000m² 이상인 **판매시설**, 운수시설
④ 교육시설 중 학교
⑤ 업무시설 중 국가 또는 지방자치단체의 청사와 외국공관의 건축물로서 제1종 근린생활시설에 해당하지 않는 것
⑥ 승강기를 설치하여야 하는 건축물

정답 : ②

2013.1회-100

189 건축물의 출입구에 설치하는 회전문에 관한 기준 내용으로 옳지 않은 것은?

① 회전문과 문틀 사이의 간격은 5센티미터 이상으로 할 것
② 회전문과 바닥 사이의 간격은 5센티미터 이하로 할 것
③ 계단이나 에스컬레이터로부터 2미터 이상의 거리를 둘 것
④ 회전문의 회전속도는 분당회전수가 8회를 넘지 아니하도록 할 것

> [해설]

회전문과 바닥 사이의 간격은 3센티미터이다.

건축물의 출입구에 설치하는 회전문에 관한 기준
① 계단이나 에스컬레이터로부터 2m 이상의 거리에 설치할 것
② 회전문과 문틀 사이 및 바닥 사이는 다음 아래에서 정하는 간격을 확보하고 틈 사이를 고무와 고무펠트의 조합체 등을 사용하여 신체나 물건 등에 손상이 없도록 할 것

회전문과 문틀 사이	5cm 이상
회전문과 바닥 사이	3cm 이상

③ 출입에 지장이 없도록 일정한 방향으로 회전하는 구조로 할 것
④ 회전문의 중심축에서 회전문과 문틀 사이의 간격을 포함한 회전문 날개 끝부분까지의 길이는 140cm 이상이 되도록 할 것
⑤ 회전문의 회전속도는 분당 회전수가 8회를 넘지 아니하도록 할 것
⑥ 자동회전문은 충격이 가하여지거나 사용자가 위험한 위치에 있는 경우에는 전자감지장치 등을 사용하여 정지하는 구조로 할 것

정답 : ②

2013.2회-85

190 건축물의 출입구에 설치하는 회전문은 계단이나 에스컬레이터로부터 최소 얼마 이상의 거리를 두어야 하는가?

① 1m ② 2m
③ 3m ④ 4m

[해설]
건축물의 출입구에 설치하는 회전문은 계단이나 에스컬레이터로부터 최소 2m 이상의 거리를 두어야 한다.

정답 : ②

2015.4회-84

191 건축물의 출입구에 설치하는 회전문은 계단이나 에스컬레이터로부터 최소 얼마 이상의 거리를 두어야 하는가?

① 1m ② 1.5m
③ 2m ④ 2.5m

[해설]
회전문은 계단이나 에스컬레이터로부터 2m 이상의 거리를 둘 것

정답 : ③

2020.2회-94

192 건축물의 출입구에 설치하는 회전문의 설치기준으로 틀린 것은?

① 계단이나 에스컬레이터로부터 2m 이상의 거리를 둘 것
② 회전문의 회전속도는 분당회전수가 15회를 넘지 아니하도록 할 것
③ 출입에 지장이 없도록 일정한 방향으로 회전하는 구조로 할 것
④ 회전문의 중심축에서 회전문과 문틀 사이의 간격을 포함한 회전문 날개 끝부분까지의 길이는 140cm 이상이 되도록 할 것

[해설]
건축물의 출입구에 설치하는 회전문에 관한 기준
① 계단이나 에스컬레이터로부터 2m 이상의 거리에 설치할 것
② 회전문과 문틀 사이 및 바닥 사이는 다음 아래에서 정하는 간격을 확보하고 틈 사이를 고무와 고무펠트의 조합체 등을 사용하여 신체나 물건 등에 손상이 없도록 할 것

회전문과 문틀 사이	5cm 이상
회전문과 바닥 사이	3cm 이상

③ 출입에 지장이 없도록 일정한 방향으로 회전하는 구조로 할 것
④ 회전문의 중심축에서 회전문과 문틀 사이의 간격을 포함한 회전문 날개 끝부분까지의 길이는 140cm 이상이 되도록 할 것
⑤ 회전문의 회전속도는 분당 회전수가 8회를 넘지 아니하도록 할 것
⑥ 자동회전문은 충격이 가하여지거나 사용자가 위험한 위치에 있는 경우에는 전자감지장치 등을 사용하여 정지하는 구조로 할 것

정답 : ②

2021.4회-98

193 건축물의 출입구에 설치하는 회전문의 구조에 대한 설명으로 옳지 않은 것은?

① 계단이나 에스컬레이터로부터 2미터 이상의 거리를 둘 것
② 틈 사이를 고무와 고무펠트의 조합체 등을 사용하여 신체나 물건 등에 손상이 없도록 할 것
③ 출입에 지장이 없도록 일정한 방향으로 회전하는 구조로 할 것
④ 회전문의 회전속도는 분당 회전수가 10회를 넘지 아니하도록 할 것

[해설]
회전문의 회전속도는 분당 회전수가 8회를 넘지 아니하도록 하여야 한다.

정답 : ④

194 오피스텔에 설치하는 복도의 유효너비는 최소 얼마 이상이어야 하는가?(단, 건축물의 연면적은 300m² 이상이며, 양 옆에 거실이 있는 복도의 경우)

① 1.2m
② 1.8m
③ 2.4m
④ 2.7m

해설
건축물에 설치하는 복도의 유효너비

구분	양 옆에 거실이 있는 복도	기타의 복도
1. 유치원·초등학교·중학교·고등학교	2.4m 이상	1.8m 이상
2. 공동주택·오피스텔	1.8m 이상	1.2m 이상
3. 당해 층 거실의 바닥면적 합계가 200m² 이상인 경우	1.5m 이상	1.2m 이상
	의료시설 1.8m 이상	

정답 : ②

195 연면적 200제곱미터를 초과하는 각종 건축물에 설치하는 복도의 최소 유효너비가 옳지 않은 것은?(단, 양 옆에 거실이 있는 복도)

① 유치원 : 2.4미터
② 중학교 : 2.4미터
③ 고등학교 : 2.4미터
④ 오피스텔 : 2.4미터

해설
복도의 유효너비 기준

구분	양 옆에 거실이 있는 복도	기타의 복도
1. 유치원·초등학교·중학교·고등학교	2.4m 이상	1.8m 이상
2. 공동주택·오피스텔	1.8m 이상	1.2m 이상
3. 해당 층 거실의 바닥면적 합계가 200m² 이상인 경우	1.5m 이상	1.2m 이상
	의료시설 1.8m 이상	

정답 : ④

196 계단 및 복도의 설치기준에 관한 설명으로 틀린 것은?

① 높이가 3m를 넘는 계단에는 높이 3m 이내마다 유효너비 120cm 이상의 계단참을 설치할 것
② 거실 바닥면적의 합계가 100m² 이상인 지하층에 설치하는 계단인 경우 계단 및 계단참의 유효너비는 120cm 이상으로 할 것
③ 계단을 대체하여 설치하는 경사로의 경사도는 1:6을 넘지 아니할 것
④ 문화 및 집회시설 중 공연장의 개별관람실(바닥면적이 300m² 이상인 경우)의 바깥쪽에는 그 양쪽 및 뒤쪽에 각각 복도를 설치할 것

해설
계단을 대체하여 설치하는 경사로의 경사도는 1:8을 넘지 아니할 것

계단의 설치기준
연면적 200m²를 초과하는 건축물에 설치하는 계단은 다음 기준에 적합하게 설치하여야 한다.

구분	대상	설치기준
계단참	높이 3m를 넘는 계단	높이 3m 이내마다 너비 1.2m 이상
난간	높이 1m를 넘는 계단	양 옆에 난간(벽 또는 이에 대치되는 것)을 설치
중앙난간	너비 3m를 넘는 계단	계단의 중간에 너비 3m 이내마다 설치 예외) 계단의 단높이가 15cm 이하이고 단너비 30cm 이상인 것을 제외
계단의 유효높이(계단의 바닥마감면으로부터 상부구조체의 하부마감면까지의 연직방향의 높이)		2.1m 이상

정답 : ③

197 피난 용도로 쓸 수 있는 광장을 옥상에 설치하여야 하는 대상 기준으로 옳지 않은 것은?

① 5층 이상인 층이 종교시설의 용도로 쓰는 경우
② 5층 이상인 층이 업무시설의 용도로 쓰는 경우
③ 5층 이상인 층이 판매시설의 용도로 쓰는 경우
④ 5층 이상인 층이 장례식장의 용도로 쓰는 경우

[해설]

옥상광장 등의 설치
1. 난간설치
   옥상광장 또는 2층 이상인 층에 있는 노대 등(노대나 그 밖에 이와 비슷한 것을 말한다)의 주위에는 높이 1.2미터 이상의 난간을 설치하여야 한다. 다만, 그 노대 등에 출입할 수 없는 구조인 경우에는 그러하지 아니하다.
2. 옥상광장의 설치
   5층 이상인 층이 제2종 근린생활시설 중 공연장, 종교집회장, 인터넷컴퓨터게임시설제공업소(해당 용도로 쓰이는 바닥면적의 합계가 각각 300제곱미터 이상인 경우에만 해당), 문화 및 집회시설(전시장 및 동·식물원은 제외), 종교시설, 판매시설, 위락시설 중 주점영업 또는 장례시설의 용도로 쓰는 경우에는 피난용도로 쓸 수 있는 광장을 옥상에 설치

정답 : ②

2014.2회-82

198 피난 용도로 쓸 수 있는 광장을 옥상에 설치하여야 하는 대상 기준으로 옳지 않은 것은?

① 5층 이상인 층이 주점영업의 용도로 쓰는 경우
② 5층 이상인 층이 업무시설의 용도로 쓰는 경우
③ 5층 이상인 층이 판매시설의 용도로 쓰는 경우
④ 5층 이상인 층이 장례식장의 용도로 쓰는 경우

[해설]

옥상광장 설치 대상
5층 이상인 층이 제2종 근린생활시설 중 공연장, 종교집회장, 인터넷컴퓨터게임시설제공업소(해당 용도로 쓰이는 바닥면적의 합계가 각각 300제곱미터 이상인 경우에만 해당), 문화 및 집회시설(전시장 및 동·식물원은 제외), 종교시설, 판매시설, 위락시설 중 주점영업 또는 장례시설의 용도로 쓰는 경우에는 피난 용도로 쓸 수 있는 광장을 옥상에 설치하여야 한다.

정답 : ②

2015.1회-94, 2018.2회-91, 2021.4회-91

199 다음의 옥상광장 등의 설치에 관한 기준 내용 중 ( ) 안에 알맞은 것은?

> 옥상광장 또는 2층 이상인 층에 있는 노대 등[노대(露臺)나 그 밖에 이와 비슷한 것을 말한다]의 주위에는 높이 ( ) 이상의 난간을 설치하여야 한다. 다만, 그 노대 등에 출입할 수 없는 구조인 경우에는 그러하지 아니하다.

① 1.0m ② 1.2m
③ 1.5m ④ 1.8m

[해설]

옥상광장 등의 설치(난간 설치)
옥상광장 또는 2층 이상인 층에 있는 노대 등(노대나 그 밖에 이와 비슷한 것을 말한다)의 주위에는 높이 1.2미터 이상의 난간을 설치하여야 한다. 다만, 그 노대 등에 출입할 수 없는 구조인 경우에는 그러하지 아니하다.

정답 : ②

2013.1회-85

200 다음의 옥상광장의 설치에 관한 기준 내용 중 ( ) 안에 들어갈 수 없는 건축물의 용도는?

> 5층 이상인 층이 ( )의 용도로 쓰는 경우에는 피난용도로 쓸 수 있는 광장을 옥상에 설치하여야 한다.

① 숙박시설 ② 종교시설
③ 판매시설 ④ 장례식장

[해설]

옥상광장 설치 대상
5층 이상인 층이 제2종 근린생활시설 중 공연장, 종교집회장, 인터넷컴퓨터게임시설제공업소(해당 용도로 쓰이는 바닥면적의 합계가 각각 300제곱미터 이상인 경우에만 해당), 문화 및 집회시설(전시장 및 동·식물원은 제외), 종교시설, 판매시설, 위락시설 중 주점영업 또는 장례시설의 용도로 쓰는 경우에는 피난 용도로 쓸 수 있는 광장을 옥상에 설치하여야 한다..

정답 : ①

2013.1회-84

201 방화구획의 설치기준 내용으로 옳지 않은 것은?

① 3층 이상의 층은 층마다 구획할 것
② 10층 이하의 층은 바닥면적 1천제곱미터 이내마다 구획할 것
③ 11층 이상의 층은 바닥면적 200제곱미터 이내마다 구획할 것
④ 지하층은 지하 1층에서 지상으로 직접 연결하는 경사로 부위를 포함하여 층마다 구획할 것

[해설]

방화구획의 설치기준

단위 구획의 종류		구획의 기준	구획의 구조
층별	매 층마다	바닥면적의 규모가 비록 작다 하더라도 각 층마다 구획(지하 1층에서 지상으로 직접 연결하는 경사로 제외)	주요구조부가 내화구조 또는 불연재료로 된 건축물로서 연면적이 1,000m²를 넘는 것은 내화구조로 된 바닥 및 벽, 60분+방화문, 60분방화문 또는 자동방화셔터로 구획
면적별	10층 이하의 층	바닥면적 1,000m²(*3,000m²) 이내마다 구획	
	11층 이상의 층	실내마감재가 불연재료가 아닌 경우 200m² (*600m²) 이내마다 구획	
		실내마감재가 불연재료인 경우 500m² (*1,500m²) 이내마다 구획	

* ( ) 안의 숫자는 스프링클러 그 밖에 이와 유사한 자동식 소화설비를 설치한 경우의 기준면적임

정답 : ④

2020.3회-98

202 다음 방화구획의 설치에 관한 기준을 적용하지 아니하거나 그 사용에 지장이 없는 범위에서 완화하여 적용할 수 있는 건축물의 부분에 해당되지 않는 것은?

> 주요구조부가 내화구조 또는 불연재료로 된 건축물로서 연면적이 1,000m²를 넘는 것은 내화구조로 된 바닥 및 벽, 60분+방화문, 60분방화문 또는 자동방화셔터로 구획되어야 한다.

① 복층형 공동주택의 세대별 층간 바닥 부분
② 주요구조부가 내화구조 또는 불연재료로 된 주차장
③ 계단실 부분·복도 또는 승강기의 승강로 부분으로서 그 건축물의 다른 부분과 방화구획으로 구획된 부분
④ 문화 및 집회시설 중 동물원의 용도로 쓰는 거실로서 시선 및 활동공간의 확보를 위하여 불가피한 부분

[해설]

문화 및 집회시설(동·식물원 제외), 종교시설, 장례시설, 운동시설의 용도에 쓰는 거실로서 시선 및 활동공간의 확보를 위하여 불가피한 부분은 방화구획 설치에 관한 기준을 적용하지 아니하거나 그 사용에 지장이 없는 범위에서 완화하여 적용할 수 있다.

정답 : ④

2019.1회-100

203 다음의 대규모 건축물의 방화벽에 관한 기준 내용 중 ( ) 안에 공통으로 들어갈 내용은?

> 연면적 ( ) 이상인 건축물은 방화벽으로 구획하되, 각 구획된 바닥면적의 합계는 ( ) 미만이어야 한다.

① 500m²
② 1,000m²
③ 1,500m²
④ 3,000m²

[해설]

대규모 건축물 방화벽에 관한 기준
연면적 1,000m² 이상인 건축물은 방화벽으로 구획하되, 각 구획된 바닥면적의 합계는 1,000m² 미만이어야 한다.

정답 : ②

2021.1회-85

204 국토교통부령으로 정하는 바에 따라 방화구조로 하거나 불연재료로 하여야 하는 목조건축물의 최소 연면적 기준은?

① 500m² 이상
② 1,000m² 이상
③ 1,500m² 이상
④ 2,000m² 이상

[해설]

방화구조로 하거나 불연재료로 하여야 하는 목조건축물의 최소 연면적 기준은 1,000m² 이상이다.

정답 : ②

2019.2회-86

205 같은 건축물 안에 공동주택과 위락시설을 함께 설치하고자 하는 경우에 관한 기준 내용으로 옳지 않은 것은?

① 건축물의 주요구조부를 내화구조로 할 것
② 공동주택과 위락시설은 서로 이웃하도록 배치할 것
③ 공동주택과 위락시설은 내화구조로 된 바닥 및 벽으로 구획하여 서로 차단할 것
④ 공동주택의 출입구와 위락시설의 출입구는 서로 그 보행거리가 30m 이상이 되도록 설치할 것

[해설]

공동주택과 위락시설은 서로 이웃하지 않도록 배치할 것

정답 : ②

206 같은 건축물 안에 공동주택과 위락시설을 함께 설치하고자 하는 경우, 공동주택의 출입구와 위락시설의 출입구는 서로 그 보행거리가 최소 얼마 이상이 되도록 설치하여야 하는가?

① 10m ② 20m
③ 30m ④ 50m

[해설]
공동주택의 출입구와 위락시설의 출입구는 서로 그 보행거리가 30m 이상이 되도록 설치할 것

정답 : ③

2015.4회-86

207 주요구조부를 내화구조로 하여야 하는 대상 건축물 기준으로 옳은 것은?(단, 판매시설의 용도로 쓰는 건축물의 경우)

① 해당 용도로 쓰는 바닥면적의 합계가 200m² 이상인 건축물
② 해당 용도로 쓰는 바닥면적의 합계가 500m² 이상인 건축물
③ 해당 용도로 쓰는 바닥면적의 합계가 1,000m² 이상인 건축물
④ 해당 용도로 쓰는 바닥면적의 합계가 2,000m² 이상인 건축물

[해설]
주요구조부를 내화구조로 하여야 하는 대상 건축물

건축물의 용도	바닥면적합계
① • 제2종 근린생활시설 중 공연장·종교집회장 (바닥면적의 합계가 각각 300m² 이상인 경우) • 문화 및 집회시설(전시장, 동·식물원 제외) • 장례시설 • 위락시설 중 주점영업으로 사용되는 건축물의 관람실·집회실	200m² (옥외관람석 : 1,000m²) 이상
② • 문화 및 집회시설(전시장, 동·식물원) • 판매시설 • 운수시설 • 수련시설 • 운동시설(체육관, 운동장) • 위락시설(주점영업 제외) • 창고시설 • 위험물저장 및 처리시설 • 자동차관련시설 • 방송통신시설(방송국·전신전화국·촬영소) • 묘지관련(화장시설·동물화장시설) • 관광휴게시설	500m² 이상
③ • 공장의 용도로 쓰는 건축물	2,000m² 이상

정답 : ②

2018.2회-98

208 주요구조부를 내화구조로 해야 하는 대상 건축물 기준으로 옳은 것은?

① 장례시설의 용도로 쓰는 건축물로서 집회실의 바닥면적의 합계가 150m² 이상인 건축물
② 판매시설의 용도로 쓰는 건축물로서 그 용도로 쓰는 바닥면적의 합계가 300m² 이상인 건축물
③ 운수시설의 용도로 쓰는 건축물로서 그 용도로 쓰는 바닥면적의 합계가 400m² 이상인 건축물
④ 문화 및 집회시설 중 전시장의 용도로 쓰는 건축물로서 그 용도로 쓰는 바닥면적의 합계가 500m² 이상인 건축물

[해설]
주요구조부를 내화구조로 하여야 하는 대상 건축물

건축물의 용도	바닥면적합계
① • 제2종 근린생활시설 중 공연장·종교집회장(바닥면적의 합계가 각각 300m² 이상인 경우) • 문화 및 집회시설(전시장, 동·식물원 제외) • 장례시설 • 위락시설 중 주점영업으로 사용되는 건축물의 관람실·집회실	200m² (옥외관람석 : 1,000m²) 이상
② • 문화 및 집회시설(전시장, 동·식물원) • 판매시설 • 운수시설 • 수련시설 • 운동시설(체육관, 운동장) • 위락시설(주점영업 제외) • 창고시설 • 위험물저장 및 처리시설 • 자동차관련시설 • 방송통신시설(방송국·전신전화국·촬영소) • 묘지관련(화장시설·동물화장시설) • 관광휴게시설	500m² 이상
③ • 공장의 용도로 쓰는 건축물	2,000m² 이상

정답 : ④

209 건축물의 주요구조부를 내화구조로 하여야 하는 대상 건축물에 속하지 않는 것은?

① 공장의 용도로 쓰는 건축물로서 그 용도로 쓰는 바닥면적의 합계가 500mm²인 건축물
② 판매시설의 용도로 쓰는 건축물로서 그 용도로 쓰는 바닥면적의 합계가 500m²인 건축물
③ 창고시설의 용도로 쓰는 건축물로서 그 용도로 쓰는 바닥면적의 합계가 500m²인 건축물
④ 문화 및 집회시설 중 전시장의 용도로 쓰는 건축물로서 그 용도로 쓰는 바닥면적의 합계가 500m²인 건축물

[해설]

공장의 용도로 쓰는 건축물로서 그 용도로 쓰는 바닥면적 합계가 2,000m²인 건축물

정답 : ①

210 방화와 관련하여 같은 건축물에 함께 설치할 수 없는 것은?

① 의료시설과 업무시설 중 오피스텔
② 위험물 저장 및 처리시설과 공장
③ 위락시설과 문화 및 집회시설 중 공연장
④ 공동주택과 제2종 근린생활시설 중 다중생활시설

[해설]

같은 건축물에 함께 설치할 수 없는 건축물의 용도
의료시설, 노유자시설(아동 관련 시설 및 노인복지시설만 해당), 공동주택, 장례시설 또는 제1종 근린생활시설(산후조리원만 해당)과 위락시설, 위험물저장 및 처리시설, 공장 또는 자동차 관련 시설(정비공장만 해당)은 같은 건축물에 함께 설치할 수 없다.

정답 : ④

211 거실의 반자설치와 관련된 기준 내용 중 ( ) 안에 들어갈 수 있는 건축물의 용도는?

( )의 용도에 쓰이는 건축물의 관람실 또는 집회실로서 그 바닥면적이 200제곱미터 이상인 것의 반자의 높이는 4미터(노대의 아랫부분의 높이는 2.7미터) 이상이어야 한다. 다만, 기계환기장치를 설치하는 경우에는 그렇지 않다.

① 장례식장
② 교육 및 연구시설
③ 문화 및 집회시설 중 동물원
④ 문화 및 집회시설 중 전시장

[해설]

거실의 반자높이

거실의 용도	반자높이	예외 규정
모든 건축물	2.1m 이상	공장, 창고시설, 위험물저장 및 처리시설, 동·식물관련시설, 자원순환 관련시설, 묘지관련시설
• 문화 및 집회시설(전시장, 동·식물원 제외) • 종교시설 • 장례시설 • 위락시설 중 유흥주점	바닥면적 200m² 이상인 관람실, 집회실	4.0m 이상 예외) 노대 아랫부분은 2.7m 이상	기계환기장치를 설치한 경우

정답 : ①

212 다음 거실의 반자높이와 관련된 기준 내용 중 ( ) 안에 해당되지 않는 건축물의 용도는?

( )의 용도에 쓰이는 건축물의 관람실 또는 집회실로서 그 바닥면적이 200m² 이상인 것의 반자의 높이는 4m(노대의 아랫부분의 높이는 2.7m) 이상이어야 한다. 다만, 기계환기장치를 설치하는 경우에는 그렇지 않다.

① 문화 및 집회시설 중 동·식물원
② 장례식장
③ 위락시설 중 유흥주점
④ 종교시설

해설

거실의 반자높이

거실의 용도	반자높이	예외 규정
모든 건축물	2.1m 이상	공장, 창고시설, 위험물저장 및 처리시설, 동·식물관련시설, 자원순환 관련시설, 묘지관련시설
• 문화 및 집회시설(전시장, 동·식물원 제외) • 종교시설 • 장례시설 • 위락시설 중 유흥주점	바닥면적 200m² 이상인 관람실, 집회실	4.0m 이상 예외) 노대 아랫부분은 2.7m 이상	기계환기장치를 설치한 경우

정답 : ①

2020.4회-84

213 거실의 채광 및 환기에 관한 규정으로 옳은 것은?

① 교육연구시설 중 학교의 교실에는 채광 및 환기를 위한 창문 등이나 설비를 설치하여야 한다.
② 채광을 위하여 거실에 설치하는 창문 등의 면적은 그 거실의 바닥면적의 20분의 1 이상이어야 한다.
③ 환기를 위하여 거실에 설치하는 창문 등의 면적은 그 거실의 바닥면적 10분의 1 이상이어야 한다.
④ 채광 및 환기를 위한 창문 등의 면적에 관한 규정을 적용함에 있어서 수시로 개방할 수 있는 미닫이로 구획된 2개의 거실은 이를 2개의 거실로 본다.

해설

거실의 채광 및 환기

구분	건축물의 용도	창문 등의 면적	예외
채광	• 단독주택의 거실 • 공동주택의 거실	거실바닥면적의 1/10 이상	기준조도 이상의 조명장치를 설치한 경우
환기	• 학교의 교실 • 의료시설의 병실 • 숙박시설의 객실	거실바닥면적의 1/20 이상	기계환기장치 및 중앙관리방식의 공기조화설비를 설치하는 경우

예외) 수시로 개방할 수 있는 미닫이로 구획된 2개의 거실은 이를 1개로 본다.

정답 : ①

2022.2회-99

214 국토교통부령으로 정하는 기준에 따라 채광 및 환기를 위한 창문 등이나 설비를 설치하여야 하는 대상에 속하지 않는 것은?

① 의료시설의 병실
② 숙박시설의 객실
③ 업무시설 중 사무소의 사무실
④ 교육연구시설 중 학교의 교실

해설

거실의 채광 및 환기

구분	건축물의 용도	창문 등의 면적	예외
채광	• 단독주택의 거실 • 공동주택의 거실	거실바닥면적의 1/10 이상	기준조도 이상의 조명장치를 설치한 경우
환기	• 학교의 교실 • 의료시설의 병실 • 숙박시설의 객실	거실바닥면적의 1/20 이상	기계환기장치 및 중앙관리방식의 공기조화설비를 설치하는 경우

예외) 수시로 개방할 수 있는 미닫이로 구획된 2개의 거실은 이를 1개로 본다.

정답 : ③

2021.4회-90

215 다음 중 거실의 용도에 따른 조도기준이 가장 낮은 것은?(단, 바닥에서 85센티미터의 높이에 있는 수평면의 조도 기준)

① 독서
② 회의
③ 판매
④ 일반사무

해설

① 독서 : 150lux
② 회의 : 300lux
③ 판매 : 300lux
④ 일반사무 : 300lux

정답 : ①

2013.1회-82, 2018.2회-82

216 바닥으로부터 높이 1미터까지의 안벽의 마감을 내수재료로 하지 않아도 되는 것은?

① 아파트욕실
② 숙박시설의 욕실
③ 제1종 근린생활시설 중 휴게음식점의 조리장
④ 제2종 근린생활시설 중 휴게음식점의 조리장

[해설]

안벽의 마감을 내수재료로 해야 하는 경우

제1종 근린생활시설(일반목욕장의 욕실과 휴게음식점 및 제과점의 조리장)	바닥으로부터 높이 1[m]까지는 내수재료로 안벽 마감
• 제2종 근린생활시설(일반목욕장의 욕실과 휴게음식점 및 제과점의 조리장) • 숙박시설의 욕실	

정답 : ①

2015.4회-96, 2019.1회-85

217 건축물에 설치하는 지하층의 구조 및 설비에 관한 기준 내용으로 옳지 않은 것은?

① 거실의 바닥면적의 합계가 1,000m² 이상인 층에는 환기설비를 설치할 것
② 거실의 바닥면적이 30m² 이상인 층에는 피난층으로 통하는 비상탈출구를 설치할 것
③ 지하층의 바닥면적이 300m² 이상인 층에는 식수공급을 위한 급수전을 1개소 이상 설치할 것
④ 문화 및 집회시설 중 공연장의 용도에 쓰이는 층으로서 그 층 거실 바닥면적의 합계가 50m² 이상인 건축물에는 직통계단을 2개소 이상 설치할 것

[해설]

거실의 바닥면적이 50m² 이상인 층에는 피난층으로 통하는 비상탈출구를 설치할 것

지하층의 구조기준

바닥면적의 규모	구조기준
거실의 바닥면적이 50m² 이상인 층	직통계단 외에 피난층 또는 지상으로 통하는 비상탈출구 및 환기통 설치 예외) 직통계단이 2개소 이상 설치되어 있는 경우
그 층의 거실의 바닥면적의 합계가 50m² 이상 • 제2종 근린생활시설 중 공연장·단란주점·당구장·노래연습장 • 문화 및 집회시설 중 예식장·공연장 • 수련시설 중 생활권수련시설·자연권수련시설 • 숙박시설 중 여관·여인숙 • 위락시설 중 단란주점·유흥주점 • 다중이용업의 용도	직통계단 2개소 이상 설치
바닥면적이 1,000m² 이상인 층	피난층 또는 지상으로 통하는 직통계단을 방화구획으로 구획하는 각 부분마다 1개소 이상의 피난계단 또는 특별피난계단 설치
거실의 바닥면적 합계 1,000m² 이상인 층	환기설비 설치
지하층의 바닥면적이 300m² 이상인 층	식수공급을 위한 급수전을 1개소 이상 설치

정답 : ②

2014.1회-84

218 건축물에 설치하는 지하층의 구조 및 설비에 관한 기준 내용으로 옳지 않은 것은?

① 거실의 바닥면적의 합계가 500m² 이상인 층에는 환기설비를 설치할 것
② 지하층의 바닥면적이 300m² 이상인 층에는 식수공급을 위한 급수전을 1개소 이상 설치할 것
③ 바닥면적이 1,000m² 이상인 층에는 피난층 또는 지상으로 통하는 직통계단을 방화구획으로 구획되는 각 부분마다 1개소 이상 설치할 것
④ 위락시설 중 유흥주점의 용도에 쓰이는 층으로서 그 층의 거실의 바닥면적의 합계가 50m² 이상인 건축물에는 직통계단을 2개소 이상 설치할 것

[해설]

거실 바닥면적의 합계가 1,000m² 이상인 층에는 환기설비를 설치할 것

정답 : ①

219 건축물에 설치하는 지하층의 구조 및 설비에 관한 기준 내용으로 옳지 않은 것은?

① 거실의 바닥면적의 합계가 1,000m² 이상인 층에는 환기설비를 설치할 것
② 지하층의 바닥면적이 300m² 이상인 층에는 식수공급을 위한 급수전을 1개소 이상 설치할 것
③ 거실의 바닥면적이 30m² 이상인 층에는 직통계단 외에 피난층 또는 지상으로 통하는 비상탈출구 및 환기통을 설치할 것
④ 바닥면적이 1,000m² 이상인 층에는 피난층 또는 지상으로 통하는 직통계단을 관련 규정에 의한 방화구획으로 구획되는 각 부분마다 1개소 이상 설치하되, 이를 피난계단 또는 특별피난계단의 구조로 할 것

[해설]
거실의 바닥면적이 50m² 이상인 층에는 직통계단 외에 피난층 또는 지상으로 통하는 비상탈출구 및 환기통을 설치할 것
정답 : ③

220 건축물에 설치하는 지하층의 구조에 관한 기준 내용으로 옳지 않은 것은?

① 지하층에 설치하는 비상탈출구의 유효너비는 0.75m 이상으로 할 것
② 거실의 바닥면적의 합계가 1,000m² 이상인 층에는 환기설비를 설치할 것
③ 지하층의 바닥면적이 300m² 이상인 층에는 식수공급을 위한 급수전을 1개소 이상 설치할 것
④ 거실의 바닥면적이 33m² 이상인 층에는 직통계단 외에 피난층 또는 지상으로 통하는 비상탈출구를 설치할 것

[해설]
거실의 바닥면적이 50m² 이상인 층에는 직통계단 외에 피난층 또는 지상으로 통하는 비상탈출구 및 환기통을 설치할 것
정답 : ④

221 다음은 건축물에 설치하는 지하층의 구조 및 설비에 관한 기준 내용이다. ( ) 안에 알맞은 것은?

> 거실의 바닥면적이 ( ) 이상인 층에는 직통계단 외에 피난층 또는 지상으로 통하는 비상탈출구 및 환기통을 설치할 것. 다만, 직통계단이 2개소 이상 설치되어 있는 경우에는 그러하지 아니하다.

① 30m²   ② 50m²
③ 80m²   ④ 100m²

[해설]
거실의 바닥면적이 50m² 이상인 층에는 직통계단 외에 피난층 또는 지상으로 통하는 비상탈출구 및 환기통을 설치할 것. 다만, 직통계단이 2개소 이상 설치되어 있는 경우에는 그러하지 아니하다.
정답 : ②

222 건축물의 지하층에 비상탈출구를 설치하여야 하는 경우, 설치되는 비상탈출구에 관한 기준내용으로 옳지 않은 것은?(단, 주택이 아닌 경우)

① 비상탈출구의 유효너비는 0.75m 이상으로 할 것
② 비상탈출구의 유효높이는 1.5m 이상으로 할 것
③ 비상탈출구는 출입구로부터 3m 이상 떨어진 곳에 설치할 것
④ 비상탈출구의 문은 피난방향으로 열리도록 하고, 실내에서 비상시에만 열 수 있는 구조로 할 것

[해설]
비상탈출구의 구조기준

비상탈출구	구조기준
비상탈출구의 크기	유효너비 0.75m 이상×유효높이 1.5m 이상
비상탈출구의 방향	• 피난방향으로 열리도록 하고, 실내에서 항상 열 수 있는 구조 • 내부 및 외부에는 비상탈출구 표시를 할 것
비상탈출구의 설치위치	출입구로부터 3m 이상 떨어진 곳에 설치할 것
지하층의 바닥으로부터 비상탈출구의 하단까지의 높이가 1.2m 이상이 되는 경우	벽체에 발판의 너비가 20cm 이상인 사다리를 설치할 것

비상탈출구	구조기준
비상탈출구에서 피난층 또는 지상으로 통하는 복도 또는 직통계단까지 이르는 피난통로의 유효너비	• 피난통로의 유효너비는 0.75m 이상 • 피난통로의 실내에 접하는 부분의 마감과 그 바탕은 불연재료로 할 것
비상탈출구의 진입부분 및 피난통로	통행에 지장이 있는 물건을 방치하거나 시설물을 설치하지 아니할 것
비상탈출구의 유도등과 피난통로의 비상조명등	소방관계법령에서 정하는 바에 따라 설치할 것

정답 : ④

2019.2회-96, 2022.2회-92

223 지하층에 설치하는 비상탈출구의 유효너비 및 유효높이 기준으로 옳은 것은?(단, 주택이 아닌 경우)

① 유효너비 0.5m 이상, 유효높이 1.0m 이상
② 유효너비 0.5m 이상, 유효높이 1.5m 이상
③ 유효너비 0.75m 이상, 유효높이 1.0m 이상
④ 유효너비 0.75m 이상, 유효높이 1.5m 이상

[해설]

비상탈출구의 구조기준

비상탈출구	구조기준
비상탈출구의 크기	유효너비 0.75m 이상×유효높이 1.5m 이상

정답 : ④

2016.2회-82

224 범죄예방 기준에 따라 건축하여야 하는 대상 건축물에 속하지 않는 것은?

① 수련시설
② 업무시설 중 오피스텔
③ 숙박시설 중 일반숙박시설
④ 공동주택 중 세대수가 500세대인 아파트

[해설]

범죄예방 기준에 따라 건축하여야 하는 대상 건축물
1. 공동주택(다세대주택, 연립주택, 아파트), 단독주택(다가구주택)
2. 제1종 근린생활시설 중 일용품을 판매하는 소매점
3. 제2종 근린생활시설 중 다중생활시설
4. 문화 및 집회시설(동·식물원 제외)
5. 교육연구시설(연구소, 도서관 제외)
6. 노유자시설
7. 수련시설
8. 업무시설 중 오피스텔
9. 숙박시설 중 다중생활시설

정답 : ③

2021.4회-82

225 국토교통부장관이 정한 범죄예방 기준에 따라 건축하여야 하는 대상 건축물에 속하지 않는 것은?

① 수련시설
② 교육연구시설 중 도서관
③ 업무시설 중 오피스텔
④ 숙박시설 중 다중생활시설

[해설]

건축물의 범죄예방 대상건축물
교육연구시설(연구소 및 도서관은 제외)

정답 : ②

2013.2회-97

226 다음 중 국토의 계획 및 이용에 관한 법률 시행령상 건폐율의 최대 한도가 가장 높은 용도지역은?

① 준주거지역　　② 생산관리지역
③ 중심상업지역　④ 전용공업지역

[해설]

용도지역에 따른 최대 건폐율 기준

용도지역		건폐율의 최대 한도	지역의 세분	건폐율 기준
도시지역	주거지역	70% 이하	제1종 전용주거지역	50% 이하
			제2종 전용주거지역	
			제1종 일반주거지역	60% 이하
			제2종 일반주거지역	
			제3종 일반주거지역	50% 이하
			준주거지역	70% 이하
	상업지역	90% 이하	근린상업지역	70% 이하
			일반상업지역	80% 이하
			유통상업지역	80% 이하
			중심상업지역	90% 이하
	공업지역	70% 이하	전용공업지역	70% 이하
			일반공업지역	
			준공업지역	

용도지역		건폐율의 최대 한도	지역의 세분	건폐율 기준
도시지역	녹지지역	20% 이하	보전녹지지역	20% 이하
			생산녹지지역	
			자연녹지지역	

정답 : ③

2013.1회-91

227 용도지역에 따른 최대 건폐율이 옳지 않은 것은?

① 농림지역 : 20퍼센트
② 중심상업지역 : 90퍼센트
③ 제1종 일반주거지역 : 60퍼센트
④ 제2종 전용주거지역 : 70퍼센트

해설

제2종 전용주거지역의 최대 건폐율은 50%이다.

정답 : ④

2015.1회-95, 2017.4회-100

228 용도지역에 따른 건폐율의 최대 한도가 옳지 않은 것은?(단, 도시지역의 경우)

① 녹지지역 : 30% 이하
② 주거지역 : 70% 이하
③ 공업지역 : 70% 이하
④ 상업지역 : 90% 이하

해설

녹지지역은 20% 이하이다.

정답 : ①

2017.2회-88

229 다음 중 국토의 계획 및 이용에 관한 법령에 따른 용도지역 안에서의 건폐율 최대 한도가 가장 높은 것은?

① 준주거지역
② 중심상업지역
③ 일반상업지역
④ 유통상업지역

해설

건폐율의 최대 한도
- 준주거지역 : 70%
- 일반상업지역, 유통상업지역 : 80%
- 중심상업지역 : 90%

정답 : ②

2019.2회-83

230 용도지역의 건폐율 기준으로 옳지 않은 것은?

① 주거지역 : 70% 이하
② 상업지역 : 90% 이하
③ 공업지역 : 70% 이하
④ 녹지지역 : 30% 이하

해설

녹지지역은 20% 이하이다.

정답 : ④

2021.1회-94

231 국토의 계획 및 이용에 관한 법령상 건폐율의 최대 한도가 가장 높은 용도지역은?

① 준주거지역
② 생산관리지역
③ 중심상업지역
④ 전용공업지역

해설

건폐율의 최대 한도
- 20% 이하 : 생산관리지역
- 70% 이하 : 준주거지역, 근린상업지역, 전용공업지역
- 80% 이하 : 일반상업지역, 유통상업지역
- 90% 이하 : 중심상업지역

정답 : ③

2021.2회-96

232 다음 중 국토의 계획 및 이용에 관한 법령에 따른 용도지역 안에서의 건폐율 최대 한도가 가장 높은 것은?

① 준주거지역
② 중심상업지역
③ 일반상업지역
④ 유통상업지역

해설

건폐율의 최대 한도
- 20% 이하 : 생산관리지역
- 70% 이하 : 준주거지역, 근린상업지역, 전용공업지역
- 80% 이하 : 일반상업지역, 유통상업지역
- 90% 이하 : 중심상업지역

정답 : ②

233 대지의 분할 제한과 관련한 아래 내용에서, 밑줄 친 부분에 해당하는 규모가 기준이 틀린 것은?

> 건축물이 있는 대지는 대통령령으로 정하는 범위에서 해당 지방자치단체의 조례로 정하는 면적에 못 미치게 분할할 수 없다.

① 주거지역 : 60m² 이상
② 상업지역 : 100m² 이상
③ 공업지역 : 150m² 이상
④ 녹지지역 : 200m² 이상

[해설]
대지의 분할 제한

용도지역	분할 규모
주거지역	60m²
상업지역	150m²
공업지역	
녹지지역	200m²
기타지역	60m²

정답 : ②

234 건축물이 있는 대지의 분할 제한 최소 기준이 옳은 것은?(단, 상업지역의 경우)

① 100제곱미터 ② 150제곱미터
③ 200제곱미터 ④ 250제곱미터

[해설]
건축물이 있는 대지의 분할 제한 최소 기준

용도지역	분할 규모
주거지역	60m²
상업지역	150m²
공업지역	
녹지지역	200m²
기타지역	60m²

정답 : ②

235 허가권자가 가로구역별로 건축물의 최고 높이를 지정·공고할 때 고려하여야 할 사항이 아닌 것은?

① 도시미관 및 경관계획
② 해당 도시의 장래 발전계획
③ 해당 가로구역이 접하는 도로의 길이
④ 도시·군관리계획 등의 토지이용계획

[해설]
건축물의 높이제한 지정·공고 시 고려사항
• 도시·군관리계획 등의 토지이용계획
• 해당 가로구역이 접하는 도로의 너비
• 해당 가로구역의 상·하수도 등 간선시설의 수용능력
• 도시미관 및 경관계획
• 해당 도시의 장래 발전계획

정답 : ③

236 허가권자가 가로구역별로 건축물의 높이를 지정·공고할 때 고려하지 않아도 되는 사항은?

① 도시·군관리계획의 토지이용계획
② 해당 가로구역에 접하는 대지의 너비
③ 도시미관 및 경관계획
④ 해당 가로구역의 상수도 수용능력

[해설]
건축물의 높이제한 지정·공고 시 고려사항
• 도시·군관리계획 등의 토지이용계획
• 해당 가로구역이 접하는 도로의 너비
• 해당 가로구역의 상·하수도 등 간선시설의 수용능력
• 도시미관 및 경관계획
• 해당 도시의 장래 발전계획

정답 : ②

237 다음은 일조 등의 확보를 위한 건축물의 높이제한에 관한 기준내용이다. (   ) 안에 알맞은 것은?

> 전용주거지역과 일반주거지역 안에서 건축하는 건축물의 높이는 일조 등의 확보를 위하여 (   )의 인접 대지경계선으로부터의 거리에 따라 대통령령으로 정하는 높이 이하로 하여야 한다.

① 정동방향　② 정서방향
③ 정남방향　④ 정북방향

[해설]

일조 등의 확보를 위한 건축물의 높이 제한

방위	위치	대상지역	
정북방향 (원칙)	인접대지 경계선	• 전용주거지역 • 일반주거지역	
정남방향 (가능)	인접대지 경계선	택지개발지구	택지개발촉진법
		대지조성사업시행지구	주택법
		• 광역개발권역 • 개발촉진지구	지역균형개발 및 지방중소기업육성에 관한 법률
		• 국가산업단지 • 일반산업단지 • 도시첨단산업단지 • 농공단지	산업입지 및 개발에 관한 법률
		도시개발구역	도시개발법
		정비구역	도시 및 주거환경정비법
		• 정북방향으로 도로·공원·하천 등 건축이 금지된 공지에 접하는 대지 • 정북방향으로 접하고 있는 대지의 소유자와 합의한 경우의 대지	

정답 : ④

2015.1회-100

238 전용주거지역이나 일반주거지역에서 건축물을 건축하는 경우에는 건축물의 각 부분을 정북 방향으로의 인접 대지경계선으로부터 일정 거리 이상을 띄어 건축하여야 하는데, 높이 9m 이하인 부분은 원칙적으로 인접 대지경계선으로부터 최소 얼마 이상 띄어야 하는가?

① 0.5m　② 1.0m
③ 1.5m　④ 2.0m

[해설]

높이	인접 대지경계선으로부터 띄우는 거리
9m 이하인 부분	1.5m 이상
9m를 초과하는 부분	해당 건축물 각 부분의 높이 1/2 이상

정답 : ③

2015.4회-98

239 다음은 일조 등의 확보를 위한 건축물의 높이 제한과 관련된 기준 내용이다. ( ) 안에 알맞은 것은?

( ) 안에서 건축하는 건축물의 높이는 일조 등의 확보를 위하여 정북방향의 인접 대지경계선으로부터의 거리에 따라 대통령령으로 정하는 높이 이하로 하여야 한다.

① 전용주거지역과 준주거지역
② 일반주거지역과 준주거지역
③ 일반상업지역과 준주거지역
④ 전용주거지역과 일반주거지역

[해설]

전용주거지역과 일반주거지역 안에서 건축하는 건축물의 높이는 일조 등의 확보를 위하여 정북방향의 인접 대지경계선으로부터의 거리에 따라 대통령령으로 정하는 높이 이하로 하여야 한다.

정답 : ④

2016.1회-83, 2021.1회-97

240 다음은 일조 등의 확보를 위한 건축물의 높이 제한에 관한 내용이다. ( ) 안의 내용으로 옳은 것은?

전용주거지역이나 일반주거지역에서 건축물을 건축하는 경우에는 건축물의 각 부분을 정북방향으로의 인접 대지경계선으로부터 다음의 범위에서 건축조례로 정하는 거리 이상을 띄어 건축하여야 한다.
1. 높이 9m 이하인 부분 : 인접 대지경계선으로부터 (㉠) 이상
2. 높이 9m를 초과하는 부분 : 인접 대지경계선으로부터 해당 건축물 각 부분의 높이의 (㉡) 이상

① ㉠ 1m　② ㉠ 1.5m
③ ㉡ 3분의 1　④ ㉡ 3분의 2

[해설]

정북방향의 인접 대지경계선으로부터 띄우는 거리
• 높이 9m 이하인 경우에는 1.5m 이상
• 높이 9m를 초과하는 경우에는 해당 건축물 각 부분 높이의 1/2 이상

정답 : ②

2016.4회-83, 2017.4회-97

241 전용주거지역이나 일반주거지역에서 건축물을 건축하는 경우, 건축물의 높이 9m 이하인 부분은 정북(正北)방향으로의 인접 대지경계선으로부터 최소 얼마 이상 띄어 건축하여야 하는가?

① 1m　　　② 1.5m
③ 2m　　　④ 3m

[해설]
정북방향의 인접 대지경계선으로부터 띄우는 거리
- 높이 9m 이하인 경우에는 1.5m 이상
- 높이 9m를 초과하는 경우에는 해당 건축물 각 부분 높이의 1/2 이상

정답 : ②

2019.1회-96

242 전용주거지역 또는 일반주거지역 안에서 높이 8m 2층 건축물을 건축하는 경우, 건축물의 각 부분은 일조 등의 확보를 위하여 정북방향으로의 인접 대지경계선으로부터 최소 얼마 이상 띄어 건축하여야 하는가?

① 1m　　　② 1.5m
③ 2m　　　④ 3m

[해설]
정북방향의 인접 대지경계선으로부터 띄우는 거리
- 높이 9m 이하인 경우에는 1.5m 이상
- 높이 9m를 초과하는 경우에는 해당 건축물 각 부분 높이의 1/2 이상

정답 : ②

2018.4회-96

243 일반주거지역에서 건축물을 건축하는 경우 건축물의 높이 5m인 부분은 정북 방향의 인접 대지경계선으로부터 원칙적으로 최소 얼마 이상을 띄어 건축하여야 하는가?

① 1.0m　　② 1.5m
③ 2.0m　　④ 3.0m

[해설]
정북방향의 인접 대지경계선으로부터 띄우는 거리
- 높이 9m 이하인 경우에는 1.5m 이상
- 높이 9m를 초과하는 경우에는 해당 건축물 각 부분 높이의 1/2 이상

정답 : ②

2017.4회-95

244 방송 공동수신설비를 설치하여야 하는 대상 건축물에 속하지 않는 것은?

① 다가구주택
② 다세대주택
③ 바닥면적의 합계가 5,000m² 로서 업무시설의 용도로 쓰는 건축물
④ 바닥면적의 합계가 5,000m² 로서 숙박시설의 용도로 쓰는 건축물

[해설]
방송 공동수신설비를 설치하여야 하는 대상 건축물
- 공동주택(아파트, 연립주택, 다세대주택, 기숙사)
- 바닥면적 합계 5,000m² 이상인 업무시설, 숙박시설

정답 : ①

2017.4회-91

245 밑줄 친 "대통령령으로 정하는 건축물"에 대한 기준 내용으로 옳은 것은?

> 건축주는 6층 이상으로서 연면적이 2,000m² 이상인 건축물(대통령령으로 정하는 건축물은 제외한다)을 건축하려면 승강기를 설치하여야 한다.

① 층수가 6층인 건축물로서 각 층 거실의 바닥면적 300m² 이내마다 1개소 이상의 직통계단을 설치한 건축물
② 층수가 6층인 건축물로서 각 층 거실의 바닥면적 500m² 이내마다 1개소 이상의 직통계단을 설치한 건축물
③ 층수가 10층인 건축물로서 각 층 거실의 바닥면적 300m² 이내마다 1개소 이상의 직통계단을 설치한 건축물
④ 층수가 10층인 건축물로서 각 층 거실의 바닥면적 500m² 이내마다 1개소 이상의 직통계단을 설치한 건축물

[해설]
대통령령으로 정하는 건축물 중 승용승강기 설치 제외 대상
1. 층수가 6층인 건축물로서 각 층 거실의 바닥면적 300m² 이내마다 1개소 이상 직통계단을 설치한 경우
2. 승용승강기가 설치되어 있는 건축물에 1개층을 증축하는 경우

정답 : ①

246 각 층의 거실면적이 1,000제곱미터인 15층인 다음 건축물 중 설치하여야 하는 승용승강기의 최소 대수가 가장 많은 것은?(단, 8인승 승용승강기인 경우)

① 위락시설
② 업무시설
③ 교육연구 및 복지시설
④ 문화 및 집회시설 중 집회장

[해설]

승용승강기의 최소 대수가 가장 많은 용도
문화 및 집회시설(공연장·집회장·관람장), 판매시설, 의료시설(병원·격리병원)

승용승강기의 설치 기준

건축물의 용도 \ 6층 이상의 거실 면적의 합계 (Am²)	3,000m² 이하	3,000m² 초과
• 문화 및 집회시설(공연장·집회장·관람장) • 판매시설 • 의료시설(병원·격리병원)	2대	2대에 3,000m²를 초과하는 2,000m² 이내마다 1대의 비율로 가산한 대수 이상 $2대 + \dfrac{A-3,000m^2}{2,000m^2}$ 대
• 문화 및 집회시설(전시장 및 동·식물원) • 업무시설 • 숙박시설 • 위락시설	1대	1대에 3,000m²를 초과하는 2,000m² 이내마다 1대의 비율로 가산한 대수 이상 $1대 + \dfrac{A-3,000m^2}{2,000m^2}$ 대
• 공동주택 • 교육연구시설 • 노유자시설 • 기타시설	1대	1대에 3,000m²를 초과하는 3,000m² 이내마다 1대의 비율로 가산한 대수 이상 $1대 + \dfrac{A-3,000m^2}{3,000m^2}$ 대

정답 : ④

247 6층 이상의 거실면적의 합계가 5,000m²인 경우, 다음 중 승용승강기를 가장 많이 설치해야 하는 것은?(단, 8인승 승용승강기를 설치하는 경우)

① 위락시설
② 숙박시설
③ 판매시설
④ 업무시설

[해설]

승용승강기의 설치 기준

건축물의 용도 \ 6층 이상의 거실 면적의 합계 (Am²)	3,000m² 이하	3,000m² 초과
• 문화 및 집회시설(공연장·집회장·관람장) • 판매시설 • 의료시설(병원·격리병원)	2대	2대에 3,000m²를 초과하는 2,000m² 이내마다 1대의 비율로 가산한 대수 이상 $2대 + \dfrac{A-3,000m^2}{2,00m^2}$ 대

정답 : ③

248 다음 중 승용승강기를 가장 많이 설치해야 하는 건축물의 용도는?(단, 6층 이상의 거실면적의 합계가 10,000m²이며, 8인승 승강기를 설치하는 경우)

① 의료시설
② 위락시설
③ 숙박시설
④ 공동주택

[해설]

6층 이상의 거실면적의 합계가 10,000m²인 건축물을 건축하고자 하는 경우 설치하여야 하는 승용승강의 최소대수가 가장 많은 건축물 : 문화 및 집회시설(공연장·집회장·관람장), 판매시설, 의료시설(병원·격리병원)

정답 : ①

249 6층 이상의 거실면적의 합계가 3,000m²인 경우, 건축물의 용도별 설치하여야 하는 승용승강기의 최소 대수가 옳은 것은?(단, 15인승 승강기의 경우)

① 업무시설 - 2대
② 의료시설 - 2대
③ 숙박시설 - 2대
④ 위락시설 - 2대

[해설]

6층 이상의 거실면적의 합계가 3,000m²인 경우, 의료시설의 승용승강기 설치기준은 2대이다.
업무시설, 숙박시설, 위락시설의 경우 설치기준은 1대이다.

건축물의 용도 \ 6층 이상의 거실 면적의 합계 (Am^2)	3,000m² 이하	3,000m² 초과
• 문화 및 집회시설(공연장·집회장·관람장) • 판매시설 • 의료시설(병원·격리병원)	2대	2대에 3,000m²를 초과하는 2,000m² 이내마다 1대의 비율로 가산한 대수 이상 $2대 + \dfrac{A - 3,000m^2}{2,000m^2}$대
• 문화 및 집회시설(전시장 및 동·식물원) • 업무시설 • 숙박시설 • 위락시설	1대	1대에 3,000m²를 초과하는 2,000m² 이내마다 1대의 비율로 가산한 대수 이상 $1대 + \dfrac{A - 3,000m^2}{2,000m^2}$대

정답 : ②

2019.4회-98

250 층수가 15층이며, 6층 이상의 거실면적의 합계가 15,000m²인 종합병원에 설치하여야 하는 승용승강기의 최소 대수는?(단, 8인승 승용승강기의 경우)

① 6대 ② 7대
③ 8대 ④ 9대

해설

6층 이상의 거실면적의 합계 : 15,000m²

$2대 + \dfrac{15,000m^2 - 3,000m^2}{2,000m^2} = 2대 + 6대 = 8대$

건축물의 용도 \ 6층 이상의 거실 면적의 합계 (Am^2)	3,000m² 이하	3,000m² 초과
• 문화 및 집회시설(공연장·집회장·관람장) • 판매시설 • 의료시설(병원·격리병원)	2대	2대에 3,000m²를 초과하는 2,000m² 이내마다 1대의 비율로 가산한 대수 이상 $2대 + \dfrac{A - 3,000m^2}{2,000m^2}$대

정답 : ③

2014.1회-96

251 층수가 10층이며, 각 층의 거실면적이 2,000m²인 사무소 건물에 설치하여야 하는 승용승강기의 최소 대수는?(단, 승용승강기는 15인승을 기준으로 한다.)

① 4대 ② 5대
③ 6대 ④ 7대

해설

6층 이상 각 층의 거실면적 : (10층-5층)×2,000m²=10,000m²

사무소(업무시설) : $1 + \dfrac{(10,000m^2 - 3,000m^2)}{2,000m^2} = 4.5대 ≒ 5대$

건축물의 용도 \ 6층 이상의 거실 면적의 합계 (Am^2)	3,000m² 이하	3,000m² 초과
• 문화 및 집회시설(전시장 및 동·식물원) • 업무시설 • 숙박시설 • 위락시설	1대	1대에 3,000m²를 초과하는 2,000m² 이내마다 1대의 비율로 가산한 대수 이상 $1대 + \dfrac{A - 3,000m^2}{2,000m^2}$대

정답 : ②

2014.2회-88

252 층수가 16층이며, 각 층의 거실면적이 1,000m²인 관광호텔에 설치하여야 하는 승용승강기의 최소 대수는? (단, 8인승 승강기의 경우)

① 3대 ② 4대
③ 5대 ④ 6대

해설

6층 이상 거실바닥면적 : (16층-5층)×1,000m²=11,000m²

관광호텔(숙박시설) : $1 + \dfrac{(11,000m^2 - 3,000m^2)}{2,000m^2} = 5대$

건축물의 용도 \ 6층 이상의 거실 면적의 합계 (Am^2)	3,000m² 이하	3,000m² 초과
• 문화 및 집회시설(전시장 및 동·식물원) • 업무시설 • 숙박시설 • 위락시설	1대	1대에 3,000m²를 초과하는 2,000m² 이내마다 1대의 비율로 가산한 대수 이상 $1대 + \dfrac{A - 3,000m^2}{2,000m^2}$대

정답 : ③

2015.1회-86

253 업무시설로서 6층 이상의 거실면적의 합계가 10,000m²인 경우, 설치하여야 하는 승용승강기의 최소 대수는?(단, 8인승 승용승강기를 사용하는 경우)

① 3대 ② 4대
③ 5대 ④ 6대

[해설]

업무시설 : $1 + \frac{(10,000m^2 - 3,000m^2)}{2,000m^2} = 4.5대 = 5대$

건축물의 용도 \ 6층 이상의 거실 면적의 합계 (Am²)	3,000m² 이하	3,000m² 초과
• 문화 및 집회시설(전시장 및 동·식물원) • 업무시설 • 숙박시설 • 위락시설	1대	1대에 3,000m²를 초과하는 2,000m² 이내마다 1대의 비율로 가산한 대수 이상 $1대 + \frac{A - 3,000m^2}{2,000m^2}$ 대

정답 : ③

2022.1회-81

254 판매시설 용도이며 지상 각 층의 거실면적이 2,000m²인 15층의 건축물에 설치하여야 하는 승용승강기의 최소 대수는?(단, 16인승 승강기이다.)

① 2대 ② 4대
③ 6대 ④ 8대

[해설]

6층 이상의 거실바닥면적 : (15층-5층)×2,000m²=20,000m²

판매시설 : $2 + \frac{(20,000m^2 - 3,000m^2)}{2,000m^2} = 2 + 8.5 = 10.5대$

16인승 승강기이므로 $\frac{10.5대}{2대} = 5.25 ≒ 6대$

[해설]

건축물의 용도 \ 6층 이상의 거실 면적의 합계 (Am²)	3,000m² 이하	3,000m² 초과
• 문화 및 집회시설(공연장·집회장·관람장) • 판매시설 • 의료시설(병원·격리병원)	2대	2대에 3,000m²를 초과하는 2,000m² 이내마다 1대의 비율로 가산한 대수 이상 $2대 + \frac{A - 3,000m^2}{2,000m^2}$ 대

*승강기의 대수를 계산할 때 8인승 이상 15인승 이하의 승강기는 1대의 승강기로 보고, 16인승 이상의 승강기는 2대의 승강기로 본다.

정답 : ③

2016.2회-89

255 6층 이상의 거실면적 합계가 9,000m²인 층수가 10층인 업무시설에 설치하여야 하는 승용승강기의 최소 대수는?(단, 8인승 승강기의 경우)

① 2대 ② 3대
③ 4대 ④ 5대

[해설]

6층 이상의 거실면적의 합계 : 9,000m²

업무시설 : $1 + \frac{(9,000m^2 - 3,000m^2)}{2,000m^2} = 4대$

건축물의 용도 \ 6층 이상의 거실 면적의 합계 (Am²)	3,000m² 이하	3,000m² 초과
• 문화 및 집회시설(전시장 및 동·식물원) • 업무시설 • 숙박시설 • 위락시설	1대	1대에 3,000m²를 초과하는 2,000m² 이내마다 1대의 비율로 가산한 대수 이상 $1대 + \frac{A - 3,000m^2}{2,000m^2}$ 대

정답 : ③

2014.4회-87, 2017.2회-85

256 각 층의 바닥면적이 5,000m²이고 각 층의 거실 면적이 3,000m²인 14층 숙박시설에 설치하여야 하는 승용승강기의 최소 대수는?(단, 24인승 승용승강기를 설치하는 경우)

① 6대 ② 7대
③ 12대 ④ 13대

[해설]

6층 이상 거실바닥면적 : (14층-5층)×3,000m²=27,000m²

숙박시설 : $1 + \frac{(27,000m^2 - 3,000m^2)}{2,000m^2} = 13대$

*24인승 승용승강기(16인승 이상 승용승강기 설치 시 2대로 산정)

• $\frac{13대}{2대} = 6.5대(7대)$

정답 : ②

257 층수가 12층이고 6층 이상의 거실면적의 합계가 12,000m²인 교육연구시설에 설치하여야 하는 8인승 승용승강기의 최소 대수는?

① 2대 ② 3대
③ 4대 ④ 5대

[해설]

6층 이상의 거실면적의 합계 : 12,000m²

$$1 + \frac{(12,000m^2 - 3,000m^2)}{3,000m^2} = 4대$$

건축물의 용도	6층 이상의 거실면적의 합계 (Am²) 3,000m² 이하	3,000m² 초과
• 공동주택 • 교육연구시설 • 노유자시설 • 기타시설	1대	1대에 3,000m²를 초과하는 3,000m² 이내마다 1대의 비율로 가산한 대수 이상 $1대 + \frac{A - 3,000m^2}{3,000m^2}대$

정답 : ③

258 6층 이상의 거실면적의 합계가 12,000m²인 문화 및 집회시설 중 전시장에 설치하여야 하는 승용승강기의 최소 대수는?(단, 8인승 승강기 기준)

① 4대 ② 5대
③ 6대 ④ 7대

[해설]

6층 이상의 거실면적의 합계 : 12,000m²
문화 및 집회시설 중 전시장 :

$$1 + \frac{(12,000m^2 - 3,000m^2)}{2,000m^2} = 5.5대 = 6대$$

건축물의 용도	6층 이상의 거실면적의 합계 (Am²) 3,000m² 이하	3,000m² 초과
• 문화 및 집회시설(전시장 및 동·식물원) • 업무시설 • 숙박시설 • 위락시설	1대	1대에 3,000m²를 초과하는 2,000m² 이내마다 1대의 비율로 가산한 대수 이상 $1대 + \frac{A - 3,000m^2}{2,000m^2}대$

정답 : ③

259 비상용승강기 승강장의 구조에 관한 기준 내용으로 옳지 않은 것은?

① 벽 및 반자가 실내에 접하는 부분의 마감재료는 불연재료로 할 것
② 옥내 승강장의 바닥면적은 비상용승강기 1대에 대하여 6m² 이상으로 할 것
③ 채광을 위한 창문 등을 설치하여서는 안 되며 예비전원에 의한 조명설비를 할 것
④ 피난층이 있는 승강장의 출입구로부터 도로 또는 공지에 이르는 거리가 30m 이하일 것

[해설]

채광을 위한 창문 등을 설치하여서는 안 되며 예비전원에 의한 조명설비를 하는 규정이 아니라 채광이 되는 창문이 있거나 예비전원에 의한 조명설비를 할 것

비상용승강기 승강장의 구조
① 승강장의 창문·출입구·기타 개구부를 제외한 부분은 당해 건축물의 다른 부분과 내화구조의 바닥 및 벽으로 구획할 것. 단, 공동주택의 경우에는 승강장과 특별피난계단의 부속실과의 겸용부분을 계단실과 별도로 구획하는 때에는 승강장을 특별피난계단의 부속실과 겸용할 수 있다.
② 승강장은 각 층의 내부와 연결할 수 있도록 하되, 그 출입구(승강로의 출입구를 제외)에는 갑종방화문을 설치할 것. 단, 피난층에는 갑종방화문을 설치하지 아니할 수 있다.
③ 노대 또는 외부를 향하여 열 수 있는 창문이나 배연설비를 설치할 것
④ 벽 및 반자가 실내에 접하는 부분의 마감재료(마감을 위한 바탕 포함)는 불연재료로 할 것
⑤ 채광이 되는 창문이 있거나 예비전원에 의한 조명설비를 할 것
⑥ 승강장의 바닥면적은 승강기 1대에 대하여 6m² 이상으로 할 것. 단, 옥외에 승강장을 설치하는 경우에는 그러하지 아니하다.
⑦ 피난층이 있는 승강장의 출입구(승강장이 없는 경우에는 승강로의 출입구)로부터 도로 또는 공지(공원·광장 기타 이와 유사한 것으로 피난 및 소화를 위한 당해 대지에의 출입에 지장이 없는 것)에 이르는 거리가 30m 이하일 것
⑧ 승강장 출입구 부근의 잘 보이는 곳에 당해 승강기가 비상용승강기임을 알 수 있는 표지를 할 것

정답 : ③

260 비상용승강기 승강장의 구조에 관한 기준 내용으로 옳지 않은 것은?

① 승강장은 각 층의 내부와 연결될 수 있도록 할 것
② 벽 및 반자가 실내에 접하는 부분의 마감재료는 불연재료로 할 것
③ 옥내 승강장의 바닥면적은 비상용승강기 1대에 대하여 $5m^2$ 이상으로 할 것
④ 피난층이 있는 승강장의 출입구로부터 도로 또는 공지에 이르는 거리가 30m 이하일 것

[해설]
옥내 승강장의 바닥면적은 승강기 1대에 대하여 $6m^2$ 이상으로 할 것

비상용승강기 승강장의 구조
① 승강장의 창문·출입구·기타 개구부를 제외한 부분은 당해 건축물의 다른 부분과 내화구조의 바닥 및 벽으로 구획할 것. 단, 공동주택의 경우에는 승강장과 특별피난계단의 부속실과의 겸용부분을 계단실과 별도로 구획하는 때에는 승강장을 특별피난계단의 부속실과 겸용할 수 있다.
② 승강장은 각 층의 내부와 연결할 수 있도록 하되, 그 출입구(승강로의 출입구를 제외)에는 갑종방화문을 설치할 것. 단, 피난층에는 갑종방화문을 설치하지 아니할 수 있다.
③ 노대 또는 외부를 향하여 열 수 있는 창문이나 배연설비를 설치할 것
④ 벽 및 반자가 실내에 접하는 부분의 마감재료(마감을 위한 바탕 포함)는 불연재료로 할 것
⑤ 채광이 되는 창문이 있거나 예비전원에 의한 조명설비를 할 것
⑥ 승강장의 바닥면적은 승강기 1대에 대하여 $6m^2$ 이상으로 할 것. 단, 옥외에 승강장을 설치하는 경우에는 그러하지 아니하다.
⑦ 피난층이 있는 승강장의 출입구(승강장이 없는 경우에는 승강로의 출입구)로부터 도로 또는 공지(공원·광장 기타 이와 유사한 것으로 피난 및 소화를 위한 당해 대지에의 출입에 지장이 없는 것)에 이르는 거리가 30m 이하일 것
⑧ 승강장 출입구 부근의 잘 보이는 곳에 당해 승강기가 비상용승강기임을 알 수 있는 표지를 할 것

정답 : ③

261 비상용승강기의 승강장 및 승강로 구조에 관한 기준 내용으로 옳지 않은 것은?

① 옥내 승강장의 바닥면적은 비상용승강기 1대에 대하여 $6m^2$ 이상으로 한다.
② 각 층으로부터 피난층까지 이르는 승강로를 단일구조로 연결하여 설치하여야 한다.
③ 피난층이 있는 승강장의 출입구로부터 도로 또는 공지에 이르는 거리가 30m 이하로 한다.
④ 승강장에는 배연설비를 설치하여야 하며, 외부를 향하여 열 수 있는 창문 등을 설치하여서는 안 된다.

[해설]
노대 또는 외부를 향하여 열 수 있는 창문이나 배연설비를 설치하여야 한다.

정답 : ④

262 비상용승강기 승강장의 바닥면적은 비상용승강기 1대에 대하여 최소 얼마 이상으로 하여야 하는가?(단, 옥내 승강장인 경우)

① $3m^2$ ② $4m^2$
③ $5m^2$ ④ $6m^2$

[해설]
승강장의 바닥면적은 승강기 1대에 대하여 $6m^2$ 이상으로 할 것. 단, 옥외에 승강장을 설치하는 경우에는 그러하지 아니하다.

정답 : ④

263 비상용승강기의 승강장에 설치하는 배연설비의 구조에 관한 기준 내용으로 틀린 것은?

① 배연구 및 배연풍도는 불연재료로 할 것
② 배연구는 평상시에는 열린 상태를 유지할 것
③ 배연구가 외기에 접하지 아니하는 경우에는 배연기를 설치할 것
④ 배연기는 배연구의 열림에 따라 자동적으로 작동하고, 충분한 공기배출 또는 가압능력이 있을 것

[해설]
배연구는 평상시 닫힌 상태를 유지해야 한다.

정답 : ②

264 비상용승강기의 승강장 구조에 관한 기준 내용으로 옳지 않은 것은?

① 승강장은 각 층의 내부와 연결될 수 있도록 할 것
② 벽 및 반자가 실내에 접하는 부분의 마감재료는 준불연재료로 할 것
③ 옥내에 설치하는 승강장의 바닥면적은 비상용승강기 1대에 대하여 6m² 이상으로 할 것
④ 피난층이 있는 승강장의 노대 또는 외부를 향하여 열 수 있는 창문이나 배연설비를 설치할 것

[해설]
벽 및 반자가 실내에 접하는 부분의 마감재료(마감을 위한 바탕 포함)는 불연재료로 할 것

정답 : ②

265 피난용승강기의 설치에 관한 기준 내용으로 옳지 않은 것은?

① 예비전원으로 작동하는 조명설비를 설치할 것
② 승강장의 바닥면적은 승강기 1대당 5m² 이상으로 할 것
③ 각 층으로부터 피난층까지 이르는 승강로를 단일구조로 연결하여 설치할 것
④ 승강장의 출입구 부근의 잘 보이는 곳에 해당 승강기가 피난용승강기임을 알리는 표지를 설치할 것

[해설]
승강장의 바닥면적은 승강기 1대당 6m² 이상으로 할 것

피난용승강기
① 건축주는 6층 이상으로서 연면적이 2천제곱미터 이상인 건축물(대통령령으로 정하는 건축물은 제외)을 건축하려면 승강기를 설치하여야 한다. 이 경우 승강기의 규모 및 구조는 국토교통부령으로 정한다.
② 높이 31미터를 초과하는 건축물에는 대통령령으로 정하는 바에 따라 1항에 따른 승강기뿐만 아니라 비상용승강기를 추가로 설치하여야 한다. 다만, 국토교통부령으로 정하는 건축물의 경우에는 그러하지 아니하다.
③ 고층건축물에는 제1항에 따라 건축물에 설치하는 승용승강기 중 1대 이상을 대통령령으로 정하는 바에 따라 피난용승강기로 설치하여야 한다.

*비상용, 피난용승강기의 차이
승강기의 종류는 승용, 비상용, 피난용이 있으며 비상용승강기는 화재진압이 주목적이고 피난용승강기는 화재 시 사람을 구하는 것이 주목적이다.

정답 : ②

266 밑줄 친 "대통령령으로 정하는 건축물"에 대한 기준 내용으로 옳은 것은?

> 건축주는 6층 이상의 연면적이 2천 m² 이상인 건축물(대통령령으로 정하는 건축물은 제외한다)을 건축하려면 승강기를 설치하여야 한다.

① 층수가 6층인 건축물로서 각 층 거실의 바닥면적 300m² 이내마다 1개소 이상의 직통계단을 설치한 건축물
② 층수가 6층인 건축물로서 각 층 거실의 바닥면적 500m² 이내마다 1개소 이상의 직통계단을 설치한 건축물
③ 층수가 10층인 건축물로서 각 층 거실의 바닥면적 300m² 이내마다 1개소 이상의 직통계단을 설치한 건축물
④ 층수가 10층인 건축물로서 각 층 거실의 바닥면적 500m² 이내마다 1개소 이상의 직통계단을 설치한 건축물

[해설]
대통령령으로 정하는 건축물 중 승용승강기 설치 제외 대상
1. 층수가 6층인 건축물로서 각 층 거실의 바닥면적 300m² 이내마다 1개소 이상 직통계단을 설치한 경우
2. 승용승강기가 설치되어 있는 건축물에 1개층을 증축하는 경우

정답 : ①

267 높이 31m를 넘는 각 층의 바닥면적 중 최대 바닥면적이 3,500m²인 종합병원에 설치하여야 할 비상용승강기의 최소 대수는?

① 1대   ② 2대
③ 3대   ④ 4대

[해설]

$$1대 + \frac{3,500m^2 - 1,500m^2}{3,000m^2} = 1.7대 = 2대 \text{ 이상을 설치한다.}$$

비상용승강기의 설치기준

높이 31m를 넘는 각 층의 바닥면적 중 최대 바닥면적(Am²)	설치대수
1,500m² 이하	1대 이상
1,500m² 초과	1대에 1,500m²를 넘는 3,000m² 이내마다 1대씩 가산 $= \left(1 + \frac{A - 1,500m^2}{3,000m^2}\right)$ 대

*2대 이상의 비상용승강기를 설치하는 경우에는 화재 시 소화에 지장이 없도록 일정한 간격을 유지할 것

정답 : ②

268 높이 31m를 넘는 각 층의 바닥면적 중 최대 바닥면적이 5,000m²인 업무시설에 원칙적으로 설치하여야 하는 비상용승강기의 최소 대수는?

① 1대　　　　　② 2대
③ 3대　　　　　④ 4대

[해설]
비상용승강기의 최소 대수는 1대에 1,500m²를 넘는 3,000m² 이내마다 1대씩 가산

$1대 + \dfrac{5,000\text{m}^2 - 1,500\text{m}^2}{3,000\text{m}^2} = 2.16대 = 3대$

정답 : ③

2021.4회-99

269 높이 31m를 넘는 각 층의 바닥면적 중 최대 바닥면적이 5,000m²인 건축물에 원칙적으로 설치하여야 하는 비상용승강기의 최소 대수는?

① 1대　　　　　② 2대
③ 3대　　　　　④ 4대

[해설]
비상용승강기의 최소 대수는 1대에 1,500m²를 넘는 3,000m² 이내마다 1대씩 가산

$1대 + \dfrac{(5,000\text{m}^2 - 1,500\text{m}^2)}{3,000\text{m}^2} = 2.166 = 3대$

정답 : ③

2022.2회-86

270 높이가 31m를 넘는 각 층의 바닥면적 중 최대 바닥면적이 4,500m²인 건축물에 원칙적으로 설치하여야 하는 비상용승강기의 최소 대수는?

① 1대　　　　　② 2대
③ 3대　　　　　④ 5대

[해설]
비상용승강기의 최소 대수는 1대에 1,500m²를 넘는 3,000m² 이내마다 1대씩 가산

$1대 + \dfrac{(4,500\text{m}^2 - 1,500\text{m}^2)}{3,000\text{m}^2} = 2대$

정답 : ②

2015.1회-92

271 주거지역에서 건축물에 설치하는 냉방시설의 배기구는 도로면으로부터 최소 얼마 이상의 높이에 설치하여야 하는가?

① 1m　　　　　② 1.8m
③ 2m　　　　　④ 2.4m

[해설]
배기구의 설치기준
상업지역 및 주거지역에서 건축물에 설치하는 냉방시설의 배기구는 도로면으로부터 최소 2m 이상의 높이에 설치하여야 한다.

정답 : ③

2016.2회-90

272 상업지역에서 건축물에 설치하는 냉방시설 및 환기시설의 배기구는 도로면으로부터 최소 얼마 이상의 높이에 설치하여야 하는가?

① 1m　　　　　② 1.5m
③ 2m　　　　　④ 2.5m

[해설]
배기구는 도로면으로부터 2m 이상의 높이에 설치한다.

정답 : ③

2020.2회-89

273 상업지역 및 주거지역에서 건축물에 설치하는 냉방시설 및 환기시설의 배기구를 설치하는 높이 기준으로 옳은 것은?

① 도로면으로부터 1.5m 이상
② 도로면으로부터 2.0m 이상
③ 건축물 1층 바닥에서 1.5m 이상
④ 건축물 1층 바닥에서 2.0m 이상

[해설]
상업지역 및 주거지역에서 건축물에 설치하는 및 환기시설의 배기구는 도로면으로부터 2m 이상의 높이에 설치할 것

정답 : ②

2015.2회-91

274 건축물에 가스, 급수, 배수, 환기설비를 설치하는 경우 건축기계설비기술사 또는 공조냉동기계기술사의 협력을 받아야 하는 대상 건축물에 속하지 않는 것은?

① 기숙사로서 해당 용도에 사용되는 바닥면적의 합계가 2,000m²인 건축물
② 판매시설로서 해당 용도에 사용되는 바닥면적의 합계가 2,000m²인 건축물
③ 의료시설로서 해당 용도에 사용되는 바닥면적의 합계가 2,000m²인 건축물
④ 숙박시설로서 해당 용도에 사용되는 바닥면적의 합계가 2,000m²인 건축물

[해설]
판매시설로서 해당 용도에 사용되는 바닥면적의 합계가 3,000m² 이상인 건축물

정답 : ②

2017.2회-95

275 급수, 배수, 환기, 난방 설비를 건축물에 설치하는 경우, 건축기계설비기술사 또는 공조냉동기계기술사의 협력을 받아야 하는 대상 건축물에 속하지 않는 것은?

① 아파트
② 연립주택
③ 기숙사로서 해당 용도에 사용되는 바닥면적의 합계가 2,000m²인 건축물
④ 업무시설로서 해당 용도에 사용되는 바닥면적의 합계가 2,000m²인 건축물

[해설]
업무시설로서 해당 용도에 사용되는 바닥면적의 합계가 3,000m²인 건축물

기계설비 관계전문기술자와의 협력대상
건축물에 건축설비를 설치하는 경우에 기계설비 관계전문기술자의 협력을 받아야 한다.
① 건축물 연면적 1만 제곱미터 이상인 건축물(창고시설 제외)
② 냉동냉장시설·항온항습시설 또는 특수청정시설로서 당해 용도에 사용되는 바닥면적의 합계가 5백 제곱미터 이상인 건축물
③ 아파트 및 연립주택
④ 목욕장, 실내 물놀이형 시설, 실내 수영장 건축물로서 해당 용도에 사용되는 바닥면적의 합계가 5백 제곱미터 이상인 건축물
⑤ 기숙사, 의료시설, 유스호스텔, 숙박시설 건축물로서 해당 용도에 사용되는 바닥면적의 합계가 2천 제곱미터 이상인 건축물
⑥ 판매시설, 연구소, 업무시설 건축물로서 해당 용도에 사용되는 바닥면적의 합계가 3천 제곱미터 이상인 건축물
⑦ 문화 및 집회시설, 종교시설, 교육연구시설(연구소 제외), 장례식장 건축물로서 해당 용도에 사용되는 바닥면적의 합계가 1만 제곱미터 이상인 건축물

정답 : ④

2018.1회-92

276 급수·배수(配水)·배수(排水)·환기·난방 등의 건축설비를 건축물에 설치하는 경우, 건축기계설비기술사 또는 공조냉동기계기술사의 협력을 받아야 하는 대상 건축물에 속하지 않는 것은?

① 의료시설로서 해당 용도에 사용되는 바닥면적의 합계가 2,000m²인 건축물
② 업무시설로서 해당 용도에 사용되는 바닥면적의 합계가 2,000m²인 건축물
③ 숙박시설로서 해당 용도에 사용되는 바닥면적의 합계가 2,000m²인 건축물
④ 유스호스텔로서 해당 용도에 사용되는 바닥면적의 합계가 2,000m²인 건축물

[해설]
업무시설로서 해당 용도에 사용되는 바닥면적의 합계가 3,000m²인 건축물

정답 : ②

2020.3회-85

277 건축물을 건축하는 경우 해당 건축물의 설계자가 국토교통부령으로 정하는 구조기준 등에 따라 그 구조의 안전을 확인할 때, 건축구조기술사의 협력을 받아야 하는 대상 건축물 기준으로 틀린 것은?

① 다중이용건축물
② 6층 이상인 건축물
③ 3층 이상의 필로티형식 건축물
④ 기둥과 기둥 사이의 거리가 20m 이상인 건축물

[해설]
건축구조기술사의 협력 대상
• 6층 이상인 건축물
• 다중이용건축물
• 특수구조건축물
• 준다중이용건축물
• 3층 이상의 필로티형식 건축물

정답 : ④

278 신축공동주택 등의 기계환기설비의 설치 기준이 옳지 않은 것은?

① 세대의 환기량 조절을 위하여 환기설비의 정격풍량을 3단계 또는 그 이상으로 조절할 수 있는 체계를 갖추어야 한다.
② 적정 단계의 필요 환기량은 신축공동주택 등의 세대를 시간당 0.3회로 환기할 수 있는 풍량을 확보하여야 한다.
③ 기계환기설비에서 발생하는 소음의 측정은 한국산업규격(KS B 6361)에 따르는 것을 원칙으로 한다.
④ 기계환기설비는 주방 가스대 위의 공기배출장치, 화장실의 공기배출 송풍기 등 급속 환기 설비와 함께 설치할 수 있다.

[해설]
시간당 0.5회 이상의 환기가 이루어질 수 있도록 자연환기설비 또는 기계환기설비를 설치해야 한다.

정답 : ②

279 오피스텔의 난방설비를 개별난방방식으로 하는 경우에 관한 기준 내용으로 틀린 것은?

① 보일러의 연도는 내화구조로서 공동연도로 설치할 것
② 보일러는 거실 외의 곳에 설치할 것
③ 보일러실의 윗부분에는 그 면적이 $0.5m^2$ 이상인 환기창을 설치할 것
④ 기름보일러를 설치하는 경우에는 기름저장소를 보일러실에 설치할 것

[해설]
기름보일러를 설치하는 경우에는 기름저장소를 보일러실 외의 다른 곳에 설치할 것

오피스텔의 난방기기를 개별난방방식으로 하는 경우

구분	설치기준
보일러의 설치	• 거실 외의 곳에 설치 • 보일러실과 거실 사이의 경계벽은 내화구조의 벽으로 구획(출입구를 제외)
보일러의 환기	윗부분에 면적 $0.5m^2$ 이상의 환기창을 설치하고 윗부분과 아랫부분에 지름 10cm 이상의 공기흡입구 및 배기구를 항상 개방된 상태로 외기와 접하도록 설치 예외) 전기보일러의 경우

구분	설치기준
보일러와 거실 사이의 출입구	출입구가 닫힌 경우에는 보일러 가스가 거실에 들어갈 수 없는 구조
기름보일러를 설치하는 경우	기름저장소를 보일러실 외의 다른 곳에 설치
오피스텔의 난방구획	• 난방구획마다 내화구조의 벽, 바닥으로 구획 • 60분방화문으로 된 출입문으로 구획
보일러실 연도	내화구조로서 공동연도로 설치

정답 : ④

280 공동주택과 오피스텔의 난방설비를 개별난방방식으로 하는 경우에 관한 기준 내용으로 틀린 것은?

① 보일러는 거실 외의 곳에 설치할 것
② 보일러실의 윗부분에는 그 면적이 $0.5m^2$ 이상인 환기창을 설치할 것
③ 보일러실과 거실 사이의 출입구는 그 출입구가 닫힌 경우에는 보일러가스가 거실에 들어갈 수 없는 구조로 할 것
④ 보일러의 연도는 내화구조로서 개별연도로 설치할 것

[해설]
보일러의 연도는 내화구조로서 공동연도로 설치해야 한다.

정답 : ④

281 공동주택과 오피스텔 난방설비를 개별난방방식으로 하는 경우에 관한 기준 내용으로 틀린 것은?

① 보일러의 연도는 내화구조로서 공동연도로 설치할 것
② 보일러실의 윗부분에는 그 면적이 $0.5m^2$ 이상인 환기창을 설치할 것
③ 오피스텔의 경우에는 난방구획을 방화구획으로 구획할 것
④ 보일러는 거실 외의 곳에 설치하되, 보일러를 설치하는 곳과 거실 사이의 경계벽은 출입구를 제외하고는 방화구조의 벽으로 구획할 것

[해설]
보일러는 거실 외의 곳에 설치하되, 보일러를 설치하는 곳과 거실 사이의 경계벽은 출입구를 제외하고는 내화구조의 벽으로 구획할 것

정답 : ④

282 공동주택과 오피스텔의 난방설비를 개별난방방식으로 하는 경우 설치기준과 거리가 먼 것은?

① 보일러실의 윗부분에는 그 면적이 0.5m² 이상인 환기창을 설치할 것
② 보일러를 설치하는 곳과 거실 사이의 경계벽은 출입구를 포함하여 방화구조의 벽으로 구획할 것
③ 보일러의 연도는 내화구조로서 공동연도로 설치할 것
④ 기름보일러를 설치하는 경우에는 기름저장소를 보일러실 외의 다른 곳에 설치할 것

[해설]
보일러를 설치하는 곳과 거실 사이의 경계벽은 출입구를 포함하여 내화구조의 벽으로 구획할 것

정답 : ②

283 공동주택과 오피스텔의 난방설비를 개별난방방식으로 하는 경우의 기준으로 틀린 것은?

① 보일러실의 윗부분에는 그 면적이 0.5m² 이상인 환기창을 설치할 것
② 보일러는 거실 외의 곳에 설치하되, 보일러를 설치하는 곳과 거실사이의 경계벽은 출입구를 제외하고는 내화구조의 벽으로 구획할 것
③ 보일러의 연도는 방화구조로서 개별연도로 설치할 것
④ 기름보일러를 설치하는 경우 기름 저장소를 보일러실 외의 다른 곳에 설치할 것

[해설]
보일러의 연도는 내화구조로서 공동연도로 설치해야 한다.

정답 : ③

284 국토교통부령으로 정하는 기준에 따라 거실에 배연설비를 설치하여야 하는 대상 건축물에 속하지 않는 것은?(단, 6층 이상의 건축물)

① 의료시설
② 위락시설
③ 수련시설 중 유스호스텔
④ 교육연구시설 중 대학교

[해설]
6층 이상인 건축물로서 배연설비를 설치하여야 하는 대상 건축물
• 제2종 근린생활시설 중 공연장, 종교집회장, 인터넷컴퓨터게임시설제공업소는 바닥면적의 합계가 각각 300m² 이상인 경우에 해당)
• 문화 및 집회시설, 종교시설, 판매시설, 운수시설, 의료시설(요양병원 및 정신병원 제외)
• 교육연구시설 중 연구소
• 노유자시설 중 아동관련시설, 노인복지시설(노인요양시설은 제외)
• 수련시설 중 유스호스텔
• 운동시설, 업무시설, 숙박시설, 위락시설, 관광휴게시설, 장례시설

정답 : ④

285 건축물의 거실(피난층의 거실 제외)에 국토 교통부령으로 정하는 기준에 따라 배연설비를 설치하여야 하는 대상 건축물에 속하지 않는 것은?

① 6층 이상인 건축물로서 종교시설의 용도로 쓰는 건축물
② 6층 이상인 건축물로서 판매시설의 용도로 쓰는 건축물
③ 6층 이상인 건축물로서 방송통신시설 중 방송국의 용도로 쓰는 건축물
④ 6층 이상인 건축물로서 교육연구시설 중 연구소의 용도로 쓰는 건축물

[해설]
6층 이상인 건축물로서 배연설비를 설치하여야 하는 대상 건축물
• 제2종 근린생활시설 중 공연장, 종교집회장, 인터넷컴퓨터게임시설제공업소는 바닥면적의 합계가 각각 300m² 이상인 경우에 해당)
• 문화 및 집회시설, 종교시설, 판매시설, 운수시설, 의료시설(요양병원 및 정신병원 제외)
• 교육연구시설 중 연구소
• 노유자시설 중 아동관련시설, 노인복지시설(노인요양시설은 제외)
• 수련시설 중 유스호스텔
• 운동시설, 업무시설, 숙박시설, 위락시설, 관광휴게시설, 장례시설

정답 : ③

286 건축물의 거실에 국토교통부령으로 정하는 기준에 따라 배연설비를 하여야 하는 대상 건축물에 속하지 않는 것은?(단, 피난층의 거실은 제외하며, 6층 이상인 건축물의 경우)

① 종교시설   ② 판매시설
③ 위락시설   ④ 방송통신시설

> [해설]

6층 이상인 건축물로서 배연설비를 설치하여야 하는 대상 건축물
- 제2종 근린생활시설 중 공연장, 종교집회장, 인터넷컴퓨터게임시설제공업소는 바닥면적의 합계가 각각 300m² 이상인 경우에 해당
- 문화 및 집회시설, 종교시설, 판매시설, 운수시설, 의료시설(요양병원 및 정신병원 제외)
- 교육연구시설 중 연구소
- 노유자시설 중 아동관련시설, 노인복지시설(노인요양시설은 제외)
- 수련시설 중 유스호스텔
- 운동시설, 업무시설, 숙박시설, 위락시설, 관광휴게시설, 장례시설

정답 : ④

2019.4회-85

287 건축물의 거실에 건축물의 설비기준 등에 관한 규칙에 따라 배연설비를 설치하여야 하는 대상 건축물에 속하지 않는 것은?(단, 피난층의 거실은 제외)

① 6층 이상인 건축물로서 창고시설의 용도로 쓰는 건축물
② 6층 이상인 건축물로서 운수시설의 용도로 쓰는 건축물
③ 6층 이상인 건축물로서 위락시설의 용도로 쓰는 건축물
④ 6층 이상인 건축물로서 종교시설의 용도로 쓰는 건축물

> [해설]

6층 이상인 건축물로서 배연설비를 설치하여야 하는 대상 건축물
- 제2종 근린생활시설 중 공연장, 종교집회장, 인터넷컴퓨터게임시설제공업소는 바닥면적의 합계가 각각 300m² 이상인 경우에 해당
- 문화 및 집회시설, 종교시설, 판매시설, 운수시설, 의료시설(요양병원 및 정신병원 제외)
- 교육연구시설 중 연구소
- 노유자시설 중 아동관련시설, 노인복지시설(노인요양시설은 제외)
- 수련시설 중 유스호스텔
- 운동시설, 업무시설, 숙박시설, 위락시설, 관광휴게시설, 장례시설

정답 : ①

2020.4회-97

288 다음 중 피난층이 아닌 거실에 배연설비를 설치하여야 하는 대상 건축물에 속하지 않는 것은?(단, 6층 이상인 건축물의 경우)

① 판매시설
② 종교시설
③ 교육연구시설 중 학교
④ 운수시설

> [해설]

교육연구시설 중 학교는 속하지 않고, 연구소가 해당된다.

정답 : ③

2022.2회-94

289 건축물의 거실(피난층의 거실 제외)에 국토교통부령으로 정하는 기준에 따라 배연설비를 설치하여야 하는 대상 건축물 용도에 속하지 않는 것은?(단, 6층 이상인 건축물의 경우)

① 종교시설
② 판매시설
③ 방송통신시설 중 방송국
④ 교육연구시설 중 연구소

> [해설]

6층 이상인 건축물로서 배연설비를 설치하여야 하는 대상 건축물
- 제2종 근린생활시설 중 공연장, 종교집회장, 인터넷컴퓨터게임시설제공업소는 바닥면적의 합계가 각각 300m² 이상인 경우에 해당
- 문화 및 집회시설, 종교시설, 판매시설, 운수시설, 의료시설(요양병원 및 정신병원 제외)
- 교육연구시설 중 연구소
- 노유자시설 중 아동관련시설, 노인복지시설(노인요양시설은 제외)
- 수련시설 중 유스호스텔
- 운동시설, 업무시설, 숙박시설, 위락시설, 관광휴게시설, 장례시설

정답 : ③

2020.2회-97

290 주거용 건축물 급수관의 지름 산정에 관한 기준 내용으로 틀린 것은?

① 가구 또는 세대수가 1일 때 급수관 지름의 최소 기준은 15mm 이다.
② 가구 또는 세대수가 7일 때 급수관 지름의 최소 기준은 25mm 이다.
③ 가구 또는 세대수가 18일 때 급수관 지름의 최소 기준은 50mm 이다.
④ 가구 또는 세대의 구분이 불분명한 건축물에 있어서는 주거에 쓰이는 바닥면적의 합계가 85m² 초과 150m² 이하인 경우는 3가구로 산정한다.

> [해설]

가구 또는 세대수가 7일 때 급수관 지름의 최소 기준은 32mm이다.

주거용 건축물의 급수관 지름

가구 또는 세대수	주거용 건축물 바닥면적(m²)	급수관 지름의 최소 기준(mm)
1	85 이하	15
2~3	85 초과~150 이하	20
4~5	150 초과~300 이하	25
6~8	300 초과~500 이하	32
9~16		40
17가구 이상	500 초과	50

정답 : ②

2021.1회-92

291 주거에 쓰이는 바닥면적의 합계가 200제곱미터인 주거용 건축물에 설치하는 음용수용 급수관의 최소 지름 기준은?

① 25mm ② 32mm
③ 40mm ④ 50mm

[해설]

주거용 건축물의 급수관 지름

가구 또는 세대수	주거용 건축물 바닥면적(m²)	급수관 지름의 최소 기준(mm)
1	85 이하	15
2~3	85 초과~150 이하	20
4~5	150 초과~300 이하	25
6~8	300 초과~500 이하	32
9~16		40
17가구 이상	500 초과	50

정답 : ①

2021.2회-83

292 세대의 구분이 불분명한 건축물로 주거에 쓰이는 바닥면적의 합계가 300m²인 주거용 건축물의 음용수용 급수관 지름의 최소 기준은?

① 20mm ② 25mm
③ 32mm ④ 40mm

[해설]

주거용 건축물의 급수관 지름

가구 또는 세대수	주거용 건축물 바닥면적(m²)	급수관 지름의 최소 기준(mm)
4~5	150 초과~300 이하	25

정답 : ②

2019.4회-93

293 다음은 차수설비(물막이설비)의 설치에 관한 기준 내용이다. ( ) 안에 알맞은 것은?

「국토의 계획 및 이용에 관한 법률」에 다른 방재지구에서 연면적 ( ) 이상의 건축물을 건축하려는 자는 빗물 등의 유입으로 건축물이 침수되지 아니하도록 해당 건축물의 지하층 및 1층의 출입구(주차장의 출입구를 포함한다)에 차수설비를 설치하여야 한다. 다만, 법 제5조제1항에 따른 허가권자가 침수의 우려가 없다고 인정하는 경우는 그러하지 아니하다.

① 3,000m² ② 5,000m²
③ 10,000m² ④ 20,000m²

[해설]

차수설비 설치대상
연면적 10,000m² 이상의 건축물을 건축하려는 자는 빗물 등의 유입으로 건축물이 침수되지 아니하도록 해당 건축물의 지하층 및 1층의 출입구에 차수판 등 해당 건축물의 침수를 방지할 수 있는 설비를 설치하여야 한다.

정답 : ③

2014.4회-95

294 건축물의 설비기준 등에 관한 규칙에 따라 피뢰설비를 설치하여야 하는 건축물의 높이 기준은?

① 10m ② 20m
③ 21m ④ 31m

[해설]

피뢰설비를 설치하여야 하는 건축물의 높이 기준
높이 20m 이상의 건축물

정답 : ②

2019.1회-81

295 다음과 같은 경우 연면적 1,000m²인 건축물의 대지에 확보하여야 하는 전기설비 설치공간의 면적기준은?

㉠ 수전전압 : 저압
㉡ 전력수전 용량 : 200kW

① 가로 2.5m, 세로 2.8m ② 가로 2.5m, 세로 4.6m
③ 가로 2.8m, 세로 2.8m ④ 가로 2.8m, 세로 4.6m

[해설]

전기설비 설치공간 확보기준

수전전압	전력수전 용량	확보면적(가로×세로)
특고압 또는 고압	100kW	2.8m×2.8m
저압	75kW 이상~150kW 미만	2.5m×2.8m
저압	150kW 이상~200kW 미만	2.8m×2.8m
저압	200kW 이상~300kW 미만	2.8m×4.6m
저압	300kW 이상	2.8m×4.6m

정답 : ④

2016.2회-85

296 다음 중 특별건축구역으로 지정할 수 있는 사업구역에 속하지 않는 것은?

① 「도로법」에 따른 접도구역
② 「도시개발법」에 따른 도시개발구역
③ 「택지개발촉진법」에 따른 택지개발사업구역
④ 「공공기관 지방이전에 따른 혁신도시 건설 및 지원에 관한 특별법」에 따른 혁신도시의 사업구역

[해설]

특별건축구역으로 지정할 수 없는 구역
- 「개발제한구역의 지정 및 관리에 관한 특별조치법」에 따른 개발제한구역
- 「자연공원법」에 따른 자연공원
- 「도로법」에 따른 접도구역
- 「산지관리법」에 따른 보전산지

정답 : ①

2019.2회-85

297 다음 중 특별건축구역으로 지정할 수 없는 구역은?

① 「도로법」에 따른 접도구역
② 「택지개발촉진법」에 따른 택지개발사업구역 지역의 사업구역
③ 국가가 국제행사 등을 개최하는 도시 또는 지역의 사업구역
④ 지방자치단체가 국제행사 등을 개최하는 도시 또는 지역의 사업구역

[해설]

특별건축구역으로 지정할 수 없는 구역
- 「개발제한구역의 지정 및 관리에 관한 특별조치법」에 따른 개발제한구역
- 「자연공원법」에 따른 자연공원
- 「도로법」에 따른 접도구역
- 「산지관리법」에 따른 보전산지

정답 : ①

2020.2회-96

298 특별건축구역의 지정과 관련한 아래의 내용에서 밑줄 친 부분에 해당하지 않는 것은?

> 국토교통부장관 또는 시·도지사는 다음 각 호의 구분에 따라 도시나 지역의 일부가 특별건축구역으로 특례 적용이 필요하다고 인정하는 경우에는 특별건축구역을 지정할 수 있다.
> 1. 국토교통부장관이 지정하는 경우
>   가. 국가가 국제행사 등을 개최하는 도시 또는 지역의 사업구역
>   나. <u>관계법령에 따른 국가정책사업으로서 대통령령으로 정하는 사업구역</u>

① 「도로법」에 따른 접도구역
② 「도시개발법」에 따른 도시개발구역
③ 「택지개발촉진법」에 따른 택지개발사업구역
④ 「혁신도시 조성 및 발전에 관한 특별법」에 따른 혁신도시의 사업구역

[해설]

특별건축구역으로 지정할 수 없는 구역
- 「개발제한구역의 지정 및 관리에 관한 특별조치법」에 따른 개발제한구역
- 「자연공원법」에 따른 자연공원
- 「도로법」에 따른 접도구역
- 「산지관리법」에 따른 보전산지

정답 : ①

299 공작물을 축조할 때 특별자치도지사 또는 시장·군수·구청장에게 신고를 하여야 하는 대상 공작물 기준으로 옳지 않은 것은?

① 높이 4m를 넘는 광고판
② 높이 4m를 넘는 기념탑
③ 높이 8m를 넘는 고가수조
④ 바닥면적 20m²를 넘는 지하대피호

[해설]
바닥면적 30m²를 넘는 지하대피호
신고대상 공작물 기준
대지를 조성하기 위한 옹벽·굴뚝·광고탑·고가수조·지하대피호 등으로서 다음에 해당하는 공작물을 축조하고자 하는 자는 특별자치시장·특별자치도지사 또는 시장·군수·구청장에게 신고하여야 한다.

공작물의 종류	규모
옹벽·담장	높이 2m를 넘는 것
장식탑·기념탑·첨탑·광고탑·광고판 등	높이 4m를 넘는 것
• 굴뚝 등 • 골프연습장 등의 운동시설을 위한 철탑 • 주거지역·상업지역 안에 설치하는 통신용 철탑 등	높이 6m를 넘는 것
고가수조 등	높이 8m를 넘는 것
기계식 주차장 및 철골조립식 주차장(바닥면이 조립식이 아닌 것을 포함)으로서 외벽이 없는 것	높이 8m 이하 (난간높이를 제외)인 것
지하대피호	바닥면적 30m²를 넘는 것
발전설비(태양에너지)	높이 5m를 넘는 것

정답 : ④

300 공작물을 축조할 때 특별자치시장·특별자치도지사 또는 시장·군수·구청장에게 신고를 하여야 하는 대상 공작물 기준으로 옳지 않은 것은?(2022년 2월 11일 개정된 규정 적용)

① 높이 2m를 넘는 담장
② 높이 4m를 넘는 굴뚝
③ 높이 4m를 넘는 광고탑
④ 높이 4m를 넘는 장식탑

[해설]
신고대상 공작물 기준
• 높이 2m를 넘는 옹벽 또는 담장
• 높이 4m를 넘는 장식탑, 기념탑, 광고탑, 광고판, 기타 이와 유사한 것
• 높이 6m를 넘는 굴뚝
• 높이 8m를 넘는 고가수조, 기타 이와 유사한 것
• 바닥면적 30m²를 넘는 지하대피호
• 높이 5m를 넘는 태양에너지를 이용하는 발전설비

정답 : ②

301 공작물을 축조할 때 특별자치시장·특별자치도지사 또는 시장·군수·구청장에게 신고를 하여야 하는 대상 공작물 기준으로 옳지 않은 것은?(단, 건축물과 분리하여 축조하는 경우)(2022년 2월 11일 개정된 규정 적용)

① 높이 4m를 넘는 장식탑
② 높이 4m를 넘는 광고탑
③ 높이 4m를 넘는 옹벽
④ 높이 6m를 넘는 굴뚝

[해설]
신고대상 공작물 기준
• 높이 2m를 넘는 옹벽 또는 담장
• 높이 4m를 넘는 장식탑, 기념탑, 광고탑, 광고판, 기타 이와 유사한 것
• 높이 6m를 넘는 굴뚝
• 높이 8m를 넘는 고가수조, 기타 이와 유사한 것
• 바닥면적 30m²를 넘는 지하대피호
• 높이 5m를 넘는 태양에너지를 이용하는 발전설비

정답 : ③

302 공작물을 축조할 때 특별자치시장·특별자치도지사 또는 시장·군수·구청장에게 신고를 하여야 하는 대상 공작물에 속하지 않는 것은?(단, 건축물과 분리하여 축조하는 경우)(2022년 2월 11일 개정된 규정 적용)

① 높이 3m인 담장
② 높이 5m인 굴뚝
③ 높이 5m인 광고탑
④ 높이 5m인 광고판

[해설]
높이 5m인 굴뚝은 신고 대상 건축물이 아니다.

정답 : ②

2018.4회-92

303 공작물을 축조할 때 특별자치시장·특별자치도지사 또는 시장·군수·구청장에게 신고를 하여야 하는 대상 공작물 기준으로 옳지 않은 것은?(단, 건축물과 분리하여 축조하는 경우)(2022년 2월 11일 개정된 규정 적용)

① 높이 6m를 넘는 굴뚝
② 높이 4m를 넘는 광고탑
③ 높이 3m를 넘는 장식탑
④ 높이 2m를 넘는 옹벽 또는 담장

[해설]
높이 4m를 넘는 장식탑

정답 : ③

2022.2회-84

304 건축물과 분리하여 공작물을 축조할 때 특별자치시장·특별자치도지사 또는 시장·군수·구청장에게 신고를 해야 하는 대상 공작물 기준이 옳지 않은 것은?

① 높이 2m를 넘는 옹벽
② 높이 2m를 넘는 굴뚝
③ 높이 6m를 넘는 골프연습장 등의 운동시설을 위한 철탑
④ 높이 8m를 넘는 고가수조

[해설]
높이 6m를 넘는 굴뚝

정답 : ②

SECTION 02 주차장법·시행령·시행규칙

2013.4회-85

305 어느 건축물에서 주차장 외의 용도로 사용되는 부분이 판매시설인 경우, 이 건축물이 주차전용건축물이 되기 위해서는 건축물의 연면적 중 주차장으로 사용되는 부분의 비율이 최소 얼마 이상이어야 하는가?

① 50% ② 70%
③ 85% ④ 95%

주차전용 건축물의 주차면적비율

주차장 사용비율 (건축물의 연면적)	건축물의 용도
95% 이상	아래의 용도가 아닌 경우
70% 이상	• 단독주택 • 공동주택 • 제1종 및 제2종 근린생활시설 • 문화 및 집회시설 • 종교시설 • **판매시설** • 운수시설 • 운동시설 • 업무시설, 창고시설 • 자동차관련시설

정답 : ②

2014.1회-82

306 주차전용건축물이란 건축물의 연면적 중 주차장으로 사용되는 부분의 비율이 최소 얼마 이상인 건축물을 말하는가?(단, 주차장 외의 용도로 사용되는 부분이 숙박시설인 경우)

① 70% ② 80%
③ 85% ④ 95%

해설

주차전용 건축물의 주차면적비율

주차장 사용비율 (건축물의 연면적)	건축물의 용도
95% 이상	**아래의 용도가 아닌 경우**
70% 이상	• 단독주택 • 공동주택 • 제1종 및 제2종 근린생활시설 • 문화 및 집회시설 • 종교시설 • 판매시설 • 운수시설 • 운동시설 • 업무시설, 창고시설 • 자동차관련시설

정답 : ④

2017.1회-88, 2020.3회-83

307 주차전용건축물이란 건축물의 연면적 중 주차장으로 사용되는 부분의 비율이 최소 얼마 이상인 건축물을 말하는가?(단, 주차장 외의 용도로 사용되는 부분이 자동차관련시설인 건축물의 경우)

① 70% ② 80%
③ 90% ④ 95%

주차전용 건축물의 주차면적비율

주차장 사용비율 (건축물의 연면적)	건축물의 용도
70% 이상	• 단독주택 • 공동주택 • 제1종 및 제2종 근린생활시설 • 문화 및 집회시설 • 종교시설 • 판매시설 • 운수시설 • 운동시설 • 업무시설, 창고시설 • **자동차관련시설**

정답 : ①

2017.2회-91

308 건축물의 연면적 중 주차장으로 사용되는 비율이 70퍼센트인 경우, 주차전용건축물로 볼 수 있는 주차장 외의 용도에 속하지 않는 것은?

① 의료시설   ② 운동시설
③ 제1종 근린생활시설   ④ 제2종 근린생활시설

해설

의료시설은 해당되지 않는다.

정답 : ①

309 주차장의 용도와 판매시설이 복잡한 연면적 20,000m²인 건축물이 주차전용건축물로 인정받기 위해서는 주차장으로 사용되는 부분의 면적이 최소 얼마 이상이어야 하는가?

① 6,000m² ② 10,000m²
③ 14,000m² ④ 19,500m²

[해설]
주차장의 용도가 판매시설인 경우
주차전용건축물로 인정받기 위해서는 주차장으로 사용되는 면적이 70% 이상이어야 한다.
20,000m² × 70% = 14,000m²

정답 : ③

310 주차전용건축물의 주차면적비율과 관련한 아래 내용에서, ( )에 들어갈 수 없는 것은?

주차전용건축물이란 건축물의 연면적 중 주차장으로 사용되는 부분의 비율이 95퍼센트 이상인 것을 말한다. 다만, 주차장 외의 용도로 사용되는 부분이 「건축법 시행령」 별표 1에 따른 ( )인 경우에는 주차장으로 사용되는 부분의 비율이 70퍼센트 이상인 것을 말한다.

① 종교시설 ② 운동시설
③ 업무시설 ④ 숙박시설

[해설]
주차전용 건축물의 주차면적비율

주차장 사용비율 (건축물의 연면적)	건축물의 용도
95% 이상	아래의 용도가 아닌 경우
70% 이상	• 단독주택 • 공동주택 • 제1종 및 제2종 근린생활시설 • 문화 및 집회시설 • 종교시설 • 판매시설 • 운수시설 • 운동시설 • 업무시설, 창고시설 • 자동차관련시설

정답 : ④

311 다음은 주차장 수급실태조사의 조사구역에 관한 설명이다. ( ) 안에 알맞은 것은?

사각형 또는 삼각형 형태로 조사구역을 설정하되 조사구역 바깥 경계선의 최대 거리가 ( )를 넘지 아니하도록 한다.

① 100m ② 200m
③ 300m ④ 400m

[해설]
주차장 수급실태 조사구역
사각형 또는 삼각형 형태로 조사구역을 설정하되 조사구역 바깥 경계선의 최대 거리가 300m를 넘지 아니하도록 한다.

정답 : ③

312 주차장의 수급실태를 조사하려는 경우, 조사구역의 설정 기준으로 옳지 않은 것은?

① 원형 형태로 조사구역을 설정한다.
② 각 조사구역은 「건축법」에 따른 도로를 경계로 구분한다.
③ 조사구역 바깥 경계선의 최대 거리가 300m를 넘지 아니하도록 한다.
④ 주거기능과 상업·업무기능이 섞여 있는 지역의 경우에는 주차시설 수급의 적정성, 지역적 특성 등을 고려하여 같은 특성을 가진 지역별로 조사구역을 설정한다.

[해설]
조사구역 설정 기준
원형 형태로 조사구역을 설정하는 것이 아니라 사각형 또는 삼각형 형태로 조사구역을 설정한다.

정답 : ①

313 주차장 수급실태조사의 조사구역 설정에 관한 기준 내용으로 옳지 않은 것은?

① 실태조사의 주기는 3년으로 한다.
② 사각형 또는 삼각형 형태로 조사구역을 설정한다.
③ 각 조사 구역은 「건축법」에 따른 도로를 경계로 구분한다.
④ 조사구역 바깥 경계선의 최대거리가 500m를 넘지 않도록 한다.

[해설]
사각형 또는 삼각형 형태로 조사구역을 설정하되 조사구역 바깥 경계선의 최대 거리가 300m를 넘지 아니하도록 한다.

정답 : ④

314 주차장의 수급실태조사에 관한 설명으로 옳지 않은 것은?

① 실태조사의 주기는 5년으로 한다.
② 조사구역은 사각형 또는 삼각형 형태로 설정한다.
③ 조사구역 바깥 경계선의 최대거리가 300m를 넘지 않도록 한다.
④ 각 조사구역은 「건축법」에 따른 도로를 경계로 구분한다.

[해설]
실태조사의 주기는 3년으로 한다.

정답 : ①

315 주차장의 장애인전용 주차단위구획 기준으로 옳은 것은?(단, 평행주차형식 외의 경우)

① 너비 2.3m 이상, 길이 5m 이상
② 너비 2.3m 이상, 길이 6m 이상
③ 너비 3.3m 이상, 길이 5m 이상
④ 너비 3.3m 이상, 길이 6m 이상

[해설]

주차형식	구분	주차구획
평행주차형식의 경우	경형	1.7m×4.5m 이상
	일반형	2.0m×6.0m 이상
	보도와 차도의 구분이 없는 주거지역의 도로	2.0m×5.0m 이상
	이륜자동차전용	1.0m×2.3m 이상
평행주차형식 외의 경우	경형	2.0m×3.6m 이상
	일반형	2.5m×5.0m 이상
	확장형	2.6m×5.2m 이상
	장애인 전용	3.3m×5.0m 이상
	이륜자동차전용	1.0m×2.3m 이상

정답 : ③

316 주차장의 주차단위구획 기준으로 옳은 것은?(단, 평행주차형식으로 일반형인 경우)

① 너비 1.0m 이상, 길이 2.3m 이상
② 너비 1.7m 이상, 길이 4.5m 이상
③ 너비 2.0m 이상, 길이 6.0m 이상
④ 너비 2.3m 이상, 길이 5.0m 이상

[해설]
주차장의 주차구획 크기

주차형식	구분	주차구획
평행주차형식의 경우	경형	1.7m×4.5m 이상
	일반형	2.0m×6.0m 이상
	보도와 차도의 구분이 없는 주거지역의 도로	2.0m×5.0m 이상
	이륜자동차전용	1.0m×2.3m 이상
평행주차형식 외의 경우	경형	2.0m×3.6m 이상
	일반형	2.5m×5.0m 이상
	확장형	2.6m×5.2m 이상
	장애인 전용	3.3m×5.0m 이상
	이륜자동차전용	1.0m×2.3m 이상

✽ 경형자동차는 「자동차관리법」에 따른 1,000cc 미만의 자동차를 말한다.
✽ 주차단위구획은 백색실선(경형자동차 전용주차구획의 경우 청색실선)으로 표시하여야 한다.

정답 : ③

317 경형 자동차용 주차단위구획의 최소 크기는?(단, 평행주차형식 외의 경우)(2018년 03월 21일 개정된 규정 적용됨)

① 너비 1.7m, 길이 4.5m
② 너비 2.0m, 길이 5.0m
③ 너비 2.0m, 길이 3.6m
④ 너비 2.3m, 길이 5.0m

해설

주차장의 주차구획 기준

주차형식	구분	주차구획
평행주차형식의 경우	경형	1.7m×4.5m 이상
	일반형	2.0m×6.0m 이상
	보도와 차도의 구분이 없는 주거지역의 도로	2.0m×5.0m 이상
	이륜자동차전용	1.0m×2.3m 이상
평행주차형식 외의 경우	경형	2.0m×3.6m 이상
	일반형	2.5m×5.0m 이상
	확장형	2.6m×5.2m 이상
	장애인 전용	3.3m×5.0m 이상
	이륜자동차전용	1.0m×2.3m 이상

정답 : ③

2019.2회-97

318 평행주차형식으로 일반형인 경우 주차장의 주차단위구획의 크기 기준으로 옳은 것은?

① 너비 1.7m 이상, 길이 5.0m 이상
② 너비 1.7m 이상, 길이 6.0m 이상
③ 너비 2.0m 이상, 길이 5.0m 이상
④ 너비 2.0m 이상, 길이 6.0m 이상

해설

주차장의 주차구획 기준

주차형식	구분	주차구획
평행주차형식의 경우	경형	1.7m×4.5m 이상
	일반형	2.0m×6.0m 이상
	보도와 차도의 구분이 없는 주거지역의 도로	2.0m×5.0m 이상
	이륜자동차전용	1.0m×2.3m 이상
평행주차형식 외의 경우	경형	2.0m×3.6m 이상
	일반형	2.5m×5.0m 이상
	확장형	2.6m×5.2m 이상
	장애인 전용	3.3m×5.0m 이상
	이륜자동차전용	1.0m×2.3m 이상

정답 : ④

2017.4회-90

319 주차법령상 다음과 같이 정의되는 주차장의 종류는?

> 도로의 노면 또는 교통광장(교차점 광장만 해당)의 일정한 구역에 설치된 주차장으로 일반(一般)의 이용에 제공되는 것

① 노외주차장 ② 노상주차장
③ 부설주차장 ④ 공영주차장

해설

주차장의 종류

노상주차장	도로의 노면 또는 교통광장(교차점 광장)의 일정한 구역에 설치된 주차장으로 일반의 이용에 제공되는 것
노외주차장	도로의 노면 또는 교통광장 중 교차점 광장 외의 장소에 설치된 주차장으로 일반의 이용에 제공되는 것
부설주차장	건축물, 골프연습장 기타 주차수요를 유발하는 시설에 부대하여 설치된 주차장으로서 해당 건축물·시설의 이용자 또는 일반의 이용에 제공되는 것

정답 : ②

2014.2회-89

320 주차장법령상 자주식 주차장의 형태에 속하지 않는 것은?

① 지하식 ② 지평식
③ 기계식 ④ 건축물식

해설

주차장의 형태

구분	형식	종류
자주식 주차장	운전자가 직접 운전하여 주차장으로 들어가는 형식	• 지하식 • 지평식 • 건축물식(공작물식 포함)
기계식 주차장	기계식 주차장치를 설치한 노외주차장 및 부설주차장	• 지하식 • 건축물식(공작물식 포함)

정답 : ③

2014.4회-81

321 주차장법령상 기계식 주차장의 세분에 속하지 않는 것은?

① 지하식 ② 지평식
③ 건축물식 ④ 공작물식

[해설]

주차장의 형태

구분	형식	종류
자주식 주차장	운전자가 직접 운전하여 주차장으로 들어가는 형식	• 지하식 • 지평식 • 건축물식(공작물식 포함)
기계식 주차장	기계식 주차장치를 설치한 노외주차장 및 부설주차장	• 지하식 • 건축물식(공작물식 포함)

정답 : ②

2016.4회-91

322 다음 중 기계식 주차장의 세분에 속하지 않는 것은?

① 지하식 ② 지평식
③ 건축물식 ④ 공작물식

[해설]

주차장의 형태

구분	형식	종류
자주식 주차장	운전자가 직접 운전하여 주차장으로 들어가는 형식	• 지하식 • 지평식 • 건축물식(공작물식 포함)
기계식 주차장	기계식 주차장치를 설치한 노외주차장 및 부설주차장	• 지하식 • 건축물식(공작물식 포함)

정답 : ②

2017.2회-90

323 노상주차장의 구조 및 설비에 관한 기준 내용으로 옳은 것은?

① 너비 6m 이상의 도로에 설치하여서는 아니 된다.
② 종단경사도가 3퍼센트를 초과하는 도로에 설치하여서는 아니 된다.
③ 고속도로, 자동차 전용도로 또는 고가도로에 설치하여서는 아니 된다.
④ 주차대수 규모가 20대인 경우, 장애인 전용주차 구획을 최소 2면 이상 설치하여야 한다.

[해설]
① 너비 6m 미만의 도로에 설치하여서는 아니된다.
② 종단경사도가 4퍼센트를 초과하는 도로는 설치하여서는 아니 된다.
④ 주차대수 규모가 20대인 경우, 장애인 전용주차구획을 최소 1면 이상 설치하여야 한다.

정답 : ③

2013.1회-98

324 노외주차장에 설치하여야 하는 차로의 최소 너비가 가장 작은 주차형식은?(단, 출입구가 2개 이상이며, 이륜자동차전용 외의 노외주차장의 경우)

① 평행주차 ② 교차주차
③ 직각주차 ④ 45° 대향주차

[해설]

이륜자동차전용 외의 노외주차장

주차형식	차로의 너비	
	출입구가 2개 이상인 경우	출입구가 1개인 경우
평행주차	3.3m	5.0m
직각주차	6.0m	6.0m
60° 대향주차	4.5m	5.5m
45° 대향주차	3.5m	5.0m
교차주차	3.5m	5.0m

정답 : ①

2013.2회-92

325 노외주차장의 차로의 최소 너비를 가장 크게 하여야 하는 주차형식은?(이륜자동차전용 외의 노외주차장인 경우)

① 평행주차 ② 직각주차
③ 교차주차 ④ 60도 대향주차

[해설]

이륜자동차전용 외의 노외주차장

주차형식	차로의 너비	
	출입구가 2개 이상인 경우	출입구가 1개인 경우
평행주차	3.3m	5.0m
직각주차	6.0m	6.0m
60° 대향주차	4.5m	5.5m
45° 대향주차	3.5m	5.0m
교차주차	3.5m	5.0m

정답 : ②

326 다음 중 이륜자동차전용 외의 노외주차장으로서 출입구가 1개인 경우 차로의 너비가 다른 주차형식은?

① 평행주차 ② 교차주차
③ 45도 대향주차 ④ 60도 대향주차

해설
이륜자동차전용 외의 노외주차장

주차형식	차로의 너비	
	출입구가 2개 이상인 경우	출입구가 1개인 경우
평행주차	3.3m	5.0m
직각주차	6.0m	6.0m
60° 대향주차	4.5m	5.5m
45° 대향주차	3.5m	5.0m
교차주차	3.5m	5.0m

정답 : ④

327 출입구의 개소에 관계없이 노외주차장의 차로의 너비를 최소 6m 이상으로 하여야 하는 주차형식은?(단, 이륜자동차전용 외의 노외주차장의 경우)

① 평행주차 ② 직각주차
③ 교차주차 ④ 45도 대향주차

해설

주차형식	차로의 너비	
	출입구가 2개 이상인 경우	출입구가 1개인 경우
평행주차	3.3m	5.0m
직각주차	6.0m	6.0m
60° 대향주차	4.5m	5.5m
45° 대향주차	3.5m	5.0m
교차주차	3.5m	5.0m

정답 : ②

328 노외주차장의 출입구가 2개인 경우 주차형식에 따른 차로의 최소 너비가 옳지 않은 것은?(단, 이륜자동차전용 외의 노외주차장의 경우)

① 직각주차 : 6.0m ② 평행주차 : 3.3m
③ 45도 대향주차 : 3.5m ④ 60도 대향주차 : 5.0m

해설
이륜자동차전용 외의 노외주차장

주차형식	차로의 너비	
	출입구가 2개 이상인 경우	출입구가 1개인 경우
평행주차	3.3m	5.0m
직각주차	6.0m	6.0m
60° 대향주차	4.5m	5.5m
45° 대향주차	3.5m	5.0m
교차주차	3.5m	5.0m

정답 : ④

329 지하식 또는 건축물식 노외주차장의 차로에 관한 기준 내용으로 틀린 것은?

① 경사로의 노면은 거친 면으로 하여야 한다.
② 높이는 주차바닥면으로부터 2.3미터 이상으로 하여야 한다.
③ 경사로의 종단경사도는 직선 부분에서는 14퍼센트를 초과하여서는 아니 된다.
④ 주차대수 규모가 50대 이상인 경우의 경사로는 너비 6미터 이상인 2차로를 확보하거나 진입차로와 진출차로를 분리하여야 한다.

해설
경사로의 종단경사도는 직선 부분에서는 17퍼센트를 초과하여서는 아니 된다.

지하식 또는 건축물식 노외주차장의 차로에 관한 기준
1. 높이 : 주차 바닥면으로부터 2.3m 이상을 하여야 한다.
2. 굴곡부의 내변반경

원칙	6m 이상
같은 경사로를 이용하는 주차장의 총 주차대수가 50대 이하	5m 이상
이륜자동차전용 노외주차장	3m 이상

3. 경사로의 차로폭

직선인 경우	3.3m 이상(2차로인 경우 6m 이상)
곡선인 경우	3.6m 이상(2차로인 경우 6.5m 이상)

4. 경사로의 종단기울기

직선인 경우	17% 이하
곡선인 경우	14% 이하

✽ 경사로의 양쪽 벽면으로부터 30cm 이상의 지점에 높이 10cm 이상 15cm 미만의 연석을 설치해야 한다.(이 경우 연석부분은 차로의 너비에 포함)

정답 : ③

2013.2회-94, 2017.1회-93

330 지하식 또는 건축물식 노외주차장에서 경사로가 직선형인 경우, 경사로의 차로너비는 최소 얼마 이상으로 하여야 하는가?(단, 2차로인 경우)

① 5m
② 6m
③ 7m
④ 8m

[해설]
경사로의 차로너비

직선인 경우	3.3m 이상(2차로인 경우 6m 이상)
곡선인 경우	3.6m 이상(2차로인 경우 6.5m 이상)

정답 : ②

2015.1회-87

331 노외주차장의 구조·설비에 관한 기준 내용으로 옳지 않은 것은?

① 주차구획선의 긴 변과 짧은 변 중 한 변 이상이 차로에 접하여야 한다.
② 주차대수 규모가 50대 미만인 노외주차장의 출입구 너비는 3.5m 이상으로 하여야 한다.
③ 노외주차장에서 주차에 사용되는 부분의 높이는 주차바닥면으로부터 2.1m 이상으로 하여야 한다.
④ 지하식 또는 건축물식 노외주차장의 차로의 높이는 주차바닥면으로부터 2.1m 이상으로 하여야 한다.

[해설]
지하식 또는 건축물식 노외주차장 차로의 높이는 주차 바닥면으로부터 2.3m 이상으로 하여야 한다.

정답 : ④

2019.2회-98

332 노외주차장의 구조·설비에 관한 기준 내용으로 옳지 않은 것은?

① 출입구의 너비는 3.0m 이상으로 하여야 한다.
② 주차구획선의 긴 변과 짧은 변 중 한 변 이상이 차로에 접하여야 한다.
③ 지하식인 경우 차로의 높이는 주차바닥면으로부터 2.3m 이상으로 하여야 한다.
④ 주차에 사용되는 부분의 높이는 주차바닥면으로부터 2.1m 이상으로 하여야 한다.

[해설]
출입구의 너비
1. 출입구의 너비는 3.5m 이상
2. 주차대수 규모가 50대 이상인 경우에는 출구와 입구를 분리하거나 너비 5.5m 이상의 출입구를 설치할 것

정답 : ①

2015.2회-96

333 지하식 또는 건축물식 노외주차장의 차로에 관한 기준내용으로 옳지 않은 것은?

① 높이는 주차 바닥면으로부터 2.3m 이상으로 하여야 한다.
② 경사로의 종단경사도는 직선부분에서는 17%를 초과하여서는 아니 된다.
③ 곡선 부분은 자동차가 4m 이상의 내변반경으로 회전할 수 있도록 하여야 한다.
④ 주차대수 규모가 50대 이상인 경우의 경사로는 너비 6m 이상인 2차로를 확보하거나 진입차로와 진출차로를 분리하여야 한다.

[해설]
굴곡부의 내변반경

원칙	6m 이상
같은 경사로를 이용하는 주차장의 총 주차대수가 50대 이하	5m 이상
이륜자동차전용 노외주차장	3m 이상

정답 : ③

334 노외주차장에 설치하는 부대시설의 총 면적은 주차장 총 시설면적의 최대 얼마를 초과 하여서는 아니 되는가?

① 5% ② 10%
③ 20% ④ 30%

해설

노외주차장에 설치할 수 있는 부대시설
부대시설의 총 면적은 주차장 총 시설면적의 20%를 초과하여서는 아니 된다.

＊부대시설의 종류
- 관리사무소, 휴게소, 공중화장실
- 간이매점, 자동차의 장식품판매점 및 전기자동차 충전시설
- 기타 노외주차장의 관리·운영상 필요한 편의시설

정답 : ③

335 주차장법령상 노외주차장의 구조 및 설비기준에 관한 아래 설명에서, ⓐ～ⓒ에 들어갈 내용이 모두 옳은 것은?

> 노외주차장의 출구 부근의 구조는 해당 출구로부터 (ⓐ)m (이륜자동차전용 출구의 경우에는 1.3m)를 후퇴한 노외주차장의 차로의 중심선상 (ⓑ)m의 높이에서 도로의 중심선에 직각으로 향한 왼쪽·오른쪽 각각 (ⓒ)도의 범위에서 해당 도로를 통행하는 자를 확인할 수 있어야 한다.

① ⓐ 1, ⓑ 1.2, ⓒ 45
② ⓐ 2, ⓑ 1.4, ⓒ 60
③ ⓐ 3, ⓑ 1.6, ⓒ 60
④ ⓐ 2, ⓑ 1.2, ⓒ 45

해설

노외주차장의 구조 및 설비기준
출구로부터 2m(이륜자동차전용 출구의 경우에는 1.3m)를 후퇴한 차로의 중심선상 1.4m의 높이에서 도로의 중심선에 직각으로 향한 왼쪽·오른쪽 각각 60°의 범위에서 해당 도로를 통행하는 자의 존재를 확인할 수 있어야 한다.

정답 : ②

336 노외주차장의 설치에 관한 계획기준 내용 중 ( ) 안에 알맞은 것은?

> 주차대수 400대를 초과하는 규모의 노외주차장의 경우에는 노외주차장의 출구와 입구를 각각 따로 설치하여야 한다. 다만, 출입구의 너비의 합이 ( )미터 이상으로서 출구와 입구가 차선 등으로 분리되는 경우에는 함께 설치할 수 있다.

① 4.5 ② 5.0
③ 5.5 ④ 6.0

해설

주차대수 400대를 초과하는 규모의 노외주차장의 경우에는 노외주차장의 출구와 입구를 각각 따로 설치하여야 한다. 다만, 출입구의 너비의 합이 5.5미터 이상으로서 출구와 입구가 차선 등으로 분리되는 경우에는 함께 설치할 수 있다.

정답 : ③

337 다음 노외주차장의 구조 및 설비기준에 관한 내용 중 ( ) 안에 알맞은 것은?

> 자동차용 승강기로 운반된 자동차가 주차구획까지 자주식으로 들어가는 노외주차장의 경우에는 주차대수 ( )마다 1대의 자동차용 승강기를 설치하여야 한다.

① 10대 ② 20대
③ 30대 ④ 40대

해설

자동차용 승강기로 운반된 자동차가 주차구획까지 자주식으로 들어가는 노외주차장의 경우에는 주차대수 30대마다 1대의 자동차용 승강기를 설치하여야 한다.

정답 : ③

338 다음은 노외주차장의 설치에 관한 기준 내용이다. ( ) 안에 알맞은 것은?

> 특별시장·광역시장·시장·군수 또는 구청장이 설치하는 노외주차장에는 주차대수 규모가 (㉠) 이상인 경우에는 주차대수의 (㉡)의 범위 안에서 장애인의 주차수요를 고려하여 지방자치단체 조례로 장애인 전용주차구획을 설치하여야 한다.

① ㉠ 50대, ㉡ 1%부터 3%까지
② ㉠ 50대, ㉡ 2%부터 4%까지
③ ㉠ 100대, ㉡ 1%부터 3%까지
④ ㉠ 100대, ㉡ 2%부터 4%까지

[해설]
노외주차장의 설치에 관한 계획기준 중 장애인주차구역 설치
특별시장·광역시장·시장·군수·구청장이 설치하는 노외주차장에는 주차대수 규모가 50대 이상인 경우에는 주차대수의 2%부터 4%까지의 범위 안에서 장애인의 주차수요를 고려하여 지방자치단체 조례로 장애인 전용주차구획을 설치하여야 한다.

정답 : ②

339 노외주차장인 주차전용건축물의 건폐율, 용적률, 대지면적의 최소 한도 및 높이 제한에 관한 기준 내용으로 옳지 않은 것은?

① 건폐율 : 100분의 90 이하
② 용적률 : 1,500% 이하
③ 대지면적의 최소 한도 : 45m² 이상
④ 높이 제한(대지가 너비 12m 미만의 도로에 접하는 경우) : 건축물의 각 부분의 높이는 그 부분으로부터 대지에 접한 도로의 반대쪽 경계선까지의 수평거리의 4배

[해설]
노외주차장인 주차전용건축물의 기준

건폐율	90/100 이하
용적률	1,500% 이하
대지면적의 최소 한도	45m² 이상

전면도로에 따른 높이제한(대지가 2 이상의 도로에 접할 경우에는 가장 넓은 도로를 기준으로 한다.)	대지가 도로에 접한 폭이 12m 미만인 경우	건축물의 각 부분의 높이는 그 부분으로부터 대지에 접한 도로의 반대쪽 경계선까지의 수평거리의 3배 이하
	대지가 도로에 접한 폭이 12m 이상인 경우	건축물의 각 부분의 높이는 그 부분으로부터 대지에 접한 도로의 반대쪽 경계선까지의 수평거리의 $\frac{36}{도로의 폭}$ 배 이하 예외) 배율이 1.8배 미만인 경우 1.8배로 한다.

정답 : ④

340 자연녹지지역으로서 노외주차장을 설치할 수 있는 지역에 속하지 않는 것은?

① 토지의 형질변경 없이 주차장의 설치가 가능한 지역
② 주차장 설치를 목적으로 토지의 형질변경 허가를 받은 지역
③ 택지개발사업 등의 단지조성사업에 따라 주차수요가 많은 지역
④ 하천구역 및 공유수면으로서 주차장이 설치되어도 해당 하천 및 공유수면의 관리에 지장을 주지 아니하는 지역

[해설]
자연녹지지역으로서 노외주차장을 설치할 수 있는 지역
• 토지의 형질변경 없이 주차장의 설치가 가능한 지역
• 하천주차장 설치를 목적으로 토지의 형질변경 허가를 받은 지역
• 하천구역 및 공유수면으로서 주차장이 설치되어도 해당 하천 및 공유수면의 관리에 지장을 주지 아니하는 지역

정답 : ③

341 다음 중 노외주차장의 출구 및 입구를 설치할 수 있는 장소는?

① 육교로부터 4m 거리에 있는 도로의 부분
② 지하횡단보도에서 10m 거리에 있는 도로의 부분
③ 초등학교 출입구로부터 15m 거리에 있는 도로의 부분
④ 장애인 복지시설 출입구로부터 15m 거리에 있는 도로의 부분

[해설]

노외주차장의 출구 및 입구를 설치할 수 없는 장소(금지장소)
- 횡단보도(육교 및 지하횡단보도를 포함)에서 5m 이내의 도로부분
- 너비 4m 미만의 도로(주차대수 200대 이상인 경우에는 너비 6m 미만의 도로)
- 종단기울기가 10%를 초과하는 도로
- 유아원, 유치원, 초등학교, 특수학교, 노인복지시설, 장애인복지시설 및 아동전용시설 등의 출입구로부터 20m 이내의 도로부분

정답 : ②

2020.2회-85

342 노외주차장 내부 공간의 일산화탄소 농도는 주차장을 이용하는 차량이 가장 빈번한 시각의 앞뒤 8시간의 평균치가 몇 ppm 이하로 유지되어야 하는가?

① 80ppm   ② 70ppm
③ 60ppm   ④ 50ppm

[해설]

일산화탄소의 농도
실내 일산화탄소(CO) 농도는 차량 이용이 빈번한 전후 8시간의 평균치가 50ppm 이하가 되도록 한다.(다중이용시설 등의 실내공기질 관리법 규정에 의한 실내주차장은 25ppm)로 유지하여야 한다.

정답 : ④

2013.4회-81

343 다음의 부설주차장 설치대상 시설물 중 설치대수의 산정 기준이 시설면적이 아닌 것은?

① 운수시설
② 종교시설
③ 제2종 근린생활시설
④ 문화 및 집회시설 중 관람장

[해설]

문화 및 집회시설 중 관람장 : 관람장 100인당 1대

부설주차장의 설치대상 종류 및 설치기준

용도	설치기준
1. 위락시설	시설면적 $100m^2$당 1대 (시설면적/$100m^2$)
2. • 문화 및 집회시설(관람장 제외) • 종교시설 • 판매시설 • 운수시설 • 의료시설(정신병원·요양소·격리병원을 제외) • 운동시설(골프장·골프연습장·옥외수영장 제외) • 업무시설(외국공관 및 오피스텔 제외) • 방송통신시설 중 방송국 • 장례식장	시설면적 $150m^2$당 1대 (시설면적/$150m^2$)

3. • 제1종 근린생활시설
  예외) - 지역자치센터, 파출소, 지구대, 소방서, 우체국, 방송국, 보건소, 공공도서관, 건강보험공단 사무소 등 공공업무시설로서 같은 건축물에 해당 용도로 쓰는 바닥면적의 합계가 1천 제곱미터 미만인 것
  - 마을회관, 마을공동작업소, 마을공동구판장 등 주민이 공동으로 이용하는 시설
• 제2종 근린생활시설
• 숙박시설
	시설면적 $200m^2$당 1대 (시설면적/$200m^2$)

4. • 단독주택(다가구주택 제외)	• 시설면적 $50m^2$ 초과 $150m^2$ 이하 : 1대 • 시설면적 $150m^2$ 초과 : 1대에 $150m^2$ 초과하는 $100m^2$당 1대를 더한 대수 [1 + { (시설면적 $-150m^2$)/$100m^2$ }]
6. • 골프장, 골프연습장, 옥외수영장, 관람장	• 골프장 1홀당 10대 (홀의 수×10) • 골프연습장 1타석당 1대(타석의 수×1) • 옥외수영장 정원 15명당 1대(정원/15명) • 관람장 정원 100명당 1대(정원/100명)

정답 : ④

2013.1회-93

344 부설주차장의 설치대상 시설물이 시설면적 $2,000m^2$의 숙박시설인 경우, 설치하여야 하는 부설주차장의 최소 대수는?

① 5대   ② 10대
③ 13대 ④ 20대

[해설]
숙박시설의 부설주차장 설치기준은 시설면적 200m² 마다 1대씩 설치하므로 2,000m²/200m²=10대이다.

정답 : ②

2015.1회-81, 2017.4회-83

345 부설주차장 설치 대상 시설물로서 시설면적이 1,400m²인 제2종 근린생활시설에 설치하여야 하는 부설주차장의 최소 대수는?

① 7대 ② 9대
③ 10대 ④ 14대

[해설]
시설면적이 1,400m²인 제2종 근린생활시설은 시설면적 200m²당 1대이므로 7대이다.

정답 : ①

2016.4회-90

346 시설면적이 9,000m²인 종합병원에 설치하여야 하는 부설주차장의 최소 주차대수는?

① 45대 ② 60대
③ 90대 ④ 100대

[해설]
의료시설(정신병원·요양소·격리병원을 제외)은 시설면적 150m²당 1대이므로 시설면적이 9,000m²/150m²=60대이다.

정답 : ②

2018.1회-96

347 부설주차장 설치대상 시설물이 문화 및 집회시설 중 예식장으로서 시설면적이 1,200m²인 경우, 설치하여야 하는 부설주차장의 최소 대수는?

① 8대 ② 10대
③ 15대 ④ 20대

[해설]
문화 및 집회시설의 부설주차장 설치대수는 시설면적 150m²당 1대씩이므로 시설면적이 1,200m²/150m²=8대이다.

정답 : ①

2020.4회-88

348 위락시설의 시설면적이 1,000m²일 때 주차장법령에 따라 설치해야 하는 부설주차장의 설치 기준은?

① 10대 ② 13대
③ 15대 ④ 20대

[해설]
위락시설 부설주차장의 설치기준 : 시설면적 100m²당 1대이므로 1,000m²(시설면적)/100m²=10대

정답 : ①

2013.2회-82

349 부설주차장의 설치대상 시설물의 종류와 설치기준의 연결이 옳지 않은 것은?

① 위락시설 : 시설면적 50m² 1대
② 종교시설 : 시설면적 150m² 1대
③ 숙박시설 : 시설면적 200m² 1대
④ 제2종 근린생활시설 : 시설면적 200m²당 1대

[해설]
위락시설 : 시설면적 100m² 1대

정답 : ①

2014.1회-99

350 다음 중 부설주차장의 설치기준이 다른 시설물은?

① 숙박시설 ② 종교시설
③ 판매시설 ④ 운수시설

[해설]
• 숙박시설 : 시설면적 200m²당 1대
• 종교·판매·운수시설 : 시설면적 150m²당 1대

정답 : ①

2018.2회-100

351 부설주차장 설치대상 시설물이 판매시설인 경우 부설주차장 설치기준으로 옳은 것은?

① 시설면적 100m²당 1대
② 시설면적 150m²당 1대
③ 시설면적 200m²당 1대
④ 시설면적 400m²당 1대

[해설]
판매시설의 부설주차장 설치기준 : 시설면적 150m²당 1대
정답 : ②

2018.4회-88

352 부설주차장 설치대상 시설물이 종교시설인 경우, 부설주차장 설치기준으로 옳은 것은?

① 시설면적 50m² 당 1대
② 시설면적 100m²당 1대
③ 시설면적 150m²당 1대
④ 시설면적 200m²당 1대

[해설]
종교시설의 부설주차장 설치기준 : 시설면적 150m²당 1대
정답 : ③

2019.1회-90

353 다음 중 부설주차장 설치대상 시설물의 종류와 설치기준의 연결이 옳지 않은 것은?

① 골프장 - 1홀당 10대
② 숙박시설 - 시설면적 200m²당 1대
③ 위락시설 - 시설면적 150m²당 1대
④ 문화 및 집회시설 중 관람장 - 정원 100명당 1대

[해설]
위락시설 : 시설면적 100m²당 1대
정답 : ③

2019.2회-87

354 부설주차장의 설치대상 시설물 종류와 설치 기준의 연결이 옳지 않은 것은?

① 위락시설 - 시설면적 150m² 당 1대
② 종교시설 - 시설면적 150m² 당 1대
③ 판매시설 - 시설면적 150m² 당 1대
④ 수련시설 - 시설면적 350m² 당 1대

[해설]
위락시설 : 시설면적 100m²당 1대
정답 : ①

2019.4회-95

355 부설주차장의 설치대상 시설물이 업무시설인 경우 설치기준으로 옳은 것은?(단, 외국공관 및 오피스텔은 제외)

① 시설면적 100m²당 1대
② 시설면적 150m²당 1대
③ 시설면적 200m²당 1대
④ 시설면적 350m²당 1대

[해설]
업무시설 : 시설면적 150m²당 1대
정답 : ②

2020.2회-100

356 부설주차장의 설치대상 시설물 종류에 따른 설치 기준이 틀린 것은?

① 골프장 - 1홀당 10대
② 위락시설 - 시설면적 80m²당 1대
③ 판매시설 - 시설면적 150m²당 1대
④ 숙박시설 - 시설면적 200m²당 1대

[해설]
위락시설 : 시설면적 100m²당 1대
정답 : ②

2015.2회-88

357 부설주차장의 설치대상 시설물의 종류에 따른 설치 기준이 옳지 않은 것은?

① 골프장 - 1홀당 10대
② 위락시설 - 시설면적 150m²당 1대
③ 판매시설 - 시설면적 150m²당 1대
④ 숙박시설 - 시설면적 200m²당 1대

[해설]
위락시설 : 시설면적 100m²당 1대
정답 : ②

2014.4회-98, 2020.3회-90

358 부설주차장의 설치대상 시설물 종류와 설치기준의 연결이 옳은 것은?

① 판매시설 - 시설면적 100m²당 1대
② 위락시설 - 시설면적 150m²당 1대
③ 종교시설 - 시설면적 200m²당 1대
④ 숙박시설 - 시설면적 200m²당 1대

[해설]
① 판매시설 - 시설면적 150m²당 1대
② 위락시설 - 시설면적 100m²당 1대
③ 종교시설 - 시설면적 150m²당 1대

정답 : ④

2022.2회-100

359 부설주차장 설치대상 시설물이 문화 및 집회시설(관람장 제외)인 경우, 부설주차장 설치기준으로 옳은 것은?(단, 지방자치단체의 조례로 따로 정하는 사항은 고려하지 않는다.)

① 시설면적 50m²당 1대
② 시설면적 100m²당 1대
③ 시설면적 150m²당 1대
④ 시설면적 200m²당 1대

[해설]
문화 및 집회시설(관람장 제외) : 시설면적 150m²당 1대

정답 : ③

2014.2회-87

360 다음 중 부설주차장에 설치하여야 하는 최소 주차대수가 가장 많은 시설물은?

① 15타석을 갖춘 골프연습장
② 정원이 300명인 옥외수영장
③ 시설면적이 3,000m²인 위락시설
④ 시설면적이 3,000m²인 판매시설

[해설]
① 15타석을 갖춘 골프연습장 : 타석당 1대이므로 15대
② 정원이 300명인 옥외수영장 : 정원 15인당 1대이므로 20대
③ 시설면적이 3,000m²인 위락시설 : 시설면적 100m²에 1대이므로 30대

④ 시설면적이 3,000m²인 판매시설 : 시설면적 150m²에 1대이므로 20대

정답 : ③

2016.1회-90

361 부설주차장을 설치하여야 하는 최소 규모(설치대수)의 크기 관계가 옳은 것은?

> ㉠ 시설면적이 600m²인 위락시설
> ㉡ 시설면적이 800m²인 숙박시설
> ㉢ 타석수가 5타석인 골프연습장
> ㉣ 시설면적이 900m²인 판매시설

① ㉠=㉣>㉢>㉡
② ㉠>㉣=㉢>㉡
③ ㉢>㉣>㉠>㉡
④ ㉢>㉣=㉠>㉡

[해설]
㉠ 위락시설 : 시설면적 100m²당 1대이므로 600m²/100m²=6대
㉡ 숙박시설 : 시설면적 200m²당 1대이므로 800m²/200m²=4대
㉢ 골프장 : 1타석당 1대이므로 5타석×1대=5대
㉣ 판매시설 : 시설면적 150m²당 1대이므로 900m²/150m²=6대

정답 : ①

2015.4회-81

362 부설주차장의 총 주차대수 규모가 8대 이하인 자주식 주차장의 구조 및 설비에 관한 기준 내용으로 옳지 않은 것은?

① 차로의 너비는 2.5m 이상으로 한다.
② 출입구의 너비는 3m 이상으로 하는 것이 원칙이다.
③ 주차대수 6대 이하의 주차단위구획은 차로를 기준으로 하여 세로를 2대까지 접하여 배치할 수 있다.
④ 보행인의 통행로가 필요한 경우에는 시설물과 주차단위구획 사이에 0.5m 이상의 거리를 두어야 한다.

[해설]
주차대수가 8대 이하인 자주식 주차장(지평식)의 구조 및 설비기준
① 차로의 너비는 2.5m 이상으로 하되 주차단위구획과 접하여 있는 차로의 너비는 다음과 같다.

주차형식	차로의 너비(m)
평행주차	3.0 이상
45° 대향주차	3.5 이상
교차주차	
60° 대향주차	4.0 이상
직각주차	6.0 이상

② 너비 12m 미만인 도로(보도와 차로의 구분이 없는 경우)에 접한 부설주차장인 경우에는 그 도로를 차로로 하여 주차단위구획을 배치할 수 있다. 이 경우 차로의 너비는 도로를 포함하여 6m 이상(평행주차인 경우 4m 이상)으로 하며, 도로의 범위는 중앙선까지로 하되 중앙선이 없는 경우에는 도로 반대쪽 경계선까지로 한다.
③ 보도와 차도의 구분이 있는 12m 이상의 도로에 접하여 있고 주차대수가 5대 이하인 부설주차장 : 해당 주차장의 이용에 지장이 없는 경우에 한하여 그 도로를 차로로 하여 직각주차형식으로 주차단위구획을 배치할 수 있다.
④ 5대 이하의 주차단위구획 : 차로를 기준으로 하여 세로로 2대까지 접하여 배치할 수 있다.
⑤ 출입구의 너비는 3m 이상
　예외) 막다른 도로에 접한 경우로서 시장·군수·구청장이 차량 소통에 지장이 없다고 인정하는 경우에는 2.5m 이상으로 할 수 있다.
⑥ 보행인의 통로가 필요한 경우에는 시설물과 주차구획 사이에 0.5m 이상의 거리에 두어야 한다.

정답 : ③

2016.1회-85

363 주차장법령상 건축 및 설치 시 부설주차장을 설치하지 않을 수 있는 시설물은?

① 종교시설 중 교회　② 종교시설 중 성당
③ 종교시설 중 사찰　④ 종교시설 중 수녀원

[해설]
부설주차장 설치 제외 대상
① 제1종 근린생활시설 중 변전소·양수장·정수장·대피소·공중화장실 기타 이와 유사한 시설
② 문화 및 집회시설 중 수도원·수녀원·제실 및 사당
③ 동물 및 식물관련시설(도축장 및 도계장을 제외)
④ 방송통신시설(방송국·전신전화국·통신용 시설 및 촬영소에 한함) 중 송신·수신 및 중계시설
⑤ 주차전용건축물(노외주차장인 주차전용건축물에 한함)에 주차장 외의 용도로 설치하는 시설물(판매시설 중 백화점·쇼핑센터·대형점과 문화 및 집회시설 중 영화관·전시장·예식장을 제외)
⑥ 역사(공공철도역사 포함)

정답 : ④

2016.2회-95

364 건축물의 용도를 변경하는 경우 변경 후 용도의 주차대수와 변경 전 용도의 주차대수의 차이에 해당하는 부설주차장을 추가로 확보하지 아니하고 용도를 변경할 수 있는 경우에 속하지 않는 것은?(단, 사용승인 후 5년이 지난 연면적 1,000m² 미만의 건축물의 용도를 변경하는 경우)

① 종교시설의 용도로 변경하는 경우
② 판매시설의 용도로 변경하는 경우
③ 다세대주택의 용도로 변경하는 경우
④ 문화 및 집회시설 중 전시장의 용도로 변경하는 경우

[해설]
부설주차장을 추가로 확보하지 아니하고 용도를 변경할 수 있는 경우
1. 사용승인 후 5년이 지난 연면적 1천제곱미터 미만의 건축물의 용도 변경 시 부설주차장을 추가확보 없이 용도변경이 가능하다.
2. 제외
　• 문화 및 집회시설 중 공연장·집회장·관람장
　• 위락시설
　• 주택 중 다세대·다가구주택

정답 : ③

2013.1회-94

365 사용승인 후 5년이 지난 연면적 1,000m² 미만의 건축물의 용도를 변경하는 경우 부설주차장을 추가로 확보하지 아니하고 건축물을 용도변경 할 수 있는 경우에 해당되는 것은?

① 문화 및 집회시설 중 공연장으로의 용도 변경
② 문화 및 집회시설 중 집회장으로의 용도 변경
③ 문화 및 집회시설 중 전시장으로의 용도 변경
④ 문화 및 집회시설 중 관람장으로의 용도 변경

[해설]
부설주차장을 추가로 확보하지 아니하고 용도를 변경할 수 있는 경우
1. 사용승인 후 5년이 지난 연면적 1천제곱미터 미만의 건축물의 용도 변경 시 부설주차장을 추가확보 없이 용도변경이 가능하다.
2. 제외
　• 문화 및 집회시설 중 공연장·집회장·관람장
　• 위락시설
　• 주택 중 다세대·다가구주택

정답 : ③

366 시설물의 부지 인근에 단독 또는 공동으로 설치할 수 있는 부설주차장의 규모 기준은?

① 200대 이하
② 250대 이하
③ 300대 이하
④ 350대 이하

[해설]
시설물의 부지 인근에 단독 또는 공동으로 설치할 수 있는 부설주차장의 규모 기준
부설주차장의 주차대수가 300대 이하인 때에는 시설물의 부지인근에 단독 또는 공동으로 부설주차장을 설치할 수 있다.

정답 : ③

367 다음의 부설주차장의 설치에 관한 기준 내용 중 밑줄 친 "대통령령으로 정하는 규모"로 옳은 것은?

> 부설주차장이 대통령령으로 정하는 규모 이하이면 시설물의 부지 인근에 단독 또는 공동으로 부설주차장을 설치할 수 있다.

① 주차대수 100대의 규모
② 주차대수 200대의 규모
③ 주차대수 300대의 규모
④ 주차대수 400대의 규모

[해설]
부설주차장의 주차대수가 300대 이하인 때에는 시설물의 부지인근에 단독 또는 공동으로 부설주차장을 설치할 수 있다.

368 시설물의 부지 인근에 부설주차장을 설치하는 경우, 해당 부지의 경계선으로부터 부설주차장의 경계선까지의 거리 기준으로 옳은 것은?

① 직선거리 300m 이내
② 도보거리 800m 이내
③ 직선거리 500m 이내
④ 도보거리 1,000m 이내

[해설]
해당 부지경계선으로부터 부설주차장 경계선까지의 직선거리 300m 이내 또는 도보거리 600m 이내

정답 : ①

369 기계식 주차장에는 도로에서 기계식 주차장치 출입구까지의 차로 또는 전면공지와 접하는 장소에 자동차가 대기할 수 있는 장소(정류장)를 설치하여야 한다. 다음 중 정류장의 확보 기준으로 옳은 것은?

① 주차대수가 10대를 초과하는 매 10대마다 1대분의 정류장을 확보
② 주차대수가 10대를 초과하는 매 20대마다 1대분의 정류장을 확보
③ 주차대수가 20대를 초과하는 매 10대마다 1대분의 정류장을 확보
④ 주차대수가 20대를 초과하는 매 20대마다 1대분의 정류장을 확보

[해설]
주차대수가 20대를 초과하는 매 20대마다 1대분의 정류장을 확보해야 한다.

정답 : ④

370 주차대수가 300대인 기계식 주차장의 진입로 또는 전면공지와 접하는 장소에 확보하여야 하는 정류장의 최소 규모는?

① 12대
② 13대
③ 14대
④ 15대

[해설]
기계식 주차장의 정류장 확보 기준
주차대수가 20대를 초과하는 매 20대마다 1대분의 정류장을 확보해야 한다.
(300대-20대)/20대=14대

정답 : ③

371 주차장법령의 기계식 주차장치의 안전기준과 관련하여, 중형 기계식 주차장의 주차장치 출입구 크기기준으로 옳은 것은?(단, 사람이 통행하지 않는 기계식 주차장치인 경우)

① 너비 2.3m 이상, 높이 1.6m 이상
② 너비 2.3m 이상, 높이 1.8m 이상
③ 너비 2.4m 이상, 높이 1.6m 이상
④ 너비 2.4m 이상, 높이 1.9m 이상

기계식 주차장의 출입구 크기와 주차구획의 크기

출입구의 크기	• 중형 기계식 주차장 2.3m(너비)×1.6(높이) 이상 • 대형 기계식 주차장 2.4m(너비)×1.9(높이) 이상 예외) 사람이 통행하는 기계식 주차장 출입구의 높이는 1.8m 이상
주차구획의 크기	• 중형 기계식 주차장 2.3m(너비)×1.6(높이)×5.15(길이) • 대형 기계식 주차장 2.4m(너비)×1.9(높이)×5.3(길이) 예외) 차량의 길이가 5.1m 이상인 경우에는 주차구획의 길이는 차량의 길이보다 최소 0.2m 이상을 확보하여야 한다.

정답 : ①

SECTION 03 국토의 계획 및 이용에 관한 법

2014.2회-86

372 국토의 계획 및 이용에 관한 법령상 도시·군관리계획의 내용에 속하지 않는 것은?

① 투기과열지구의 지정 또는 변경에 관한 계획
② 개발제한구역의 지정 또는 변경에 관한 계획
③ 기반시설의 설치·정비 또는 개량에 관한 계획
④ 용도지역·용도지구의 지정 또는 변경에 관한 계획

[해설]
도시·군관리계획의 내용
1. 용도지역·용도지구의 지정 또는 변경에 관한 계획
2. 개발제한구역, 도시자연공원구역, 시가화조정구역, 수산자원보호구역의 지정 또는 변경에 관한 계획
3. 기반시설의 설치·정비 또는 개량에 관한 계획
4. 도시개발사업이나 정비사업에 관한 계획
5. 지구단위계획구역의 지정 또는 변경에 관한 계획과 지구단위계획
6. 입지규제최소구역의 지정 또는 변경에 관한 계획과 입지규제최소구역계획

정답 : ①

2013.1회-87, 2016.1회-95

373 다음 중 도시·군 관리계획에 포함되지 않는 것은?

① 도시개발사업이나 정비사업에 관한 계획
② 광역계획권의 장기발전방향을 제시하는 계획
③ 기반시설의 설치·정비 또는 개량에 관한 계획
④ 용도지역·용도지구의 지정 또는 변경에 관한 계획

[해설]
도시·군관리계획의 내용
• 용도지역·용도지구의 지정 또는 변경에 관한 계획
• 개발제한구역·도시자연공원구역·시가화조정구역·수산자원보호구역의 지정 또는 변경에 관한 계획
• 기반시설의 설치·정비 또는 개량에 관한 계획
• 도시개발사업 또는 정비사업에 관한 계획
• 지구단위계획구역의 지정 또는 변경에 관한 계획과 지구단위계획
• 입지규제최소구역의 지정 또는 변경에 관한 계획과 입지규제최소구역계획

정답 : ②

2017.2회-86, 2019.4회-87

374 도시지역에서 복합적인 토지이용을 증진시켜 도시 정비를 촉진하고 지역 거점을 육성할 필요가 있다고 인정되는 지역을 대상으로 지정하는 용도구역은?

① 개발제한구역
② 시가화조정구역
③ 입지규제최소구역
④ 도시자연공원구역

[해설]
입지규제최소구역
도시지역에서 복합적인 토지이용을 증진시켜 도시 정비를 촉진하고 지역 거점을 육성할 필요가 있다고 인정되는 지역을 대상을 지정하는 용도구역이다.

정답 : ③

2015.4회-87, 2020.4회-86

375 시가화조정구역의 지정과 관련된 기준 내용 중 밑줄 친 "대통령령으로 정하는 기간"으로 옳은 것은?

> 시·도지사는 직접 또는 관계 행정기관의 장의 요청을 받아 도시지역과 그 주변 지역의 무질서한 시가화를 방지하고 계획적·단계적인 개발을 도모하기 위하여 <u>대통령령으로 정하는 기간</u> 동안 시가화를 유보할 필요가 있다고 인정되면 시가화 조정구역의 지정 또는 변경을 도시·군 관리계획으로 결정할 수 있다.

① 5년 이상 10년 이내의 기간
② 5년 이상 20년 이내의 기간
③ 7년 이상 10년 이내의 기간
④ 7년 이상 20년 이내의 기간

[해설]
시가화조정구역 지정과 관련된 기준
5년 이상 20년 이내의 기간 내에서 시가화를 유보할 필요가 있다고 인정되는 경우에는 시가화조정구역의 지정 또는 변경을 도시·군 관리계획으로 결정할 수 있다(다만, 국가계획과 연계하여 시가화조정구역의 지정 또는 변경이 필요한 경우에는 국토교통부장관이 직접 시가화조정구역의 지정 또는 변경을 도시·군 관리계획으로 결정할 수 있다).

정답 : ②

376 시가화조정구역에서 시가화유보기간으로 정하는 기간 기준은?

① 1년 이상 5년 이내
② 3년 이상 10년 이내
③ 5년 이상 20년 이내
④ 10년 이상 30년 이내

[해설]
시가화조정구역 지정과 관련된 기준
5년 이상 20년 이내의 기간 내에서 시가화를 유보할 필요가 있다고 인정되는 경우에는 시가화조정구역의 지정 또는 변경을 도시·군관리계획으로 결정할 수 있다(다만, 국가계획과 연계하여 시가화조정구역의 지정 또는 변경이 필요한 경우에는 국토교통부장관이 직접 시가화조정구역의 지정 또는 변경을 도시·군관리계획으로 결정할 수 있다).

정답 : ③

377 다음 중 시가화조정구역 안에서 허가를 거부할 수 없는 행위에 속하지 않는 것은?

① 1가구당 기존 축사를 포함하여 300m² 이하의 축사의 설치
② 1가구당 기존 퇴비사의 면적을 포함하여 100m² 이하의 퇴비사의 설치
③ 과수원에서 기존 관리용 건축물의 면적을 포함하여 66m² 이하의 관리용 건축물의 설치
④ 시가화조정구역 안의 토지 또는 그 토지와 일체가 되는 토지에서 생산되는 생산물의 저장에 필요한 것으로서 기존 창고면적을 포함하여 그 토지면적의 0.5% 이하의 창고의 설치

[해설]
시가화조정구역 안에서 허가를 거부할 수 없는 행위
과수원에서 기존 관리용 건축물의 면적을 포함하여 33m² 이하의 관리용 건축물 설치가 가능하다.

정답 : ③

378 국토의 계획 및 이용에 관한 법령에 따른 기반시설 중 도로의 세분에 속하지 않는 것은?

① 고속도로
② 일반도로
③ 고가도로
④ 보행자전용도로

[해설]
기반시설의 세분

기반시설	세분	
도로	• 일반도로 • 자동차 전용도로 • 보행자 전용도로 • 지하도로	• 자전거 전용도로 • 고가도로 • 보행자 우선도로
광장	• 일반광장 • 경관광장 • 건축물부설광장	• 교통광장 • 지하광장
자동차 정류장	• 여객자동차터미널 • 복합환승센터 • 화물자동차휴게소	• 공동차고지 • 물류터미널 • 공영차고지

정답 : ①

379 국토의 계획 및 이용에 관한 법령상 기반시설 중 도로의 세분에 속하지 않는 것은?

① 고가도로
② 보행자 우선도로
③ 자전거 우선도로
④ 자동차 전용도로

[해설]
기반시설의 세분

기반시설	세분	
도로	• 일반도로 • 자동차 전용도로 • 보행자 전용도로 • 지하도로	• 자전거 전용도로 • 고가도로 • 보행자 우선도로

정답 : ③

380 국토의 계획 및 이용에 관한 법률에 의한 기반시설 중 광장의 종류에 속하지 않는 것은?

① 교통광장
② 전시광장
③ 지하광장
④ 경관광장

[해설]

기반시설	세분	
광장	• 일반광장 • 경관광장 • 건축물부설광장	• 교통광장 • 지하광장

정답 : ②

381 국토의 계획 및 이용에 관한 법령상 기반시설 중 광장의 세분에 해당하지 않는 것은?

① 옥상광장
② 일반광장
③ 지하광장
④ 건축물부설광장

[해설]

기반시설	세분
광장	• 일반광장 • 교통광장 • 경관광장 • 지하광장 • 건축물부설광장

정답 : ①

382 국토의 계획 및 이용에 관한 법령에 따른 기반시설 중 자동차 정류장의 세분에 속하지 않는 것은?

① 고속터미널
② 화물터미널
③ 공영차고지
④ 여객자동차터미널

[해설]
기반시설의 세분

기반시설	세분
자동차 정류장	• 여객자동차터미널 • 공동차고지 • 복합환승센터 • 물류터미널 • 화물자동차휴게소 • 공영차고지

정답 : ①

383 국토의 계획 및 이용에 관한 법령에 따른 기반시설 중 공간시설에 속하지 않는 것은?

① 녹지
② 유원지
③ 유수지
④ 공공공지

[해설]
유수지는 방재시설에 속한다.
① 녹지, ② 유원지, ④ 공공공지는 공간시설에 속한다.

기반시설	세분
교통시설	도로 · 철도 · 항만 · 공항 · 주차장 · 자동차정류장 · 궤도 · 차량 검사 및 운전면허시설
공간시설	광장 · 공원 · 녹지 · 유원지 · 공공공지
유통 · 공급시설	유통업무설비, 수도 · 전기 · 가스 · 열공급설비, 방송 · 통신시설, 공동구 · 시장, 유류저장 및 송유설비
공공 · 문화체육시설	학교 · 공공청사 · 문화시설 · 공공필요성이 인정되는 체육시설 · 연구시설 · 사회복지시설 · 공공직업훈련시설 · 청소년 수련시설
방재시설	하천 · 유수지 · 저수지 · 방화설비 · 방풍설비 · 방수설비 · 사방설비 · 방조설비
보건위생시설	장사시설 · 도축장 · 종합의료시설
환경기초시설	하수도 · 폐기물처리 및 재활용시설 · 빗물저장 및 이용시설 · 수질오염방지시설 · 폐차장

정답 : ③

384 국토의 계획 및 이용에 관한 법령에 따른 기반시설에 속하지 않는 것은?

① 아파트
② 방재시설
③ 공간시설
④ 환경기초시설

[해설]
아파트는 기반시설에 속하지 않는다.

정답 : ①

385 국토의 계획 및 이용에 관한 법령상 광장 · 공원 · 녹지 · 유원지 · 공공공지가 속하는 기반시설은?

① 교통시설
② 공간시설
③ 환경기초시설
④ 공공 · 문화체육시설

[해설]
광장 · 공원 · 녹지 · 유원지 · 공공공지가 속하는 기반시설은 공간시설이다.

정답 : ②

386 도시·군계획 수립 대상지역의 일부에 대하여 토지 이용을 합리화하고 그 기능을 증진시키며 미관을 개선하고 양호한 환경을 확보하여, 그 지역을 체계적·계획적으로 관리하기 위하여 수립하는 도시·군관리계획은?

① 광역도시계획 ② 지구단위계획
③ 지구경관계획 ④ 택지개발계획

[해설]
지구단위계획
도시·군계획 수립 대상지역 안의 일부에 대하여 토지 이용을 합리화하고, 그 기능을 증진시키며 미관을 개선하고, 양호한 환경을 확보하여, 그 지역을 체계적·계획적으로 관리하기 위하여 수립한다.

정답 : ②

387 도시·군계획 수립 대상지역의 일부에 대하여 토지 이용을 합리화하고 그 기능을 증진시키며 미관을 개선하고 양호한 환경을 확보하며, 그 지역을 체계적·계획적으로 관리하기 위하여 수립하는 도시·군관리계획은?

① 지구단위계획 ② 도시·군성장계획
③ 광역도시계획 ④ 개발밀도관리계획

[해설]
지구단위계획
도시·군계획 수립 대상지역 안의 일부에 대하여 토지 이용을 합리화하고, 그 기능을 증진시키며 미관을 개선하고, 양호한 환경을 확보하여, 그 지역을 체계적·계획적으로 관리하기 위하여 수립한다.

정답 : ①

388 국토의 계획 및 이용에 관한 법률상 다음과 같이 정의되는 것은?

> 도시·군 계획 수립 대상지역의 일부에 대하여 토지 이용을 합리화하고 그 기능을 증진시키며 미관을 개선하고 양호한 환경을 확보하며, 그 지역을 체계적·계획적으로 관리하기 위하여 수립하는 도시·군관리계획

① 광역도시계획
② 지구단위계획
③ 도시·군기본계획
④ 입지규제최소구역계획

[해설]
지구단위계획
도시·군 계획 수립 대상지역의 일부에 대하여 토지 이용을 합리화하고 그 기능을 증진시키며 미관을 개선하고 양호한 환경을 확보하며, 그 지역을 체계적·계획적으로 관리하기 위하여 수립하는 도시·군관리계획을 말한다.

정답 : ②

389 국토의 계획 및 이용에 관한 법령상 지구단위계획의 내용에 포함되지 않는 것은?

① 건축물의 배치·형태·색채에 관한 계획
② 건축물의 안전 및 방재에 대한 계획
③ 기반시설의 배치와 규모
④ 교통처리계획

[해설]
지구단위계획구역에 포함될 수 있는 내용
- 용도지역 또는 용도지구를 세분하거나 변경하는 사항
- 기존의 용도지구를 폐지하고 그 용도지구에서 건축물이나 그 밖의 시설의 용도×종류 및 규모 등 제한을 대체하는 사항
- 기반시설의 배치와 규모
- 도로로 둘러싸인 일단의 지역 또는 계획적인 개발·정비를 위하여 구획된 일단의 토지규모와 조성계획
- 건축물의 용도제한·건폐율 또는 용적률·건축물 높이의 최고 한도 또는 최저 한도
- 건축물의 배치·형태·색채 또는 건축선에 관한 계획
- 환경관리계획 또는 경관계획
- 보행안전 등을 고려한 교통처리계획

정답 : ②

390 지구단위계획구역의 지정목적을 이루기 위하여 지구단위계획에 포함될 수 있는 내용이 아닌 것은?

① 용도지역이나 용도지구를 대통령령으로 정하는 범위에서 세부하거나 변경하는 사항
② 건축물 높이의 최고한도 또는 최저한도
③ 도시·군관리계획 중 정비사업에 관한 계획
④ 대통령령으로 정하는 기반시설의 배치와 규모

[해설]
도시·군관리계획 중 정비사업에 관한 계획은 도시관리계획의 내용이다.

지구단위계획구역에 포함될 수 있는 내용
- 용도지역 또는 용도지구를 세분하거나 변경하는 사항
- 기존의 용도지구를 폐지하고 그 용도지구에서 건축물이나 그밖의 시설의 용도×종류 및 규모 등 제한을 대체하는 사항
- 기반시설의 배치와 규모
- 도로로 둘러싸인 일단의 지역 또는 계획적인 개발·정비를 위하여 구획된 일단의 토지규모와 조성계획
- 건축물의 용도제한·건폐율 또는 용적률·건축물 높이의 최고한도 또는 최저한도
- 건축물의 배치·형태·색채 또는 건축선에 관한 계획
- 환경관리계획 또는 경관계획
- 보행안전 등을 고려한 교통처리계획

정답 : ③

2016.4회-99

391 국토의 계획 및 이용에 관한 법령상 다음과 같이 정의되는 용어는?

> 개발로 인하여 기반시설이 부족할 것으로 예상되나 기반시설을 설치하기 곤란한 지역을 대상으로 건폐율이나 용적률을 강화하여 적용하기 위하여 지정하는 구역

① 시가화조정구역 ② 개발밀도관리구역
③ 기반시설부담구역 ④ 지구단위계획구역

[해설]
개발밀도관리구역
개발로 인하여 기반시설이 부족할 것으로 예상되나 기반시설을 설치하기 곤란한 지역을 대상으로 건폐율이나 용적률을 강화하여 적용하기 위하여 지정하는 구역

정답 : ②

2018.1회-84

392 국토의 계획 및 이용에 관한 법령상 다음과 같이 정의되는 용어는?

> 개발로 인하여 기반시설이 부족할 것으로 예상되나 기반시설을 설치하기 곤란한 지역을 대상으로 건폐율이나 용적률을 강화하여 적용하기 위하여 지정하는 구역

① 개발제한구역 ② 시가화조정구역
③ 입지규제최소구역 ④ 개발밀도관리구역

[해설]
개발로 인하여 기반시설이 부족할 것으로 예상되나 기반시설을 설치하기 곤란한 지역을 대상으로 건폐율이나 용적률을 강화하여 적용하기 위하여 지정하는 구역은 개발밀도관리구역이다.

정답 : ④

2018.4회-86

393 다음 중 도시·군관리계획에 포함되지 않는 것은?

① 도시개발사업이나 정비사업에 관한 계획
② 광역계획권의 장기발전방향을 제시하는 계획
③ 기반시설의 설치·정비 또는 개량에 관한 계획
④ 용도지역·용도지구의 지정 또는 변경에 관한 계획

[해설]
광역계획권의 장기발전방향을 제시하는 계획은 광역도시계획에 포함되는 내용이다.

도시·군관리계획의 내용
- 용도지역·용도지구의 지정 또는 변경에 관한 계획
- 개발제한구역·도시자연공원구역·시가화조정구역·수산자원보호구역의 지정 또는 변경에 관한 계획
- 기반시설의 설치·정비 또는 개량에 관한 계획
- 도시개발사업 또는 정비사업에 관한 계획
- 지구단위계획구역의 지정 또는 변경에 관한 계획과 지구단위계획
- 입지규제최소구역의 지정 또는 변경에 관한 계획과 입지규제최소구역계획

정답 : ②

2015.4회-82

394 국토의 계획 및 이용에 관한 법률에 따른 도시·군관리계획의 내용에 속하지 않는 것은?

① 광역계획권의 장기발전방향에 관한 계획
② 도시개발사업이나 정비사업에 관한 계획
③ 기반시설의 설치·정비 또는 개량에 관한 계획
④ 용도지역·용도지구의 지정 또는 변경에 관한 계획

[해설]
도시·군관리계획의 내용
① 용도지역·용도지구의 지정 또는 변경에 관한 계획
② 개발제한구역·도시자연공원구역·시가화조정구역·수산자원보호구역의 지정 또는 변경에 관한 계획
③ 기반시설의 설치·정비 또는 개량에 관한 계획
④ 도시개발사업 또는 정비사업에 관한 계획
⑤ 지구단위계획구역의 지정 또는 변경에 관한 계획과 지구단위계획
⑥ 입지규제최소구역의 지정 또는 변경에 관한 계획과 입지규제최소구역계획

정답 : ①

395 다음 중 국토의 계획 및 이용에 관한 법령상 공공(公共)시설에 속하지 않는 것은?

① 광장
② 공동구
③ 유원지
④ 사방설비

[해설]
공공시설

공공용 시설	도로·공원·철도·수도·항만·공항·광장·녹지·공공공지·공동구·하천·유수지·방화설비·방풍설비·방수설비·사방설비·방조설비·하수도·구거(도랑)
행정청이 설치한 시설에 한하여 공공시설로 간주하는 시설	주차장·저수지·장사시설 등

정답 : ③

396 다음 중 국토의 계획 및 이용에 관한 법령상 공공시설에 속하지 않는 것은?

① 공동구
② 방풍설비
③ 사방설비
④ 쓰레기 처리장

[해설]
공공시설

공공용 시설	도로·공원·철도·수도·항만·공항·광장·녹지·공공공지·공동구·하천·유수지·방화설비·방풍설비·방수설비·사방설비·방조설비·하수도·구거(도랑)
행정청이 설치한 시설에 한하여 공공시설로 간주하는 시설	주차장·저수지·장사시설 등

정답 : ④

397 다음 중 국토의 계획 및 이용에 관한 법령에 따른 광역시설에 속하지 않는 것은?(단, 둘 이상의 특별시·광역시·특별자치시·특별자치도·시 또는 군이 공동으로 이용하는 시설)

① 운동장
② 봉안시설
③ 수질오염방지시설
④ 하수도(하수종말처리시설 제외)

[해설]
광역시설
기반시설 중 광역적인 정비체계가 필요한 다음의 시설을 말한다.

둘 이상의 특별시·광역시·특별자치시·특별자치도·시 또는 군(광역시의 관할 구역 안에 있는 군을 제외)의 관할 구역에 걸치는 시설	도로·철도·광장·녹지·수도·전기·가스·열공급설비, 방송·통신시설, 공동구, 유류저장 및 송유설비·하천·하수도(하수종말처리시설 제외)
둘 이상의 특별시·광역시·특별자치시·특별자치도·시 또는 군이 공동으로 이용하는 시설	항만·공항·자동차정류장·공원·유원지·유통업무설비·문화시설·공공필요성이 인정되는 체육시설·사회복지시설·공공직업훈련시설·청소년수련시설·유수지·장사시설·도축장·하수도(하수종말처리시설)·폐기물처리 및 재활용시설·수질오염방지시설·폐차장

정답 : ④

398 저층주택을 중심으로 편리한 주거환경을 조성하기 위하여 주거지역을 세분화하여 지정한 지역은?

① 준주거지역
② 제1종 일반주거지역
③ 제2종 일반주거지역
④ 제3종 일반주거지역

[해설]
일반주거지역의 세분

제1종 일반주거지역	저층주택을 중심으로 편리한 주거환경을 조성하기 위하여 필요한 지역
제2종 일반주거지역	중층주택을 중심으로 편리한 주거환경을 조성하기 위하여 필요한 지역
제3종 일반주거지역	중·고층주택을 중심으로 편리한 주거환경을 조성하기 위하여 필요한 지역

정답 : ②

399 용도지역의 세분에 있어서 중·고층주택을 중심으로 편리한 주거환경을 조성하기 위하여 필요한 지역은?

① 제1종 일반주거지역
② 제2종 일반주거지역
③ 제3종 일반주거지역
④ 준주거지역

[해설]

일반주거지역의 세분

제1종 일반주거지역	저층주택을 중심으로 편리한 주거환경을 조성하기 위하여 필요한 지역
제2종 일반주거지역	중층주택을 중심으로 편리한 주거환경을 조성하기 위하여 필요한 지역
제3종 일반주거지역	중·고층주택을 중심으로 편리한 주거환경을 조성하기 위하여 필요한 지역

정답 : ③

2016.4회-88

400 주거지역의 세분 중 중층주택을 중심으로 편리한 주거환경을 조성하기 위하여 필요한 지역은?

① 제1종 일반주거지역 ② 제2종 일반주거지역
③ 제1종 전용주거지역 ④ 제2종 전용주거지역

[해설]

일반주거지역의 세분

제1종 일반주거지역	저층주택을 중심으로 편리한 주거환경을 조성하기 위하여 필요한 지역
제2종 일반주거지역	중층주택을 중심으로 편리한 주거환경을 조성하기 위하여 필요한 지역
제3종 일반주거지역	중·고층주택을 중심으로 편리한 주거환경을 조성하기 위하여 필요한 지역

정답 : ②

2021.1회-95

401 중고층주택을 중심으로 편리한 주거환경을 조성하기 위하여 지정하는 용도지역은?

① 제1종 일반주거지역 ② 제2종 일반주거지역
③ 제3종 일반주거지역 ④ 제4종 일반주거지역

[해설]

주거지역의 세분

전용주거지역	제1종	단독주택 중심의 양호한 주거환경 보호
	제2종	공동주택 중심의 양호한 주거환경 보호
일반주거지역	제1종	저층주택 중심의 편리한 주거환경 조성
	제2종	중층주택 중심의 편리한 주거환경 조성
	제3종	중·고층주택 중심의 편리한 주거환경 조성
준주거지역		주거기능을 주로 하면서 상업·업무기능 보완

정답 : ③

2021.4회-97

402 국토의 계획 및 이용에 관한 법률상 주거지역의 세분에서 단독주택 중심의 양호한 주거환경을 보호하기 위하여 필요한 지역에 대해 지정하는 용도지역은?

① 제1종 전용주거지역
② 제1종 특별주거지역
③ 제1종 일반주거지역
④ 제3종 일반주거지역

[해설]

주거지역의 세분

전용주거지역	제1종	단독주택 중심의 양호한 주거환경 보호
	제2종	공동주택 중심의 양호한 주거환경 보호

정답 : ①

2014.2회-95

403 제1종 일반주거지역 안에서 건축할 수 있는 건축물에 속하지 않는 것은?

① 단독주택 ② 노유자시설
③ 공동주택 중 아파트 ④ 제1종 근린생활시설

[해설]

아파트는 제1종 일반주거지역 안에서 건축할 수 있는 건축물에 속하지 않는다.

건축제한 구분	건축물의 용도
제1종 일반주거지역에는 단지형 연립주택을 포함한 4층 이하의 주택(4층 이하 범위에서 도시·군계획 조례로 따로 층수를 정하는 경우)	1. 단독주택 2. 아파트를 제외한 공동주택 3. 제1종 근린생활시설 4. 교육연구시설 중 유치원·초등학교·중학교 및 고등학교 5. 노유자시설

정답 : ③

2021.4회-92

404 국토의 계획 및 이용에 관한 법령상 제1종 일반주거지역 안에서 건축할 수 있는 건축물에 속하지 않는 것은?

① 아파트
② 단독주택
③ 노유자시설
④ 교육연구시설 중 고등학교

[해설]

아파트는 제1종 일반주거지역 안에서 건축할 수 있는 건축물에 속하지 않는다.

건축제한 구분	건축물의 용도
제1종 일반주거지역에는 단지형 연립주택을 포함한 4층 이하의 주택(4층 이하 범위에서 도시·군계획 조례로 따로 층수를 정하는 경우)	1. 단독주택 2. 아파트를 제외한 공동주택 3. 제1종 근린생활시설 4. 교육연구시설 중 유치원·초등학교·중학교 및 고등학교 5. 노유자시설

정답 : ①

2015.4회-94

405 제1종 일반주거지역 안에서 건축할 수 있는 건축물에 속하지 않은 것은?

① 노유자시설
② 제1종 근린생활시설
③ 공동주택 중 아파트
④ 교육연구시설 중 고등학교

[해설]

공동주택 중 아파트는 제1종 일반주거지역 안에서 건축할 수 있는 건축물에 속하지 않는다.

건축제한 구분	건축물의 용도
제1종 일반주거지역에는 단지형 연립주택을 포함한 4층 이하의 주택(4층 이하 범위에서 도시·군계획 조례로 따로 층수를 정하는 경우)	1. 단독주택 2. 아파트를 제외한 공동주택 3. 제1종 근린생활시설 4. 교육연구시설 중 유치원·초등학교·중학교 및 고등학교 5. 노유자시설

정답 : ③

2019.4회-100

406 다음 중 제1종 전용주거지역 안에서 건축할 수 있는 건축물에 속하지 않는 것은?(단, 도시·군계획조례가 정하는 바에 의하여 건축할 수 있는 건축물 포함)

① 노유자시설
② 공동주택 중 아파트
③ 교육연구시설 중 고등학교
④ 제2종 근린생활시설 중 종교집회장

[해설]

공동주택 중 아파트는 제1종 전용주거지역 안에서 건축할 수 있는 건축물에 속하지 않는다.

정답 : ②

2019.1회-88

407 다음 중 아파트를 건축할 수 없는 용도지역은?

① 준주거지역
② 제1종 일반주거지역
③ 제2종 일반주거지역
④ 제3종 일반주거지역

[해설]

아파트는 5층 이상이므로 건축할 수 없다.
제1종 일반주거지역에는 4층 이하의 단독주택, 공동주택, 학교, 노유자시설이 건축 가능하다.

정답 : ②

2017.1회-96

408 제2종 일반주거지역 안에서 건축할 수 있는 건축물에 속하지 않는 것은?

① 아파트
② 노유자시설
③ 문화 및 집회시설 중 전시장
④ 문화 및 집회시설 중 관람장

[해설]

건축제한 구분	건축물의 용도
제2종 일반주거지역 안에서 건축할 수 있는 건축물(경관관리 등을 위하여 도시·군계획조례로 건축물의 층수를 제한하는 경우에는 그 층수 이하의 건축물로 한정)	1. 단독주택 2. 공동주택 3. 제1종 근린생활시설 4. 종교시설 5. 교육연구시설 중 유치원·초등학교·중학교 및 고등학교 6. 노유자시설 및 종교시설 7. 문화 및 집회시설(관람장 제외)

정답 : ④

409 제2종 일반주거지역 안에서 건축할 수 있는 건축물에 속하지 않는 것은?

① 아파트
② 노유자시설
③ 종교시설
④ 문화 및 집회시설 중 관람장

[해설]

건축제한 구분	건축물의 용도
제2종 일반주거지역 안에서 건축할 수 있는 건축물(경관관리 등을 위하여 도시·군계획조례로 건축물의 층수를 제한하는 경우에는 그 층수 이하의 건축물로 한정)	1. 단독주택 2. 공동주택 3. 제1종 근린생활시설 4. 종교시설 5. 교육연구시설 중 유치원·초등학교·중학교 및 고등학교 6. 노유자시설 및 종교시설 7. 문화 및 집회시설(관람장 제외)

정답 : ④

410 다음 중 제2종 일반주거지역 안에서 건축할 수 없는 건축물은?(단, 도시·군계획 조례가 정하는 바에 따라 건축할 수 있는 경우는 고려하지 않는다.)

① 종교시설
② 운수시설
③ 노유자시설
④ 제1종 근린생활시설

[해설]

건축제한 구분	건축물의 용도
제2종 일반주거지역 안에서 건축할 수 있는 건축물(경관관리 등을 위하여 도시·군계획조례로 건축물의 층수를 제한하는 경우에는 그 층수 이하의 건축물로 한정)	1. 단독주택 2. 공동주택 3. 제1종 근린생활시설 4. 종교시설 5. 교육연구시설 중 유치원·초등학교·중학교 및 고등학교 6. 노유자시설 및 종교시설 7. 문화 및 집회시설(관람장 제외)

정답 : ②

411 제2종 일반주거지역에서 건축할 수 있는 건축물에 속하지 않는 것은?

① 종교시설
② 숙박시설
③ 노유자시설
④ 제1종 근린생활시설

[해설]

건축제한 구분	건축물의 용도
제2종 일반주거지역 안에서 건축할 수 있는 건축물(경관관리 등을 위하여 도시·군계획조례로 건축물의 층수를 제한하는 경우에는 그 층수 이하의 건축물로 한정)	1. 단독주택 2. 공동주택 3. 제1종 근린생활시설 4. 종교시설 5. 교육연구시설 중 유치원·초등학교·중학교 및 고등학교 6. 노유자시설 및 종교시설 7. 문화 및 집회시설(관람장 제외)

정답 : ②

412 다음 중 제2종 일반주거지역 안에서 건축할 수 있는 건축물에 속하지 않는 것은?

① 종교시설
② 운수시설
③ 노유자시설
④ 제1종 근린생활시설

[해설]

운수시설은 제2종 일반주거지역 안에서 건축할 수 있는 건축물에 속하지 않는다.

정답 : ②

413 공동주택 중심의 양호한 주거환경을 보호하기 위하여 주거지역을 세분하여 지정하는 지역은?

① 제1종 전용주거지역
② 제2종 전용주거지역
③ 제1종 일반주거지역
④ 제2종 일반주거지역

[해설]

전용주거지역의 세분

제1종 전용주거지역	단독주택 중심의 양호한 주거환경을 보호하기 위하여 필요한 지역
제2종 전용주거지역	공동주택 중심의 양호한 주거환경을 보호하기 위하여 필요한 지역

정답 : ②

2016.2회-100

414 주거지역 중 단독주택 중심의 양호한 주거환경을 보호하기 위하여 지정하는 지역은?

① 제1종 전용주거지역   ② 제2종 전용주거지역
③ 제1종 일반주거지역   ④ 제2종 일반주거지역

[해설]

전용주거지역의 세분

| 제1종 전용주거지역 | 단독주택 중심의 양호한 주거환경을 보호하기 위하여 필요한 지역 |

정답 : ①

2016.1회-93

415 다음 중 제1종 전용주거지역 안에서 건축할 수 있는 건축물에 속하지 않는 것은?(단, 도시·군계획 조례가 정하는 바에 의하여 건축할 수 있는 건축물 포함)

① 노유자시설
② 공동주택 중 아파트
③ 교육연구시설 중 고등학교
④ 제2종 근린생활시설 중 종교집회장

[해설]

공동주택 중 아파트는 건축할 수 없다.

제1종 전용주거지역에서의 건축물

건축제한 구분	건축물의 용도
건축할 수 있는 건축물	1. 단독주택(다가구 주택을 제외) 2. 제1종 근린생활시설로서 해당 용도에 쓰이는 바닥면적의 합계가 1,000제곱미터 미만인 것
도시·군 계획 조례의 위임대상	1. 단독주택 중 다가구주택 2. 공동주택 중 연립주택 및 다세대주택 3. 공중화장실·대피소, 그 밖에 이와 비슷한 것 및 지역아동센터 및 변전소, 도시가스배관시설, 통신용 시설(해당 용도로 쓰는 바닥면적의 합계가 1천제곱미터 미만인 것에 한정한다). 정수장, 양수장 등 주민의 생활에 필요한 에너지공급·통신서비스제공이나 급수·배수와 관련된 시설의 제1종 근린생활시설로서 해당 용도에 쓰이는 바닥면적의 합계가 1천제곱미터 미만인 것 4. 제2종 근린생활시설 중 종교집회장 5. 문화 및 집회시설 중 전시장(박물관·미술관, 체험관(한옥으로 건축한 것만 해당) 및 기념관에 한함)에 해당하는 것으로서 1천제곱미터 미만인 것 6. 종교시설에 해당하는 것으로 1천제곱미터 미만인 것

| 도시·군 계획 조례의 위임대상 | 7. 교육연구 및 복지시설 중 아동관련시설(아동복지시설·영/유아 보육시설·유치원 그 밖에 이와 유사한 것) 및 노인복지시설과 다른 용도로 분류되지 아니한 사회복지시설 및 근로복지시설에 해당하는 것과 초등학교·중학교 및 고등학교
8. 노유자시설
9. 자동차관련시설 중 주차장 |

정답 : ②

2013.4회-93

416 국토의 계획 및 이용에 관한 법령상 제2종 전용주거지역 안에서 건축할 수 있는 건축물에 속하지 않는 것은?

① 공동주택
② 판매시설
③ 노유자시설
④ 교육연구시설 중 고등학교

[해설]

제2종 전용주거지역 안에서 건축할 수 있는 건축물

건축제한 구분	건축물의 용도
건축할 수 있는 건축물	1. 단독주택 2. 공동주택 3. 제1종 근린생활시설로서 바닥면적 합계가 1,000m² 미만인 것
도시·군 계획 조례의 위임대상	1. 제2종 근린생활시설 중 종교집회장 2. 문화 및 집회시설 중 바닥면적 합계가 1,000m² 미만인 것 3. 종교시설에 해당되는 것으로서 바닥면적 합계가 1,000m² 미만인 것 4. 교육연구시설 중 유치원·초등학교·중학교 및 고등학교 5. 노유자시설 6. 자동차 관련시설 중 주차장

정답 : ②

2014.4회-85, 2019.2회-95

417 국토의 계획 및 이용에 관한 법령상 아파트를 건축할 수 있는 지역은?

① 자연녹지지역
② 제1종 전용주거지역
③ 제2종 전용주거지역
④ 제1종 일반주거지역

[해설]
국토의 계획 및 이용에 관한 법령상 아파트를 건축할 수 있는 지역
제2종 전용주거지역에는 아파트, 연립주택, 다세대주택, 기숙사 등의 건축이 가능하다.

정답 : ③

2016.4회-93

418 국토의 계획 및 이용에 관한 법령상 일반상업지역에서 건축할 수 있는 건축물은?

① 묘지관련시설
② 자원순환관련시설
③ 의료시설 중 요양병원
④ 자동차관련시설 중 폐차장

[해설]
의료시설 중 요양병원은 일반상업지역에서 건축할 수 있는 건축물이다.

건축제한 구분	건축물의 용도
건축할 수 있는 건축물	1. 제1종 근린생활시설 2. 제2종 근린생활시설 3. 문화 및 집회시설 4. 종교시설 5. 판매시설 6. 운수시설 7. 의료시설 8. 업무시설 9. 숙박시설(일반숙박시설 및 생활숙박시설)

정답 : ③

2018.1회-82

419 다음의 각종 용도지역의 세분에 관한 설명 중 옳지 않은 것은?

① 근린상업지역 : 근린지역에서의 일용품 및 서비스의 공급을 위하여 필요한 지역
② 중심상업지역 : 도심·부도심의 상업기능 및 업무기능의 확충을 위하여 필요한 지역
③ 제1종 일반주거지역 : 단독주택을 중심으로 양호한 주거환경을 조성하기 위하여 필요한 지역
④ 준주거지역 : 주거기능을 위주로 이를 지원하는 일부 상업기능 및 업무기능을 보완하기 위하여 필요한 지역

[해설]
제1종 일반주거지역은 저층주택 중심으로 편리한 주거환경을 조성하기 위하여 필요한 지역을 말한다.

전용주거지역	제1종	단독주택 중심의 양호한 주거환경 보호
	제2종	공동주택 중심의 양호한 주거환경 보호
일반주거지역	제1종	저층주택 중심의 편리한 주거환경 조성
	제2종	중층주택 중심의 편리한 주거환경 조성
	제3종	중·고층주택 중심의 편리한 주거환경 조성
준주거지역		주거기능을 주로 하면서 상업·업무기능 보완

정답 : ③

2013.2회-93

420 준주거지역 안에서 건축할 수 있는 건축물에 속하지 않는 것은?

① 단독주택
② 종교시설
③ 운동시설
④ 숙박시설

[해설]
숙박시설은 준주거지역 안에서 건축할 수 있는 건축물에 속하지 않는다.

정답 : ④

2016.2회-81

421 준주거지역에서 건축할 수 없는 건축물은?

① 위락시설
② 종교시설
③ 공동주택 중 아파트
④ 문화 및 집회시설 중 전시장

[해설]
준주거지역 내 건축할 수 없는 건축물
위락시설

정답 : ①

422 준주거지역 안에서 건축할 수 없는 건축물에 속하지 않는 것은?

① 위락시설
② 자원순환 관련시설
③ 의료시설 중 격리병원
④ 문화 및 집회시설 중 공연장

[해설]
위락시설은 준주거지역 안에서 건축할 수 없다.
정답 : ④

423 주거기능을 위주로 이를 지원하는 일부 상업기능 및 업무 기능을 보완하기 위하여 지정하는 주거지역의 세분은?

① 준주거지역
② 제1종 전용주거지역
③ 제1종 일반주거지역
④ 제2종 일반주거지역

[해설]

전용주거지역	양호한 주거환경을 보호하기 위하여 필요한 지역
일반주거지역	편리한 주거환경을 조성하기 위하여 필요한 지역
준주거지역	주거기능을 위주로 이를 지원하는 일부 상업·업무기능을 보완하기 위하여 필요한 지역

정답 : ①

424 용도지역의 세분에 있어 주거기능을 위주로 이를 지원하는 일부 상업기능 및 업무기능을 보완하기 위하여 필요한 지역은?

① 준주거지역
② 전용주거지역
③ 일반주거지역
④ 유통상업지역

[해설]
준주거지역
주거기능을 위주로 이를 지원하는 일부 상업기능 및 업무기능을 보완하기 위하여 필요한 지역
정답 : ①

425 상업지역의 세분에 속하지 않는 것은?

① 중심상업지역
② 근린상업지역
③ 유통상업지역
④ 전용상업지역

[해설]
상업지역의 세분
• 중심상업지역
• 일반상업지역
• 근린상업지역
• 유통상업지역
정답 : ④

426 용도지역의 세분 중 도심·부도심의 상업기능 및 업무기능의 확충을 위하여 필요한 지역은?

① 유통상업지역
② 근린상업지역
③ 일반상업지역
④ 중심상업지역

[해설]
상업지역
• 중심상업지역 : 도심, 부도심의 상업 및 업무기능 확충
• 일반상업지역 : 일반적인 상업 및 업무기능 담당
• 근린상업지역 : 근린지역에서의 일용품 및 서비스 공급
• 유통상업지역 : 도시 내 및 지역 간 유통기능의 증진
정답 : ④

427 일반상업지역에 건축할 수 없는 건축물에 속하지 않는 것은?

① 묘지관련시설
② 자원순환관련시설
③ 운수시설 중 철도시설
④ 자동차관련시설 중 폐차장

[해설]
운수시설 중 철도시설은 일반상업지역에 건축할 수 있는 건축물이다.
정답 : ③

428 기반시설부담구역에서 기반시설설치비용의 부과 대상인 건축행위의 기준으로 옳은 것은?

① 100제곱미터(기존 건축물의 연면적 포함)를 초과하는 건축물의 신축·증축
② 100제곱미터(기존 건축물의 연면적 제외)를 초과하는 건축물의 신축·증축
③ 200제곱미터(기존 건축물의 연면적 포함)를 초과하는 건축물의 신축·증축
④ 200제곱미터(기존 건축물의 연면적 제외)를 초과하는 건축물의 신축·증축

기반시설 설치비용 부과대상
기반시설부담구역 안에서 기반시설 설치비용의 부과대상 건축행위시설로서 200m(기존 건축물의 연면적 포함)를 초과하는 건축물의 신축·증축 행위

정답 : ③

429 국토의 계획 및 이용에 관한 법률상 용도지역의 구분이 모두 옳은 것은?

① 도시지역, 관리지역, 농림지역, 자연환경보전지역
② 도시지역, 개발관리지역, 농림지역, 보전지역
③ 도시지역, 관리지역, 생산지역, 녹지지역
④ 도시지역, 개발제한지역, 생산지역, 보전지역

해설

국토의 계획 및 이용에 관한 법률상 용도지역의 구분

도시지역	인구와 산업이 밀집되어 있거나 밀집이 예상되어 해당 지역에 대하여 체계적인 개발·정비·관리·보전 등이 필요한 지역
관리지역	도시지역의 인구와 산업을 수용하기 위하여 도시지역에 준하여 체계적으로 관리하거나 농림업의 진흥, 자연환경 또는 산림의 보전을 위하여 농림지역 또는 자연환경보전지역에 준하여 관리가 필요한 지역
농림지역	도시지역에 속하지 아니하는 「농지법」에 따른 농업진흥지역 또는 「산지관리법」에 따른 보전산지 등으로서 농림업의 진흥과 산림의 보전을 위하여 필요한 지역
자연환경 보전지역	자연환경·수자원·해안·생태계·상수원 및 문화재의 보전과 수산자원의 보호·육성 등을 위하여 필요한 지역

정답 : ①

430 국토의 계획 및 이용에 관한 법률에 따른 국토의 용도지역 구분에 속하지 않는 것은?

① 도시지역
② 농림지역
③ 관리지역
④ 보전지역

국토의 계획 및 이용에 관한 법률상 용도지역의 구분

도시지역	인구와 산업이 밀집되어 있거나 밀집이 예상되어 해당 지역에 대하여 체계적인 개발·정비·관리·보전 등이 필요한 지역
관리지역	도시지역의 인구와 산업을 수용하기 위하여 도시지역에 준하여 체계적으로 관리하거나 농림업의 진흥, 자연환경 또는 산림의 보전을 위하여 농림지역 또는 자연환경보전지역에 준하여 관리가 필요한 지역
농림지역	도시지역에 속하지 아니하는 「농지법」에 따른 농업진흥지역 또는 「산지관리법」에 따른 보전산지 등으로서 농림업의 진흥과 산림의 보전을 위하여 필요한 지역
자연환경 보전지역	자연환경·수자원·해안·생태계·상수원 및 문화재의 보전과 수산자원의 보호·육성 등을 위하여 필요한 지역

정답 : ④

431 국토의 계획 및 이용에 관한 법률에 따른 용도지역에서의 용적률 최대 한도 기준이 옳지 않은 것은?(단, 도시지역의 경우)

① 주거지역 : 500% 이하
② 녹지지역 : 100% 이하
③ 공업지역 : 400% 이하
④ 상업지역 : 1,000% 이하

해설

용도지역	한도
도시지역	• 주거지역 : 500% 이하 • 상업지역 : 1,500% 이하 • 공업지역 : 400% 이하 • 녹지지역 : 100% 이하
관리지역	• 보전관리지역 : 80% 이하 • 생산관리지역 : 80% 이하 • 계획관리지역 : 100% 이하
농림지역	80% 이하
자연환경보전지역	80% 이하

정답 : ④

432 국토의 계획 및 이용에 관한 법률에 따른 용도지역에서의 용적률 최대 한도 기준이 옳지 않은 것은?(단, 도시지역의 경우)

① 주거지역 : 500퍼센트 이하
② 녹지지역 : 100퍼센트 이하
③ 공업지역 : 400퍼센트 이하
④ 상업지역 : 1,000퍼센트 이하

[해설]

용도지역	한도
도시지역	• 주거지역 : 500% 이하 • 상업지역 : 1,500% 이하 • 공업지역 : 400% 이하 • 녹지지역 : 100% 이하
관리지역	• 보전관리지역 : 80% 이하 • 생산관리지역 : 80% 이하 • 계획관리지역 : 100% 이하
농림지역	80% 이하
자연환경보전지역	80% 이하

정답 : ④

433 국토의 계획 및 이용에 관한 법률상 용도지역에서의 용적률 기준이 옳지 않은 것은?(단, 도시지역의 경우)

① 주거지역 : 500% 이하
② 상업지역 : 1,200% 이하
③ 공업지역 : 400% 이하
④ 녹지지역 : 100% 이하

[해설]

용도지역	용적률의 최대 한도
도시지역	• 주거지역 : 500% 이하 • 상업지역 : 1,500% 이하 • 공업지역 : 400% 이하 • 녹지지역 : 100% 이하

정답 : ②

434 국토의 계획 및 이용에 관한 법령에 따른 용도지구에 속하지 않는 것은?

① 보존지구
② 취락지구
③ 시설용지지구
④ 특정용도제한지구

[해설]
용도지구의 종류

경관지구	경관의 보전·관리 및 형성을 위하여 필요한 지구
고도지구	쾌적한 환경 조성 및 토지의 효율적 이용을 위하여 건축물 높이의 최고 한도를 규제할 필요가 있는 지구
방화지구	화재의 위험을 예방하기 위하여 필요한 지구
방재지구	풍수해, 산사태, 지반의 붕괴, 그 밖의 재해를 예방하기 위하여 필요한 지구
보호지구	문화재, 중요 시설물(항만, 공항, 공용시설(공공업무시설, 공공필요성이 인정되는 문화시설·집회시설·운동시설 및 그 밖에 이와 유사한 시설로서 도시·군계획조례로 정하는 시설을 말한다), 교정시설·군사시설로 정하는 시설물을 말한다) 및 문화적·생태적으로 보존가치가 큰 지역의 보호와 보존을 위하여 필요한 지구
취락지구	녹지지역·관리지역·농림지역·자연환경보전지역·개발제한구역 또는 도시자연공원구역의 취락을 정비하기 위한 지구
개발진흥지구	주거기능·상업기능·공업기능·유통물류기능·관광기능·휴양기능 등을 집중적으로 개발·정비할 필요가 있는 지구
특정용도제한지구	주거 및 교육 환경 보호나 청소년 보호 등의 목적으로 오염물질 배출시설, 청소년 유해시설 등 특정시설의 입지를 제한할 필요가 있는 지구
복합용도지구	지역의 토지이용 상황, 개발 수요 및 주변 여건 등을 고려하여 효율적이고 복합적인 토지이용을 도모하기 위하여 특정시설의 입지를 완화할 필요가 있는 지구
그 밖에 대통령령으로 정하는 지구	

정답 : ③

435 국토의 계획 및 이용에 관한 법률에 따른 용도지구의 종류에 속하지 않는 것은?

① 취락지구
② 고도지구
③ 주차장정비지구
④ 특정용도제한지구

해설
주차장정비지구는 국토의 계획 및 이용에 관한 법률에 따른 용도지구의 종류에 속하지 않는다.

용도지구의 종류
경관지구, 고도지구, 방화지구, 방재지구, 보호지구, 취락지구, 개발진흥지구, 특정용도제한지구, 복합용도지구, 그 밖에 대통령령으로 정하는 지구

정답 : ③

2022.2회-90

436 국토의 계획 및 이용에 관한 법령상 용도지구에 속하지 않는 것은?

① 경관지구 ② 미관지구
③ 방재지구 ④ 취락지구

해설
미관지구는 국토의 계획 및 이용에 관한 법률에 따른 용도지구의 종류에 속하지 않는다.

정답 : ②

2019.1회-98

437 다음 설명에 알맞은 용도지구의 세분은?

> 산지·구릉지 등 자연경관을 보호하거나 유지하기 위하여 필요한 지구

① 자연경관지구 ② 자연방재지구
③ 특화경관지구 ④ 생태계보호지구

해설
산지·구릉지 등 자연경관을 보호하거나 유지하기 위하여 필요한 지구

정답 : ①

2016.2회-94

438 경관의 보전·관리 및 형성을 위하여 필요한 용도지구는?

① 고도지구 ② 보호지구
③ 개발진흥지구 ④ 경관지구

해설
경관지구
경관의 보전·관리 및 형성을 위하여 필요한 지구는 경관지구이다.

정답 : ④

2017.2회-89

439 국토의 계획 및 이용에 관한 법령에 따른 용도지구에 속하지 않는 것은?

① 경관지구 ② 방재지구
③ 시설보호지구 ④ 도시설계지구

해설
도시설계지구는 속하지 않는다.

용도지구의 종류
경관지구, 고도지구, 방화지구, 방재지구, 보호지구, 취락지구, 개발진흥지구, 특정용도제한지구, 복합용도지구, 그 밖에 대통령령으로 정하는 지구

정답 : ④

2014.1회-92

440 문화재·전통사찰 등 역사·문화적으로 보존가치가 큰 시설 및 지역의 보호 및 보존을 위하여 필요한 지구는?

① 생태계보호지구
② 역사문화미관지구
③ 중요시설물보호지구
④ 역사문화환경보호지구

해설

보호지구	역사문화환경보호지구	문화재·전통사찰 등 역사·문화적으로 보존가치가 큰 시설 및 지역의 보호와 보존을 위하여 필요한 지구
	중요시설물보호지구	중요시설물의 보호와 기능의 유지 및 증진 등을 위하여 필요한 지구
	생태계보호지구	야생동물서식처 등 생태적으로 보존가치가 큰 지역의 보호와 보존을 위하여 필요한 지구

정답 : ④

2015.1회-96

441 국토의 계획 및 이용에 관한 법령에 따른 보호지구에 속하지 않는 것은?(법령개정으로 문제수정)

① 역사문화환경보호지구
② 중요시설물보호지구
③ 생태계보호지구
④ 학교보호지구

[해설]
학교보호지구는 보호지구에 속하지 않는다.

보호지구	역사문화환경 보호지구	문화재·전통사찰 등 역사·문화적으로 보존가치가 큰 시설 및 지역의 보호와 보존을 위하여 필요한 지구
	중요시설물 보호지구	중요시설물의 보호와 기능의 유지 및 증진 등을 위하여 필요한 지구
	생태계 보호지구	야생동물서식처 등 생태적으로 보존가치가 큰 지역의 보호와 보존을 위하여 필요한 지구

정답 : ④

2018.2회-81, 2021.2회-92

442 다음 설명에 알맞은 용도지구의 세분은?

건축물·인구가 밀집되어 있는 지역으로서 시설 개선 등을 통하여 재해 예방이 필요한 지구

① 일반방재지구   ② 시가지방재지구
③ 중요시설물보호지구   ④ 역사문화환경보호지구

[해설]
시가지방재지구
건축물·인구가 밀집되어 있는 지역으로서 시설 개선 등을 통하여 재해 예방이 필요한 지구

용도지구의 종류
경관지구, 고도지구, 방화지구, 방재지구, 보호지구, 취락지구, 개발진흥지구, 특정용도제한지구, 복합용도지구, 그 밖에 대통령령으로 정하는 지구

정답 : ②

2020.3회-93

443 광역도시계획에 관한 내용으로 틀린 것은?

① 인접한 둘 이상의 특별시·광역시·특별자치시·특별자치도·시 또는 군의 관할 구역 전부 또는 일부를 광역계획권으로 지정할 수 있다.
② 군수가 광역도시계획을 수립하는 경우 도지사의 승인을 생략한다.
③ 광역계획권의 공간 구조와 기능 분담에 관한 정책 방향이 포함되어야 한다.
④ 광역도시계획을 공동으로 수립하는 시·도지사는 그 내용에 관하여 서로 협의가 되지 아니하면 공동이나 단독으로 국토교통부장관에게 조정을 신청할 수 있다.

[해설]
시장 또는 군수는 광역도시계획을 수립하거나 변경하려면 도지사의 승인을 받아야 한다.

정답 : ②

2021.1회-88

444 광역도시계획의 수립권자 기준에 대한 내용으로 틀린 것은?

① 광역계획권이 같은 도의 관할 구역에 속하여 있는 경우, 관할 시장 또는 군수가 공동으로 수립한다.
② 국가계획과 관련된 광역도시계획의 수립이 필요한 경우 국토교통부장관이 수립한다.
③ 광역계획권을 지정한 날부터 2년이 지날 때까지 관할 시장 또는 군수로부터 광역도시계획의 승인 신청이 없는 경우 국토교통부장관이 수립한다.
④ 광역계획권이 둘 이상의 시·도의 관할 구역에 걸쳐 있는 경우, 관할 시·도지사가 공동으로 수립한다.

[해설]
광역계획권을 지정한 날부터 3년이 지날 때까지 관할 시장 또는 군수로부터 광역도시계획의 승인 신청이 없는 경우 국토교통부장관이 수립한다.

정답 : ③

2022.1회-92

445 특별시장·광역시장·특별자치시장·특별자치도지사·시장 또는 군수가 관할 구역의 도시·군기본계획에 대하여 타당성을 전반적으로 재검토하여 정비하여야 하는 기간의 기준은?

① 5년   ② 10년
③ 15년   ④ 20년

[해설]
도시·군기본계획 수립지침
시장·군수는 5년마다 목표연도 계획인구의 적정성 등 도시·군 기본계획의 타당성을 전반적으로 재검토하여 이를 정비하고, 도시여건의 급격한 변화 등 불가피한 사유로 인하여 내용의 일부 조정이 필요한 경우에는 도시·군 기본계획을 변경할 수 있다.

정답 : ①

446 국토의 계획 및 이용에 관한 법률상 도시·군기본계획의 내용에 포함되어야 하는 사항에 해당하지 않는 것은?(단, 그 밖에 대통령령으로 정하는 사항 제외)

① 공원·녹지에 관한 사항
② 토지의 이용 및 개발에 관한 사항
③ 토지의 용도별 수요 및 공급에 관한 사항
④ 광역시설의 배치·규모·설치에 관한 사항

[해설]
도시·군기본계획에는 다음의 사항에 대한 정책방향이 포함되어야 한다.
① 지역적 특성 및 계획의 방향·목표에 관한 사항
② 공간구조, 생활권의 설정 및 인구의 배분에 관한 사항
③ 토지의 이용 및 개발에 관한 사항
④ 토지의 용도별 수요 및 공급에 관한 사항
⑤ 기반시설에 관한 사항
⑥ 공원·녹지에 관한 사항
⑦ 경관에 관한 사항
⑧ 기후변화 대응 및 에너지절약에 관한 사항

정답 : ④

447 다음은 도시·군계획시설결정의 실효와 관련된 기준 내용 중 ( ) 안에 공통으로 들어갈 내용은?

> 도시·군계획시설결정이 고시된 도시·군계획시설에 대하여 그 고시일부터 ( )년이 지날 때까지 그 시설의 설치에 관한 도시·군계획시설결정은 그 고시일부터 ( )년이 되는 날의 다음날에 그 효력을 잃는다.

① 5
② 10
③ 15
④ 20

[해설]
도시·군계획시설결정의 실효
도시·군계획시설결정이 고시된 도시·군계획시설에 대하여 그 고시일부터 20년이 지날 때까지 그 시설의 설치에 관한 도시·군계획시설결정은 그 고시일부터 20년이 되는 날의 다음날에 그 효력을 잃는다.

정답 : ④

448 지구단위계획 중 관계 행정기관의 장과의 협의, 국토교통부장관과의 협의 및 중앙도시계획위원회·지방도시계획위원회 또는 공동위원회의 심의를 거치지 아니하고 변경할 수 있는 사항에 관한 기준 내용으로 옳은 것은?

① 건축선의 2m 이내의 변경인 경우
② 획지면적의 30% 이내의 변경인 경우
③ 가구면적의 20% 이내의 변경인 경우
④ 건축물 높이의 30% 이내의 변경인 경우

[해설]
① 건축선의 1m 이내의 변경인 경우
③ 가구면적의 10% 이내의 변경인 경우
④ 건축물 높이의 20% 이내의 변경인 경우

정답 : ②

449 다음은 도시·군관리계획도서 중 계획도에 관한 기준 내용이다. ( ) 안에 알맞은 것은?(단, 모든 축척의 지형도가 간행되어 있는 경우)

> 도시·군관리계획도서 중 계획도는 ( )의 지형도에 도시·군관리계획 사항을 명시한 도면으로 작성하여야 한다.

① 축척 100분의 1또는 축척 500분의 1
② 축척 500분의 1또는 축척 2천분의 1
③ 축척 1천분의 1또는 축척 5천분의 1
④ 축척 3천분의 1또는 축척 1만분의 1

[해설]
도시·군관리계획도서 중 계획도
축척 1/1,000 또는 1/5,000의 지형도에 도시·군관리계획 사항을 명시한 도면으로 작성하여야 한다.

정답 : ③

450 국토의 계획 및 이용에 관한 법령상 개발행위 허가를 받지 아니하여도 되는 경미한 행위 기준으로 틀린 것은?

① 지구단위계획구역에서 무게 100t 이하, 부피 50m³ 이하, 수평투영면적 25m² 이하인 공작물의 설치
② 조성이 완료된 기존 대지에 건축물이나 그 밖의 공작물을 설치하기 위한 토지의 형질 변경(절토 및 성토 제외)
③ 지구단위계획구역에서 채취면적이 25m² 이하인 토지에서의 부피 50m³ 이하의 토석 채취
④ 녹지지역에서 물건을 쌓아놓는 면적이 25m² 이하인 토지에 전체무게 50t 이하, 전체부피 50m³ 이하로 물건을 쌓아놓는 행위

[해설] 지구단위계획구역에서 무게 50t 이하, 부피 50m³ 이하, 수평투영면적 50m² 이하인 공작물의 설치

정답 : ①

451 중앙도시계획위원회에 관한 설명으로 옳지 않은 것은?

① 위원장 및 부위원장은 위원 중에서 국토교통부장관이 임명하거나 위촉한다.
② 공무원이 아닌 위원의 수는 10명 이상으로 하고, 그 임기는 2년으로 한다.
③ 위원장·부위원장 각 1명을 포함한 15명 이상 50명 이내의 위원으로 구성한다.
④ 회의는 재적위원 과반수의 출석으로 개의하고, 출석위원 과반수의 찬성으로 의결한다.

[해설] 위원장·부위원장 각 1명을 포함한 25명 이상 30명 이내의 위원으로 구성한다.

정답 : ③

452 중앙도시계획위원회에 관한 설명으로 틀린 것은?

① 위원장·부위원장 각 1명을 포함한 25명 이상 30명 이하의 위원으로 구성한다.
② 위원장은 국토교통부장관이 되고, 부위원장은 위원 중 국토교통부장관이 임명한다.
③ 공무원이 아닌 위원의 수는 10명 이상으로 하고, 그 임기는 2년으로 한다.
④ 도시·군계획에 관한 조사·연구 업무를 수행한다.

[해설] 위원장 및 부위원장은 위원 중에서 국토교통부장관이 임명하거나 위촉한다.

정답 : ②

멘토스는 당신의 쉬운 합격을 응원합니다!

건축기사 필기시험 대비

미듬
건축계획/설비/법규
기출문제집
10개년 기출문제 압축Zip

발행일 | 2023. 1. 25 초판 발행
　　　　　 2024. 1. 15 개정판 발행

저　자 | 멘토스 수험연구소
발행인 | 홍성근

발행처 | 멘토스
출판등록 | 제2022-000194호
주　소 | 경기도 고양시 일산동구 무궁화로 43-33
T E L | 031) 994-3434
도서 문의 및 기타 문의 | mentors_easy@naver.com

- 이 책의 어느 부분도 저작권자나 발행인의 승인 없이 무단 복제하여 이용할 수 없습니다.
- 파본 및 낙장은 구입하신 서점에서 교환하여 드립니다.

정가 : 21,000원

ISBN 979-11-981099-8-9　13540